Die Theorie der Bodensenkungen in Kohlengebieten

mit besonderer Berücksichtigung der Eisenbahnsenkungen des Ostrau-Karwiner Steinkohlenrevieres

Von

Ingenieur **A. H. Goldreich**

Mit 132 Textfiguren

W0256134

Berlin
Verlag von Julius Springer
1913

ISBN-13: 978-3-642-89758-0 e-ISBN-13: 978-3-642-91615-1
DOI: 10.1007/978-3-642-91615-1

Alle Rechte,
insbesondere das der Übersetzung in fremde Sprachen,
vorbehalten.

Softcover reprint of the hardcover 1st edition 1913

Seinem hochgeehrten Vorstande

dem Herrn Ingenieur Richard Wawerka,

Oberinspektor der k. k. österreichischen Staatsbahnen,
Vorstand der k. k. Bahnerhaltungs-Sektion M. Ostrau-Oderfurt

achtungsvoll gewidmet vom

Verfasser.

Vorwort.

In meiner Eigenschaft als Vorstandstellvertreter der k. k. Bahnerhaltungssektion M.-Ostrau—Oderfurt hatte ich in reichlichem Maße Gelegenheit, die obertägigen Wirkungen des Kohlenabbaues an der Montanbahn des Ostrau—Karwiner Kohlenrevieres zu beobachten.

In überaus zahlreichen Fällen erforderte es meine Berufsstellung, die Ursachen der an den Bahnkörpern hervorgerufenen Bewegungen zu ergründen sowie auch die Art der Sanierung gesenkter Bahnstrecken und beschädigter Brücken zu beurteilen. Die immer wieder notwendig werdenden Aufholungen gesenkter Bahnkörper sowie die Instandsetzung ungeschützter oder nicht genügend geschützter Eisenbahnobjekte erfordern eine ganz besondere Inanspruchnahme der Bahnaufsichtsorgane, welche für die ungestörte Verkehrsentwicklung und die hiefür erforderliche Verkehrssicherheit zu sorgen haben.

Die infolge Kohlenabbaues auftretenden Bahnsenkungen bedingen die dauernde Aufmerksamkeit der Erhaltungsingenieure, und es ist daher erforderlich, daß diese Organe sich mit dem Studium der geologischen Verhältnisse und des Bergbaubetriebes selbst befassen, um die obertägigen Folgeerscheinungen richtig beurteilen zu können.

Es erforderten deshalb schon in den 70er Jahren des vorigen Jahrhundertes die Bahnsenkungen eine gewissenhafte Beobachtung seitens der Streckenvorstände der Montanbahn des Ostrau—Karwiner—Steinkohlenrevieres, umsomehr als man sich zur Zeit des Beginnes der Abbaue unter dieser Bahn über den Charakter der Bodenbewegungen noch nicht im klaren war.

Ich habe mir die in dieser Hinsicht vorhandenen Erfahrungen zunutze gemacht und Gelegenheit gefunden, dieselben während meiner vieljährigen Tätigkeit in der genannten Amtsstelle verwerten zu können. Eine Reihe hochinteressanter Studien, welche als Senkungslehrfälle zu bezeichnen sind, verdanke ich dem verdienstvollen Wirken des seinerzeitigen Streckenvorstandes und derzeit im Ruhestand lebenden kaiserlichen Rates Herrn Ingenieur Alois Postulka, Oberinspektor der k. k. Nordbahn, dem ich bei dieser Gelegenheit meinen besten Dank ausdrücke.

Die immer wieder hervorgerufenen Bergschäden an den durch zu gering bemessene Kohlenpfeiler ungenügend geschützten Brücken der Montanbahn sowie die in Frage stehende Unterbauung der mit großen Geschwindigkeiten befahrenen Hauptstrecke Schönbrunn—Witkowitz—M.-Ostrau—Oderfurt der k. k. Nordbahn, in welcher sich

Brücken von bedeutenden Spannweiten befinden, haben mir Veranlassung dazu gegeben, mich dem eingehenden Studium der Senkungsfrage der Eisenbahnen des erwähnten Bergbaugebietes zu widmen. Ich habe mich mit der Frage der eventuell notwendigen Schutzmaßnahmen befaßt, welche erforderlich sein sollten, den Bestand dieser Hauptbahn zu sichern.

Man ist in dieser Beziehung im gegenwärtigen Zeitpunkte besser daran als in den 80er Jahren des vorigen Jahrhundertes, wo man mit Zuhilfenahme nur weniger praktischer Erfahrungen an das Studium der Senkungsfrage herangetreten ist.

Die Eisenbahnen der Bergbaugebiete sind die Gradmesser der Terrainbewegungen; an keinem zu Tage befindlichen Körper können sich diese Bewegungen so pünktlich und genau äußern wie an den Bahnen, für welche ein eminentes Interesse besteht, sie in ihrer Lage dauernd und betriebsfähig zu erhalten. Man könnte sich zu der absurden Behauptung hinreißen lassen, daß in einem zu beobachtenden Territorium eine Eisenbahn errichtet werden müßte, um die Senkungen des Terrains, welche sich am Eisenbahnkörper wiederspiegeln, messen und beurteilen zu können.

Ich stütze mich deshalb auf die mir zur Verfügung stehenden, von einer vieljährigen Erfahrung herrührenden Resultate einerseits, andererseits basiere ich meine Folgerungen auf meine eigene mehrjährige Praxis, auf Grund welcher ich mich für berechtigt erachte, über die gegenständlichen Fragen ein Urteil abgeben zu können.

Meine Deduktionen entstammen dem reinen wissenschaftlichen Interesse, sie sind der Ausdruck der mir innewohnenden Tendenz nach Aufklärung der Senkungsfrage der Eisenbahnen der Bergbaugebiete, welche sowohl vom Standpunkte der öffentlichen Sicherheit als von jenem der Ökonomie der Erhaltung dieser Bahnen von ganz exorbitantem Interesse ist. Ich habe mich mit dem Studium betreffend die Sicherheitsmaßnahmen der Eisenbahnen im Ostrauer Kohlenrevier sehr eingehend befaßt, und war in dieser Hinsicht für mich die mir auf Grund meiner wissenschaftlichen Überzeugung innewohnende volle Objektivität maßgebend, behufs Förderung der gegenseitigen und öffentlichen Interessen des Bergbaues und der Eisenbahnen. Meine Studien waren stets von dem Bestreben geleitet, auf Grund meiner Erfahrungen zur Förderung der gleichzeitigen Entwicklung des Eisenbahn- und Bergbaubetriebes zum Wohle unseres Staatswesens beizutragen.

Mit der Herausgabe dieses Buches habe ich einem Bedürfnisse Rechnung getragen, das sich jedem Techniker fühlbar macht, der in Kohlenrevieren seine Berufstätigkeit auszuüben hat. Durch die Anführung eines Kapitels über die Theorien der verschiedenen Kohlenreviere wollte ich zugleich den derzeitigen Stand der Wissenschaft auf dem Gebiete der Theorie der durch Kohlenabbau verursachten Bodenbewegungen zusammenfassend darstellen. Einen sehr wertvollen Beitrag betreffend einige noch wenig bekannte Theoreme verdanke ich dem hochverehrten Professor der k. k. technischen Hochschule in Wien, Herrn Ingenieur Vincenz Pollack, dem ich bei dieser Gelegenheit mich verpflichtet fühle, meinen besten Dank abzustatten.

Es obliegt mir die Pflicht, dem hochverehrten Herrn k. k. Hofrat Dr. Franz Toula, o. ö. Professor der Geologie an der k. k. techn. Hochschule in Wien, für die ehrenvolle Bewilligung zur Entnahme des geologischen Teiles dieses Buches aus dem Werke „Lehrbuch der Geologie, ein Leitfaden für Studierende von Dr. Franz Toula, 1906," meinen wärmsten Dank auszudrücken.

Es drängt mich ferner, meinem zeichnerischen Mitarbeiter Herrn Bergakademiker Franz Werner für die gewissenhafte und äußerst verständnisvolle Betätigung bei Verfassung des vorliegenden Werkes bestens zu danken.

Zum Schlusse meiner Ausführungen kann ich nicht umhin, meinem hochverehrten Amtsvorstande, dem Herrn Ingenieur Richard Wawerka, Oberinspektor der k. k. Staatsbahnen und Vorstand der k. k. Bahnerhaltungssektion M.-Ostrau—Oderfurt für die wahrhaft selbstlose Förderung meiner Bestrebungen an dieser Stelle meinen tiefgefühlten Dank auszusprechen.

Oderfurt, im Mai 1913.

Ingenieur **Armin H. Goldreich.**

Inhaltsverzeichnis.

Einleitung.

Nach beendetem Kohlenabbau werden die hierdurch erzeugten Hohlräume durch die Absenkung der Firstgesteinsschichten wieder ausgefüllt, und die Folge dieses Senkungsprozesses ist eine Gleichgewichtsstörung der überlagernden Gebirgsschichten, welche obertags diejenigen Vorgänge hervorruft, welche im Volksmunde allgemein als Bergschäden bezeichnet werden.

Die Bestrebungen nach theoretischer Ergründung dieser obertägigen Wirkungen beschäftigten bereits in den dreißiger Jahren des vorigen Jahrhundertes die beteiligten Fachkreise, und war der belgische Ingenieur Gonot im Jahre 1839 der erste, welcher sich mit der Lösung dieser Frage befaßt hat.

Die Veranlassung für das Studium des Senkungsproblemes waren Meinungsverschiedenheiten über die Ursachen obertags entstandener Objektsschäden, und es zwang deshalb die Notwendigkeit der Begründung der ins Treffen geführten Ansichten dazu, Nachweise zu liefern über die Art der infolge des Kohlenabbaues obertags sich äußernden Erscheinungen. Man suchte also die Grenzen der obertägigen Bodenbewegungen unter Zuhilfenahme praktischer Fälle theoretisch zu ergründen und suchte für die Größen und Grenzen der entstandenen Senkungsgebiete ein Gesetz, welches für die Beurteilung der strittigen Fragen maßgebend sein sollte. Es ist wohl selbstverständlich, daß aus diesem Anlasse auch die geologischen Verhältnisse gesenkter Gebiete einem näheren Studium unterzogen werden mußten, welche zweifellos für die hervorgerufenen Gebirgsbewegungen in allererster Linie beeinflussend sind.

Wenn wir zu untersuchen haben, ob die durch die menschliche Arbeit hervorgerufenen Naturkräfte gewissen Gesetzen folgen, so müssen wir uns selbstverständlich fragen, ob auch die Voraussetzungen für eine derartige Gesetzmäßigkeit vorhanden sind.

Es sei deshalb in kurzen Zügen ein Bild über die geologischen Verhältnisse des Ostrau-Karwiner Steinkohlenrevieres in folgenden Zeilen vorgeführt, doch sei zuvor allgemeinen Bemerkungen über die Lagerungsverhältnisse der Gesteinsschichten Platz gegeben.

I. Gebirgslehre (Geologie).

A. Allgemeines.

1. Das Alter der Gesteine.

In seinem „Lehrbuch der Geologie" hat Hofrat Dr. Franz Toula über das Alter der Gesteine folgendes ausgeführt: „Die Betrachtung der Lagerungsverhältnisse der Gesteine ergibt, daß sie nacheinander durch periodische Absätze oder durch periodische Ausbrüche, also nach und nach, oft in lange andauernden Zeiträumen gebildet wurden. Das absolute Alter der Gesteine, d. h. das etwa durch eine Anzahl von Jahren, Jahrhunderten oder Jahrtausenden ausgedrückte Alter, läßt sich nur in äußerst seltenen Fällen (z. B. beim Wachstum der Deltabildungen u. dgl.) bestimmen. Die Lagerungsverhältnisse geben aber die Mittel an die Hand, um das relative Alter der Gesteine anzugeben, d. h. um festzustellen, ob irgendein Gestein früher oder später als ein anderes gebildet worden ist.

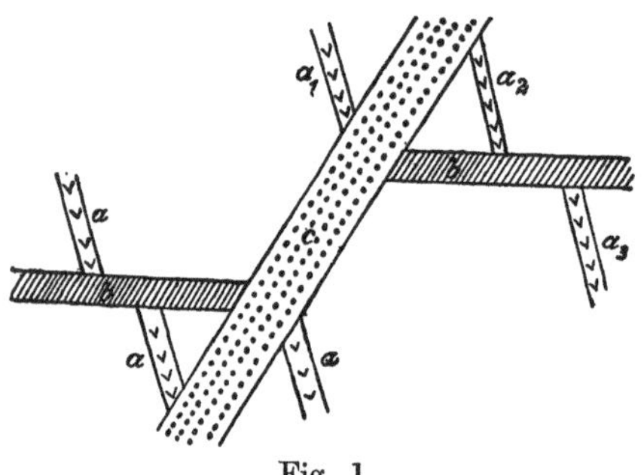

Fig. 1.

Bei geschichteten Gesteinen in normaler Lagerung sind die unter anderen liegenden Schichten immer älter als die auflagernden, die übergreifenden und transgredierenden Schichten sind jünger als die darunter liegenden usw. Bei durchgreifender Lagerung ist das durchgreifende Gebirgsglied jünger als alle Gebirgsglieder, welche durchsetzt werden. Gänge, welche andere Gänge durchsetzen, werden jünger sein als die durchsetzten (m. vgl. Fig. 1).

Die älteren Gänge erscheinen in solchen Fällen sehr häufig verworfen, und sind dann die verworfenen Gänge (a beziehungsweise auch b) immer älter als der jüngste „Verwerfer" (c).

Nach diesen Merkmalen kann man das Alter vieler Sedimentgesteine und auch der Eruptivgesteine bestimmen.

Den Inbegriff aller derjenigen Gebirgsglieder, welche gleichzeitig (d. h. in derselben Zeitperiode) gebildet worden sind, nennt man eine Formation oder ein System. Jede Formation repräsentiert also einen gewissen Zeitabschnitt in der Entwicklungsgeschichte der Erde;

durch gewisse gemeinschaftliche Charakterzüge verbundene Gruppen von Formationen aber repräsentieren die geologischen Perioden oder Zeitalter.

Nach den sedimentären Bildungen und den in denselben eingeschlossenen Versteinerungen kann man in der Geschichte der Erde vier Hauptperioden unterscheiden: die Urzeit, das Altertum, das Mittelalter und die Neuzeit mit der Jetztzeit. Diese Zeitalter werden mit Rücksicht auf den Entwicklungsgang des organischen Lebens auf der Erde auch als archäische oder prozoische, paläozoische, mesozoische, känozoische und anthropozoische Perioden unterschieden.

Wie die gewählten Namen anzeigen, spielen bei dieser Zeiteinteilung die tierischen Überreste eine besonders hervorragende Rolle. Diese Tiere waren in den ältesten Perioden, mit den in der heutigen Zeit lebenden verglichen, besonders auffallend verschieden und nähern sich in den darauffolgenden Zeitabschnitten allmählich mehr und mehr den jetzt lebenden an. Demnach erhalten wir folgende Reihenfolge und Gruppierung der Sedimentformationen:

Ära, Gruppe oder Zeitalter		Formationen, Systeme oder Perioden	
IV. Känozoische[1]) Ära Neozoische Gruppe oder Neuzeit	Anthropozoisches oder Quartäres Zeitalter	16. Alluvium 15. Diluvium	jüngeres älteres } aufgeschwemmtes Gebirge
	Tertiäres Zeitalter	14. Pliocän-Form. 13. Miocän-F. 12. Oligocän-F. 11. Eocän-F. 10. Paleocän-F.	jüngeres älteres } Braunkohlen-Gebirge
III. Mesozoische Ära oder Mittelalter	Sekundäres Zeitalter	9. Kreide-F. 8. Jura-F. 7. Trias-F.	Quadersandsteingebirge Oolith-Gebirge Dolomit-Salz-Gebirge
II. Paläozoische Ära oder Altertum	Primäres Zeitalter	6. Dyas-F. 5. Steinkohlen- (Karbon-) F. 4. Devonische F. 3. Silurische F. 2. Kambrische F.	Kupfer-Salz-Gebirge Steinkohlen-Gebirge jüngeres älteres } Übergangs- oder Grauwacken-Gebirge
I. Azoische oder Archäische[1]) Ära oder Urzeit		1. Urformation	Urgebirge oder kristallinisches Schiefer-Gebirge

[1]) Archaiós und palaiós, alt, méson, die Mitte; eós, Morgenröte; olígos, wenig; meion, weniger; pleion, mehr; neós, neu; ánthropos, der Mensch.

Auf den geologischen Karten sind die verschiedenen Formationen durch besondere Farben in der Verbreitung, in welcher sie an der Erdoberfläche erscheinen, gekennzeichnet. Durch die geologischen Durchschnitte (Profile) werden die Lagerungsverhältnisse der Gesteine und Formationen anschaulich gemacht.

2. Erstes Zeitalter.

Die azoische oder archäische Ära oder die Urzeit der Erde. (Das Urgebirge.) Die archäischen Formationen bestehen vorherrschend aus vollkristallinischen Silikatgesteinen: teils Massengesteinen, wie Granit, Syenit, Grünsteine und Quarzporphyre, teils vollkristallinischen Schiefergesteinen, wie Gneis, Glimmerschiefer, Hornblendeschiefer, Granulit und Phyllit mit untergeordneten Massen von Quarzit, Serpentin, körnigem Kalkstein, Magnesit und Graphit. Es sind dies die ältesten Gesteinsbildungen, welche man kennt und die man deshalb auch als Urgebirge bezeichnete. Ihre Gesamtmächtigkeit wurde in Kanada auf etwa 16 000 m geschätzt. Sie setzen das Grundgebirge der Erde in großer räumlicher Ausdehnung zusammen, auf welchem alle deutliche organische Reste einschließenden, klastischen Sedimentgesteine aufruhen. Sie sind reich an Erzlagerstätten und Erzgängen aller Art und anderen nutzbaren Mineralien.

Von edlen Metallen kommen im Urgebirge vor: Gold, Silber, Platin; von unedlen Metallen: Blei, Kupfer, Zinn, Zink, Eisen, Kobalt, Nickel, Antimon usw. im vererzten Zustande.

Die archäischen Formationen, deren Schichtenreihe in einzelnen Gegenden, z. B. Böhmens, sogar auf die außerordentliche Mächtigkeit von 30 000 m geschätzt wurde, sind mit ziemlich gleichbleibendem Charakter weit verbreitet auf allen Kontinenten und in allen Zonen; die Lagerung der Schichten zeigt die mannigfaltigsten Störungen durch Dislokationen aller Art, durch Brüche, Aufrichtung und Faltung einzelner Gesteinsbänke und ganzer Schichtenkomplexe.

3. Zweites Zeitalter.

Die paläozoische Ära oder das Altertum der Erde. Von der Zeit an, da das kristallinische Grundgebirge der Erde gebildet war, also von dem Beginne der paläozoischen Periode angefangen, ist die Geschichte der weiteren Fortbildung der Erdoberfläche, abgesehen von den wiederholten Eruptivbildungen und den durch die Organismen gebildeten Gesteinen, eine Geschichte der Zerstörung früher gebildeter Gesteinsmassen und der Umbildung derselben zu neuen Gesteinsschichten. Unter den Gesteinen dieser und der folgenden Perioden spielen daher die klastischen Sedimente neben zoogenen und phytogenen Bildungen die Hauptrolle. — Über dem Urgebirge folgt nach der alten Wernerschen Auffassung das Flözgebirge. — Das paläozoische Flözgebirge schließt die ältesten deutlich erkennbaren Tier- und Pflanzenreste in sich.

Gliederung der primären Formationen:

5. Permische Formation, die Dyas oder das Kupfergebirge.	*b*) Obere Abteilung (Sandsteine, bituminöse, kupferhaltige Schiefer, Kalksteine und Dolomite mit Gips- und Steinsalzlagern). Zechstein, Kupferschiefer.	Die ersten Amphibien (Panzerlurche) und Reptilien sowie zahlreiche ungleichschwänzige Schmelzschupper (heterozerke Ganoiden: *Palaeoniscus* usw.). Viele Brachiopoden. Die Trilobiten erlöschen.
Zeitalter der ungleichschwänzigen Schmelzschupper, der ersten Amphibien und Reptilien.	*a*) Untere Abteilung (Sandsteine, Konglomerate; Porphyre und Melaphyre). Rotliegendes	Zahlreiche fossile Hölzer (sog. versteinerte Wälder) von Farnbäumen, Palmen und Koniferen.
4. Karbonische Formation oder das Steinkohlengebirge.	*b*) Obere Abteilung (Sandsteine, Schiefertone und Kohlenflöze). Produktives Kohlengebirge.	Kryptogame Landpflanzen: Schuppenbäume (Lepidodendren), Siegelbäume (Sigillarien), Schachtelhalme (Calamiten), Farne. Die ersten Nadelhölzer.
Zeitalter der Kryptogamen, der ersten Spinnen und Insekten.	*a*) Untere Abteilung (Kalke, Sandsteine und Tonschiefer). Bergkalk oder Kohlenkalk, Kulmschiefer.	Mannigfaltige Entwicklung der Crinoiden (Seelilien).
3. Devonische Formation, das Devon oder das jüngere Grauwackengebirge.	*c*) Obere Abteilung (Kalke, Mergel- und Tonschiefer).	Im alten, roten Sandsteine von Schottland eigentümliche Panzerfische.
	b) Mittlere Abteilung (Kalke, Mergel und Schiefer).	Kryptogame Landpflanzen. Deckelkorallen (*Calceola sandalina*); Seelilien, Schraubensteine (Steinkerne von Crinoiden-Stielgliedern).
Zeitalter der Panzerfische und der ersten Landpflanzen (Kryptogamen).	*a*) Untere Abteilung (Grauwacken-Sandsteine und Tonschiefer).	Mollusken (Goniatiten), Brachiopoden, Trilobiten.
2. Silurische Formation, das Silur oder das ältere Grauwackengebirge. Zeitalter der Trilobiten und Graptolithen.	*b*) Obersilurische Abteilung (Kalke, Sandsteine und Schiefer).	Seetange, Korallen, Graptolithen, Seelilien (Crinoiden), Mollusken (Nautileen),
	a) Untersilurische Abteilung (Quarzite und Tonschiefer).	Brachiopoden, Trilobiten, und die ersten Spuren von Fischen.
1. Kambrische Formation.	Konglomerate, Grauwacken-Sandsteine, Quarzite und Tonschiefer.	Spuren von Anneliden (Ringelwürmern). Trilobiten (dreiteilige Urkrebse), Brachiopoden („Armfüßer").

Die Flora der paläozoischen Ära wird fast ausschließlich durch kryptogame Pflanzen gebildet; Seetange, Schachtelhalme, (Equisetazeen) Farnkräuter und bärlappartige Pflanzen (Lykopodiazeen) sind die vorherrschenden Formen. Dagegen fehlen noch ganz die

Dikotyledonen, z. B. alle Laubbäume und die meisten Formen der Monokotyledonen.

Ähnlich verhält es sich mit der Fauna. Von den großen Abteilungen der Wirbeltiere, welche in der Gegenwart über alle Teile der Erde verbreitet sind, fehlen die Säugetiere und Vögel durchaus. Die

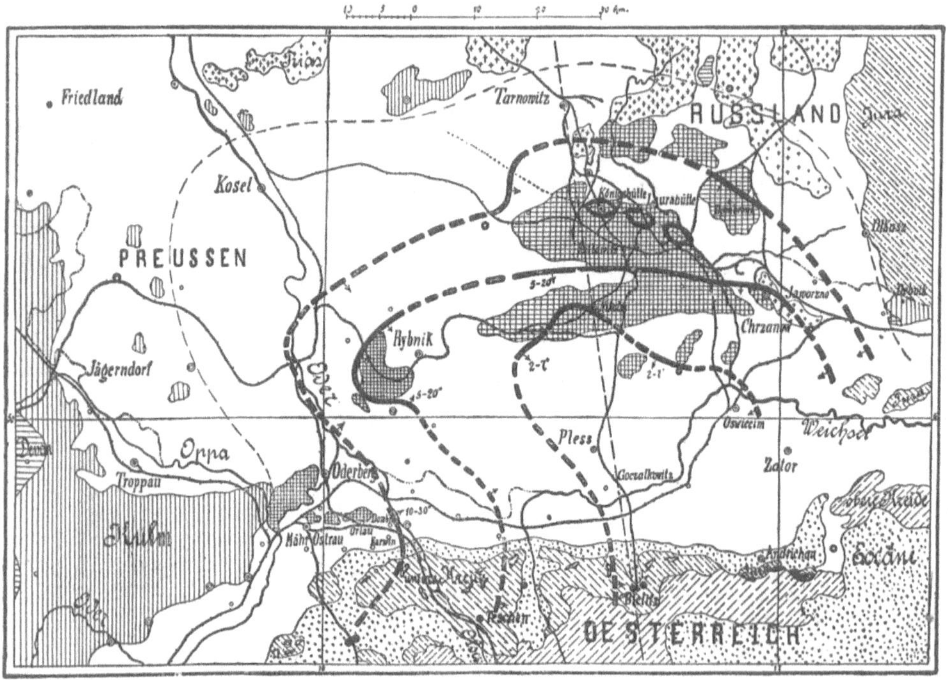

Fig. 2. Das oberschlesische Steinkohlenbecken.

Seine Umgrenzung: das Liegendgebirge (Kulm und Devon) im Westen und Nordwesten und die Hangendbildungen im Süden, Osten und Nordosten (Trias, Jura, Kreide und Eocän [Flysch]). Die unbekannte südliche Umgrenzung liegt in Österreich unter den aufgelagerten Kreide- und Eocängebirgen. Die tertiäre Decke ist nicht verzeichnet. Die Rybniker Flöze mit marinen Einlagerungen. Die Sattelflöze bei Königs- und Laurahütte. Die obersten Mulden- oder Nikolaierflöze. Das bekannte Bohrloch von Paruschowitz (2003 m tief) liegt bei Rybnik und ergab: 210 m Tertiär, 781 m Karwiner Schichten mit 64 Flözen, 190 m Sattelgruppe mit 5 Flözen, 823 m Ostrauer Schichten mit 12 erbohrten Flözen.

Reptilien und Amphibien treten erst in der jüngsten Abteilung auf und nur die Fische sind in größerer Mannigfaltigkeit schon in den älteren Ablagerungen dieses Zeitalters vertreten. Die Hauptrolle spielen wirbellose Tiere aus den Ordnungen der darmlosen Tiere (Korallen), Stachelhäuter, Molluskoiden, Weichtiere und Gliederfüßer (vor allem die Trilobiten).

Man hat fünf Hauptformationen dieser Ära unterschieden: 1. die kambrische, 2. die silurische, 3. die devonische, 4. die karbonische oder Steinkohlenformation und 5. die permische oder Dyasformationen. Man bezeichnet dieselben als die primären Formationen (s. S. 5).

Etwas näher soll zunächst auf die Verhältnisse im oberschlesischen Becken eingegangen werden, dessen beiläufige Ausdehnung in seiner Gesamtheit (Deutschland, Österreich, Rußland) aus Fig. 2

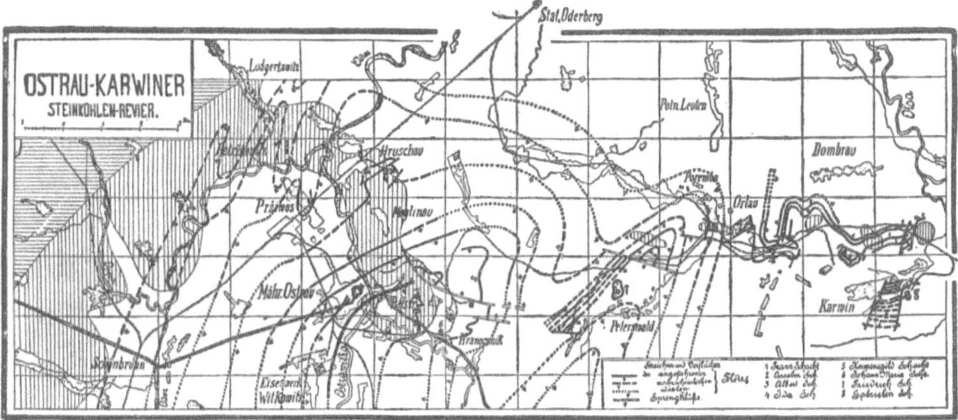

Fig. 3.

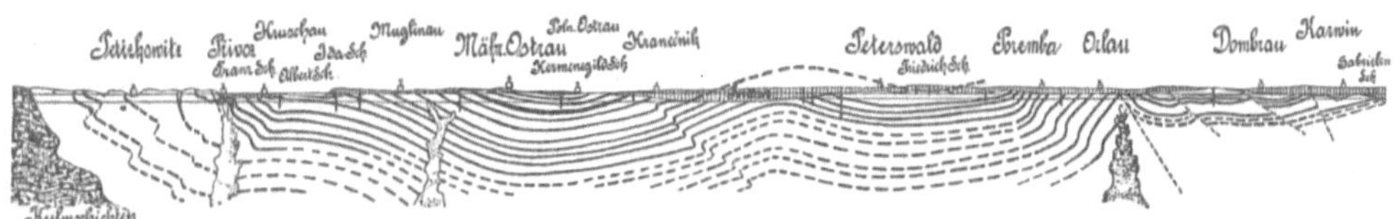

Fig. 4.

Fig. 3 und 4. Das Ostrau-Karwiner Steinkohlenrevier im Grundriß und Durchschnitt. (Nach W. Jičinsky.)

Verlauf der nachgewiesenen (erschürften), der wahrscheinlichen Flözzüge und der wichtigsten Störungslinien (Verwerfungen) und Kluftbildungen („Sprengklüfte"). Im Profile sind auch die vorhandenen Eruptivgesteine (Basalte) angedeutet. Hauptverwerfung bei Orlau.

ersichtlich wird (mehr als 5000 km²), wovon etwa ein Drittel als kohleführend durch den Bergbau und durch Bohrungen erschlossen ist.

Die zahlreichen Flöze mit mehr als 155 m Kohle (wobei das Hauptflöz, das Xaveriflöz, bis 16 m Mächtigkeit und darüber erreicht) werden in vier Flözzüge eingeteilt. Ihre Unterlage dürfte der Kulm bilden, der jedoch nicht erbohrt ist (nur im Südosten tritt auch Bergkalk als Einlagerung auf); überlagert wird das ausgeebnete Kohlengebirge bis auf einzelne inselartig aufragende Teile durch diluviale Ablagerungen. Im unteren Teile treten, wie schon erwähnt, marine Einlagerungen auf, was wiederholte Transgressionen des Karbonmeeres über die flachen Uferstriche andeutet (paralische Facies der produktiven Steinkohle). Die Flöze liegen zwischen Sandsteinen und Schiefern, deren Mächtigkeit etwa 2500 m beträgt. Umrandet wird das Becken (m. vgl. Fig. 2) von den unterkarbonen Kulmschichten, welche, in großer Mächtigkeit, aus Grauwacken und Ton- (Dach-) Schiefern bestehen und besonders im nordwestlichen Mähren eine große Ausdehnung erreichen.

Das Ostrau - Karwiner Revier (m. vgl. Fig. 3 u. 4) bildet den südwestlichen Teil des oberschlesischen Beckens und umfaßt etwa 140 km².

Die tiefste Flözzone liegt im Westen (Mährisch - Ostrau) mit dünnen marinen Einlagerungen im Liegenden und weiter oben, bis zum Johannflöz, solche mit kleinen Anthrakosien (an Süßwassermuscheln [Unio] erinnernden Zweischalern), während das östliche Gebiet (Karwin) einem höheren Horizonte entspricht. Zwischen beiden Hauptbecken verläuft (über Orlau) eine Hauptverwerfung, an welcher der östliche Teil (Karwiner Flözkörper) in die Tiefe gesunken ist. In einer Gesamtmächtigkeit von über 4000 m umschließt dieses Revier über 300 Flöze (davon 90 abbauwürdige von 50 cm bis 4 m [Johannflöz]) mit fast 90 m Kohle. Die liegenden Flöze sind anthrazitisch, die mittleren fett (Kokskohle) oder halbfett. Zu oberst liegen „magere Kohlen“ (Flammkohlen).

4. Drittes Zeitalter.

Die mesozoische Periode oder das Mittelalter der Erde. Diesem Hauptabschnitte in der geologischen Entwicklungsgeschichte der Erde gehört die Reihe der sogenannten sekundären Formationen an, deren man in der Regel drei zählt, nämlich: die Trias-, die Jura- und die Kreideformation. Es wechseln in dieser Formation in bunter Reihenfolge Süß- und Salzwasser-, Land-, Ufer- und Tiefseebildungen. Eruptive Gesteine sind mit Ausnahme des ersten Abschnittes (in der Trias) seltener, so daß die mesozoische Periode in dieser Beziehung als eine Zeit verhältnismäßiger Ruhe erscheint.

In Bezug auf die Entwicklung der organischen Welt läßt sich das dritte Zeitalter kurz in folgender Weise charakterisieren:

Unter den Pflanzen sind Sigillarien und Lepidodendren gänzlich und für immer verschwunden; an deren Stelle treten in der Trias neben die fortlebenden Farnkräuter und Schachtelhalme die einfachsten Blütenpflanzen: Zykadeen (Sago- oder Zapfenpalmen) und Koniferen. Im Jura erscheinen die Monokotyledonen: Pandaneen und Palmen, und in der Kreidezeit auch schon die ersten Repräsentanten der ausgebildeten Blütenträger der Jetztzeit: Laubbäume und Sträucher (Dikotyledonen), z. B. immergrüne Eichen, Kastanien, Platanen usw.

In der Klasse der Gliedertiere sind die Triboliten ausgestorben, langschwänzige Krebse (Makruren) werden dafür sehr häufig und auch die Krabben (Brachyuren) treten auf. Am reichsten gestaltet sich die

Gliederung der sekundären Formationen:

3. Kreideformation oder das Quadersandsteingebirge. Zeitalter der Rudisten (Hippuriten), der ammonitischen Nebenformen und der ersten Laubhölzer.	*b*) Obere Abteilung. (Sandsteine, Ton- und Kalkmergel, Kalke, weiße Schreibkreide mit Feuersteinen usw.) Pläner u. Quadersandstein. Gosauformation und Hippuritenkalk der Alpen.	Belemniten und Ammoniten sterben aus. Erste Laubhälzer.
	a) Untere Abteilung. (Kalke, Sandsteine, Tone, Mergel.)	Ammoniten und Belemniten; Rudisten: *Hippurites cornu vaccinum*; Austern.
	Die Wäldertonformation (engl. Wealden).	Große Landsaurier (Dinosaurier: *Iguanodon* usw.).
2. Juraformation oder das Oolithgebirge. Zeitalter der Ammoneen und Belemniten, der Fisch- und Flugsaurier.	*c*) Obere Abteilung. Malm oder weißer Jura (Tonmergel, Kalke, Kalkoolithe, Korallenkalke, Dolomite).	Erste Knochenfische, Schildkröten, Flugechsen (*Pterodactylus*) und der Eidechsenvogel (*Archaeopteryx*). Riffbauende Korallen und Spongien (Seeschwämme).
	b) Mittlere Abteilung. Dogger oder brauner Jura (Kalke, Sandsteine, Tone, Mergel, Rot- und Brauneisenoolithe).	Kleine eplacentale Säuger im englischen Dogger. Die größten Belemniten.
	a) Untere Abteilung. Lias oder schwarzer Jura (Kalke, Sandsteine, Tone, Mergel und bituminöse Schiefer).	Pentacriniten, Belemniten, Ammoniten und Meeressaurier (*Ichthyosaurus*, *Plesiosaurus*). Kryptogamen, Koniferen und Zykadeen.
1. Triasformation oder das Salzgebirge. Zeitalter der großen Froschsaurier (Panzerlurche) und der ersten Säugetiere.	Grenzschichten gegen den Jura. Knochenbett (Bonebed); Mergelkalke und Sandsteine.	
	c) Obere Abteilung. Lettenkohle und Keuper. Hauptdolomit, Hallstätter und Dachsteinkalk (Sandsteine, bunte Mergel, Gips und Dolomit).	*Microlestes antipuus* (ältester Säugetierrest). Froschsaurier (*Mastodonsaurus*) und Krokodile (*Belodon*).
	In den Alpen großartige Entwicklung von Korallriffen und Ammonitenkalken.	
	b) Mittlere Abteilung. Muschelkalk (Kalke, Dolomite, Mergel, Gips- u. Steinsalzlager).	Die Seelilie (*Encrinus liliiformis*), langschwänzige Krebse, Meeressaurier (*Nothosaurus*).
	a) Untere Abteilung. Buntsandstein. Werfener Schiefer der Ostalpen (Konglomerate, Sandsteine und Mergel).	Riesige Schachtelhalme, Zapfenpalmen (Zykadeen) u. Nadelhölzer; Fährten von Froschsauriern (Labyrinthodcnten).

Klasse der Weichtiere aus; unter ihnen erreichen die Kephalopoden Weichtiere in den Ammoniten und Belemniten (Donnerkeilen) ihre höchste Blüte.

Bei den Fischen treten homozerke (symetrisch-schwänzige) Schmelzschupper an die Stelle der heterozerken und erscheinen die ersten wahren Knochenfische. Am bezeichnendsten für das Mittelalter der Erdgeschichte werden aber die Reptilien und unter ihnen die Saurier. Die höchsten Ordnungen der Wirbeltiere zeigen sich nur in den ersten Spuren von Vögeln, und zwar bezahnte Formen und von Säugetieren aus der Unterklasse der Beuteltiere.

Die sekundären Formationen lassen sich in folgender Weise gliedern (s. S. 9):

5. Viertes Zeitalter.

Die käno- oder neozoische Ära oder Neuzeit der Erde. Die Formationen dieses Zeitalters werden in zwei Systeme unterschieden: in das Tertiär und Quartär.

Die auf die Kreide zunächst folgenden tertiären Formationen: das Paläogen oder Alttertiär und das Neogen oder Jungtertiär zeigen einen vielfachen Wechsel von Süßwasser- und Meeresbildungen, was auf bedeutende Niveauveränderungen während der Tertiärperiode hindeutet.

In petrographischer Beziehung sind die tertiären Bildungen sehr mannigfaltig zusammengesetzt. Feste Konglomerate (Nagelfluh), kompakte Kalke (Grobkalk), Sandsteine und Schiefer finden sich ebensowohl wie weiche Sandsteine (Molasse), lose Sande und plastische Tone (Tegel). Die tertiären Ablagerungen sind reich an Steinsalz, Gips, Schwefel und Petroleum; Süßwasserbildungen sind vor allem die Braunkohlen. Das Vorkommen der letzteren ist so charakteristisch für die tertiären Formationen, daß man dies auch das Braunkohlengebirge genannt hat. Dagegen sind sie arm an Erzen und sind Brauneisenerze (Bohnerze, Raseneisenstein usw.) fast die einzigen Erzvorkommnisse.

Die känozoische Periode ist durch das Auftreten großer Säugetierfaunen ausgezeichnet. Hochentwickelte Floren, in welchen die höchsten Pflanzenformen, kronenblütige Gewächse, bereits reich vertreten sind, bedeckten schon im Paläogen das Land.

Dagegen verschwinden ganze Reihen von Tierformen, wie die Ammoneen, die Belemniten, Nerineen, die Rudisten und Inoceramen, von höheren Tierformen aber die Dinosaurier, Ichthyosaurier usw. Andere Tier- und Pflanzenfossilien werden mehr und mehr zurückgedrängt und auf engere Grenzen beschränkt, wie z. B. die Zykadeen und Palmen. Die Hauptabteilungen der känozoischen Periode sind (s. S. 11):

Wenn nun in großen Zügen die in den aufeinanderfolgenden Zeiträumen der Reihenfolge nach entstandenen Gesteinsschichten unseres Erdballes geschildert wurden, so soll im nachfolgenden eine kurze Beschreibung der im Ostrau-Karwiner Steinkohlen-Reviere vorkommenden

Formationen gegeben werden, wie dies zum vollen Verständnis der zu behandelnden Fragen auch notwendig erscheint.

Die Hauptabteilungen der känozoischen Periode:

3. Quartärformation. Zeitalter des Mammut und des Urmenschen.	*b*) Alluvium. Süßwasser- und Salzwasserbildungen der Gegenwart. Torfmoore, Korallenbauten, vulkanische Produkte.	Fauna der Jetztzeit.
	a) Diluvium. *c*) Nach- o. postglaziale Stufe. *b*) Eiszeit. *a*) Vor- oder präglaziale Stufe (Höhlenlehm, Löß, erratische Blöcke, erratischer Schutt, Geröll- und Sandablagerungen).	Diluviale Säugetierfauna: Mammut, Höhlenbär, Höhlenlöwe, Rentier, Auerochs, Moschusochs, Pferd, Riesenhirsch usw. Auftreten des Menschen in Europa.
2. Neogenformation[1]) (jüngere Tertiärformation) oder das jüngere Braunkohlengebirge. Zeitalter der Mastodonten (Zitzenzahnelefanten).	*c*) Obere Abteilung. Congerien- und Süßwasserstufe (Geschiebe, Sande und Tone). Belvedere- und Congerienschichten.	Säugetierfaunen: *Mastodon, Dinotherium, Aceratherium, Hippotherium* usw. Warmes gemäßigtes Klima. (Asiatische Pflanzenformen.)
	b) Mittlere Abteilung. Sarmatische Stufe (Kalke, Sandsteine, Sande, Tone). Cerithienkalk, Tegel von Nußdorf usw. Marine, zum Teil brackische Ablagerungen.	*Andrias Scheuchzeri* (Riesensalamander von Öningen am Bodensee). Warmes gemäßigtes Klima. (Nordamerikanisch-atlantische und mediterrane Pflanzenformen.)
	a) Untere Abteilung. Mediterrane Stufe (Kalke, Konglomerate, Sande, Tone), Leithakalk, Pötzleinsdorfer Sand, Badener Tegel usw. Marine Ablagerungen.	In Zentraleuropa: Palmen, Bambus, Lorbeer, Feige, Magnolie, Pappel, Ulme, Birke usw. Gemäßigt tropisches Klima. (Indisch-australische Pflanzenformen.)
1. Paläogenformation (ältere Tertiärformation) oder das ältere Braunkohlengebirge. Zeitalter der Paläotherien und der Nummuliten.	*b*) Obere Abteilung. Oligocän (Kalke, Sandsteine, Tone, Mergel usw.). Gips des Montmartre (Paris). Bernsteinführende Schichten des Samlandes.	Mehrere große Säugetierfaunen folgen aufeinander. Nummuliten. In Zentraleuropa viele echt tropische Pflanzen: Palmen, Sequoien, Lorbeer, Proteaceen, Araliaceen, Zimtbäume neben Feigen und immergrünen Eichen, Platanen usw.
	a) Untere Abteilung. Eocän[2]) (Kalke, Sandsteine, Tone, Mergel; Grobkalk von Paris, London-Ton, Pyramidenbaustein von Mokattam Ägypten), Nummulitenformation der Alpen und Karpathen.	

[1]) Die Gliederung nach dem Vorkommen in Osteuropa und speziell im Wiener Becken.

[2]) Mit dem Paleocän.

B. Das Ostrau-Karwiner Steinkohlenrevier.

Aus der Monographie des Ostrau-Karwiner Steinkohlenrevieres (1884) ist darüber folgendes zu entnehmen.

1. Das produktive oder flözführende Steinkohlengebirge.

Die vorliegende Kohlenformation, ungerechnet die zufälligen Einschlüsse und sporadischen Vorkommnisse, besteht vornehmlich aus Sandsteinen und Kohlenschiefern, zwischen denen die einzelnen Kohlenflöze von wenigen Millimetern bis zu 4 m Mächtigkeit eingelagert sind.

Die Sandsteine sind meist hell, grau oder gelb gefärbt, mitunter von schiefriger Struktur, in den meisten Fällen jedoch in Schichten von 1 cm bis mehreren Metern Stärke auftretend. Es gibt milde und sehr feste, dann feinkörnige Sandsteine und solche mit groben Quarzkörnern bis zu 8 cm^3, so daß dieselben den Namen Quarzkonglomerate verdienen. Das Bindemittel ist vorherrschend kieseliger Art und enthält Glimmerplättchen fein eingesprengt. Je mehr man sich dem Liegenden der Formation nähert, desto besser werden die Sandsteine und liefern ein gutes Baumaterial.

Kohlenschiefer gibt es helle und dunkle, welche letzteren durch Aufnahme von bituminöseren Bestandteilen in eigentlichen Brandschiefer (hier Sklak genannt) übergehen und oft das unmittelbar Hangende oder Liegende des Flözes bilden. Die Kohlenschiefer sind meist tonig und feinkörnig, öfter jedoch sandig, enthalten Glimmer und Eisenkies eingesprengt, zerfallen leicht an der Luft und kommen in Lagen von 1 cm bis 20 cm Stärke vor. Diese Schiefer sind die eigentliche Vorratskammer aller Arten von Überresten der Steinkohlen-Flora und -Fauna.

Als fremdartige Bestandteile des Kohlengebirges treten auf: die linsenförmigen Einlagerungen von Sphärosideriten mit Eisenspatkristallen und Naknit, von 1—2 cm Durchmesser, der Eisenkies als feiner Anflug oder in Kristallen von 1 mm bis 1 cm Durchmesser, der Kalkspat als Gangschnürchen im Sandstein und Schiefer.

Das eruptive Gestein, hier allgemein mit dem Namen Basalt benannt, kennen wir im Revier in zwei wesentlich verschiedenen Vorkommen, und zwar erstens als stock- und gangförmige Masse innerhalb des Kohlengebirges und zweitens als Geschiebe lose geschichtet in der Überlagerung.

2. Das tertiäre Gebirge.

Bei allen Schachtabteufen, Bohrungen und Bahneinschnitten beobachteten hiesige Bergleute über dem Kohlengebirge liegend eine Aufeinanderfolge von milden Sandsteinen, Schiefern, Konglomeraten, Sand, Schotter, Tegel, Letten und Lehm, welche allgemein seit Jahren mit dem Worte tertiäre Überlagerung bezeichnet werden und alles in sich fassen, was vom Rasen an über dem Steinkohlengebirge liegt, und welche Bezeichnung wir als praktisch und unseren Verhältnissen angemessen auch beibehalten wollen. Eine nähere Prüfung der Schichten hat selbst jedem Laien in der Geologie dargetan, daß dieselben aus drei wesentlich voneinander verschiedenen Gruppen bestehen, die wir der Reihe nach von unten nach oben näher betrachten wollen.

a) Erste Gruppe der Tertiären. Die Gesteine dieser Gruppe, welche unmittelbar am Kohlengebirge aufliegt, doch nicht immer vorhanden ist, sondern manchmal ganz fehlt, manchmal wieder nur durch eine oder andere Schichte vertreten ist, bestehen aus:

a) feinkörnigem, wasserführendem Sand von hellgrauer Farbe, mitunter ganz ohne Einlage, oft jedoch mit Sandsteingeschieben von 20 cm bis 100 cm Durchmesser durchsetzt, welche Geschiebe flach liegen und Brodlaiben ähnlich sehen;
b) grünlichen und gelblichen Sandsteinen, nicht sehr fest und von geringer Mächtigkeit;
c) kleinen Schichten von Mergelton;
d) Trümmern und Gewölben von Granit, Gneis, Kohlensandstein u. a. m., von einem grauen Letten umschlossen;
e) festem Sandstein mit runden Absonderungen wie bei a) oder auch nur mildem Sand mit denselben Absonderungen.

Alle diese Schichten kommen nicht überall vor, dieselben wiederholen sich auch und wechsellagern in verschiedener Ordnung bis auf die Schichte a), welche, wenn überhaupt vorhanden, immer am Steinkohlengebirge aufliegt. Man findet diese Gruppe nur in den tiefsten Punkten der Auswaschungen des Kohlengebirges in Schichten von wenigen Zentimetern bis zu 15 m Mächtigkeit.

b) Zweite Gruppe der Tertiären. Diese Gruppe ist sehr scharf markiert und besteht nur ausschließlich aus einem lichtbläulichen oder gelblichen Tegel in zwei Bänken, wovon die untere sehr fest ist und beim Schachtabteufen mit Pulver gesprengt werden muß, während die obere Bank minder fest erscheint. Der Tegel enthält mitunter Sandstreifen oder ist so mit Sand vermischt, daß er einem Sandsteine mit lettigem Bindemittel nicht unähnlich ist. Auch Lignitkohle in Schichten von 4 bis 10 cm ist darin gefunden worden. Der Tegel füllt alle Auswaschungen des Steinkohlengebirges von einigen Metern bis zu einer bekannten Mächtigkeit von 400 m und sicher noch darüber hinaus, und bildet seine obere Begrenzung im ganzen Reviere eine fast horizontale Fläche, die etwa 10 m unter dem Niveau des Jaklowetzer Erbstollens liegt.

c) Dritte Gruppe der Tertiären. Über dem Tegel und dort, wo derselbe fehlt, finden wir mit Ausnahme des zutage ausgehenden Kohlengebirges auch unmittelbar auf demselben liegend:

a) Schotter und Sandbänke, wechsellagernd stark wasserführend, von 20—40 m Mächtigkeit angesammelt;
b) feiner Sand, nicht wasserführend, ganz rein oder mit Lehm gemengt, ist aller Orten, auch auf den hochgelegenen Kuppen der Steinkohlenformationen anzutreffen;

Nivellette der Montanbahn
Überlagerung des Kohlengebirges
3. Hangend- od. Mächtige-Flöz 2,50 m
2. Hangend- od. Juno-Flöz 1,10 m
1. Hangend- od. Urania-Flöz 0,63 m
1. Liegend-Flöz 0,47 m
2. Liegend-Flöz 0,95 m
3. Liegend-Flöz
4. Liegend-Flöz Oberbank 0,80 m
Unterbank 1,30 m
Kohlengebirge

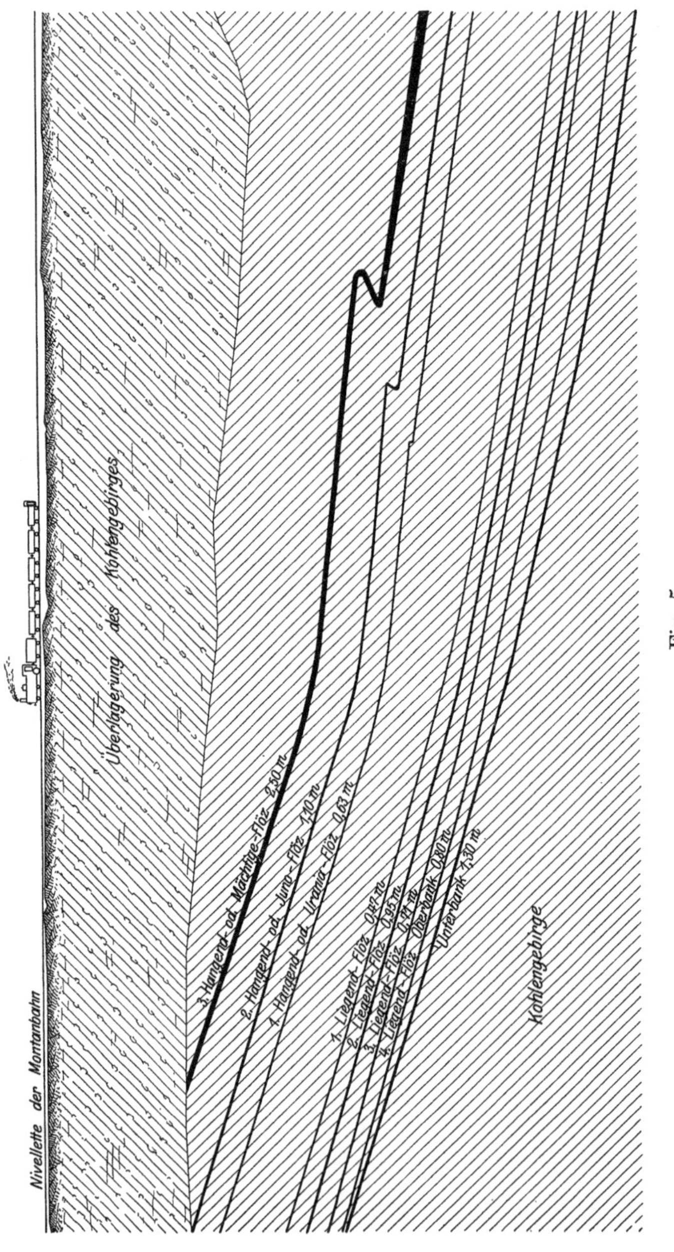

Fig. 5.

c) Lehm, gelblich von Farbe, der zur Ziegelfabrikation verwendet wird; doch ist derselbe mehr sandig, so daß er zu benanntem Zwecke nur ein mittelmäßiges Material abgibt. Dessen Mächtigkeit variiert von 1 bis 20 m.

Post a) dieser Gruppe ist allgemein präzise mit dem Namen Diluvium und Post b) und c) mit dem Namen Alluvium bezeichnet.

So wie der Tegel, ist auch die dritte Gruppe der tertiären Überlagerung ganz horizontal abgelagert".

3. Darstellung eines geologischen Querschnittes durch das Ostrau-Karwiner Kohlengebirge.

Das Ostrau - Karwiner Kohlengebirge ist nur zum geringsten Teile anstehend und wird zum weitaus größten Teile von mehr oder weniger mächtigen tertiären Gebirgsschichten, zumeist von massigen Tegelschichten überlagert. Unsere Erfahrungen bezüglich der Bahnsenkungen erstrecken sich sowohl auf jene Gebiete, wo die tertiäre Überlagerung in verschiedenen Mächtigkeiten variiert, als auch auf Gebiete, wo das Kohlengebirge zu Tage ansteht, wie am Burniaflügel der Montanbahn, wo der älteste Bergbau des Revieres (1770) betrieben wird.

In Fig. 5 ist ein geologischer Querschnitt in der Richtung einer Montanbahnstrecke ersichtlich gemacht, an welchem die Aufeinanderfolge der Gesteins-Formationen ersehen werden kann.

II. Die Theorie der Bodensenkungen infolge Kohlenabbaues.

A. Die Theorien der verschiedenen Kohlenreviere.

In kurzen Zügen sei nun die Geschichte der Theorie der Bodensenkungen vorgeführt und bemerkt, daß der Beginn der Kollisionen zwischen Bergbautreibenden und obertägigen Hausbesitzern zugleich jenen Zeitpunkt darstellt, seit welchem man es versucht hat, die Bodenbewegungen infolge Bergbaues theoretisch zu erörtern.

In übersichtlicher Weise hat E. Kolbe in seinem Buche über „die Translokation der Deckgebirge durch Kohlenabbau" (1903) eine Reihe der bekanntesten Theorien angeführt, welche hier in gedrängter Form wiedergegeben werden sollen.

1. Die Gonot'sche Theorie.

Belgien ist das Vaterland der Theorie der Bodensenkungen, und waren im Jahre 1839 Hausbeschädigungen in Lüttich Anlaß für den belgischen Ingenieur J. Gonot eine Theorie der Bruchrichtung zu entwickeln, welche darin gipfelt, daß behauptet wird, die Bruchrichtung sei eine Normale auf das Flözfallen[1]. Gonot stützte diese Theorie (Fig. 6) auf die mehrfache Wahrnehmung, daß die Häuser zu Lüttich, welche beschädigt wurden, je nach dem Fortschritte des Abbaues immer nach dem Gesetze dieser Normalen in den Devastationskreis einbezogen wurden, und brachte für diese tatsächlich auch an anderen Orten vielfach beobachtete Erscheinung

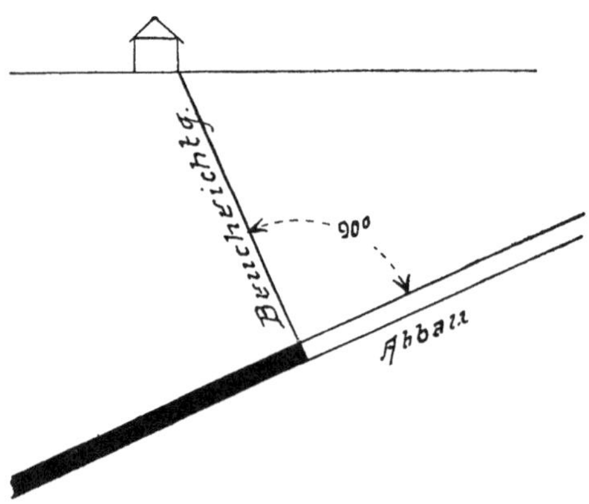

Fig. 6.

[1] Über die geognostische Lage einer Gesteinsschichte gibt man sich Rechenschaft, indem man das „Streichen" und „Fallen" (Flözfallen, Einfallen oder Verflächen) derselben bestimmt. Unter Streichen versteht man die Richtung einer auf der Schichtungsfläche gezogen gedachten horizontalen Linie, verglichen mit dem Meridian des betreffenden Ortes, unter Verflächen (Flözfallen) einer Schichte deren Neigung gegen die horizontale Ebene.

die folgende theoretische Erklärung bei. Gonot zerlegt nach dem Parallelogramm der Kräfte (Fig. 7) die beim Niedersinken der Gebirgsschichten in Wirkung tretende Schwere der Gesteinsmassen y in zwei Kräfte, deren erstere mit dem Flözfallen parallel läuft x und durch den Widerstand im Gestein aufgehoben wird, während die Komponente z rechtwinklig zum Flözeinfallen gerichtet ist und für die weitere Untersuchung allein in Betracht kommt.

Diese Theorie war im Jahre 1858 der Mittelpunkt heftiger gegnerischer Erörterungen hervorragender belgischer Bergingenieure, und im Jahre 1880 hat Prof. F. Rziha von der technischen Hochschule in Wien gelegentlich eines Gutachtens die Gonotsche Theorie als sich widersprechend und fragmentarisch bezeichnet.

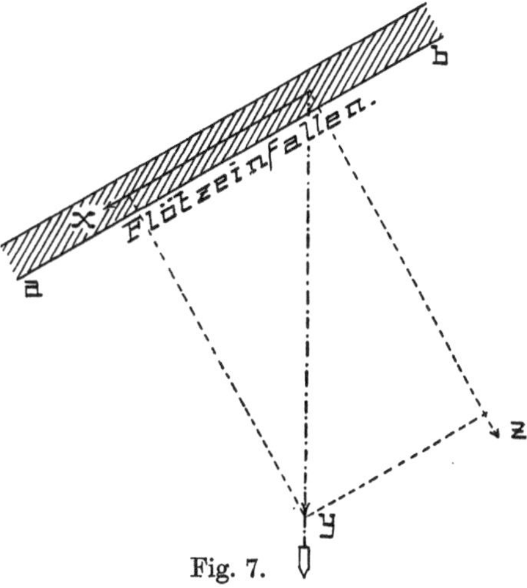

Fig. 7.

Während der Verhandlungen des Prozesses der Lütticher Hausbesitzer gegen die Bergwerksgesellschaft D'Avroy Boverie erschien eine Broschüre des belgischen Ingenieurs J. Gonot unter dem Titel:

„Abhandlung über die Beschädigungen der längs des Quaie de Fragnée von Nord-Ost nach Süd-West gelegenen Häuserreihe, die bis ungefähr 250 m an die Paradieskapelle in Lüttich herantritt."

Gonot kam in seinen Ausführungen zum Schlusse, daß die Hausbeschädigungen in Lüttich einzig und allein nur durch Kohlenabbau verursacht sein konnten.

Seitens der Gewerkschaft D'Avroy Boverie erfolgte am 1. Mai 1858 eine scharfe öffentliche Erwiderung, welche die gesamten Behauptungen der Gonotschen Broschüre zu widerlegen versuchte.

Die Provinzialverwaltung beauftragte nunmehr die Ingenieure Wellekens und Rucloux, ein Gutachten über die vielfach erörterten Hausbeschädigungen abzugeben. Diese Experten kamen nach eingehender Prüfung der Sachlage zum Resultate, daß die Kohlenabbaue nicht als Ursache für die aufgetretenen Hausschäden anzusehen sind.

Inzwischen hatte der Minister für öffentliche Arbeiten infolge des allgemein Aufsehen erregenden Falles durch Beschluß vom 31. Mai 1858 eine Spezialkommission eingesetzt, welche die Frage über die Einwirkung der bergmännischen Arbeiten auf die Oberfläche im allgemeinen zu behandeln hatte und sich außerdem mit den Beschlüssen der Kommission vom Jahre 1839 zu befassen hatte, welche letztere auf Grund eingegangener Beschwerden der städt. Verwaltung zu Lüttich eingesetzt worden war. Diese Kommission hatte im Jahre 1839 die zu belassenden Sicherheitspfeiler und alle zur Sicherheit der Stadt nötigen Betriebseinschränkungen festgesetzt.

Auch die neue Kommission vom Jahre 1858 erachtete die im Jahre 1839 festgesetzten Maßnahmen als vollständig ausreichend.

Im Gutachten des Ing. Rucloux wurde vor der verallgemeinerten Anwendung der Gonotschen Theorie gewarnt.

Rucloux führte aus, daß die Gonotsche Theorie an einer apodiktischen Bestimmtheit leide, welche in der Praxis zur Schablonenhaftigkeit führt.

„Verfolgt man die Gonotsche Theorie", führt Rucloux aus, „in ihren äußersten Konsequenzen, so gelangt man zu dem Resultate, daß je steiler ein Flöz ausfällt, in desto weitere Abstände die Bruchwirkung sich erstreckt; wenn das Flöz endlich senkrecht steht, erreicht die Perpendikuläre zur Flözfläche die Oberfläche gar nicht, sondern läuft parallel mit derselben als Horizontale in infinitum".

Trotz ihrer Mängel hat die Gonotsche Theorie weit über die Grenzen Belgiens Anklang gefunden.

Der belgische Ingenieur Gustave Dumont hat im Jahre 1871 (Des affaissements du sol produits par l'exploitation houillère, Lüttich 1871) die Grenzen gezogen, innerhalb welcher die Gonotschen Bruchrichtungen für das belgische Kohlengebiet zu benutzen wären. Dumont läßt die Gonotsche Behandlung der Bruchrichtungen nur bei einem Flözfallen bis zu 68° gelten.

2. Die Schulz'sche Theorie.

Wie in Belgien Ingenieur Gonot als Urheber der Bruchwinkeltheorie genannt wird, so darf dem Ingenieur A. Schulz nachgerühmt werden, in Deutschland der erste gewesen zu sein, welcher sich mit

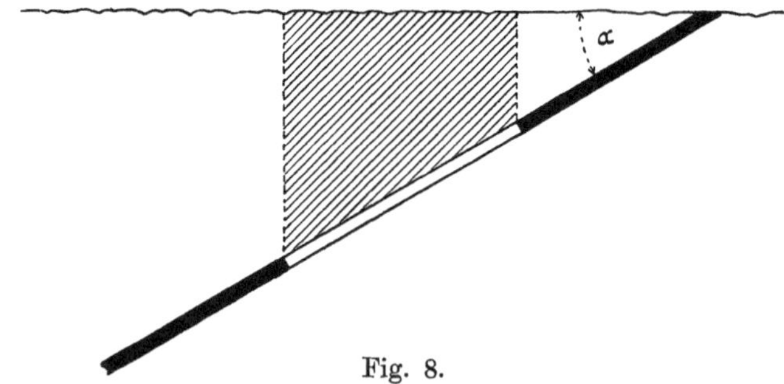

Fig. 8.

der theoretischen Erörterung der Bergbausenkungen befaßt hat. In seiner Abhandlung „Untersuchungen über die Dimensionen der Sicherheitspfeiler für den Saarbrücker Steinkohlenbergbau und über den Bruchwinkel, unter welchem die Gebirgsschichten in die abgebauten Räume niedergehen", kommt

Schulz zu dem Resultate, daß beim Brechen und Sinken im allgemeinen die Gebirgsschichten lotrecht niedergehen (Fig. 8), wenn dieselben vorwiegend aus Schieferbänken bestehen.

Wenn jedoch mehr oder weniger mächtige Sandsteinbänke die Hohlräume überlagern, nimmt die Bruchfläche eine Lage ein, welche von der Richtung der Lotrechten abweicht und sich mehr der auf die Einfallebene des Flözes senkrechten Richtung nähert (Fig. 9).

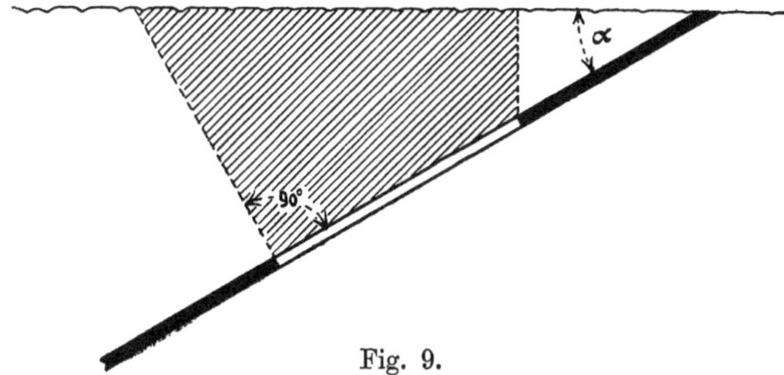

Fig. 9.

Bei einem 10^0 nicht übersteigenden Einfallwinkel α der Gebirgsschichten kann die Bruchfläche noch über die Normale hinausfallen, kann also mehr als 90^0 gegen das Fallen des Flözes geneigt sein.

3. Die Sparre'sche Theorie.

Bergassessor v. Sparre hat im Jahre 1867 die Gonotsche Theorie einer scharfen Kritik unterzogen und behauptet, daß die Richtung,

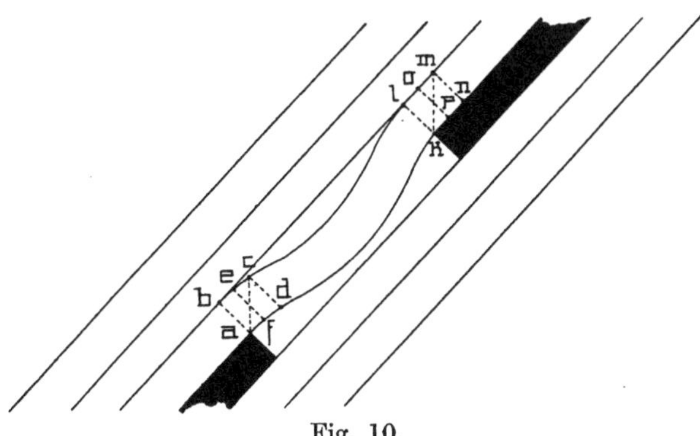

Fig. 10.

in welcher sich der Bruch nach der Höhe fortpflanzt, zwischen der Vertikallinie und der Normallinie auf die Schichtebene zu liegen kommt (Fig. 10).

Die in Fig. 10 dargestellte unterste Decklage würde nach Gonot in den Querschnitten a b und k l zu Bruche gehen. Dadurch aber, daß an dem unteren Teile das Gewicht der Deckschichten zum Teil abgestützt, die Spannung gegen das untere, festgehaltene Ende hin somit abgeschwächt wird, rückt der untere Bruchquerschnitt in den Abbauraum hinein (in die Linie e f). Am oberen Ende wird der Bruchquerschnitt in die Linie o p fallen, da durch den Widerstand der anliegenden Gesteinsmassen die Spannung an dieser Stelle so verteilt wird, daß die Querschnitte k l und m n dieselbe Spannung haben, der Bruch also ungefähr in der Mitte zwischen k l und m n erfolgen wird.

Nach den Versuchen von M. Fayol (Sur les mouvements de terrain provoqués par l'exploitation des mines, 1885) nimmt die Begrenzung der nach dem Kohlenabbau eintretenden Gebirgsbewegung paraboloidische Formen an.

Weitere Abhandlungen, welche die Senkungsfrage behandeln, stammen von J. Heising, Dr. Drassdo v. Dechen, Habets, Nasse und Prinz zu Schönaich.

In zahlreichen Gutachten hat in Deutschland das „Verhalten der das Kohlengebirge überlagernden Tertiärformationen beim Kohlenabbau" eine eingehende Erörterung gefunden.

Insbesondere wurde den wasserführenden Schichten eine große Bedeutung beigemessen, und hat der Umstand, daß die wasserführenden Gesteinsschichten der Tertiärformationen infolge Bergbaubetriebes (Abteufen von Schächten, Anlegung von Stollen usw.) teilweise oder ganz entwässert worden sind, wiederholt zu Prozessen geführt.

Die von den Sachverständigen abgegebenen Gutachten zeigen sehr voneinander abweichende Auffassungen, und ist die Ansicht am verbreitetsten, daß mit der Entwässerung eine Kontraktion des Erdbodens und demzufolge ein Niedergehen der wasserführenden Diluvialschichten eintritt.

Viele Fachleute gingen in dieser Anschauung so weit, daß sie nach Feststellung einer Entwässerung des Diluviums (durch Bohrungen oder Ausgrabungen) sofort auch ohne nähere Prüfung eine Bodensenkung als selbstverständlich annahmen und den Bergbaubetrieb als Urheber der Senkung infolge der Entwässerungen und der dadurch entstandenen Beschädigungen an der Tagesoberfläche betrachteten.

Diese gewagte Auffassung ist in vielen Prozessen für den Bergbautreibenden verhängnisvoll geworden.

Im allgemeinen kann man sagen, daß in wenig wissenschaftlicher Weise die Frage über das Abtrocknen der wasserführenden Gebirgsschichten erörtert worden ist, man hat sich vielmehr auf traditionelle Vermächtnisse verlassen, ohne die Volumsveränderungen des Bodens physikalisch zu prüfen und seine Eigenschaften sowie sein Verhalten vom wissenschaftlichen Standpunkte aus zu beobachten und zu studieren.

Oberberghauptmann v. Dechen, eine allgemein anerkannte Autorität unter den Bergingenieuren, hat in einem Gutachten betreffend die in den Jahren 1866 und 1868 bei Essen aufgetretenen Senkungen ein Gutachten abgegeben, in welchem er anführte, daß die Risse und Bodenbewegungen nicht durch eine unmittelbare Einwirkung der

Abbaue einzelner Steinkohlengruben auf die Oberfläche herbeigeführt worden sind. Der genannte Fachmann gab seiner Überzeugung Ausdruck, daß durch die von vielen Gruben, Bohrlöchern und Brunnen allmählich bewirkte teilweise Abtrocknung des das Steinkohlengebirge überlagernden Kreidemergels und Grünsandes die in Rede gestandenen Bergschäden verursacht worden sind.

In diesem Gutachten ist keineswegs von Senkungen gesprochen, die infolge Entwässerungen der Fließschichten eingetreten sind, sondern es sind Senkungen beim Kreidemergel nachgewiesen, welche durch die Auflösung des im Mergel vorhandenen kohlensauren Kalkes, also durch Substanzverluste entstanden sind.

Oberbergrat Gräff hat durch praktische Versuche festgestellt (Glückauf 1901), daß weder bei Kies, Sand oder Fließ bei Wasserentziehung Volumsveränderungen nachzuweisen sind. Der vorgenannte Fachmann kommt zu der Schlußbetrachtung, daß eine Senkung der Erdoberfläche durch Entwässerung loser diluvialer Gebirgsschichten nicht eintritt, wenn kein Verlust an festem Steinmaterial durch Wegschlämmung oder Auflösung erfolgt, unter Voraussetzung eines unverändert bleibenden Druckes an der Erdoberfläche.

Herr Bergrat Fr. Bernardi in Zalence vertritt in einem Gutachten den Standpunkt, daß durch die bloße Abtrocknung von Sandschichten weder eine Volumsverminderung noch eine verminderte Tragfähigkeit derselben eintreten kann.

„In den mit Wasser getränkten Sandschichten", führt der Sachverständige aus, „ruht schon wegen des höheren spezifischen Gewichtes des Sandes Sandkorn auf Sandkorn, und die Lasten der Oberfläche werden durch diese aufeinander ruhenden Sandkörner und nicht durch den Wassergehalt derselben getragen.

Der schlagende Beweis, daß es so ist, geht daraus hervor, daß, wenn die Abtrocknung des Sandes ein vermindertes Volumen oder wenigstens eine verminderte Tragfähigkeit desselben zur Folge hätte, doch eine Nässung von trockenen Sandschichten die umgekehrten Folgen haben müßte.

Dabei halte ich es durchaus nicht für ausgeschlossen, daß die Wasserentnahme aus einem in der nächsten Nähe eines Gebäudes befindlichen Brunnen Erdbewegungen veranlassen und damit das Gebäude schädigen kann; das kann aber immer nur auf dem Wege geschehen, daß mit dem dem Brunnen zuströmenden Wasser gleichzeitig fein verteilter Sand dem Brunnen zugeführt wird."

Im Jahre 1899 hat der Markscheider W. H. Trompeter eine Broschüre veröffentlicht, in welcher er die Expansivkraft im Gestein als die Hauptursache der Bewegung des den Bergbau umgebenden Gebirges bezeichnete.

In Deutschland wurde die Frage des Studiums der Bergbausenkungen im Jahre 1894 neuerlich angeregt anläßlich des Projektes einer Kanalverbindung von Herne nach Ruhrort, und haben die Gegner der bezüglichen Regierungsvorlage Bedenken gegen die Ausführung des geplanten Kanales wegen des unter der Kanallinie betriebenen Bergbaues vorgebracht.

Die Ablehnung dieser Projektsvorlage gab dem Oberbergamte in Dortmund Veranlassung, die Frage der Bodensenkungen einem eingehenden Studium zu unterziehen.

4. Die Beobachtungen des Oberbergamtes zu Dortmund.

Um nun wenigstens für die Zukunft neues Material in dieser Beziehung zu sammeln, wurden Nivellements durchgeführt und Karten verfaßt, und die Bergwerksbesitzer haben hierbei ein großes Entgegenkommen den Bergbehörden gegenüber gezeigt, wie dies im Artikel „Über die Einwirkung des unter der Mergelüberdeckung geführten Steinkohlenbergbaues auf die Erdoberfläche im Oberbergamtsbezirke Dortmund“ in der „Zeitschrift für das Berg-, Hütten- und Salinenwesen im preußischen Staate“ im Jahre 1897 betont wird.

Aus dieser interessanten Veröffentlichung ist zu entnehmen, daß nach den Erfahrungen im westfälischen Bergbaue ein Totlaufen der Einwirkung des Abbaues niemals vorkommen kann, daß also der Begriff der schadlosen Tiefe für die dortigen Verhältnisse illusorisch erscheint. Es wird ferner erwähnt, daß sich in Westfalen muldenförmige Senkungen gezeigt haben, deren horizontale Ausdehnungen weit größer sind, als nach den üblichen Bruchwinkelkonstruktionen vermutet werden konnte, und es ist betont, daß die senkrechte Ausdehnung des bergbaulichen Einflußes mit zunehmender Mergelstärke abnimmt. Eine Reihe interessanter Erfahrungs- und Messungsergebnisse ist in der gegenständlichen Abhandlung veröffentlicht, und hat das Oberbergamt Dortmund für das rheinisch-westfälische Kohlengebiet folgende Bruchwinkel angegeben.

1. Im Steinkohlengebirge ist der Bruchwinkel: a) an der untersten Abbaugrenze bei ganz flachen Flözen bis etwa 15^0 Einfallen zu höchstens 75^0 anzunehmen; er nähert sich aber bei stärkerem Einfallen mehr dem natürlichen Böschungswinkel, ohne jedoch selbst auf steilstehenden Flözen unter 55^0 bei normalen Verhältnissen herabzusinken.

Bei einer Flözneigung von 15^0 bis 35^0 steht die Bruchebene der unteren Abbaugrenze senkrecht zum Flözfallen, so daß also bei 35^0 Flötzneigung der Bruchwinkel $180 - (90 + 35) = 55^0$ den angenommenen geringsten Wert erreicht hat.

b) An der oberen Grenze des Abbaues ist der Bruchwinkel im Steinkohlengebirge für jedes Flözeinfallen zu 75^0 beibehalten worden.

2. Im Mergelgebirge pflanzt sich die Bruchebene unter einem Winkel von 70^0 zur Horizontalen nach der Oberfläche fort (Fig. 11, 12, 13, 14, 15, 16, 17, 18, 19).

Regeln zur Ermittelung der Ausdehnung des Bergbaues in größeren Teufen auf die Erdoberfläche unter der Annahme störungsfreier Ablagerung homogener Gebirgsschichten.

1. Profile in der Fallrichtung der Flöze.

0° bis 15°.

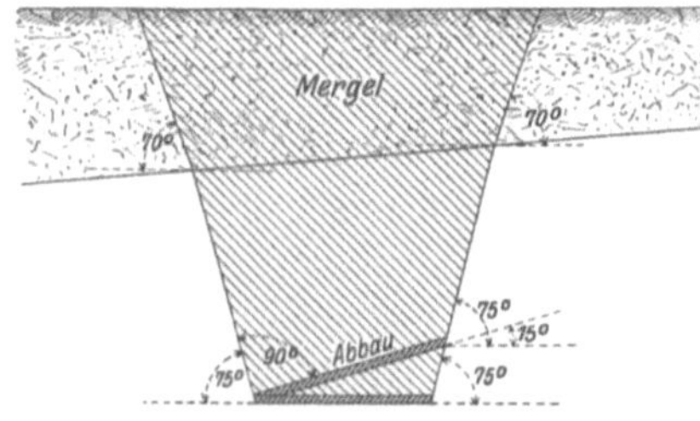

Fig. 11.

15° bis 35°.

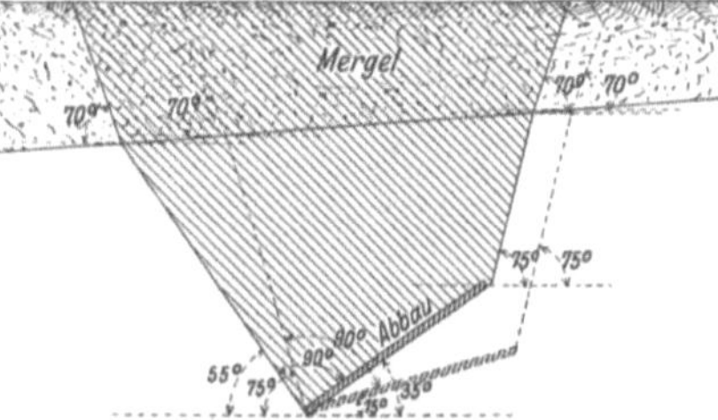

Fig. 12.

Über 35°.

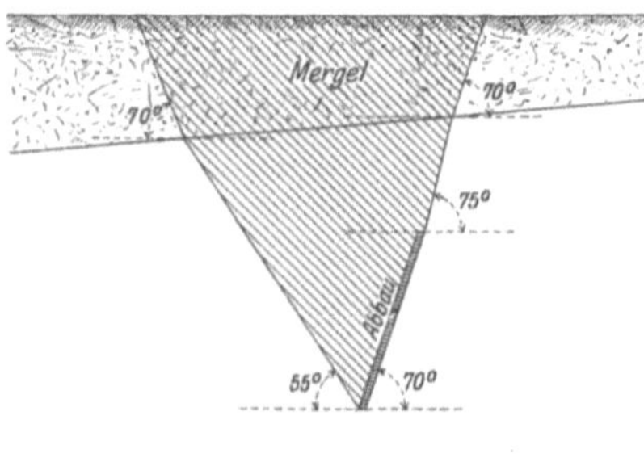

Fig. 13.

Mulde 60° u. 70°.

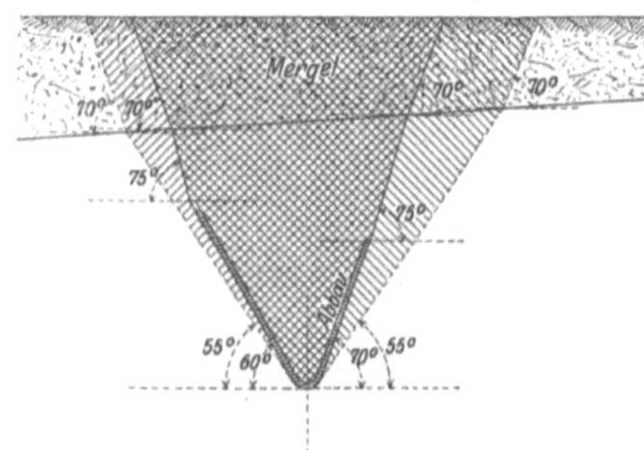

Fig. 14.

45° u. 50°. Mulde mit teilweise abgebauten Flügeln. 60° u. 70°.

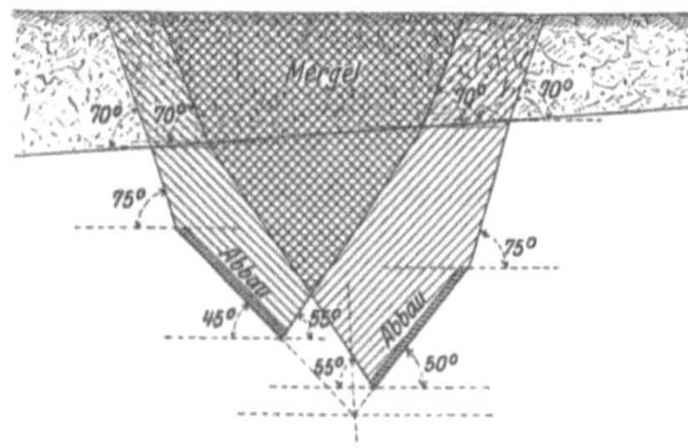

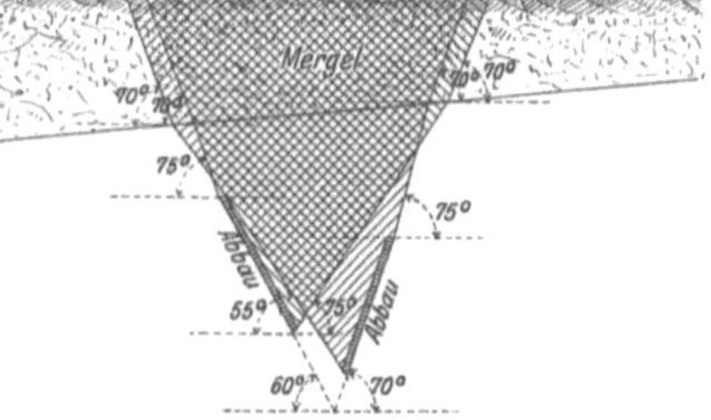

Fig. 15. Fig. 16.

Fig. 11 bis 16.
Beobachtungen des Oberbergamtes zu Dortmund.

Sattel 60° u. 70°.

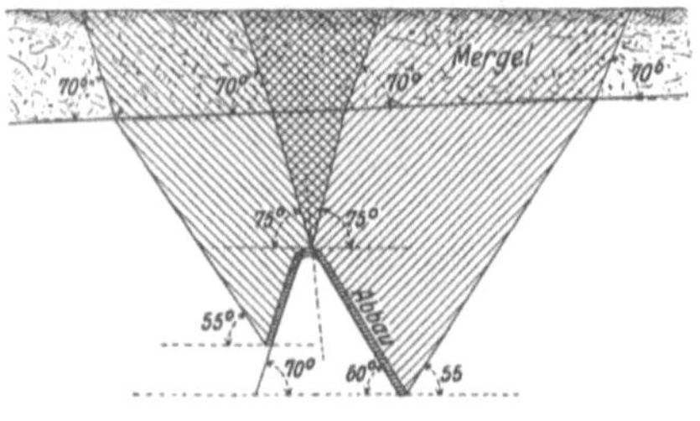

Fig. 17.

Sattel mit teilweise abgebauten Flügeln 20° u. 70°.

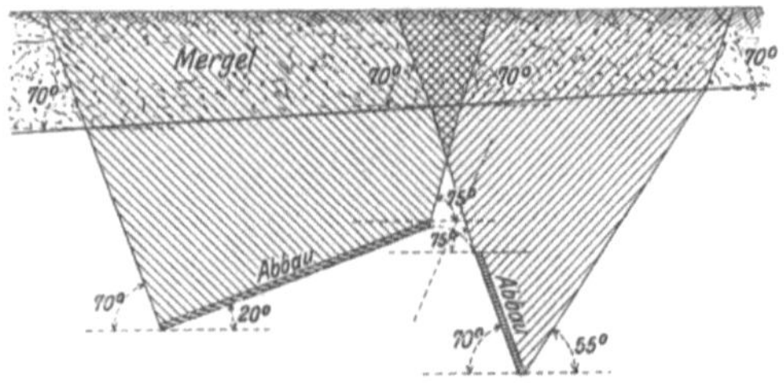

Fig. 18.

II. Profil in der Streichrichtung der Flöze.

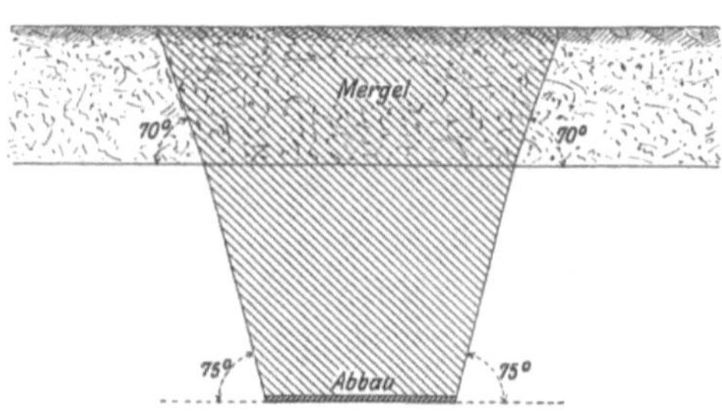

Fig. 19.

Die Größe der Senkungen ist, von örtlichen Sonderverhältnissen abgesehen, nach folgender allgemeiner Regel für Flözfallen bis zu 65° zu ermitteln:

$$s = f \cdot m \cdot \cos \alpha.$$

s Tiefe der Senkung.
m Abgebaute Kohlenmächtigkeit.
α Neigungswinkel des Flözes.
f Ein Koeffizient, der unter der Voraussetzung, daß mit vollkommenem Bergversatz abgebaut wird, anzunehmen ist mit höchstens
0,40 für Flözneigungen von 0—10°
0,30 „ „ „ 10—35°
0,25 „ „ „ über 35°
Bei Abbau ohne Bergversatz erhält f eine Größe bis zu 0,80.

Fig. 17 bis 19.
Beobachtungen des Oberbergamtes zu Dortmund.

5. Die Wachsmannsche Darstellung der Wirkung des Abbaues auf die ihn überlagernden Deckgebirge.

Im Jahre 1900 veröffentlichte Bergwerksdirektor Wachsmann in der Zeitschrift des Oberschlesischen Berg- und Hüttenmännischen Vereines eine lehrreiche Abhandlung, in welcher er die verschiedenen Arten der obertägigen Wirkungen infolge Kohlenabbaues diskutierte. Wachsmann führt unter anderem aus:

Es verändern sich die hängenden Schichten infolge Abbaues je nach ihrer Höhenlage in dreierlei Form: die untersten brechen zusammen, die nächsthöheren senken sich bei genügender Ausdehnung des Abbaues unter Auflockerung (Zerreißung), die obersten senken sich ohne solche (Fig. 20).

6. Die Theorie von R. Hausse.

Im Jahre 1907 ist in der Zeitschrift für das Berg-, Hütten- und Salinenwesen im preußischen Staate eine der umfassendsten und besten Bearbeitungen des in Rede stehenden Themas erschienen, indem der Bergingenieur R. Hausse eine sehr beachtenswerte Abhandlung veröffentlichte unter dem Titel:

„Von dem Niedergehen des Gebirges beim Kohlenbergbaue und den damit zusammenhängenden Boden- und Gebäudesenkungen".

Schon im Jahre 1885 hat Hausse im Jahrbuch für Berg- und Hüttenwesen im Königreich Sachsen der Betrachtung der Bruchrichtungen infolge Kohlenabbaues ein Kapitel gewidmet. Angeregt durch die in

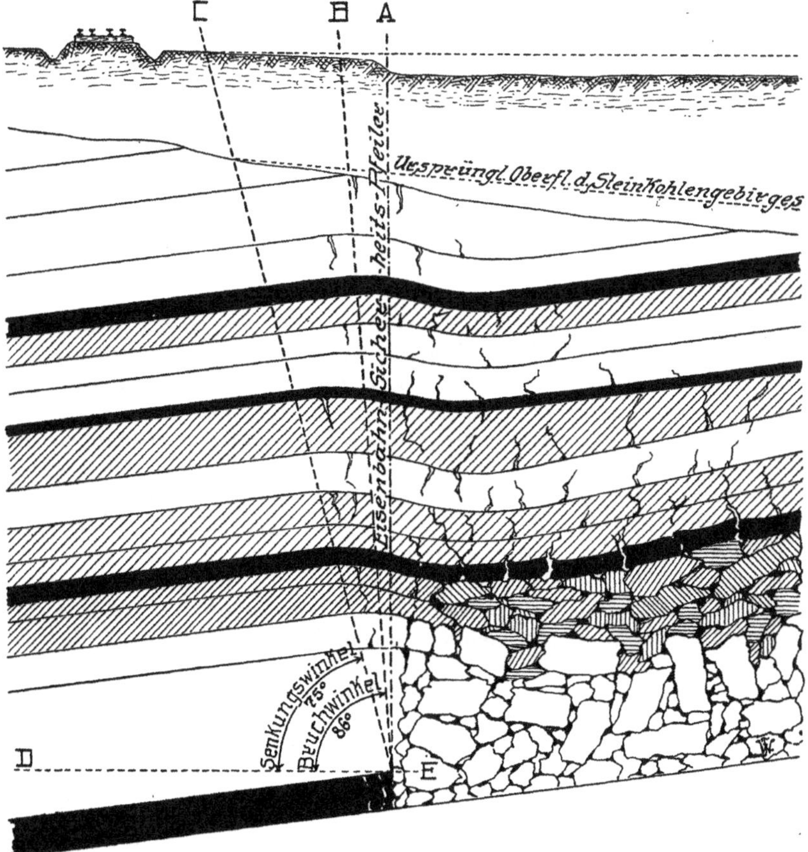

Fig. 20.
Schematische Darstellung der Abbauwirkungen an einer Abbaugrenze in Oberschlesien.

den 90er Jahren des vorigen Jahrhunderts in Westfalen eröffnete Diskussion des vorliegenden Problemes hat Hausse der Lösung desselben seine volle Aufmerksamkeit gewidmet, und es soll nun im folgenden in ganz kurzen Zügen die im Jahre 1907 erschienene hochinteressante Arbeit des genannten Fachmannes Erwähnung finden.

Im ersten Abschnitt des in Rede stehenden Elaborates behandelt Hausse die allgemeinen Ursachen, welche das Niedergehen des

Deckgebirges in die durch unterirdischen Abbau entstehenden Hohlräume verschiedenartig gestalten.

Abbau ohne Bergeversatz[1]) hat im allgemeinen zur Folge, daß das freigebaute Hangende[2]) zusammenbricht. Beim Abbau mit vollem Versatz legt sich dagegen das Hangende auf diesen und biegt sich, wenn es vorherrschend aus Schieferton besteht, allmählich ein. Beim Abbau ohne Bergeversatz ist nur da ein bloßes Einbiegen der Schichten möglich, wo schwache Flöze abgebaut werden, deren hangende Schichten eine so große Biegungsfähigkeit besitzen, als zu ihrer Einbiegung bis zur Sohle des abgebauten Flözes nötig ist.

Danach wird das Niedergehen des Hangenden als Bruch oder als Einbiegung oder als Bruch und Einbiegung zu unterscheiden sein. Das über einem durch Abbau entstandenen Hohlraum anstehende Gebirge (Hangende) bricht nach seiner Freilegung auf eine gewisse Weite zusammen. Es bricht solange nach oben, bis sich der ausgekohlte Abbauraum und der nach dem Zusammenbrechen darüber bildende Hohlraum durch die Auflockerung der Massen, die durch den Bruch entsteht, ausgefüllt haben.

Die Trennung des Gebirges voneinander, die durch Zubruchegehen der Schichten und Herabfallen der Bruchmassen in den ausgekohlten Raum erfolgt, soll mit Aufbruch im engeren Sinne, dagegen mit Aufbruch im weiteren Sinne, der kurz mit Aufbruch benannt sei, die gesamte Trennung und Auflockerung des Gebirges voneinander, soweit damit eine Zunahme der seitlichen Gebirgsbewegung verbunden ist, bezeichnet werden. Die Höhe dieses Aufbruches sei die Aufbruchhöhe. Wo das Gebirge bis zur Tagesoberfläche aufbricht, gibt es keinen vollen Aufbruchsraum; die mit der Abbauteufe gleich große Bruchhöhe ist dann nicht gleich der Aufbruchhöhe, sondern kleiner als diese. Das unmittelbare Niederbrechen des lotrecht über dem Hohlraum anstehenden hangenden Gebirges läßt sich von dem darauf folgenden Nachbrechen an den Stößen des Hohlraumumfanges und dem Abrollen oder Abgleiten der locker gewordenen Massen unterscheiden.

Jenes lotrechte Niederbrechen mag mit Hauptbruch, und dieses Nachbrechen mit Nachbruch bezeichnet werden. Das Gebiet, das von den Hauptbruchebenen begrenzt wird, sei der Hauptbruchraum, und das daran grenzende, zwischen dem Hauptbruch und der äußeren Begrenzung des Nachbruchs liegende Gebiet der Nachbruchsraum. Beide Gebiete zusammen bilden den Aufbruchraum. Der Höhenstreifen, in dem der Aufbruch stattfindet, bildet die Bruchzone.

Unter Bruchrichtung ist die mittlere Richtung der äußersten Nachbruchebene zu verstehen, die die an den Stößen des Aufbruchraumes nachgebrochenen oder durch Sprungrisse abgelösten Gesteins-

[1]) Unter Abbau mit Bergeversatz versteht man jene Abbaumethode, bei welcher die ausgekohlten Räume mit Bergen versetzt werden.

[2]) Diejenige Schichte oder Gesteinsmasse, welche über einer anderen liegt, nennt man nach der Bergmannssprache „das Hangende" und die darunter folgende „das Liegende" der betreffenden Schichte oder Gesteinsmasse.

massen begrenzt. Der Neigungswinkel, den diese Bruchebene mit der Horizontalebene einschließt, ist der *Bruchwinkel*.

Fig. 21 stellt einen Gebirgsdurchschnitt mit der Gebirgsbewegung dar, die eintritt, wenn ein horizontal gelagertes Flöz aus der Mitte abgebaut wird; darin bezeichnet a b c d den Querschnitt des Hauptbruchraumes, a c f und b d e bezeichnen den Querschnitt des Nachbruchraumes, a c und b d sind die Richtungen des Hauptbruches, a f und b e solche des Nachbruches.

Die hangenden Gesteinsschichten nehmen, nachdem sie durch den Kohlenabbau freigelegt und dann niedergebrochen sind, infolge der Auflockerung, die sich durch ihre Abtrennung voneinander und durch ihre Zerstückelung bei ihrem Hereinbrechen vollzieht, einen größeren Raum ein. Die Auflockerung ist unmittelbar nach dem Bruche am größten und vermindert sich dann in dem Maße, wie sich die Bruchmassen durch ihr Eigengewicht und, wenn der Bruch nicht zu Tage geht, durch das nach Ausfüllung des Aufbruchraumes auf sie aufsetzende Gebirge zusammendrücken.

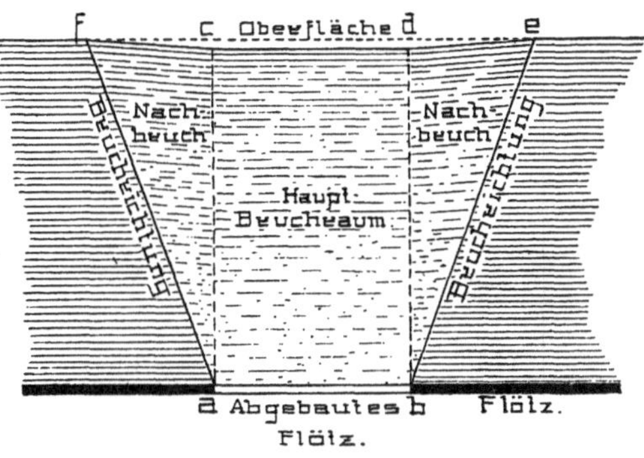

Fig. 21.

Das Verhältnis zwischen dem Volumen des zu Bruche gegangenen Gesteines in dem Zustande, in dem es sich befindet, nachdem der Aufbruch und das Zusammensetzen der Aufbruchmassen beendet ist, und dem ursprünglich anstehenden Volumen des Dachgebirges bezeichnet man mit dem *Volumvermehrungskoeffizienten*. Dieser ist von der *Volumvermehrung* zu unterscheiden, die den Betrag angibt, um wie viel sich das Volumen durch die Auflockerung der Massen vergrößert.

Von den Eigenschaften des Gebirges sind es namentlich die *Kohäsion* und die *Struktur* der Gesteine, die auf die Bruchrichtung einwirken.

Für das Steinkohlengebirge, erörtert *Hausse*, hat die Bruchrichtung eine geneigte Lage, die zwischen der *Lotlinie* und der *natürlichen Böschungsfläche* des betreffenden Gebirges liegt. Solange die genaue Kentnis der Lage der Bruchrichtung zwischen diesen ihren beiden Grenzebenen fehlt, wird diejenige Richtung in Frage kommen, die den Winkel *halbiert*, den die Lotebene mit der natürlichen Böschungsebene einschließt.

Nimmt man die Bruchböschung zu 50^0, also etwas steiler als die freie (natürliche) Böschung, so ergibt sich der Bruchwinkel zu $\frac{90 + 50}{2}$

= 70⁰ (Fig. 22). Diese Bruchrichtung setzt Hausse für horizontalgeschichtetes Sedimentärgebirge fest und erörtert alsdann die Abhängigkeit der Bruchrichtung von der Schichtenneigung.

Der Abbau der Flöze kann entweder in deren Streichen oder in deren Fallrichtung, und in dieser entweder nach dem Ansteigen oder nach dem Einfallen der Schichten fortschreiten. Nach jeder der drei Richtungen gestaltet sich die Lage des über dem Abbaustoß sich bildenden Nachbruches anders. In der Praxis baut man aber nicht bloß in streichender und schwebender Richtung ab, die den angeführten Richtungen entsprechen, sondern treibt auch diagonalen Abbau. Doch sollen sich die Untersuchungen auf die drei besagten Richtungen beschränken.

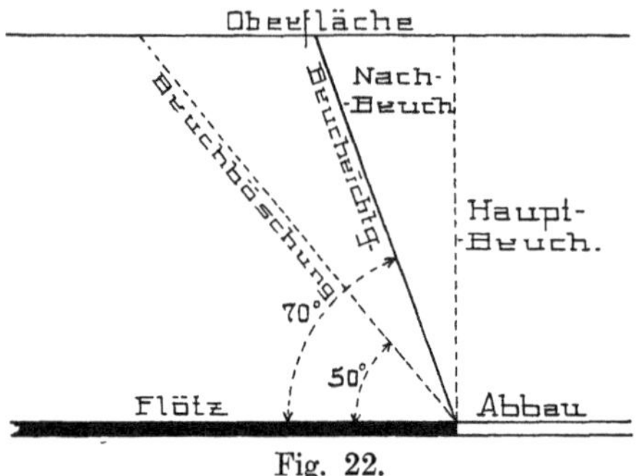

Fig. 22.

Zur Vereinfachung der Bezeichnung sollen die beiden rechtwinklig zum Flözstreichen liegenden Bruchebenen die der Seitenstöße, die rechtwinklig zum Flözfallen gerichteten mit Bruchebene am oberen Stoß und Bruchebene am unteren Stoß benannt werden.

Hausse vergleicht auch den Bruch von der Seite mit dem aus der Mitte. Während beim Abbau aus der Mitte die einzelnen Bruchfelder ringsum von festen Stößen umschlossen werden und die freigebauten Schichten vor ihrem Niedergehen am ganzen Umfang des Abbauraumes abbrechen müssen, stehen diese im offenen Bruch nur an einer Seite mit dem Gebirge im Zusammenhang. Jeder durch Pfeiler- oder Strebbau erfolgende Bruch geht als offener Bruch nieder.

Nur solange im frischen Kohlenfelde der ausgekohlte Hohlraum noch klein ist und die freigebauten Schichten am ganzen Umfang des Hohlraumes abbrechen müssen, wenn Bruch eintreten soll, kann dieser Bruch als Bruch aus der Mitte bezeichnet werden.

Der Bruch von der Seite ist der weitaus vorherrschendere.

Der obere Stoß fällt im offenen Bruch mit dem Arbeitsstoß des von oben nach unten fortschreitenden schwebenden Abbaues zusammen und bildet bei stehen zu lassenden Sicherheitspfeilern dessen obere Grenze, bis zu welcher von oben nach unten abgebaut werden kann, oder von welcher aus der Abbau nach oben zu erfolgen hat. Der untere Stoß ist der Arbeitsstoß des von unten nach oben vorwärtsrückenden schwebenden Abbaues, der die untere Grenze von Sicherheitspfeilern bildet, und bis zu dem der Abbau nach oben vorrücken kann, oder von welchem aus der Abbau nach unten zu beginnen hat. Im geschlossenen Bruch hat zwar der untere Stoß die höhere und der obere Stoß die tiefere Lage, doch hebt sich dieser Widerspruch in der Bezeichnung auf, sobald der geschlossene in offenen Bruch übergeht.

Die Seitenstöße sind die parallel zur Fallrichtung liegenden Begrenzungsflächen der Sicherheitspfeiler; sie fallen mit den Arbeitsstößen des streichenden Abbaues zusammen.

Die Richtung, nach welcher der erste Bruch stattfindet, bezeichnet Hausse als die Hauptbruchrichtung und setzt einen Annäherungswert fest, indem er für diese jene Richtung bestimmt, welche den Winkel zwischen der Lotlinie und der im Abbaustoß errichteten Normalen auf die Flözfallrichtung halbiert. Da der Winkel zwischen diesen beiden Linien mit dem Schichtenneigungswinkel (Flözwinkel) gleiche Größe hat, so weicht die Halbierungslinie um den halben Schichteneinfallswinkel von der Lotrechten ab. Der Winkel, den diese Halbierungslinie mit der Horizontalebene einschließt, zeigt die Neigung der Lage der Hauptbruchebene oder den Hauptbruchwinkel an.

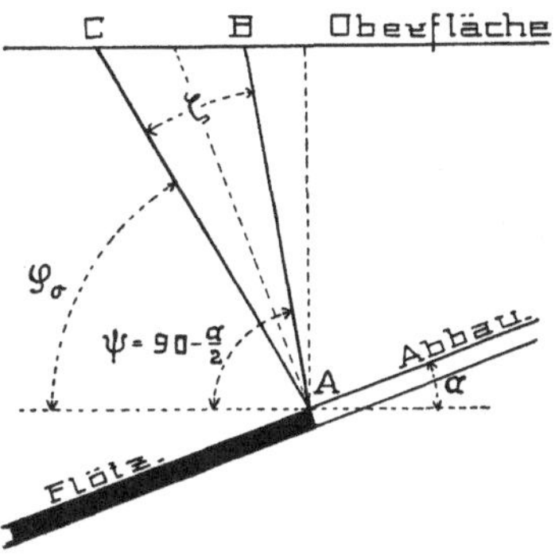

Fig. 23.
AB Hauptbruchrichtung, AC Nachbruchrichtung.

Hausse erörtert in eingehender Weise die Abhängigkeit der Hauptbruchrichtung und der Nachbruchrichtung von dem Fallwinkel des Flözes. Für die Hauptbruchrichtung am oberen Stoß hat Hausse die Formel $\psi = 90 - \frac{\alpha}{2}$ (Tabelle 1), wobei ψ den Hauptbruchwinkel und α den Flözfallwinkel vorstellen (Fig. 23).

Tabelle 1.

Nr.	Neigungs-winkel α Grad	Haupt-Bruchwinkel $\psi = 90^0 - \frac{\alpha}{2}$ Grad
1	0	$90 - 0 = 90$
2	10	$90 - \frac{10}{2} = 85$
3	20	$90 - \frac{20}{2} = 80$
4	30	$90 - \frac{30}{2} = 75$
5	40	$90 - \frac{40}{2} = 70$
6	45	$90 - \frac{45}{2} = 67,5$

Den Nachbruch ζ nimmt Hausse entweder konstant mit 20^0 an (Tabelle 2), welcher Wert sich bei horizontalen Flözen aus der Berechnung $90 - 70 = 20^0$ ergibt, oder er läßt den Nachbruch proportional der Zunahme des Flözfallwinkels von 0^0 bis 45^0 von 20^0 auf 10^0 abnehmen (Tabelle 3). Der Bruchwinkel $\varphi_0 = \psi - \zeta$, wenn unter ζ der Nachbruchwinkel verstanden wird.

Tabelle 2.

Nr.	Neigungswinkel α Grad	Bruchwinkel $\varphi_0 = \psi - \varsigma$ Grad
1	0	90 − 20 = 70
2	10	85 − 20 = 65
3	20	80 − 20 = 60
4	30	75 − 20 = 55
5	40	70 − 20 = 50
6	45	67,5 − 20 = 47,5

Tabelle 3.

Nr.	Neigungswinkel α Grad	Bruchwinkel $\varphi_0 = \psi - \varsigma$ Grad
1	0	90 − 20 = 70
2	10	85 − 18 = 67
3	20	80 − 16 = 64
4	30	75 − 13 = 62
5	40	70 − 11 = 59
6	45	67,5 − 10 = 57,5

Hausse bestimmt auch ferner die äußerste Bruchrichtung unabhängig von der Hauptbruchrichtung, indem er annimmt, daß die Bruchrichtung bei geneigten Flözen zwischen der Bruchrichtung für horizontale Flötze und der natürlichen Böschung zu liegen kommt. Er läßt auf diese Weise mit der Zunahme des Flözfallwinkels von 0 bis 45^0 den Bruchwinkel von 70^0 auf 50^0 abnehmen.

Setzt man ferner voraus, daß diese Abnahme des Bruchwinkels annähernd proportional zu der Zunahme der Schichtenneigung von 0^0 bis 45^0 erfolgt, so stellt sich die Bruchwinkelabnahme für jeden Grad Schichtenneigung zu $^{20}/_{45} = {}^4/_9$ Grad. Danach sind die Bruchwinkel berechnet und die Berechnungsergebnisse in Tabelle 4 eingetragen.

Tabelle 4.

Nr.	Neigungswinkel α Grad	Bruchwinkel φ_0 Grad
1	0	70 − 0 = 70
2	10	70 − 4 = 66
3	20	70 − 9 = 61
4	30	70 − 13 = 57
5	40	70 − 18 = 52
6	45	70 − 20 = 50

Da mit der Zunahme der Schichtenneigung die Richtung des Hauptbruches jedenfalls flacher und der Nachbruch kleiner wird, so wird es ebenso richtig sein, die 20° Winkeldifferenz nicht proportional auf 45° Schichtenneigung zu verteilen, sondern für je $^{45}/_{5} = 9^0$ Zunahme der Schichtenneigung bis zu 45° den Nachbruchswinkel der Reihe nach um 6°, 5°, 4°, 3°, 2°, also zusammen 20° abnehmen zu lassen. Dann ergeben sich die in Tabelle 5 aufgeführten Bruchwinkel.

Tabelle 5.

Nr.	Neigungswinkel α Grad	Bruchwinkel φ_0 Grad
1	0	70 — 0 = 70
2	9	70 — 6 = 64
3	18	70 — 11 = 59
4	27	70 — 15 = 55
5	36	70 — 18 = 52
6	45	70 — 20 = 50

Aus den in den Tabellen 2 und 5 aufgeführten Bruchwinkeln ergeben sich die Mittelwerte der Tabelle 6.

Tabelle 6.

Nr.	Neigungswinkel α Grad	Mittelwerte aus den Bruchwinkeln der Tabellen 2 bis 5 Grad
1	0	$\frac{70 + 70 + 70 + 70}{4} = 70$
2	10	$\frac{65 + 67 + 66 + 64}{4} = 65{,}5$
3	20	$\frac{60 + 64 + 61 + 59}{4} = 61$
4	30	$\frac{55 + 62 + 57 + 55}{4} = 57{,}2$
5	40	$\frac{50 + 59 + 52 + 52}{4} = 54{,}2$
6	45	$\frac{47{,}5 + 57{,}5 + 50 + 50}{4} = 51{,}2$

Am unteren Stoß liegt der Nachbruch im allgemeinen nach der Seite hin, nach der sich der Abbau bewegt (Fig. 24).

Nimmt man den von der Hauptbruchebene aus gemessenen Nachbruchwinkel so groß wie am oberen Stoß an, so erhält man für den Bruchwinkel φ_u die in Tabelle 7 aufgeführten Zahlen.

Im Falle des Abbaues mächtiger Flöze trifft Hausse die weitere Annahme, daß das über der gesunkenen Oberfläche an der frei gebauten

Tabelle 7.

Nr.	Schichtenfall-winkel α Grad	Bruchwinkel berechnet nach der Formel: $\varphi_u = \psi + \varsigma$, $\operatorname{tg}\psi = \frac{1+\cos^2\alpha}{\cos\alpha\sin\alpha}$ Grad	$\varphi_u = \psi + 20$, $\operatorname{tg}\psi = \frac{1+\cos^2\alpha}{\cos\alpha\sin\alpha}$ Grad	Anmerkung
	1	2	3	
1	0	90 + 20 = 110	90 + 20 = 110	
2	10	85 + 18 = 103	85 + 20 = 105	über 100 Grad
3	20	80 + 16 = 96	80 + 20 = 100	
4	30	76 + 14 = 90	76 + 20 = 96	
5	40	73 + 12 = 85	73 + 20 = 93	
6	50	70 + 10 = 80	70 + 20 = 90	über 90 Grad
7	60	71 + 10 = 81	71 + 20 = 91	
8	70	74 + 15 = 89	74 + 20 = 94	
9	80	81 + 15 = 96	81 + 20 = 101	über 100 Grad
10	90	90 + 20 = 110	90 + 20 = 110	

Bruchfläche anstehende Bruchgestein auf die eingesunkene Höhe die natürliche Böschung erhalte (Fig. 25).

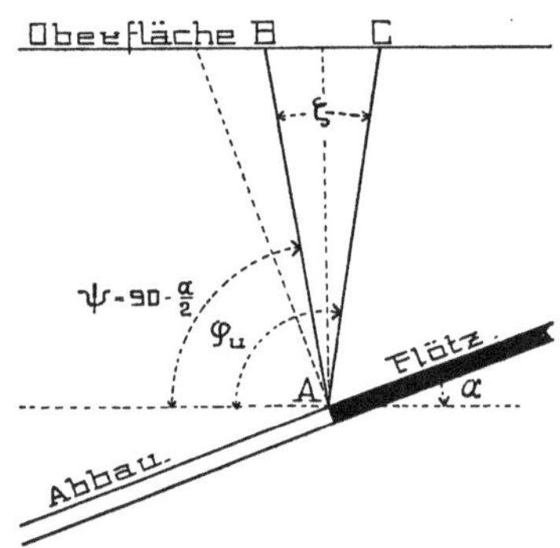

Fig. 24.
AB Hauptbruchrichtung, AC Nachbruchrichtung, $\psi = 90 - \frac{\alpha}{2}$, $\varphi_u = \psi + \zeta$.

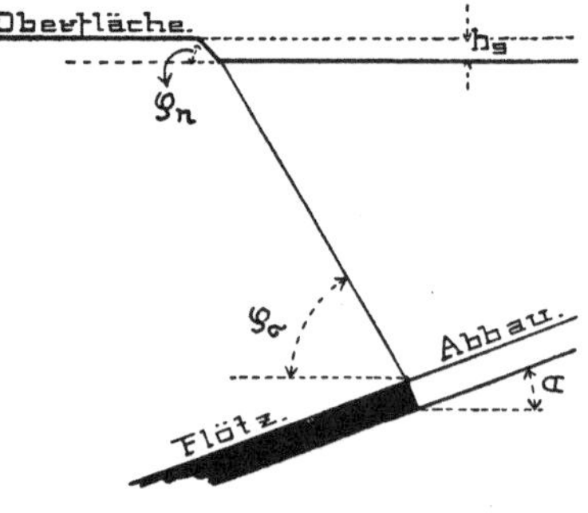

Fig. 25.
φ_n natürlicher Böschungswinkel, h_s Maß der oberflächlichen Einsenkung.

Diese Betrachtungen Hausses beziehen sich auf das Niedergehen des Gebirges in Gruben, deren Abbauteufe kleiner ist als die Höhe, bis zu welcher die seitliche Ausbreitung der Gebirgsbewegung zunimmt.

Wenn jedoch die Abbauteufe größer ist als die Höhe, bis zu welcher die seitliche Ausbreitung der Gebirgsbewegung zunimmt, dann kommt über dem Aufbruchsraum noch der Einbiegungsraum der Gebirgsschichten zu liegen und es lassen sich auf diese Weise 3 Stufen des Niedergehens des Hangenden unterscheiden:

1. Der Vorgang der ersten Stufe umfaßt das Niederbrechen des Gebirges im Aufbruchraum.

2. Die zweite Stufe bezieht sich auf den weiteren Verlauf des Niedergehens vom Beginn der Schichteneinbiegung über dem Aufbruchraum bis zum Anfang der Bodensenkung und spielt sich im Schichteneinbiegungsraum ab. Da sich infolge der notwendigen Abnahme der Gesteinsauflockerung nach oben sowohl die Höhe, als auch die Länge des Bogens der über dem Aufbruchraum sich einbiegenden Schichten verkürzt, so wird sich die seitliche Ausbreitung der Gebirgsbewegung von der oberen Grenze des Aufbruchraumes an kaum noch viel vergrößern, sondern wahrscheinlich in annähernd lotrechter Begrenzung bis zur Tagesoberfläche fortsetzen.

3. Das dritte Stadium, die Bodensenkung, beginnt, nachdem die Gebirgsbewegung die Oberfläche erreicht hat. Auflockerung ist nun nicht mehr möglich, sondern nur noch Zusammenpressung der Massen durch ihr eigenes Gewicht (Fig. 26).

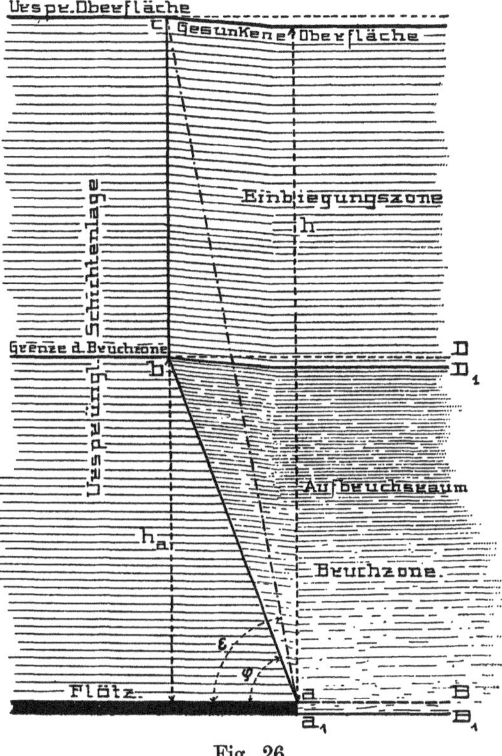

Fig. 26.

φ Bruchwinkel, aa_1 B_1B Abbauraum, a b D B Aufbruchraum, h_a Aufbruchhöhe, ε Bodensenkungswinkel.

Dem Begriffe des Volumvermehrungskoeffizienten[1]) eine eingehende Erörterung widmend, erklärt Ingenieur Hausse, daß es nicht zulässig sei, für den Abbau mit Bergeversatz denselben Koeffizienten anzunehmen, wie beim Abbau ohne Versatz der ausgekohlten Räume.

Hausse verweist auf die Messungen beim königlichen Steinkohlenwerke im Plauenschen Grunde unter der Dresden—Tharandter Staatseisenbahn und berechnete auf Grund der mittels Nivellements für

[1]) Koeffizient, welcher den Prozentsatz der Volumvermehrung der nachbrechenden Kohlengebirgsschichten angibt.

die zwei genannten Abbauarten festgestellten Senkungsmasse die für beide Fälle sich ergebenden Volumvermehrungskoeffizienten. Für den Teil der genannten Bahn, unter welcher der Abbau ohne Versatz betrieben wurde, ergab sich der Koeffizient von 0,01, für den Abbau mit Versatz wurde der Koeffizient im Betrage von 0,002 berechnet.

Hausse erörtert ferner in eingehender Weise die verschiedenen Arten der Gebäudesenkung; der genannte Fachmann widmete ferner der Dimensionierung von Kohlenschutzpfeilern ein umfangreiches Kapitel.

Wenn nun resümierend die hier nur flüchtig erwähnte Arbeit Hausses bezüglich ihres Wertes beurteilt werden soll, so muß auf den besonders lehrreichen Inhalt dieser Darlegungen aufmerksam gemacht werden.

Die Haussesche Arbeit bildet eine ganz wesentliche Bereicherung der Wissenschaft auf dem Gebiete der Theorie der Bodensenkungen in Kohlenrevieren. Dieses umfangreiche Elaborat beweist uns die Möglichkeit der Bearbeitung des in Rede stehenden Themas von den verschiedensten Gesichtspunkten, und es verdienen deshalb die Hausseschen Studien die besondere Beachtung der Fachwelt.

7. Die Beobachtungen von Carl Balling.

Im Jahre 1906 hat Bergrat C. Balling eine Broschüre veröffentlicht über „die Schätzung von Bergbauen nebst einer Skizze über die Einwirkung des Verbruches unterirdischer, durch den Bergbau geschaffener Hohlräume auf die Erdoberfläche". Balling hat für das Gebirge des nordwestböhmischen Braunkohlenbeckens bei 100 m nicht übersteigender Abbauteufe, 9 bis 10 m Bauhöhe und 8^0 Schichtenneigung die Bruchwinkel $68—74^0$ festgestellt.

8. Die Beobachtungen von Anton Padour.

Im Jahre 1908 hat Oberinspektor Anton Padour im „Führer durch das Nordwestböhmische Braunkohlenrevier" eine sehr wertvolle Arbeit veröffentlicht unter dem Titel „Flur- und Gebäudeschäden".

Der genannte Fachmann hat in seinem Elaborate auf die beim Senkungsprozesse hervorgerufenen Erddruckwirkungen aufmerksam gemacht.

Padour berechnet die Aufbruchshöhe $H = 46 \sqrt[3]{h^2}$, wobei unter h die Bauhöhle zu verstehen ist. Nach den Beobachtungen Padours wurden im Brucher Reviere bei einem vorwiegend aus festem Letten bestehenden Deckgebirge folgende Bruchwinkelwerte gefunden:

A. Bei einem Flözeinfallen von 0^0 bis 8^0:

a) in der Richtung des Einfallens $\alpha = 72^0$ bis 69^0

b) in der Richtung des Ansteigens $\alpha = 72^0$ bis 74^0,

wobei die Mächtigkeit der Überlagerung zwischen 330 und 420 m schwankt.

B. Bei einem Flözeinfallen von 27° bis 30°:

a) in der Richtung des Einfallens $\alpha = 63^0$ bis 60^0

b) in der Richtung des Ansteigens $\alpha = 78^0$ bis 77^0,

wobei die Mächtigkeit der Überlagerung zwischen 320 und 380 m schwankt.

9. Die Mitteilungen von Léon Thiriart.

Im Jahre 1912 ist in den „Annales des Mines de Belgique" eine Abhandlung erschienen unter dem Titel: „Les affaisements du sol produits par L'exploitation houillère" par Léon Thiriart.

Einer Ferienreise des Professors Vincenz Pollack (Technische Hochschule Wien) in die Kohlenwerke Belgiens behufs Studien über Bodenbewegungen, insbesondere Senkungen, verdankt der Verfasser die deutsche Übersetzung eines Auszuges dieser Arbeit von Léon Thiriart[1]).

Prof. Pollack, einer der hervorragendsten Fachmänner auf dem Gebiete der Bodenbewegungen, hat im Jahre 1882 im Jahrbuch der k. k. Geologischen Reichsanstalt in Wien seine „Beiträge zur Kenntnis der Bodenbewegungen" veröffentlicht. Die äußerst wertvolle Arbeit Prof. Pollacks, in welcher er die reichen Erfahrungen, die er als Ingenieur der Arlbergbahn gesammelt hat, verwertete, behandelt die verschiedensten Ursachen für die Bewegungen von Gebirgsmassen und deren Folgeerscheinungen. In dem Pollackschen Elaborate vom Jahre 1882 sind die durch Kohlenabbau verursachten Bodenverschiebungen nicht behandelt.

Thiriart versucht nachzuweisen, daß das „Gesetz der Normalen" (Gonot) auf das Flözfallen nur ein spezieller Fall des von Banneux aufgestellten nicht veröffentlichten allgemeinen „Gesetzes der Tangente" sei. Die bisherigen Bruchwinkeltheorien werden zusammengefaßt und ausgestaltet.

a) Die Theorie von M. Banneux. Ausgehend von einem beiderseits über dem ausgekohlten Flöz in dem noch anstehenden festen Flöz eingespannten Balken (Flözhangenden) mit der Neigung oder dem Fallwinkel α gegen den Horizont, der gleichförmig verteilten Last p auf die freie (schiefe) Länge l, die Mächtigkeit der Schichte h (Fig. 27), erfolgt der Nachweis, daß die Biegungsmomente an den Punkten A und A' doppelt so groß sind als in der Mitte, und daher dort die gefährlichsten Querschnitte sich befinden, in denen zuerst ein Brechen eintreten wird. Über A und A' (Oberkante des Balkens oder der Schichte) wird eine Dehnung (Extension), unter A und A' an der Unterseite ein Druck (Kompression) auftreten; über M eine Kompression, unter M eine Dehnung.

Die Komponente $pl \sin \alpha$ parallel zur neutralen Achse (gleichzeitig Abszissenachse, senkrecht dazu in A die Ordinatenachse)

[1]) L. Thiriart: Les affaissements du Sol produits par l'Exploitation Houillère. Annales des Mines de Belgique, tome XVII 1er liv., 1912. Bruxelles, L. Narcisse.

hat gegen A die Wirkung, auf alle bereits durch die Biegung beanspruchten Fasern Druck auszuüben und auf alle gegen A' liegenden Fasern Zug auszuüben. Die über der neutralen Achse liegenden Fasern unterliegen weiterer Dehnung, als durch die Biegung allein, die unter der neutralen Achse liegenden auf Druck in Anspruch genommenen Fasern werden weniger beeinflußt. Danach steht talseits der Bruch an der Unterseite, bergseits an der oberen Seite zu befürchten. Wird die Spannung durch

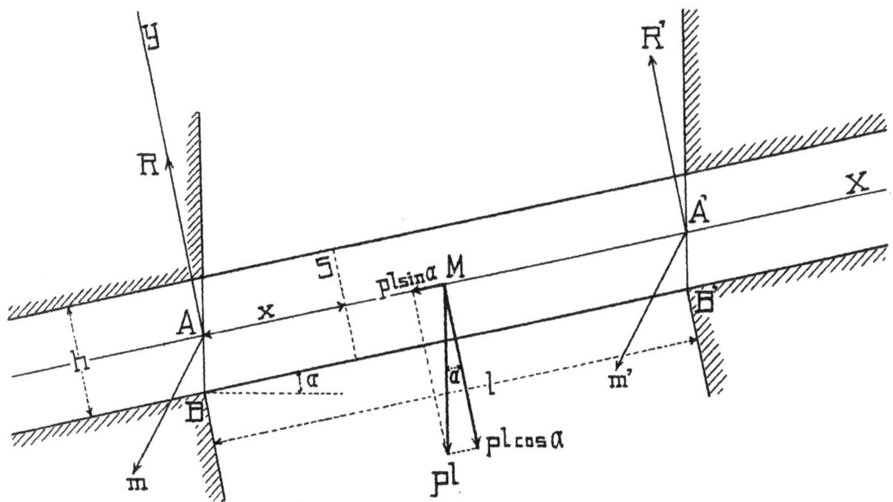

Fig. 27.

Biegung und jene durch pl sin α zusammengesetzt, so ergibt sich eine Gesamtspannung von

$$K = K_1 + K_2 = \frac{pl^2 \cos \alpha}{2\, h^2} + \frac{pl \sin \alpha}{h} = \frac{pl}{h}\left(\sin \alpha + \frac{l \cos \alpha}{2\, h}\right).$$

Ist δ die Dichte des Materials (Gesteins), N der Widerstand der Bank gegen Zug oder Druck, so resultiert, da $p = h\,\delta$ ist,

$$K = \frac{\delta\, l}{2\, h}(2\, h \sin \alpha + l \cos \alpha).$$

Es wird ein Brechen der Bank eintreten, wenn $K > N$ resultiert, wobei für N naturgemäß der kleinere Wert zu nehmen ist. Nach einigen Umformungen ergibt sich

$$l > -h \operatorname{tg} \alpha + \sqrt{h^2 \operatorname{tg}^2 \alpha + \frac{2\, N\, h}{\delta \cos \alpha}}.$$

Es wird somit Bruch eintreten bei einer Schichte von der Höhe h, der Dichte δ und dem Fallen α, sobald l größer als der vorstehende Wert resultiert. Durch Einsetzung von N = 45 000 kg für den m^2 (1 cm^2 = 4,5 kg) und δ = 2500 kg pro m^3 stellt sich die vorstehende Formel

$$l > -h \operatorname{tg} \alpha + \sqrt{h^2 \operatorname{tg}^2 \alpha + \frac{360\, h}{\cos \alpha}},$$

nach welcher für verschiedene Gesteinsstärken h (von 1 m bis 10 m) und verschiedene Fallwinkel α die zusammengehörigen Werte berechnet werden; in der Veröffentlichung Thiriarts sind diese Werte tabellarisch zusammengestellt.

Sobald ein Teil des Flözes A B (Fig. 28) ausgebeutet wird, talseits A und bergseits B aber die Kohle unberührt stehen bleibt, können

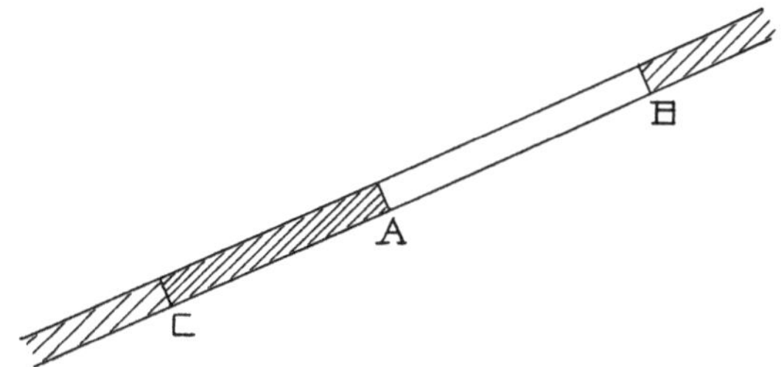

Fig. 28.

die oberhalb der Schichte liegenden Gesteinsbänke als an beiden Seiten oder Endpunkten eingespannt betrachtet werden, und der Bruch vollzieht sich so, wie es vorstehend berechnet erscheint.

Wenn in der Folge der Teil A C zum Abbau gelangt, sind die Hangendschichten talwärts bei C noch eingespannt, aber bergwärts bei A, wo der Bruch in A, welcher durch die vorherige Ausbeutung von A B herbeigeführt ward, sind die über A C liegenden Bänke am Endpunkt bei der Stelle A als freiliegend zu betrachten. Das Maximalmoment befindet sich noch in der Einspannung. Sein absoluter Wert ist $\frac{p l^2 \cos \alpha}{2}$ und die Spannung

$$K = \frac{3\, p l^2 \cos \alpha}{h^2} + \frac{p l \sin \alpha}{h}.$$

Der Bruch bedingt, daß

$$\frac{3\, p l^2 \cos \alpha}{h^2} + \frac{p l \sin \alpha}{h} > N,$$

daraus nach früher

$$3\, l^2 + h\, l \operatorname{tg} \alpha - \frac{N h}{\delta \cos \alpha} = 0,$$

und daraus

$$l = \frac{h \operatorname{tg} \alpha \pm \sqrt{h^2 \operatorname{tg}^2 \alpha + 12 \frac{N h}{\delta \cos \alpha}}}{6}.$$

Den positiven Wert der Wurzel gewählt, muß für eintretenden Bruch sein

$$l > \frac{- h \operatorname{tg} \alpha + \sqrt{h^2 \operatorname{tg}^2 \alpha + \frac{12 N h}{\delta \cos \alpha}}}{6}$$

oder

$$l > \frac{- h \operatorname{tg} \alpha + \sqrt{h^2 \operatorname{tg}^2 \alpha + \frac{2160 h}{\cos \alpha}}}{6}.$$

Danach läßt sich für verschiedenes Verflächen und verschiedene Schichtenstärken eine Tabelle aufstellen, welche in der Veröffentlichung Thiriarts angeführt erscheint.

Um nun die Lage der Bruchlinie und die Ausbreitung der Senkungen weiter zu verfolgen, wird das Brechen der einzelnen Bänke (Fig. 29) behandelt. Nach dem Bruche der ersten Schichte $S_1 S_1'$ wird der Bruch der zweiten längs $S_2 S_2'$, sodann $S_3 S_3'$ und so weiter stattfinden.

Wird das System der überliegenden Punkte von jedem dieser Paare auf zwei Koordinatenachsen bezogen, deren eine 0 X längs der Fallrichtung und die andere Achse senkrecht zu 0 X angeordnet erscheinen, und werden durch $h_1 h_2 \ldots h_n$ die Mächtigkeiten der Schichten bezeichnet, so ergeben sich die Abszissen der aufeinanderfolgenden ununterbrochenen Punkte $S_1, S_2 \ldots\ldots S_n$ zu:

$$x_1 = \frac{1}{2} h_1 \operatorname{tg} \alpha$$

$$x_2 = x_1 + \frac{1}{2} h_2 \operatorname{tg} \alpha$$

$$\cdots\cdots\cdots\cdots$$

$$x_n = x_{n-1} + \frac{1}{2} h_n \cdot \operatorname{tg} \alpha,$$

somit durch Reduktion

$$x_n = \frac{1}{2} \operatorname{tg} \alpha \sum_1^n h,$$

x_n ist (Fig. 29) die Abszisse des Punktes C, also die Projektion des Durchschnittes der Bruchebene und der Horizontalebene der Oberfläche auf die Abszissenachse 0 X.

Die Ordinate des Punktes C wird sein

$$y_n = \sum_1^n h,$$

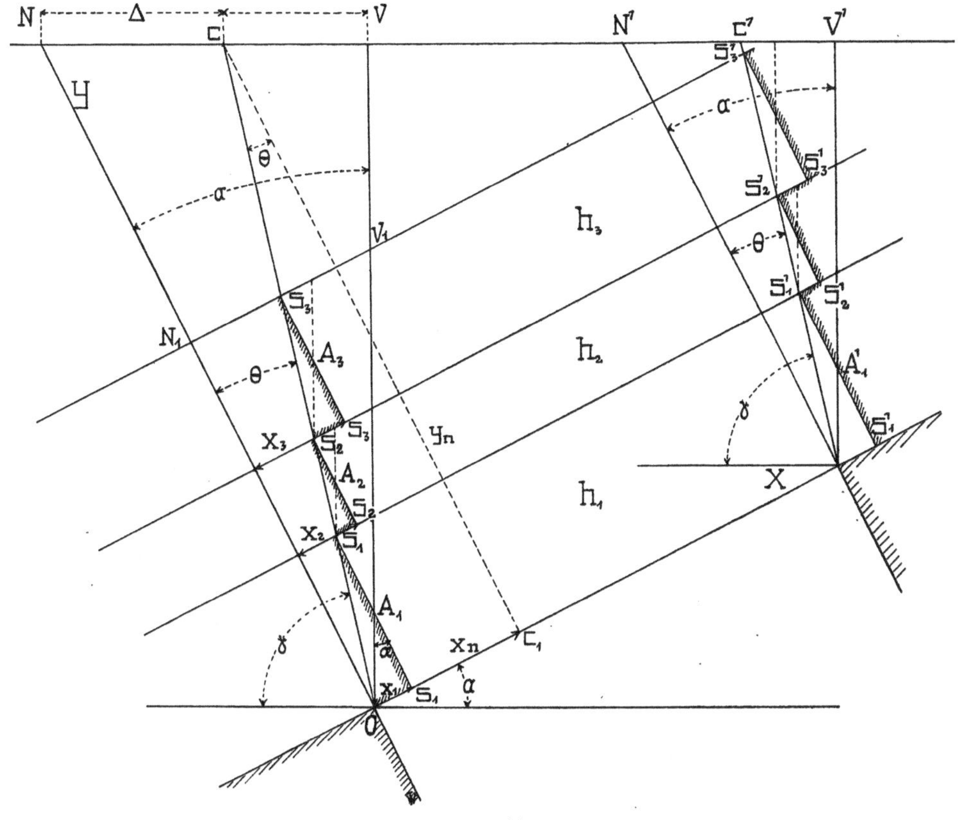

Fig. 29.

woraus

$$x_n = \frac{1}{2} y_n \operatorname{tg} \alpha$$

$$y_n = 2\, x_n \operatorname{cotg} \alpha$$

$$\frac{y_n}{x_n} = 2 \operatorname{cotg} \alpha.$$

Im Dreieck C C_1 0 ist $y_n = x_n \operatorname{tg} COC_1 = x_n \operatorname{cotg} \Theta$

$$\operatorname{cotg} \Theta = 2 \operatorname{cotg} \alpha$$

$\operatorname{tg} \Theta = \frac{1}{2} \operatorname{tg} \alpha$. Diese Beziehung wird von Banneux (Thiriart) als das allgemeine Gesetz der Tangente (von Hausse als „Hauptbruchlinie") bezeichnet; $\operatorname{tg}\alpha$ ist die Neigung des Flözes, $\operatorname{tg}\Theta$ die Abweichung der Bruchlinie von der „Normalen": Die Abweichung der Bruchlinie vom normalen Schnitt, längs welcher sich der durch Abbau homogenen Gebirges herbeigeführte Bruch vollzieht, ist gleich der Hälfte der Neigung des abgebauten Flözes.

Für $\alpha = 0$, $\operatorname{tg}\alpha = 0$, $\operatorname{tg}\Theta = 0$ ergibt sich, daß für horizontale Schichten die Normale (zugleich Lotrechte) zur Bank die Bruchlinie ist.

Der Winkel γ zwischen Bruchlinienrichtung und der Horizontalen ergibt sich aus Fig. 29.

$$\gamma = \frac{\pi}{2} - (\alpha - \Theta) = \frac{\pi}{2} + \Theta - \alpha.$$

Hausse schätzt in seiner Theorie, daß die Bruchlinie zwischen der Vertikalen und Normalen zur Schicht gelegen ist. Am talseitigen Stoß und für gewisse Neigungen könnte die Bruchlinie, wenn sie normal zur Schicht wäre, mit der Horizontalen einen kleineren Winkel bilden als der natürliche Böschungswinkel. Am bergseitigen Stoß würde die „Normale" überhängen. Außer der Hauptbruchlinie (nach $\operatorname{tg}\Theta = \frac{1}{2}\operatorname{tg}\alpha$) erwähnt Hausse noch eine zweite, sekundäre (Nachbruch-) Linie, welche außerhalb der ersten zu liegen kommt und die beeinflußte Zone vergrößert. Diese sekundäre Richtung wird steiler sein als die natürliche Böschung unter freiem Himmel. Für Horizontalschichten ist der Hauptbruch vertikal, der sekundäre Bruch längs der Halbierungslinie des Komplements der natürlichen Böschunng.

Sobald die Schichten geneigt sind, nimmt Hausse an, daß der Winkel zwischen der Hauptbruch- und Nachbruchrichtung konstant bleibt und 20^0 sei. Um der Einwendung zu begegnen, daß dieser Wert für gewisse Neigungen zu hoch sei, läßt Hausse den Winkel, welchen die beiden Bruchlinien miteinander einschließen, wechseln, wie dies bereits an anderer Stelle angegeben erscheint. Die Winkel des sekundären Bruches auf Grund der beiden Hypothesen stellt Thiriart zum Vergleich neben die von ihm aufgestellten $\sphericalangle\gamma$. Danach würde nach der Theorie von Hausse am unteren Ortsstoß nach der ersten Hypothese für die Fallwinkel $\alpha = 40, 50, 60$ und 70^0 die sekundäre Bruchlinie mit derjenigen der natürlichen Böschung zusammentreffen (die korresp. Werte sind $52\frac{3}{4}$, $50\frac{3}{4}$, 51 und 54^0), während am oberen Stoß nach der zweiten Annahme die sekundäre Bruchfläche überhängend wäre: für $\alpha = 30, 40, 50, 60$ und 70^0 würde der Bruchwinkel 90^0, $95\frac{1}{4}$, $99\frac{1}{4}$, 99 und 93^0 betragen.

b) Die Theorie von L. Thiriart. Thiriart zieht statt dieser Annahmen die direkte Aufsuchung der Richtung der sekundären Bruchlinie für beide Fälle vor und erhält nach längeren Entwicklungen[1]) für den Ortsstoß an der Bergseite (Fig. 30).

---

[1]) L. Thiriart: Les affaissements du Sol produits par l'Exploitation Houillère, S. 31—42.

$$\operatorname{tg}(\omega + \Theta - \alpha) = \frac{1 - \sin(\beta + \alpha - \Theta)}{\cos(\beta + \alpha - \Theta)}.$$

Statt ω wird $\omega + \Theta - \alpha$ berechnet, welche sich nur durch eine Konstante voneinander unterscheiden, wobei die früher abgeleitete Beziehung gilt: $\operatorname{tg}\Theta = \frac{1}{2}\operatorname{tg}\alpha$. Der Winkel der sekundären Bruchlinie mit der äußeren Horizontalen wird dann $\frac{\pi}{2} - (\omega + \Theta - \alpha)$ und für

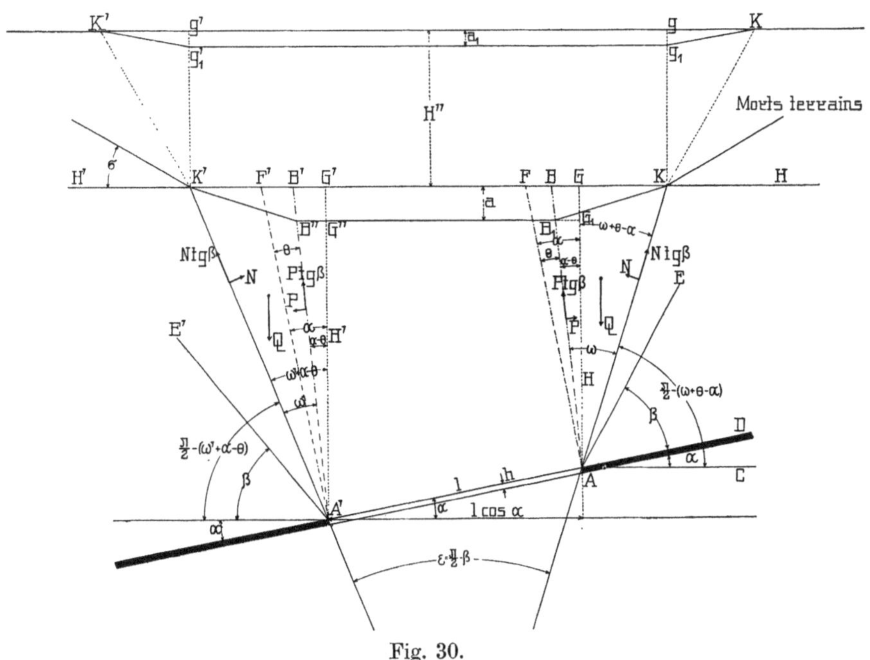

Fig. 30.

den Stoß an der Talseite

$$\operatorname{tg}(\omega' + \alpha - \Theta) = \frac{1 - \sin(\beta + \Theta - \alpha)}{\cos(\beta + \Theta - \alpha)}$$

und sodann für den sekundären Bruchwinkel $\frac{\pi}{2} - (\omega' + \alpha - \Theta)$.

Hausse nimmt $\beta = 50^0$ an, während das Oberbergamt in Dortmund $\beta = 60^0$ annimmt bei einem Winkel von 75^0 für die sekundäre Bruchlinie.

Thiriart führt an, daß reichliche Beobachtungen vorliegen, die zeigen, daß die Bruchlinien in den Überlagerungen des Kohlengebirges vertikal sind oder nur wenig davon abweichen, und bespricht die bekannten empirischen Regeln für die Bestimmung der Richtung der Bruchlinien. Im nachfolgenden ist der Winkel, welchen die sekundäre Bruchrichtung mit der äußeren Horizontalen bildet, nach verschiedenen Regeln angegeben, so daß die Abweichungen gut kenntlich erscheinen:

Fallwinkel	Regel von Hausse erste Hypothese	Regel von Hausse zweite Hypothese	Regel von der vervollständigten Tangente (Thiriart)	Deutsche Regel erste Hypothese	Deutsche Regel zweite Hypothese	Regel von Jicinski	Englische Regel
			Talwärts.				
0	70	70	70	75	70	90	81¼
10	65	67	67½	75	70	85	73¾
20	60¼	64¼	65¼	70	70	80	66¾
30	56	62	63	60	60	75	64
40	52¾	60¾	61¼	55	55	70	64
50	50¾	60¾	60¼	55	55	70	64
60	51	61	60½	55	55	75	64
70	54	61	62	55	55	80	64
80	61½	65½	65¼	55	55	85	64
90	70	70	70	55	55	90	64
			Bergseits.				
0	70	70	70	75	70	90	81¼
10	75	77	72½	75	70	85	83¾
20	79¾	83¾	74¾	75	70	80	88½
30	84	90	77	75	70	75	90
40	87¼	95¼	78¾	75	70	70	90
50	89¼	99¼	79¾	75	70	70	90
60	89	99	79½	75	70	75	90
70	86	93	78	75	70	80	90
80	78½	82¼	74¾	75	70	85	90
90	70	70	70	75	70	90	90

Das Maß a der Bodensenkung ohne Überlagerung der Kohlenformation (Morts terrains) wird unter Zuhilfenahme der Fig. 30 zu berechnen versucht. Die Bodenoberfläche sei horizontal, das abgebaute Flöz sei mit Bergeversatz ausgefüllt, und nach der Senkung wird der Versatz die Höhe h — x einnehmen, wobei h die Mächtigkeit des ausgebeuteten Flözes bedeutet.

Es wurde der Ausdruck gefunden:

$$a = \frac{2xl - (\lambda - 1)[H'^2 \operatorname{tg}(\omega' + \alpha - \Theta) + H^2 \operatorname{tg}(\omega + \Theta - \alpha) + (H + H') l \cos\alpha]}{H' \operatorname{tg}(\omega' + \alpha - \Theta) + H \operatorname{tg}(\omega + \Theta - \alpha) + (H' - H) \operatorname{tg}(\alpha - \Theta) + 2 l \cos\alpha}$$

wobei λ den Volumvermehrungskoeffizienten bezeichnet und die übrigen Größen ihre frühere Bedeutung haben oder in der Abbildung klar erscheinen.

Ist der Abbau nicht versetzt, so ist in der vorstehenden Formel für x = h zu setzen. Unter der Annahme, daß die Kohlenformation mit jüngeren Schichten (Morts terrains) bedeckt ist, welche den natürlichen Böschungswinkel σ besäßen, wird sich die Bruchrichtung nach K′ k′ ausbilden und es wird die Senkung

$$a_1 = \frac{xl - \frac{\lambda - 1}{2}[H'^2 \operatorname{tg}(\omega' + \alpha - \Theta) + H^2 \operatorname{tg}(\omega + \Theta - \alpha) + (H + H') l \cos\alpha]}{H'' \operatorname{tg} \frac{\frac{\pi}{2} - \sigma}{2} + H' \operatorname{tg}(\omega' + \alpha - \Theta) + l \cos\alpha + H \operatorname{tg}(\omega + \Theta - \alpha)} - H''(\lambda' - 1)$$

wobei λ' den Volumsvermehrungskoeffizient der Überlagerung bedeutet.

c) Die Regeln von O'Donahue. Bei Besprechung von empirischen Regeln für die Bestimmung der Richtung der Bruchlinien wird auch die weniger bekannte Regel der englischen Kohlenwerke[1]) vorgeführt. Folgende Regeln gelten nur für Flöze von weniger als 2 m Mächtigkeit, und wird von O'Donahue folgendes angegeben:

a) Horizontales Flöz.

Die Bruchlinien bilden einen Winkel von 5^0 bis 8^0 mit der Vertikalen, und als Vorsichtsmaßregel wird a b (Fig. 31) um b c vergrößert, welche Distanz 5 bis 10% von a b beträgt:

$$a\,b = H \operatorname{tg} 8^0,\ b\,c = \frac{a\,b}{10} = \frac{H}{10} \operatorname{tg} 8^0,\ a\,c = 1{,}1 \operatorname{tg} 8^0.$$

$$\operatorname{tg} a\,A\,c = 1{,}1 \operatorname{tg} 8^0,$$
$$\sphericalangle\, a\,A\,c = 8^0\,45'.$$

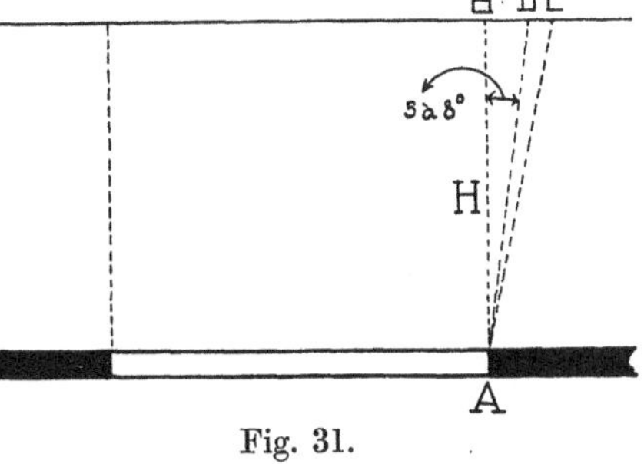

Fig. 31.

b) Geneigtes Flöz.

Am bergseitigen Ortsstoß (Fig. 32) ist der Winkel β, den die Bruchrichtung mit der Vertikalen einschließt, 8^0 weniger $1/_3$ des Fallwinkels:

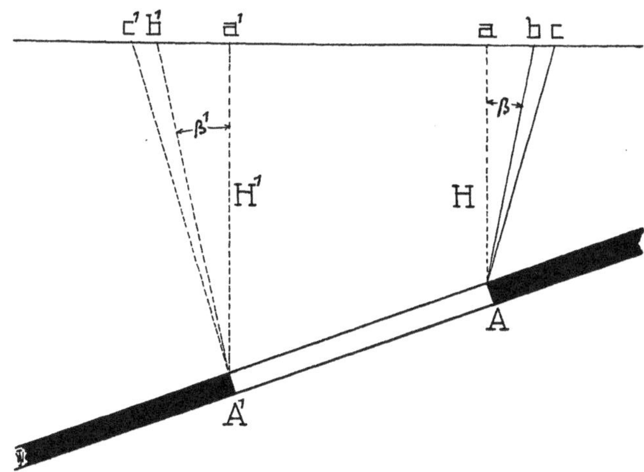

Fig. 32.

$\beta = 8^0 - \frac{\alpha}{3}$; für $\alpha = 0$ ist $\beta = 8^0$. Der Bruchwinkel β wird gleich

[1]) Revue universelle des Mines, t. XVIII, 2me liv., 1907, S. 212.

Null, wenn $8^0 - \frac{\alpha}{3} = 0$, und $\alpha = 24^0$; die Bruchrichtung ist dann vertikal. Wie früher wird a b um b c verlängert, $b\,c = \frac{a\,b}{10}$.

Für $\alpha = 10^0$ ist $a\,b = H \operatorname{tg} \left(8^0 - \frac{10^0}{3}\right) = H \operatorname{tg} 5^0\, 40'$.

$b\,c = \frac{a\,b}{10} = \frac{H}{10} \operatorname{tg} 5^0\, 40'$; $a\,c = 1{,}1\, H \operatorname{tg} 5^0\, 40' =$

$= H \operatorname{tg} a\,A\,c$, $\sphericalangle\, a\,A\,c = 6^0\, 15'$;

für $\alpha = 20^0$ hätte man $\sphericalangle\, a\,A\,c = 1^0\, 30'$.

Wenn der Winkel α größer ist als 24^0, bleibt die Bruchlinie vertikal.

Am talseitigen Abbauende ist der Winkel β', den die Bruchlinie mit der Lotrechten bildet, 8^0 vermehrt um $^2/_3$ des Fallwinkels, somit $\beta' = 8^0 + 2\frac{\alpha}{3}$. Ist $\beta' = \alpha$, so sagt dies, daß die Bruchrichtung normal zur Flözschichte sein wird; sobald $\beta' = \alpha = 8^0 + 2\frac{\alpha}{3}$ ist $\alpha = 24^0$.

Für $\alpha > 24^0$ bleibt die Richtung der Bruchlinie konstant und bildet einen Winkel von 24^0 mit der Vertikalen. Es wird ferner angenommen

$$b'\,c' = \frac{a'\,b'}{10}.$$

$$\text{Für } \alpha = 10^0,\ \sphericalangle\, a'A'c' = 16^0\, 10'$$
$$\text{,, } \alpha = 20^0,\ \sphericalangle\, a'A'c' = 23^0\, 20'$$
$$\text{,, } \alpha = 24^0,\ \sphericalangle\, a'A'c' = 26^0\, 5'.$$

B. Die Theorien des Ostrau-Karwiner Steinkohlenrevieres.

Mit der Anführung der die Senkungsfrage behandelnden wichtigsten Arbeiten ist die Zahl der bezüglichen Abhandlungen noch lange nicht erschöpft, und erscheint es von Wichtigkeit, in eingehender Weise nur noch die Literatur zu erörtern, welche dem Senkungsprobleme im Ostrau-Karwiner Steinkohlenreviere gewidmet ist.

Die Frage der Zulässigkeit des Kohlenabbaues unter der Montanbahn[1]) des Ostrau-Karwiner Steinkohlenreviers hat im Jahre 1880 Veranlassung dazu gegeben, zu untersuchen, ob die Bestimmungen der Ministerialverordnung vom 2. Januar 1859[2]) im gegenständlichen Falle zur Anwendung zu bringen seien, oder ob mit Rücksicht darauf, daß diese Bahn lediglich der Verfrachtung der Bergwerksprodukte dient,

[1]) Die Montanbahn dient zur Verfrachtung der Bergwerksprodukte der Schächte; sie besitzt eine große Reihe von Flügelbahnen und mündet in Mähr.-Ostrau-Oderfurt in die Hauptstrecke der k. k. Nordbahn.

[2]) Verordnung zum Schutze der Oberfläche im Interesse der persönlichen Sicherheit und des öffentlichen Verkehres.

mildere Grundsätze für die Abbauzulässigkeit unter der Montanbahn festgesetzt werden könnten als jene, welche in der vorzitierten Verordnung angeführt erscheinen.

Das k. k. Revierbergamt in Olmütz hat damals ein Regulativ entworfen, welches eine Änderung der erwähnten Ministerialverordnung bezüglich ihrer Anwendung auf die Montanbahn zum Zwecke hatte. Der Professor des Eisenbahnbaues an der k. k. Technischen Hochschule in Wien Herr Ing. F. Rziha wurde eingeladen, ein Gutachten über das vorgeschlagene Regulativ abzugeben; der Genannte hat sich dieser Aufgabe im Jahre 1881 entledigt und gleichzeitig eine eigene Bodensenkungstheorie entwickelt, auf Grund welcher er einen Regulativ-Entwurf über den Abbau unter der Montanbahn verfaßt hat.

Der Berg- und Hüttenmännische Verein in M.-Ostrau, welchem das Rzihasche Regulativ vorgelegt wurde, hat dasselbe begutachtet und sind die bezüglichen Resultate in der Österreichischen Zeitschrift für Berg- und Hüttenwesen des Jahres 1882 veröffentlicht.

Seit dieser Zeit datieren die ersten Bestrebungen in unserem Vaterlande, die Bodensenkungen infolge Kohlenabbaues theoretisch zu erläutern.

Nachdem Bergdirektor Wilhelm Jičinsky bereits im Jahre 1876 eine Abhandlung über „die Senkungen und Brüche der Tagesoberfläche infolge des Abbaues von Kohlenflözen" veröffentlicht hat, ist seitens des genannten Fachmannes in der „Monographie des Ostrau-Karwiner Steinkohlenreviers" (1884) ein Aufsatz erschienen unter dem Titel „Die Einwirkungen des Kohlenabbaues auf die Tagesoberfläche".

Im Jahre 1898 hat Jicinsky in seinem Buche „Bergmännische Notizen" die Senkungsfrage abermals behandelt, und dies ist die letzte Publikation, in welcher die Senkungsfrage im Ostrau-Karwiner Reviere eine theoretische Erörterung erfuhr.

Im Jahre 1911 hat der Verfasser dieses Buches im Österr. Ingenieur- und Architektenverein in Wien einen Vortrag gehalten über seine „Theorie der Bahnsenkungen im Bergbaugebiete mit besonderer Berücksichtigung des Ostrau-Karwiner Kohlenreviers"[1]).

Im Jahre 1912 hat Bergrat Franz Bartonec in der „Montanistischen Rundschau" einen Aufsatz publiziert über „die Ursachen von Oberflächenbewegungen im Ostrau-Karwiner Bergrevier", in welchem die möglichen Anlässe für obertägige Bodenbewegungen erklärt wurden. Eine Theorie hat jedoch der vorgenannte Fachmann nicht entwickelt, und somit bestehen im Ostrau-Karwiner Reviere nur die Rzihasche und Jičinskysche Theorie, welche letztere sich allgemeinen Eingang verschafft hat.

Bevor nun an die Entwicklung einer neuen Theorie geschritten werden soll, seien die vorgenannten Theorien einer eingehenden Kritik

---

[1]) Österr. Zeitschrift für Berg- und Hüttenwesen 1912, 2. Heft.

unterzogen, welche das Bedürfnis nach Aufklärung der behandelten Frage auf Grund der bahnseits gemachten Erfahrungen erweisen soll.

1. Die Theorie von Prof. F. Rziha.

Rziha trennt seine Theorie in 2 Teile, und zwar a) in die Theorie der Bruchrichtung und b) in die Theorie der senkrechten Niedersinkung der Erdoberfläche.

Wir wollen nun die Rzihasche Theorie der Bruchrichtung einer näheren Betrachtung unterziehen und die in der Österreichischen Zeit-

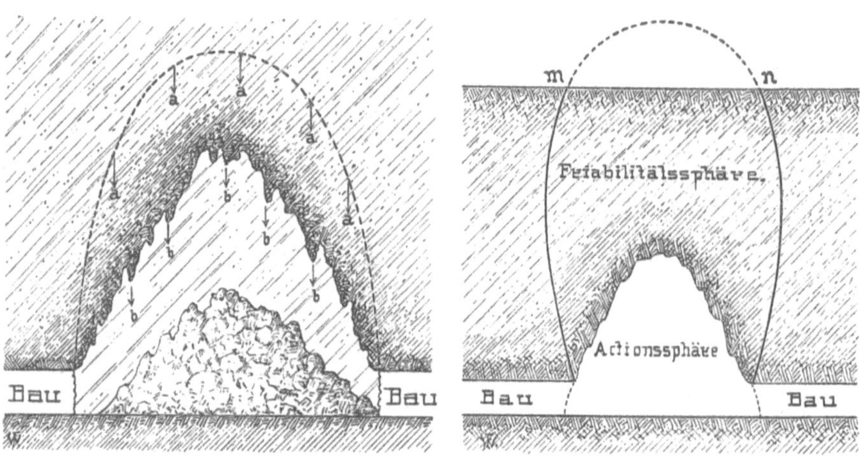

Fig. 33. Fig. 34.

schrift für Berg- und Hüttenwesen XXX. Jahrgang, 1882, angeführten Grundsätze dieser Theorie im folgenden wiedergeben.

a) Die Theorie der Bruchrichtung. Wird ein Gebirge unterhöhlt, so muß es nach dem physikalischen Gesetze der Schwere in dem Maße sinken, als die Schwere kräftiger wird als die Kohäsion; ist letztere größer als die Schwere, so erfolgt kein Niederbrechen. Das Niederbrechen teilt sich in zwei Aktionen: a) in die Fallaktion und b) in die Zerreißungsaktion des Gebirges. Hiernach kann man einen Fallraum und eine, den Fallraum mehr oder minder konzentrisch umgebende Zerreißungssphäre unterscheiden, welch letztere dem Wesen nach identisch ist mit der sogenannten Zerreiblichkeits- oder Friabilitätssphäre der Minentheorie.

Rziha hat immer eine Fallraumform vorgefunden, welche sich dem Paraboloide nähert, nämlich die Form, wie sie durch den Querschnitt Fig. 33 dargestellt wird.

Immer ist während der Bildung des Fallraumes das physikalische Streben vorhanden, diesen Raum dergestalt und so lange auszubauen, bis das hängende und schwebende Gestein ein Gewölbe repräsentiert, dessen Form sich nach dem Gesetze der Statik bekanntlich der Parabel nähert. Im Fallraum geht die Aktion des Niederfallens vor sich. Bevor das Gewölbe aber fallen kann, muß es sich losreißen, d. h. durch die Arbeit der Schwere vorerst die Kohäsion in mehr oder minder großer Zeit überwinden. Es arbeitet also die Schwerkraft annähernd konzentrisch, zunächst unsichtbar, immer weiter nach oben und nach seitwärts, und diese Aktion kann man die Zerreißungs- (Abreißungs-) Aktion und ihre räumliche Begrenzung die Zerreißungssphäre nennen. In Fig. 33 soll die punktierte Linie diese Sphäre im Querschnitt darstellen.

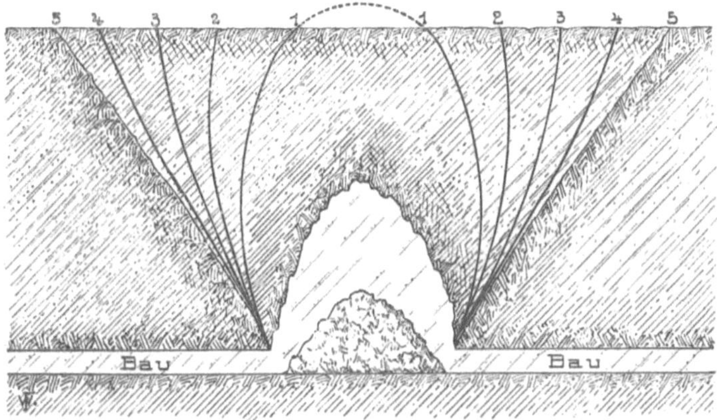

Fig. 35.

Eine einfache theoretische Anschauung ergibt nun, daß, wenn die Zerreißungssphäre zu Tage tritt, sie ihre Spur bei m n Fig. 34 und dazwischen in Rissen hinterläßt.

Ist diese Zerreißungssphäre einmal zutage getreten, so muß die durch den Abriß gebildete überhängende Wand sich d o s s i e r e n , und zwar a) in dem umgekehrten Verhältnisse der Kohäsion und b) in dem direkten Verhältnisse des sukzessiven Niedersinkens derjenigen Masse, welche zwischen der Aktions- und Zerreißungssphäre liegt. Mit anderen Worten: Die u n t e r i r d i s c h e Zuböschung, die unterirdische D o s s i e r u n g des nunmehr entstehenden Bruchtrichters wird sukzessive die Risse 1, 2, 3, 4, 5, wie solches Fig. 35 verdeutlichen soll, erzeugen.

Die äußerste Böschung, repräsentiert durch den Riß Nr. 5, wird also abhängen von dem D o s s i e r u n g s v e r m ö g e n des G e b i r g e s.

Hiernach nimmt die Lagerung der Gebirgsschichten nicht jenen hervorragenden Einfluß auf die Bildung des Maximums der schädlichen Entfernung des unterirdischen Baues, wie er durch die G o n o t sche Theorie zuerkannt wird, sondern sie beeinflußt dieselbe nur sekundär, indem etwa vorhandene lettige Einlagerungen, Klüfte oder ein sehr steiles „Einfallen“ das weitere Abrutschen begünstigen, wie wir solches bei jedem Eisenbahnbau an den Böschungen der Einschnitte und der Anschnitte beobachten können.

Die ganze Theorie der Bruchrichtung löst sich also einfach in statische Erscheinungen auf, welche durch Kohäsion und Schwerkraft und nur teilweise, aber keineswegs ausschließlich durch die Neigung der Gebirgsschichten oder Flöze bedingt werden. Die Bruchrichtung ist also vorzugsweise durch das „Dossierungsvermögen" gegeben und demnach durch nichts anderes als durch praktische Beobachtungen zu normieren.

Diese Ansichten Rzihas haben bereits im Jahre 1881 seitens des „Berg- und Hüttenmännischen Vereines" in M.-Ostrau eine Erwiderung gefunden. Ohne vorderhand in eine Kritik dieses entgegnenden Gutachtens des erwähnten Vereines näher einzugehen, sei nur bemerkt, daß seitens des begutachtenden Komitees viele Argumente gegen die Rzihasche Theorie geltend gemacht wurden. Es wurde entgegnet, daß im Ostrau-Karwiner Reviere bezüglich der Bruchrichtungen die Erfahrung gemacht wurde, daß alle bisher angegebenen Normen sich als unhaltbar erwiesen, und daß das Niedergehen der Gebirgsschichten in einer anderen Weise erfolge, als es von Rziha angeführt erscheint. An vielen Beispielen wurde der Beweis erbracht, daß weder die Gonot'schen Bruchrichtungen (Senkrechte auf das Flözfallen) noch jene Rziha's zum Vorscheine gelangt sind.

Es sei nun gestattet, die Rzihasche Theorie der Bruchrichtung zu kritisieren, und soll auf Grund der zur Verfügung stehenden 30 jährigen Erfahrungen an den Bahnsenkungen der Montanbahn untersucht werden, wieweit diese Theorie mit der Praxis übereinstimmt.

Es erscheint von besonderem Werte, vor allem die Festlegung der Bedeutung des Begriffes der Bruchrichtung zu präzisieren.

Der belgische Ingenieur Gonot, welcher in der Arbeit Rziha's zitiert wird, war, wie bereits erwähnt wurde, im Jahre 1839 der erste, welcher sich mit der theoretischen Frage der Bruchrichtung beschäftigt hat, und diese Theorie gipfelt bekanntlich darin, daß behauptet wird, die Bruchrichtung sei eine Normale auf das Flözfallen.

Gonot stützte, wie dies Fig. 36 zeigt, diese Theorie auf die mehrfache Wahrnehmung, daß die Häuser zu Lüttich, welche beschädigt wurden, je nach dem Fortschritte des Abbaues immer nach dem Gesetze dieser Normalen in den Devastationskreis einbezogen wurden, und brachte für diese tatsächlich an anderen Orten vielfach beobachtete Erscheinung eine theoretische Erklärung bei. Es ist also zweifellos, daß Gonot unter der Bruchrichtung jene Richtung verstanden hat, in welcher vom Abbau aus Brüche und Risse an den Hausmauern entstanden sind, was ja aus der von Gonot gebrauchten Bezeichnung der „schädlichen Entfernung" des unterirdischen Baues ebenfalls hervorgeht.

Die vieljährigen Erfahrungen an der Montanbahn haben bewiesen, daß für diese Objektschäden die seitliche Nachrutschung der Gebirgsschichten veranlassend ist, und es hat sich gezeigt, daß oft in der Mitte des obertägigen Senkungsgebietes befindliche Objekte sich schadlos senkten während trotz der an den Grenzen der Senkungszone auftretenden geringen Senkungsmasse dortselbst die empfindlichsten Bergschäden zutage gelangt sind.

Es ist von Wichtigkeit, diese Erfahrungen mit besonderem Nachdrucke zu erwähnen, weil daraus hervorgeht, daß an den obertägigen Orten der Objektschäden kein Bruch der Gebirgsschichten

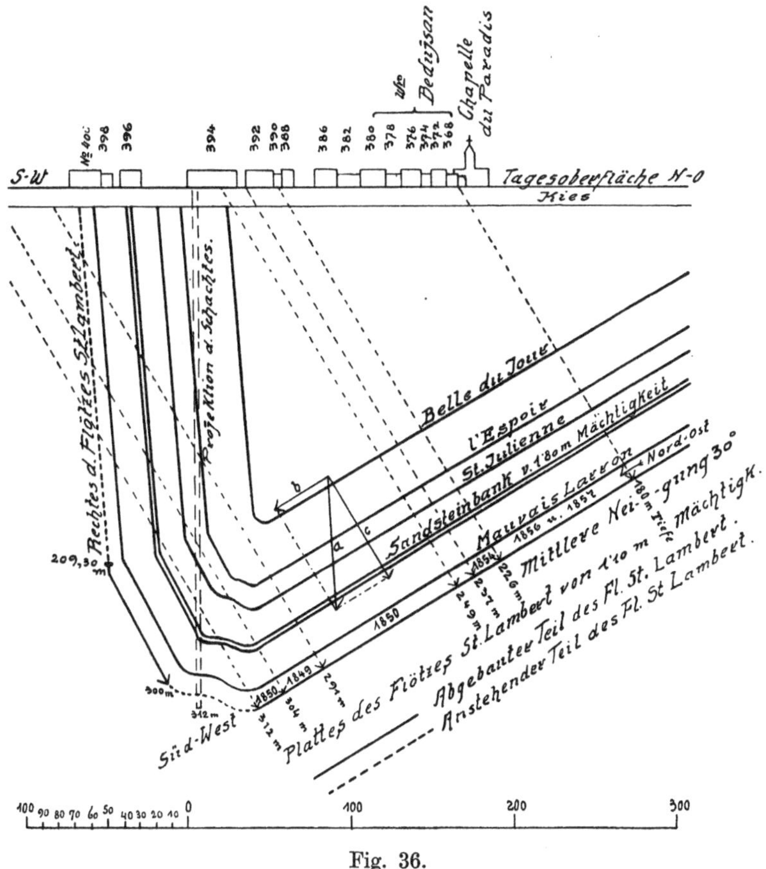

Fig. 36.

stattfindet, sondern seitliche Rutschbewegungen hervorgerufen werden.

Aber auch die für das Ostrau-Karwiner Kohlenrevier charakteristische, in der folgenden Theorie ausführlich behandelte Form der Senkungsmulde liefert einen Beweis, daß an den Grenzen der Senkungsterritorien von Gebirgsbrüchen gar keine Rede sein kann.

Es ist also die Bezeichnung der Bruchrichtung für die obertägigen Stellen der Objektschäden nicht zutreffend, weil man sich unter diesem Begriffe vorstellen muß, daß in den Erdschichten Brüche, Risse, Klüfte und dergl. Störungen hervorgerufen werden. Tatsächlich sind aber diese Stellen des Terrains im Materialzusammenhange nicht gestört, sie sind nachgerutschte Terrainflächen, welche in ihren äußersten Grenzen die Nullpunkte der Terrainsenkung bezeichnen.

Die Ursache dieser seitlichen Nachrutschungen kann jedoch nur in einer Störung des Gleichgewichtes der Gebirgsmassen an anderen Orten gelegen sein, und es muß also an gewissen Stellen ein Bruch dieser Massen tatsächlich entstanden sein, deren Folgeerscheinung die seitlichen Nachrutschgebiete sein müssen. Die Stellen der Gebirgsrisse, welche für die Gleichgewichtsstörungen veranlassend sind, stellen die Bruchrichtungen dar, während die von Gonot bezeichneten Bruchrichtungen die Grenzen der Senkungsgebiete bezeichnen und deshalb seitens des Verfassers für diese letzteren Richtungen der Ausdruck Grenzrichtungen und als Bruchwinkel der Name Grenzwinkel eingeführt worden ist.

Wenn wir nun auf die von Rziha angeführten Bezeichnungen der Fallaktion und der Zerreißungsaktion zurückkommen, so wird an den Grenzen des Fallraumes, dessen Existenz vorausgesetzt sei, eine Störung des Gleichgewichtes der Gebirgsschichten eintreten, und an diesen Stellen müßte die Kohäsion des Materiales durch die Schwerkraft überwunden werden. Die Grenzen des Fallraumes würden dann die eigentlichen Bruchrichtungen darstellen, während die Grenzen der Zerreißungssphäre als Grenzrichtungen zu bezeichnen wären.

Rziha hat sich in seiner Theorie über die Form der obertägigen Senkungsmulde nicht geäußert, weil ihm diesbezügliche Nivellements nicht zur Verfügung gestanden sind. Wir sind jedoch nur in der Lage, aus den obertags zum Vorscheine gelangenden Folgewirkungen des Bergbaues Schlüsse zu ziehen auf die inneren Vorgänge der Gebirgsschichten, und muß es deshalb unsere wichtigste Aufgabe sein, zu untersuchen, wie es ermöglicht werden kann, daß die für das Ostrauer Revier charakteristische Form der Senkungsmulden immer wieder zur Ausbildung gelangt.

Wir können aus der von Rziha entwickelten Dossierungstheorie eine Erklärung für diese Form nicht finden, weil die an den Stellen 1, 2, 3, 4 und 5 in Fig. 35 bezeichneten Risse im Ostrauer Reviere nicht vorgekommen sind und der gesetzmäßigen Form der typischen Senkungsmulde widersprechen. Aber auch der vielfach beobachtete Verlauf des Senkungsprozesses kann mit den Rzihaschen Ansichten nicht in Einklang gebracht werden.

Nach den von Rziha dargelegten Ansichten müßte, wenn die Zerreißungssphäre einmal zutage getreten ist, die durch den Abriß gebildete überhängende Wand 1 in Fig. 35 sich dossieren, es müßte also im ersten Stadium des Senkungsprozesses der im Fallraum gelegene Teil der Gebirgsschichten zur vollständigen Absenkung gelangen, worauf dann das zweite Stadium, der Dossierung des entstandenen Bruchtrichters einzutreten hätte.

Die an den Bahnsenkungen der Montanbahn gemachten Erfahrungen haben jedoch gezeigt, daß mit der Zunahme der lotrechten Absenkung gleichzeitig die seitliche Zunahme des Senkungsgebietes erfolgt, daß es also zur Ausbildung einer sich dossierenden überhängenden Wand gar nicht kommen kann.

b) Die Theorie der senkrechten Niedersinkung der Erdoberfläche. Wir wollen uns nun mit dem zweiten Teil der Rzihaschen Theorie befassen und die Prinzipien der Theorie der senkrechten Niedersinkung der Erdoberfläche behandeln, welche wie folgt angeführt sind:

Das Niedersinken der Oberfläche eines Bergbaues hat 2 Ursachen:

a) die Entwässerung oder das Abbluten des Daches, also dessen Volumenverminderung,

b) das Niederstürzen in den ausgehöhlten unterirdischen Raum.

Betrachten wir zunächst die ad b) genannte Ursache, so läßt sich sofort erkennen, daß es eine sogenannte schadlose Teufe geben müßte, bei welcher das Nachsinken deshalb in Stillstand gerät, weil infolge der Auflockerung des Dachgebirges eine Volumenvermehrung eintritt, die ihre Unterkunft finden muß.

Rziha führt nun eine Reihe von Volumvermehrungskoeffizienten α für die verschiedenen Gebirgskategorien an, welche zwischen 0,10 und 0,01 variieren, und ist in diesen Werten von α die unter a) angegebene Volumverminderung infolge der Entwässerung und Abblutung schon inbegriffen. Wendet man nun diese Koeffizienten auf den Bergbau an, so erhält man eine Normierung der sogenannten „schadlosen Teufe" von h, welche einen solchen physischen Zustand der Komprimierung des Materials ergibt wie ein Damm nach vollendetem Baue.

Auf diesen Dämmen liegt aber tatsächlich der befahrene Eisenbahnoberbau, und wenn diese Dämme auch noch im Verlaufe der ersten Betriebsjahre weiteren Senkungen unterworfen sind, welche durch die Hinzufuhr von Bettungsmaterial erfahrungsgemäß ohne Gefährdung der Sicherheit der verkehrenden Bahnzüge behoben werden, so ist doch klar, daß ein Bergbau unter denselben Komprimierungsverhältnissen ebenfalls erlaubt sein muß.

Wir können also sagen:

1. Von der schadlosen Tiefe $h = \frac{M}{\alpha}$ (wie später berechnet wird) angefangen, ist der volle Flözabbau unterhalb der „Erdwerke" der Eisenbahnen (Dämme, Einschnitte und Anschnitte) statthaft, wobei unter M die lotrechte Flözmächtigkeit zu verstehen ist.

2. Von der schadlosen Tiefe $h = \frac{M}{\alpha'}$ angefangen, ist der volle Flözabbau auch unterhalb Mauerwerkskörpern gestattet.

Die für diese letztere Formel angeführten Volumvermehrungskoeffizienten α' variieren zwischen den Werten 0,050 und 0,004 für die von Rziha angegebenen verschiedenen Gebirgskategorien.

Es sei noch zum vollen Verständnis dieser Ausführungen die Ableitung dieser Formel angegeben. Sei q in Fig. 37 ein differentialer Querschnitt eines Dachpartikels und M die seigere, also lotrechte Flözmächtigkeit, so muß die Volumvermehrung der Masse q h, also α q h, wenn α die Vermehrung der Volumseinheit oder den Auflockerungskoeffizienten bedeutet, untergebracht werden in dem unterhöhlten Raume q M. Es muß somit q h α = q M, woraus die „schadlose Teufe“ $h^h = \frac{M}{\alpha}$ resultiert.

Fällt ein Flöz von der bergmännischen normalen Mächtigkeit a c = m Fig. 38 unter einem Winkel δ gegen den Horizont ein, so gestaltet sich die lotrechte Mächtigkeit a b = M, und es ist $M = \frac{m}{\cos \delta}$.

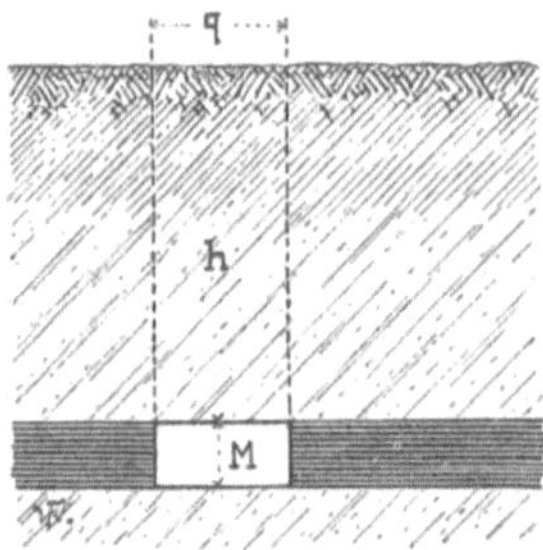

Fig. 37.

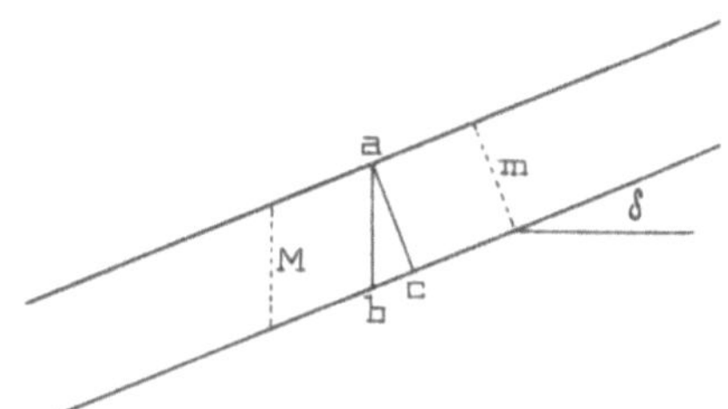

Fig. 38.

3. Bei Anwendung eines regelrechten Versatzes oder bei Anwendung von rationellem schachbrettartigem Abbau mit 50—60 % stehenbleibender Pfeilergrundfläche beträgt die schadlose Flözteufe:

a) für Erdwerke $h = \frac{M \beta}{\alpha}$,

b) für Mauerwerksobjekte und Gebäude $h = \frac{M \beta}{\alpha'}$, wobei $\beta = 0{,}6$

jenen Koeffizienten darstellt, welcher die Komprimierung des Versatzes, respektive die durch den schachbrettartigen Abbau bewirkte Verminderung der Senkung berücksichtigt.

4. Wird bei schachbrettartigem Abbau auch noch guter Versatz eingefügt, so beträgt die schadlose Flözteufe:

a) für Erdwerke $h = \frac{M \beta \gamma}{\alpha}$,

b) für Mauerwerke $h = \frac{M \beta \gamma}{\alpha'}$, wobei $\gamma = 0{,}4$ zu setzen ist.“

Aus dem Vorangeführten ist ersichtlich, daß sich Rziha mit der Berechnung der sogenannten schadlosen Tiefe befaßt hat, d. i. jene

Tiefe, bei welcher ein unterirdischer Abbau vorgenommen werden kann, ohne daß über Tage Bodenbewegungen hervorgerufen werden könnten.

Mit der Berechnung von Senkungsmassen hat sich der Gelehrte nicht beschäftigt, doch läßt sich aus seiner Formel $h = \frac{M}{\alpha}$, $h\alpha = M$, $M - h\alpha = o = s$, jener Wert s berechnen, welcher dem Maße der Bodensenkung entsprechen müßte, wenn der Abbau in einer geringeren Tiefe als h vorgenommen würde.

Rziha hat für 6 verschiedene Gebirgskategorien verschiedene Volumvermehrungskoeffizienten angegeben, er hat hierbei auf die Mächtigkeit des abgebauten Flözes gar keine Rücksicht genommen; es ist also seiner Ansicht nach für die Bestimmung dieser Koeffizienten einerlei, ob durch den Abbau ein Hohlraum von 1 m oder 4 m Höhe erzeugt wird. Der Volumvermehrungskoeffizient ist jedoch in erster Linie von der Flözmächtigkeit abhängig, weil die Größe der Beanspruchung der Materialelastizität mit der Mächtigkeit des auszufüllenden Hohlraumes im direkten Verhältnisse zunimmt. Die einfache Überlegung lehrt uns, daß z. B. beim Abbau eines 1 m mächtigen Flözes ein Niedersinken des Hangenden ohne Volumvermehrung desselben stattfinden kann, daß aber bei einem 2 m mächtigen Flöze die Elastizität des Materiales schon überwunden werden könnte, was ein Niederbrechen mit Volumvermehrung zur Folge haben müßte.

Durch die Herstellung eines Versatzes wird das Elastizitätsvermögen des Materials nicht in jenem Maße beansprucht, wie wenn der ausgekohlte Raum nicht versetzt würde. Es wird also durch die Anwendung eines Versatzes einerseits eine Reduktion der Senkungsmasse bewirkt, andererseits wird die Möglichkeit einer Absenkung ohne Volumvermehrung begünstigt, welcher Umstand der Restringierung der Senkungsmasse entgegenwirkt.

Die Rzihaschen Volumvermehrungskoeffizienten berücksichtigen aber weder die Flözmächtigkeit noch den Versatz, und deshalb kann von denselben kein Gebrauch gemacht werden.

Übrigens hat Rziha diese Koeffizienten nicht an praktischen Bergbausenkungsfällen im Ostrauer Reviere beobachtet, sonst würden nicht jene Differenzen möglich sein, welche die in der Praxis von uns vorgenommenen Messungen ergeben haben. Der Gelehrte gibt ja selbst an, daß diese Koeffizienten ausgedehnten Versuchen betreffend die Kubatur von Einschnitten und Dämmen entstammen.

Was die von Rziha empfohlene schachbrettförmige Abbauweise anbelangt, so wird trotz der großen und kostspieligen Kohlenverluste durch diese Abbaumethode ganz gewiß nicht jener Vorteil erreicht, den dieselbe zum Zwecke haben sollte. Es könnte diese Abbauart nur dann von Vorteil sein, wenn die abgebauten Flächen von derartigen Dimensionen wären, daß sich das Hangende wie ein eingespannter Träger verhalten und eine so geringe Durchbiegung erfahren würde, daß selbe obertags nur im geringen Maße oder gar nicht zum Vorschein gelangen könnte.

Wenn aber die abgebauten Flözflächen zwischen den stehengelassenen Kohlenpfeilern so groß sind, daß ein bedeutenderes Nachsinken der Hangendschichten eintreten muß, so werden durch die gegenständliche Abbaumethode so viele selbständige Senkungsgebiete erzeugt, als Abbaue zwischen den Kohlenpfeilern vorgenommen worden sind. Jedes derartige Senkungsgebiet besitzt seitliche Nachrutschgebiete der Gebirgsschichten, welche die Zonen der obertägigen Bergschäden repräsentieren.

Es ist also zweifellos die von Rziha vorgeschlagene Abbaumethode für die obertägigen Objekte von großem Nachteile, weil eine ganze Reihe von seitlichen Rutschgebieten erstehen, welche für die Objektsschäden veranlassend sind. Hätte Rziha über die Form der obertägigen Senkungsmulde Erfahrungen gehabt, so hätte er niemals die beschriebene Abbauart als vorteilhaft bezeichnen können.

Rziha führt an, daß unter der schadlosen Tiefe der volle Flözabbau statthaft ist. In logischer Konsequenz dieser Behauptung müßte also die Möglichkeit vorhanden sein, unter der schadlosen Tiefe Hohlräume von unbegrenzter Mächtigkeit herzustellen, ohne daß obertags Bodenbewegungen entstehen würden.

Diese logische Folgerung allein deutet an, daß die Annahme Rzihas nicht zutreffen kann. Es sei vorausgesetzt, daß ein Abbau in einer derartigen Tiefe stattfände, welche gerade der schadlosen Teufe entspräche, so muß doch bedacht werden, daß durch diesen Abbau Schichtenbewegungen hervorgerufen werden, wenn dieselben auch an der Tagesoberfläche gerade zum Stillstande kommen, wie dies dem Begriffe der schadlosen Tiefe entsprechen würde. Durch die folgenden, liegenderen Abbaue werden natürlich immer neue Schichtenbewegungen erzeugt, welche die durch den ersten Abbau hervorgerufenen Bewegungen summarisch vergrößern. Es wäre denn, daß die einzelnen Wirkungssphären über den Abbauen sich nicht übergreifen; dann könnte eine Vergrößerung der Schichtenbewegungen nicht entstehen, dies hätte aber zur Voraussetzung, daß die einzelnen Abbaue in Entfernungen übereinandergelagert sein müßten, welche den Maßen der schadlosen Tiefe entsprächen. Dies ist aber bei den geologischen Verhältnissen des Ostrau-Karwiner Kohlenrevieres nicht der Fall; denn die einzelnen Flöze sind oft in sehr geringen Entfernungen übereinanderliegend, so daß durch deren Abbau die summarische Wirkung der Schichtenbewegungen endlich so groß sein wird, daß deren Wirkung obertags zum Vorscheine kommen muß.

Diese Überlegung muß zu dem Schlusse führen, daß die Behauptung Rzihas irrig ist und in der Praxis nicht zutreffen kann. Es wird in der folgenden Theorie auch eine mathematische Überlegung dafür angestellt, daß es nicht zulässig ist, in einem Kohlenpfeiler unter der schadlosen Tiefe abzubauen, da die beschriebenen Gleichgewichtsstörungen in den Gebirgsschichten hervorgerufen würden, welche die zu schützenden Objekte nur nachteilig beeinflussen müßten.

Es erübrigt noch, die von Rziha angegebene Ursache für Bergbausenkungen zu untersuchen, welche besagt, daß die Entwässerung oder das Abbluten des Daches, also dessen Volumverminderung, infolge der Auslaugung und Kontraktion des Gebirges Senkungen herbeiführen. Rziha erwähnt auch ausdrücklich, daß in den von ihm angegebenen Werten für den Volumvermehrungskoeffizienten die Volumverminderung infolge der erwähnten Abblutung berücksichtigt erscheint.

Diese Ansicht Rzihas hat bereits im Jahre 1898 durch Bergdirektor Wilhelm Jičinsky in den „Bergmännischen Notizen" eine treffende Widerlegung erhalten, indem dieser Fachmann entgegnete, daß durch das Abzapfen reinen Wassers einer Gebirgsschichte niemals eine Senkung derselben erfolgen kann. Jičinsky führt aus, daß die einzelnen Körner des Sandes oder Schotters fest aneinanderliegen und nur die Zwischenräume mit Wasser gefüllt sind, sonst müßte jedes Terrain mit Schotter und Grundwasser in trockenen Jahren sinken, in nassen Jahren sich wieder heben, was aber noch nie beobachtet wurde.

Wir wollen diese treffenden Bemerkungen Jičinskys noch dahin ergänzen, daß die zur Verfügung stehenden 30 jährigen Erfahrungen an den Montanbahnsenkungen erwiesen haben, daß die Rzihasche Ansicht gar nicht in Betracht kommt. Die unzähligen Nivellements gesenkter Montanbahnstrecken haben im Falle Vorhandenseins tertiärer Schichten immer wieder eine gesetzmäßige parabolische Form der Senkungskurve ergeben, niemals ist eine auffallende, nicht begründete Unregelmäßigkeit in diesen Kurven aufgetreten, welche zweifellos durch ein Abbluten verursacht werden müßte, wenn durch dasselbe Bodensenkungen eintreten könnten. Man kann doch gewiß nicht behaupten, daß dieses Abbluten auch gesetzmäßig vor sich geht, daß also der vorstehende Einwand nicht von Bedeutung ist. Es würde uns zu weit führen, wenn wir auf die längst bekannten Tatsachen von Bewegungen in An- und Einschnitten hinweisen würden, welche Gleichgewichtsstörungen durch das Abrutschen von Tegelschichten verursacht sind und niemals zu gesetzmäßigen Ausbildungen der Form der Terrainoberfläche führen können.

Es sei noch erwähnt, daß Rziha ein Regulativ für den Steinkohlenbergbau unterhalb der Montanbahn des Ostrau-Karwiner Revieres verfaßt hat, in welchem ausdrücklich auf die untergeordnete Klasse dieser Bahnen hingewiesen ist.

Es erscheint nicht notwendig, eine eingehende Kritik dieses „Regulativs" in diesen Zeilen vorzuführen, denn die aufgestellten Regulativbestimmungen stützen sich auf jene Theorien Rzihas, welche bereits ausführlich erörtert worden sind.

Es soll noch bemerkt werden, daß Rziha einer der ersten Österreicher war, der die theoretische Behandlung des Senkungsproblemes versucht hat, und es ist zweifellos ein großes Verdienst des Gelehrten, zur Lösung des schwierigen Themas einen wertvollen Beitrag geleistet zu haben. Man darf nicht übersehen, daß zur Zeit Rzihas nur wenige Erfahrungen im Ostrau-Karwiner Senkungsgebiete zur Verfügung standen, daß also der Gelehrte auf die Erfahrungsresultate anderer Gebiete angewiesen war. Bei Berücksichtigung dieses Umstandes ist die Arbeit Rzihas um so höher zu bewerten und muß rühmend hervorgehoben werden, daß die Rzihasche Theorie diejenige war, auf Grund welcher die Entwicklung und der Ausbau neuer Theorien möglich wurde, für welche die vieljährigen praktischen Erfahrungen helfend zur Verfügung gestanden haben.

2. Gutachten des Berg- und Hüttenmännischen Vereines in M.-Ostrau (1881).

Wie bereits erwähnt worden ist, hat Professor F. Rziha seine Theorie gelegentlich eines Gutachtens entwickelt, welches er über Aufforderung der k. k. Berghauptmannschaft in Wien im Jahre 1880 in Angelegenheit der Frage der Zulässigkeit des Kohlenabbaues unter der Montanbahn abgegeben hat.

Ein vom Berg- und Hüttenmännischen Verein in M.-Ostrau gewähltes Komitee, welchem Bergdirektor Wilhelm Jičinsky, Oberingenieur J. Mayer und Bergverwalter v. Wurzian angehörten, begutachtete das Rzihasche Elaborat, und ist dieses Gutachten in der Österreichischen Zeitschrift für Berg- und Hüttenwesen XXX. Jahrgang, 1882, veröffentlicht worden.

a) Die Theorie der Bruchrichtung. Im zweiten Abschnitte dieses Gutachtens wird das Rzihasche Elaborat eingehend erörtert und ist der Behandlung der Bruchrichtungstheorie ein großer Raum gewidmet.

Bereits einleitungsweise wird die Bedeutung der Bruchrichtung hervorgehoben und deren besondere Wichtigkeit aus dem Grunde betont, weil die Bruchrichtung die Grenze angibt, bis zu welcher die Wirkungen des Abbaues auf der Erdoberfläche verfolgt werden können. An diesen Grenzen sind die relativ bedeutendsten Devastationen des Tagterrains beobachtet worden, weshalb vor allem die Bestimmung solcher Punkte angestrebt werden muß. Aus der vom Verfasser immer wieder betonten, gesetzmäßigen Form der obertägigen Terrainsenkungsmulde geht unzweifelhaft hervor, daß an den Grenzen der obertägigen Senkungsgebiete Gebirgsbrüche nicht entstehen können. Die unzähligen Nivellements gesenkter Geleisestrecken der Montanbahn haben bewiesen, daß im Falle des Vorhandenseins tertiärer Schichten der Verlauf der Senkungsmulden kontinuierlich und gesetzmäßig war. Im Falle anstehenden Kohlengebirges ist diese Gesetzmäßigkeit nicht mehr in dem Maße zu beobachten, doch zeigen die Grenzen der Senkungsterritorien auch hier, daß es sich dort nicht um Gebirgsbrüche handeln kann, weil an diesen Stellen ebenfalls ein seitliches Nachrutschen des Kohlengebirges gegen die Bruchrichtungen aus der muldenartigen Form des Senkungsbildes zu konstatieren ist.

Würden an den Grenzen der Senkungsgebiete Gebirgsbrüche eintreten, so müßten dort erhebliche Absenkungen der Gebirgsschichten eintreten, welche ein plötzliches Abreißen derselben zur Folge haben müßten und einen allmählichen Verlauf der Bodensenkungen, wie er auch bei anstehendem Kohlengebirge zu verzeichnen war, nicht zulassen könnten. Es wurden, wie bereits erwähnt, deshalb in der folgenden Theorie diese Bruchrichtungen als „Grenzrichtungen“ bezeichnet, um jede irrtümliche Auslegung derselben für die Zukunft zu vermeiden.

Das begutachtende Komitee hat bei dem größten Teil der angeführten Senkungsfälle die Lage der konstatierten, sichtbaren Bruchlinien des Terrains ins Treffen geführt, und wurden diese Terrainbrüche als die Grenzen der obertägigen Senkungsgebiete bezeichnet. Die Grenzen der obertägigen Senkungsterritorien sind jedoch mit freiem Auge nicht sichtbar, sie müssen durch Nivellements festgestellt werden.

Es muß mit allem Nachdrucke hervorgehoben werden, daß diese sichtbaren Brüche nicht immer die Begrenzungen der obertägigen Senkungsflächen darstellen, weil die unzähligen Nivellements gesenkter Montanbahnstrecken den Beweis lieferten, daß die Senkungszonen über die lotrechten Bruchrichtungen des Tertiärs hinausreichen; es könnte auch sonst eine Gesetzmäßigkeit in der Form der Bahnsenkungskurve nicht zustande kommen.

Die von Rziha aus dem Dossierungswinkel entwickelte Lage der Bruchrichtung wurde seitens des Komitees unter Hinweis auf die Erfahrungen des Ostrauer Revieres in einwandfreier Weise widerlegt. Es wurde sehr treffend erwähnt, daß das von Rziha geschilderte Niederbrechen der Gebirgsschichten bei einem Abbaubruche von ganz beschränkter Ausdehnung, in dem das Verhältnis der abgebauten Fläche zur Größe des ausgehobenen Raumes ein kleines ist, also bei einem Tunnelbruch, Tagbrüchen, Höhlen, bei eingestürzten Schächten usw. wahrscheinlich sei. Bei den Ostrauer Kohlenabbauverhältnissen jedoch wurde insbesondere im Falle schwacher Flöze die Wahrnehmung gemacht, daß die Firste sich im ganzen niedersenken, ohne daß deren Zusammenhang gestört worden wäre.

b) Das verschiedenartige Niedergehen der Abbaue. In dem Gutachten heißt es unter anderem: „Bei dem Bergbaue sind diese Erscheinungen anders. Wir konstatieren hier bei den oft mehrere hundert Meter weiten und ebenso breiten Abbauen bedeutende Einbiegungen (ohne Bruch) und müssen daraus auf die diesen Gebirgsschichten innewohnende Elastizität zurückschließen. Bei einem solchen Niedergehen der Flözdecke im ganzen findet, wie leicht erklärlich ist, nur eine sehr unbedeutende Volumenvermehrung der sich gesenkten Schichten statt, aus welchem Grunde auch die Einsenkungen obertags die bedeutendsten sein werden, wenn dieselben auch nie das Maß der in der Grube beobachteten Niedersinkung erreichen werden.

Ist die Flözmächtigkeit eine bedeutendere, demnach über 1,5 bis 2 m, oder bewegen sich die Abbaue in einem weniger festen oder mehr gestörten Gebirge, so erfolgt selbst bei schwächeren Flözen ein Verbruch.

Die Höhe, bis zu welcher die Schichten einbrechen müssen, um den im Abbau entstandenen Hohlraum auszufüllen, nennt Prof. F. Rziha die „schadlose Tiefe".

Es wurde angenommen, daß darüber hinaus keine Einwirkungen auf der Oberfläche mehr kenntlich sein werden. Diese Ansicht ist aber nicht zutreffend, da auch in diesem Falle noch eine Senkung (Einbiegung) der nicht verbrochenen Schichten, die auf dem Abbauverbruche eine Stütze gefunden haben, eintreten kann, und bei allen festen und mehr elastischen Gebirgsschichten auch eintreten wird.

Wir wollen daher eine solche Teufe vielmehr als die gefahrlose Teufe bezeichnen, da in diesen Fällen die Setzungen obertags immer nur einen allmählichen Verlauf nehmen, die für mindere Tagobjekte im allgemeinen gefahrlos sind, und nennen die schadlose Teufe jene Teufe, bei welcher obertags keine Spur einer Setzung oder Senkung mehr wahrnehmbar ist.

Erfolgt in einem Abbaue kein Verbruch, wie dies bei schwachen Flözen mehr Regel ist, so ist sofort klar, daß die gefahrlose Teufe hier eigentlich gar nicht vorhanden ist oder sein wird, da eben die Ausfüllung des Hohlraumes ohne jeden Verbruch stattfindet".

Es werden ferner zwei Möglichkeiten für das Verhalten der nachsinkenden Kohlengebirgsschichten angegeben, und zwar können sich: „1. die elastischen Firstgesteinsschichten direkt auf die Sohle senken, und obertags entsteht aber auch noch aus einer bedeutenden Teufe eine muldenförmige Einsenkung; 2. das vollkommen unelastische Firstgestein verbricht bis zu einer gewissen Höhe h, über welche Höhe die Einwirkungen obertags nicht mehr wahrgenommen werden können.

Während im ersten Falle (Fig. 39) sich die undeutlich markierten Bruchrichtungen mehr nach den Gonotschen Normalen entwickeln, wird in dem zweiten Falle (Fig. 40) die Bruchrichtung der Schulze-Sparreschen Berechnung, eine zwischen der Lotrechten und Normalen liegende Bruchrichtung, resultieren.

Aus den vorgeführten Beispielen ist aber auch zu ersehen, daß es schwer ist, für die schadlose Abbauteufe spezielle Werte zu entwickeln, die z. B. in Fig. 40 ein Minimum erreicht, in Fig. 39 bedeutend wird. In diesen beiden Senkungsbeispielen werden dieselbe Flözmächtigkeit, dasselbe Flözverflächen, dieselbe Abbauweise und dieselbe Abbauteufe zur Voraussetzung gemacht.

Herr Bergdirektor Wilhelm Jičinsky ermittelte die durchschnittliche Volumvermehrung des Kohlengebirges und berechnete die schadlose Teufe nach der Größe der obertags beobachteten maximalen Einsenkung nach der Formel $s = t + m - \alpha t$ oder

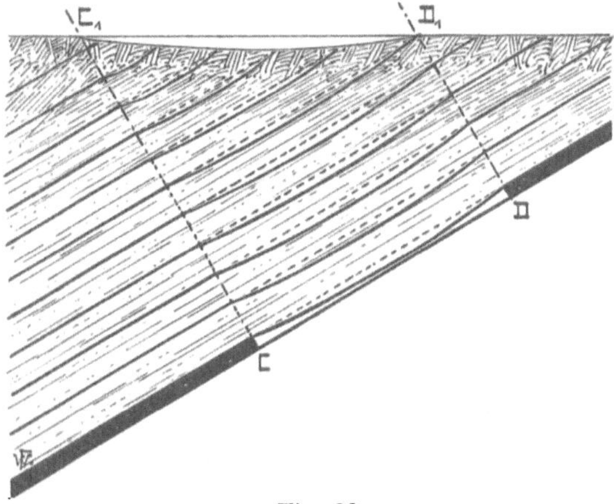

Fig. 39.

$\alpha = 1 + \frac{m - s}{t}$. Dabei ist s die Einsenkung obertags, t die Teufe des Kohlengebirges, m die Flözmächtigkeit und α der durchschnitt-

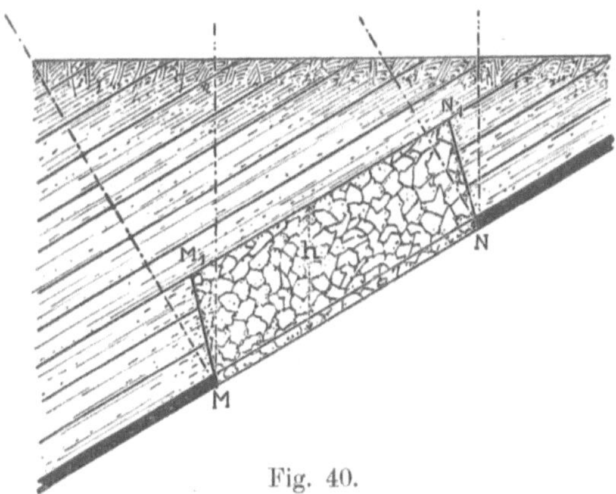

Fig. 40.

liche Volumvermehrungskoeffizient des als Ganzes betrachteten Kohlengebirges.

Die tertiäre Überlagerung wurde, als kompakte Masse und ohne Volumvermehrung niedergehend, nicht berücksichtigt.

Demnach berechnet sich der durchschnittliche Volumvermehrungskoeffizient des Kohlengebirges mit 0,01 für mehrere der von Direktor Jičinsky angeführten Senkungsfälle.

Wir wollen an diesem Koeffizienten als einem mittleren, aus direkter Beobachtung abgeleiteten Werte festhalten und werden denselben zur Bestimmung einer Abbauteufe dort in Anwendung bringen, wo ein Schutz größerer und wertvollerer Bauobjekte gefordert wird."

Wir wollen nun untersuchen, wieweit diese Konklusionen des Gutachtens mit den gemachten Erfahrungen übereinstimmend sind.

Immer wieder von den vieljährigen Erfahrungsresultaten ausgehend, die seit der Publikation des behandelten Gutachtens an unzähligen Senkungsfällen der Montanbahn gemacht wurden, sei bemerkt, daß die in den beiden Senkungsbeispielen getroffenen Annahmen keineswegs die daraus geschlossenen Folgerungen zulassen können. Wie aus den vielen Fällen von gesenkten Bahnstrecken hervorgeht, wurde die Erfahrung gemacht, daß der Volumvermehrungskoeffizient in allererster Linie von der Flözmächtigkeit abhängt, daß dieser Koeffizient mit der Mächtigkeit des Flözes im direkten Verhältnisse zu- und abnimmt. Bei gleichen Flözmächtigkeiten und sonstigen gleichen Verhältnissen (Kohlengebirgsmächtigkeit, Abbauflächen, Fallwinkel usw.) müssen wir immer mit gleichen, bzw. ganz unwesentlich voneinander verschiedenen Koeffizienten rechnen, weil das gleiche Verhalten der hangenden Gebirgsschichten resultieren muß. Diese Tatsache wird sogar in Fällen gleicher Flözmächtigkeit und unwesentlich verschiedener Flözfallwinkel (wenn dieselben nicht über 45° betragen) eintreten, um so mehr muß also diese Erfahrung gelten, wenn in beiden Senkungsbeispielen dasselbe Flözverflächen vorausgesetzt wird. Es ist auch klar, daß mit der Zunahme der Abbauteufe der Druck der den Abbau belastenden Hangendschichten wächst, daß also die sich senkenden Firstgesteinsschichten unter einem größeren Druck sich befinden, welcher der Vermehrung des Volumens auch einen größeren Widerstand entgegenzusetzen vermag. Je größer also der Gebirgsdruck sein wird, desto geringer wird die Möglichkeit der Volumvermehrung, und es kommt der verschiedene Einfluß des Gebirgsdruckes nicht in Frage, wenn die gleiche Abbauteufe vorausgesetzt wird, wie dies in den im Gutachten angegebenen Beispielen angeführt erscheint.

Es sind also keine Voraussetzungen vorhanden, welche einen logischen Schluß für das verschiedene Verhalten der hangenden Gebirgsschichten zulassen würden, und es müßte ein ganz verschiedenes Elastizitätsvermögen der Hangendschichten vorausgesetzt werden, was auch eine vollkommen verschiedene geologische Beschaffenheit derselben zur Ursache haben müßte.

Wir kennen die geologische Beschaffenheit des Ostrauer Kohlengebirges, welches hier in Betracht kommt, und wissen, daß im Falle schwacher Flöze ein Nachsinken der Hangendschichten ohne oder mit nur geringer Volumvermehrung stattfindet, bei mächtigen Flözen hingegen ist die eintretende Vermehrung des Volumens der Firstgesteinsschichten größer, wie dies vom Komitee selbst in trefflicher Weise erörtert wurde.

Bei gleicher Abbauteufe fehlt also jede Voraussetzung, um in den zwei Beispielen für die Senkungsfälle eine verschiedene Art des Nachsenkens der hangenden Gebirgsschichten zu deduzieren. Wenn nun unter Hinweis auf die zwei verschiedenen Senkungsmögichkeiten in dem behandelten Gutachten die Berechtigung abgeleitet wird, an dem von Jičinsky eruierten mittleren Volumvermehrungskoeffizienten 0,01 festzuhalten, so ist das deshalb eine irrige Auffassung, weil durch die Verwendung eines solchen mittleren Koeffizientenwertes weder der elastischen Durchbiegung noch dem Verbruche der hangenden Gebirgsschichten Rechnung getragen wird.

Es werden also die berechneten schadlosen Teufen weder der einen noch der anderen Senkungsart entsprechen, und es kann logischer Weise für die dafür berechneten Maße nicht einmal der Anspruch auf ein annäherndes Zutreffen in der Praxis geltend gemacht werden.

Die Annahme eines mittleren Volumvermehrungskoeffizienten kann mit den vom begutachtenden Komitee dargelegten Möglichkeiten des Nachsenkens der Hangendschichten nicht in Einklang gebracht werden.

Im behandelten Gutachten wird nun weiter über das Verhalten der tertiären Überlagerung gesprochen und angeführt, daß dieselbe nach einem Abbaubruche sich im ganzen und ohne merkliche Volumvermehrung senkt. Diese Tatsache stimmt mit der Erfahrung überein, ebenso wie die Behauptung zutreffend erscheint, daß im Falle tertiärer Überlagerung stets nur muldenförmige Senkungen auf der Montanbahn beobachtet wurden, welche allmählich entstanden sind und ebenso verliefen.

Es heißt weiter: „Diese für uns sehr wichtige Wahrnehmung führt uns zu dem Resümee, daß die Setzungen der Montanbahn weder für den Betrieb noch für den Bestand der Objekte gefährlich werden können."

Diese resumierende Behauptung muß dahin eingeschränkt werden, daß die Bahnsetzungen für den Bestand der Objekte nicht momentane Gefahren hervorrufen können.

Die Erfahrungen haben gezeigt, daß die zum Schutze der Eisenbahnbrücken belassenen Kohlenpfeiler nicht genügende Dimensionen aufwiesen, um einen ausreichenden Schutz der Brücken bewirken zu können. Es hat sich gezeigt, daß der Bestand unzureichend dimensionierter Kohlenpfeiler für die Objekte von sehr unangenehmen Folgen sein kann.

Interessante Beispiele hierfür bilden die Ostrawitza- und Lucinabrücke der Hauptstrecke der Montanbahn M.-Ostrau-Salm, und es ist insbesondere die Eisenkonstruktion der letzteren Brücke infolge Senkung der Widerlager in einer Art deformiert worden, welche zwar keine momentane Gefahrsfolgen gezeitigt hat, aber die volle Aufmerksamkeit der Bahnorgane erforderte.

c) Die Theorie der normalen Niedersinkung. Das Gutachten erörtert dann weiter die „Theorie der normalen Niedersenkung“, und wird einleitend folgendes angeführt:

„Bei dem allmählichen Verlauf der sich obertags markierenden Senkungen wird die Kenntnis der Bruchrichtung weniger wichtig als die normale Niedersinkung des Baues, wie wir im nachstehenden besprechen wollen.“

Mit dieser Ansicht des begutachtenden Komitees können wir uns nicht einverstanden erklären; insbesondere muß darauf verwiesen werden, daß das Komitee selbst hervorgehoben hat, daß die Bruchrichtung die Grenze angibt, bis zu welcher die Wirkungen des Abbaues auf der Erdoberfläche verfolgt werden können, an welcher Grenze die relativ bedeutendsten Beschädigungen des Tagterrains beobachtet wurden. Es ist also keineswegs einzusehen, warum die Kenntnis der (vom Verfasser bezeichneten Grenzrichtung) Bruchrichtung weniger wichtig wäre, wenn gerade diese Stellen die größten Bergschäden verursachen. Gerade jene Grenzen der obertägigen Senkungsterritorien bilden trotz der geringsten Senkungsmasse die Devastationszonen für die obertägigen Objekte, wie dies die unzähligen Bahnsenkungsfälle der Montanbahn gezeigt haben. Es ist deshalb die Kenntnis der Grenzrichtung in allererster Linie die volle Aufmerksamkeit zu widmen und kommt das Maß der vertikalen Niedersenkung nur in zweiter Linie in Betracht.

Unter Anführung eines Senkungsbeispieles wird ferner folgendes im Gutachten gesagt: „Man beobachtete hier neben der bedeutenden Zerstörung an der Bruchlinie noch eine bedeutende Terrainsenkung, die die Flözmächtigkeit um mehr als das Doppelte übertraf, was nur damit erklärt werden kann, daß die anfänglich im Abbau niedergegangenen Gebirgsschichten auf dem ziemlich steilen Flözverflächen herabkollerten, und so an der oberen Abbaugrenze dann bedeutende Hohlräume gebildet wurden, die so eine tiefe Terrainsenkung bewirkten.

Man ersieht aus diesen Beispielen den Einfluß der Flözneigung auf die Terrainsenkung, der wohl stets geübt wird, wenn auch nicht immer so drastische Erscheinungen zum Vorschein kommen.“

Man braucht nicht viel zu überlegen, um den vorstehend betonten Einfluß des Flözfallens auf die Größe der Niedersinkung der Oberfläche als vollständig richtig anzuerkennen, und wurde in der folgenden Theorie auf diesen Umstand ganz besonders hingewiesen. Wenn aber das begutachtende Komitee gegen Professor F. Rziha diesen Vorwurf der Vernachlässigung des Flözeinfallswinkels geltend gemacht hat, so ist dieser Vorwurf auch gegen die vom Komitee angeführte Jičinsky'sche Formel ebenfalls zu erheben, da diese Formel einen ähnlichen Mangel aufweist. Auch aus diesem Grunde kann der vom Komitee übernommene Jičinskysche Volumvermehrungskoeffizient nicht für alle Fälle richtig sein, weil er aus einer Formel berechnet wurde, in welcher auf den Flözfallwinkel nicht die entsprechende Rücksicht genommen worden ist.

Im Gutachten ist dann weiter die Zeitdauer der Terrainsenkung einer Betrachtung unterzogen und bemerkt, daß je nach der Tiefe des Abbaues dessen Ausdehnung, und je nach dem raschen Fortschreiten desselben die Terrainsenkung in einem bis drei Monaten nach dem in der Grube konstatierten Verbruche oder dessen Eingehen sich äußert.

„Die Terrainsenkung äußert sich in dem ersten halben Jahre kräftiger, wird dann weniger fühlbar, bis die Senkungen nach einem halben Jahre" manchmal erst nach zwei Jahren gänzlich aufhören, und das Terrain wieder als beruhigt angesehen werden kann. Man kann nach den hierortigen Erfahrungen annehmen, daß nach zwei Jahren, oder wenn man besonders sicher gehen will, daß nach drei Jahren keine meßbaren Terrainsenkungen infolge eines Bruchbaues entstehen.

Die Niedersinkung des Kohlengebirges ohne Verbruch wird obertags noch am ehesten kenntlich und äußert sich schon nach 2 bis 3 Wochen nach der in der Grube konstatierten Senkung, und beruhigt sich auch das Tagterrain weit schneller, da schon nach einem halben Jahre keine bemerkbaren Setzungen wahrgenommen wurden, wie dies an den Bahnkörpern der unterbauten Montanbahn in vielen Fällen beobachtet werden konnte.

Ausnahmen von diesen mehr allgemein giltigen Wahrnehmungen kommen wohl auch vor, und hatte sich beispielsweise die Wirkung des Abbaues obertags bei einzelnen Fällen erst 10 Jahre nach dem erfolgten Abbaue geäußert. Doch sind in diesen Fällen hier andere Einflüsse geltend gewesen, da nämlich die abgebaute Fläche zu klein war und der eigentliche Abbauverbruch oder die Niedersenkung, die sich bei einem Ausbreiten des Abbaues hätte ergeben müssen, gar nicht stattfinden konnte. Solche abnorme Fälle können daher keine Bedeutung haben, und man kann im allgemeinen annehmen, daß nach drei Jahren nach dem erfolgten Abbaue das Tagterrain wieder die notwendige Stabilität erlangt hat und als Baugrund usw. verwendet werden kann."

Von diesen Ausführungen, gegen welche kein Einwand zu erheben ist, sei nur jener Passus herausgegriffen, welcher darüber Mitteilung macht, daß infolge des geringen Ausmaßes der abgebauten Flächen die obertägige Wirkung erst nach 10 Jahren hervorgerufen worden ist.

Es ist außer Zweifel, daß die Größe des Flächenausmaßes des Abbaufeldes von wesentlicher Bedeutung für die obertägigen Senkungsmaße sein muß, es ist auch klar, daß mit der Zunahme dieser Fläche diese Maße der vertikalen Niedersenkungen bis zu einer gewissen Grenze wachsen müssen. Dieser Umstand weist auf die große Bedeutung des Abbautempos hin, welches auf die Niedersenkung der Gebirgsschichten von großem Einflusse sein muß.

In der vom begutachtenden Komitee angeführten Jičinskyschen Formel ist auf die Größe der abgebauten Flözquerschnittsfläche keine Rücksicht genommen, diese Formel könnte für die Senkung eines Punktes gelten, für das Flöz als Körper aber nicht.

„Erfolgt das Niedergehen durch einen Abbaubruch“ heißt es weiter, „so kann es vorkommen, daß sich dieser (je nach der gefahrlosen Teufe) bis in den alten Verbruch fortpflanzt und daß daher die schon früher verbrochenen Gebirgsschichten noch einmal einbrechen.

Wenn auch in diesem Falle eine abermalige Volumvermehrung stattfinden wird, so wird man diese bei den schon einmal verbrochenen und mit einer Volumsvermehrung veranschlagten Schichte doch nicht so groß annehmen können wie bei den noch unversehrten Schichten. Um tiefer zu gehen, wollen wir daher die Volumvermehrung solcher Schichten nur mit 50 % in Anschlag nehmen und diese bei der Ermittlung der gefahrlosen Tiefe in Anwendung bringen.

Wir behandeln daher jeden Abbau oder jedes Flöz für sich und bestimmen die Zulässigkeit des Abbaues unter der Bahn nach der gefahrlosen und schadlosen Teufe.

Findet in denselben Partien nach drei Jahren der Abbau des nächste tieferen Flözes statt, so werden bei der Bestimmung der zulässigen Abbauteufe zu der abzubauenden Flözmächtigkeit 50 % des bereits abgebauten oberen Flözes zugeschlagen.

Werden jedoch zwei untereinanderliegende Flöze in rascher Aufeinanderfolge, also innerhalb dreier Jahre abgebaut, so muß bei der Ermittlung der gefahrlosen und schadlosen Teufe die summarische Flözmächtigkeit veranschlagt werden.

Findet der Abbau des tieferen Flözes erst nach Verlauf von 10 Jahren statt, so wird bei der Bestimmung dessen Abbauzulässigkeit unter Objekten usw. das obere Flöz gar nicht berücksichtigt. Diese Vorsichten dürften vollkommen ausreichen, da wir bei der Berechnung der gefahrlosen Teufe ohnehin einen kleineren Koeffizienten anwenden.“

Es ist vollständig klar, daß ein durch einen Abbau bereits gelockertes Erdmaterial sich nicht in dem Maße vermehren kann wie ein komprimiertes Material, welches noch keine Lockerung erfahren hat Es ist deshalb auch leicht einzusehen, daß der Volumvermehrungskoeffizient sich von Abbau zu Abbau ändern kann, daß also das Volumvermehrungsvermögen in den liegenderen Abbauen kleiner sein kann als in den hangenden. Diese Tatsache gibt auch zu dem logischen Schlusse Anlaß, zu deduzieren, daß bei dem Abbaue der tiefer liegenden Flöze die obertägigen Terrainsenkungen größere Maße betragen können als bei den hangenden Abbauen, und es ist daraus zu ersehen, daß die schadlose Teufe entsprechend der Änderung der Volumvermehrungskoeffizienten fortwährenden Änderungen unterworfen ist.

Das Komitee berücksichtigt die Abnahme des Volumvermehrungskoeffizienten und die dadurch bedingte Vergrößerung der gefahrlosen Tiefe bei den liegenden Abbauen in der Weise, daß zu der abzubauenden Flözmächtigkeit 50 % des bereits abgebauten oberen Flözes zugeschlagen wird. Durch diese Methode der Vergrößerung der Flözmächtigkeit ist eine Vergrößerung der Senkungsmasse und der dazu gehörigen gefahrlosen Tiefe beabsichtigt, ohne eine Restringierung des Volumvermehrungskoeffizienten in Rücksicht zu ziehen.

Mit dieser Vorgangsweise für die Berücksichtigung der Abnahme des Volumvermehrungskoeffizienten können wir uns nicht einverstanden erklären; diese Methode widerspricht dem unerschütterlichen Grundsatze, daß die Größe des Volumvermehrungskoeffizienten mit der zunehmenden Flözmächtigkeit wächst. Es müßte also logischer Weise in der Jičinskyschen Formel für den Fall der 50%igen Vergrößerung der Flözmächtigkeit eine diesem Verhältnisse entsprechende Vergrößerung des Volumvermehrungskoeffizienten vorgenommen werden, was jedoch der in der Praxis stattfindenden Abnahme dieses Koeffizienten widerspricht.

In dem hier kritisierten Gutachten ist der Begründung der Abbauzulässigkeit unter der Montanbahn ein großer Raum gegeben, und es kann keinesfalls gegen die Unterbauung dieser lediglich der Verfrachtung der Bergwerksprodukte dienenden Bahn irgendein Einwand erhoben werden, weil es sich tatsächlich gezeigt hat, daß momentane Betriebsgefahren infolge Kohlenabbaues nicht hervorgerufen worden sind.

Es erschien nur geboten, die größeren Eisenbahnobjekte (Ostrawitza- und Lucinabrücke) durch Kohlenpfeiler zu schützen, welche jedoch bedeutend größere Dimensionen aufweisen müssen als jene, welche von Jičinsky in seinen „Bergmännischen Notizen" vorgesehen werden. Die Erfahrung hat gelehrt, daß die Montanbahnbrücken sehr unangenehme Schäden erlitten haben, da die belassenen Kohlenpfeiler wegen ihrer zu geringen Ausmaße den Objekten nicht den entsprechenden Schutz zu bieten vermochten.

Die immer wieder notwendig werdenden Aufholungen gesenkter Montanbahnstrecken sowie die Instandsetzung bzw. der Neubau ungeschützter kleinerer Objekte sind lediglich eine sehr bedeutende Belastung der Bahnerhaltung, welche die Ökonomie des Bahnbetriebes wesentlich zu beeinflussen vermag; die Betriebssicherheit wurde jedoch durch diese Bahnsenkungen nicht gefährdet.

Sehr treffend wird in der „Betrachtung abnormer Erscheinungen der tertiären Überlagerung" seitens des Komitees hervorgehoben, daß durch das Abzapfen der Wässer aus den Sanden, beziehungsweise durch das Abfluten der Sandschichten, keine Volumverminderung und daher auch keine Terrainsenkung erfolgen kann.

„Einen anderen Einfluß", heißt es im Gutachten weiter, „üben jedoch die fließenden Sande der obersten tertiären Schichten auf Deformationen der Tagesfläche, wenn dieselben durch Bahneinschnitte, Abgrabungen, bei Ziegeleien usw. zur Entblößung gelangen. In einem solchen Falle fließt konstant viel Sand und Schlamm mit dem Wasser, und es kommen dann ganze Berglehnen in Bewegung. Obertags zeigen sich Risse im Lehm und in der Dammerde, die oft 100 bis 400 m weit von der Entblößungsstelle entfernt liegen". Diese Anschauung des Komitees ist vortrefflich, und soll hier bemerkt werden, daß die Terrainsenkungen im Ostrau-Karwiner Reviere so charakteristische Formen aufweisen, daß eine Verwechslung der Ursachen für auftretende Bodenbewegungen bei gewissenhafter Prüfung aller Umstände nicht leicht möglich sein kann. Niemals kann eine durch in Bewegung geratene Schwimmsandschichten verursachte obertägige Bodenformation irgend einem Gesetze folgen, nie können hier so typische Senkungsmulden verursacht werden, wie dies durch den Kohlenabbau geschieht. Es wird niemals eine Gesetzmäßigkeit in der Bodensenkungsform zu konstatieren sein, wenn andere als bergbauliche Ursachen eine Terrainbewegung hervorgerufen haben, weil ja der Abbau gewissermaßen auch gesetzmäßig vor sich geht.

d) Besondere Schutzvorkehrungen bei geringen Abbauteufen. Im Gutachten werden dann weiter die besonderen Schutzvorkehrungen bei geringen Abbauteufen besprochen: „Wir sehen daraus, daß der Schutz von Objekten nur bei geringen Abbauteufen für notwendig gehalten wurde, welche Auffassung nicht für richtig gehalten werden kann, wie dies in unseren Erörterungen bereits anläßlich der Diskussion über die sogenannte „gefahrlose Teufe“ eingehend erläutert wurde.“

Im Gutachten heißt es ferner: „Zur Sicherung der Tagobjekte gegen Beschädigungen, die durch den Abbau obertags bei geringer Abbauteufe entstehen könnten, müssen spezielle Vorsichtsmaßregeln eingehalten werden. Hierher rechnen wir: a) den Bergversatz, b) die Zurücklassung von Sicherheitspfeilern oder den schachbrettförmigen Abbau, sowohl für sich als in Kombination mit dem Bergversatz.

Ein guter Bergversatz ist zur Sicherung der Tagobjekte viel wert. Derselbe wird allerdings nach hiesigen Erfahrungen bis auf 0,6 seiner ursprünglichen Höhe zusammengedrückt, so daß nur 0,4 der Flöz mächtigkeit zur Setzung gelangt. Wir können daher bei der Berechnung der gefahrlosen und schadlosen Tiefe stets nur 0,4 der Flözmächtigkeit in Anschlag bringen.“

Bei dieser Gelegenheit ist zu wiederholen, daß in dem Maße, als eine Restringierung der Flözmächtigkeit eintritt, auch eine Reduktion des Volumvermehrungskoeffizienten vorgenommen werden muß. Es geht nicht an, die gefahrlosen und schadlosen Teufen zu reduzieren, denn diese Maße stellen uns gewissermaßen die Materialelastizität dar, sie sind Funktionen derselben. Durch die Ausführung des Versatzes wird die Inanspruchnahme der Elastizität der hangenden Gebirgsschichten verringert und die Volumvermehrung herabgesetzt; wenn also einerseits durch die Reduktion der Flözmächtigkeit eine Verringerung der obertägigen Senkungsmasse bewirkt wird, so wird andererseits durch die Verringerung der Volumvermehrung eine Vergrößerung der Senkungsmasse hervorgerufen.

Im Gutachten heißt es ferner:

„Ein Kohlenpfeiler von hinreichenden Dimensionen bleibt unstreitig der beste Schutz zur Sicherung gewisser Tagobjekte; doch soll man einen solchen Schutzpfeiler aus nationalökonomischen Rücksichten nur in den seltensten Fällen anwenden, etwa nur bei Bahnobjekten von hervorragender Wichtigkeit und besonderem Wert, der den Wert der zurückgelassenen Kohlenpfeiler namhaft übertrifft. Daß kleine Kohlenpfeiler leicht zerdrückt werden und nicht viel nützen, ist uns aus Erfahrung bekannt, ebenso die Tatsache der daraus entstehenden möglichen Gefahr eines Grubenbrandes. Es ist daher bei dem Zurücklassen eines Sicherheitspfeilers wohl zu überlegen, ob sich diese Gefahr vermeiden läßt oder nicht. Die Minimaldimensionen eines haltbaren Kohlenpfeilers müßten erst für jede Flözbeschaffenheit bei Annahme eines bestimmten Gebirgsdruckes ermittelt werden, was jedenfalls eine nicht leicht zu lösende Aufgabe wäre.

Es lehrt uns die Erfahrung, daß ein Sicherheitspfeiler im allgemeinen in seiner horizontalen Projektion wenigstens zehnmal so lang und so breit sein muß, als die Flözmächtigkeit beträgt, um nicht zerdrückt zu werden. Bei steil einfallenden oder sogar seigeren Flözen tritt eine Ausnahme ein, und man bestimmt dann die Basis nach örtlichen Verhältnissen von Fall zu Fall."

Aus diesen Mitteilungen ist zu entnehmen, daß für die Dimensionierung der Kohlenpfeiler nur die Rücksicht auf dessen Zerdrückbarkeit als maßgebend erachtet wurde, und es mußte dabei unbedingt die Voraussetzung gemacht worden sein, daß die Abbauwirkungen obertags in lotrechten Ebenen an den Grenzen des abgebauten Flözes zur Geltung gelangen.

Für die Dimensionierung von Kohlenpfeilern ist jedoch in allererster Linie die Beantwortung der Frage erforderlich, ob die diesen Pfeilern angrenzenden Senkungsgebiete nicht über die Grenzen des Kohlenpfeilers reichen und dadurch eventuell Bodenbewegungen im Pfeiler selbst hervorrufen. Die Lösung dieser Aufgabe kann nicht auf Grund feststehender Normen geschehen, hier müssen die örtlichen Verhältnisse für die Beantwortung der gestellten Fragen maßgebend sein. Für die Bestimmung der Größen der Kohlenpfeilerdimensionen sind die örtlichen geologischen Verhältnisse von ausschlaggebender Bedeutung, und es sind da die Größen des Flözfallwinkels, die Mächtigkeit des Kohlengebirges und des Tertiär die maßgebenden Momente für die richtige Lösung des gestellten Problemes.

Die Kohlenpfeiler der Ostrawitza- und Lucinabrücke der Hauptstrecke der Montanbahn sind Schulbeispiele dafür, daß es nicht angeht, die vorangeführten örtlichen Umstände für die Kohlenpfeilerbestimmung außeracht zu lassen, wenn jene unangenehmen Schäden vermieden werden sollen, welche an den genanten Objekten zu wiederholten Malen aufgetreten sind.

Es wird im Gutachten dann weiter über die Vorteile eines schachbrettförmigen Abbaues gesprochen, und es ist folgende Ansicht wiedergegeben: „Im großen und ganzen kann ein schachbrettartiger Abbau bei nicht mehr als 50 % Kohlenentnahme als gleichwertig mit dem vollen Bergversatze veranschlagt werden, was wir auch in dem festzustellenden Regulativ entspechend berücksichtigen wollen."

Wenn wir nun diese Anschauung einer näheren Kritik unterziehen, so erscheint es vor allem notwendig, die Vorteile der Abbaumethode mit vollem Versatz mit jenen Vorteilen zu vergleichen, welche durch den schachbrettartigen Abbau erzielt werden können.

Wir haben bereits erörtert, daß durch die Ausführung eines Versatzes eine Reduktion der Senkungsmasse erzielt wird, welche aber teilweise dadurch wieder eine Einschränkung erleidet, daß durch den Versatz eine Restringierung des Volumvermehrungskoeffizienten stattfindet. Die eventuellen Vorteile des schachbrettförmigen Abbaues wurden in der Kritik über die Rzihasche Theorie dargelegt, und sei wiederholt, daß diese Abbauart nur dann von Vorteil sein kann, wenn die abgebauten Flächen von derartigen Dimensionen sind, daß sich das Hangende wie ein eingespannter Träger verhält und eine so geringe Durchbiegung erfährt, daß selbe obertags nicht zum Vorscheine gelangen kann. Wenn diese abgebauten Flächen jedoch so groß sind, daß eine Durchbiegung und ein Nachsenken der Hangendschichten eintritt, so werden durch die gegenständliche Abbaumethode so viele selbständige Senkungsgebiete erzeugt, als Abbaue zwischen den Kohlenpfeilern vorgenommen worden sind.

Durch diese Ausführungen wollen wir erweisen, daß es nicht angeht, den Vorteil der Versatzausführung durch jenen des schachbrettartigen Abbaues zu ersetzen. Im ersten Falle wird unter Voraussetzung eines tadellosen Versatzes die Reduktion der Senkungsmasse vorgenommen, im zweiten Falle jedoch wird bei großen Kohlenverlusten entweder eine Senkung vermieden oder es tritt eine Verschlechterung der Abbauwirkung infolge der vielen selbständigen Senkungsgebiete ein, welche jedes für sich eigene Rutschgebiete besitzen. Eine derart ideale Ausführung des schachbrettartigen Abbaues, daß jede Senkung hintangehalten wird, kann wohl in der Praxis niemals zur Ausführung gelangen, und wäre diese Möglichkeit vorhanden, es käme wieder die Zerdrückungsgefahr der stehen gelassenen Kohlenpfeiler in Rücksicht, welche den bezweckten Vorteil illusorisch zu machen vermöchte.

Das Komitee führt ins Treffen, daß „nationalökonomische Rücksichten es erheischen, die Belassung von Kohlenpfeilern in den seltensten Fällen vorzuschreiben", und es ist sehr treffend bemerkt, daß auch „die Kosten des zu schützenden Tagobjektes gegenüber den Kohlenverlusten in Rechnung zu ziehen sind".

Es wird eine gewissenhafte Erörterung der schwierigen Aufgabe notwendig sein, in gegebenen Fällen die richtige Lösung dieses Problemes zu erfassen, und es wird die Erwägung aller von uns hervorgehobenen Umstände erheischen, welche für die Sicherung größerer Eisenbahnobjekte maßgebend sind.

Bei der Beurteilung der Schutzmaßnahmen für zu sichernde Bahnobjekte ist ein Einvernehmen zwischen Bergbau- und

Eisenbahnbetrieb erforderlich, damit weder der erstere in seiner Entwicklung eingeschränkt, noch der letztere in seiner Sicherheit gefährdet werde.

Es ist eine wichtige Aufgabe der mit der Lösung dieser Frage betrauten Organe, die gegenseitigen und öffentlichen Interessen zwischen Bergbau und Eisenbahn stets im Auge zu behalten.

e) Entwurf eines Regulativs für den Steinkohlenabbau unterhalb der Montanbahnen des Ostrau-Karwiner Revieres. Der folgende Teil des Gutachtens behandelt die auf Grund der Erörterung abgeleiteten allgemeinen Regeln, die sich beim Abbaue der Flöze in dem hiesigen Steinkohlengebirge ergeben. In 19 Punkten werden die resumierenden Ansichten wiedergegeben, welche die Grundlage zum Entwurf eines „Regulativs" für den Steinkohlenabbau unterhalb der Montanbahnen des Ostrau-Karwiner Revieres geboten haben. In 14 Paragraphen sind die Bedingungen für die Zulässigkeit des Kohlenabbaues unter der Montanbahn angeführt, und erscheint es von Wichtigkeit, auf folgende Ausführungen zu reflektieren.

„§ 3. Die Werksleitung ist verpflichtet, über die in 2 ad a, b, c angeführten und in Absicht stehenden Abbaue die sofortige Anzeige an die Streckenleitung der Montanbahn und eine gleichlautende Anzeige an das k. k. Revierbergamt zu erstatten, wenn sich der Abbau auf 20 m dem Objekte bzw. dem Dammfuße oder dem Einschnittsrande genähert hat.

Diese Anzeigen haben zu enthalten: die Bezeichnung (Kilometer und Hektometer) der Bahnstrecke, und ist denselben eine genaue Kopie des unter der Montanbahn befindlichen Flözteiles beizugeben, aus der die Mächtigkeit des Flözes, dessen Verflächen, die Mächtigkeit der Überlagerung wie des Kohlengebirges — soweit diese bekannt sind —, sowie die Richtung der Bahntrasse zu dem Abbaue ersehen werden soll. Der Empfang dieser Anzeige ist mit umgehender Post zu bestätigen."

Es muß ergänzend bemerkt werden, daß unter a), b), c) und d) folgende Bahnbestände angeführt sind: „a) Dämme unter 5 m vertikaler Höhe, Einschnitte und Anschnitte, kleinere Bahnobjekte bis 2 m lichter Durchlaßöffnung und 5 m Höhe, kleinere Wächterhäuser; b) Brücken, Wegübersetzungen, Durchlässe von 2 bis 3 m lichter Öffnung und unter 5 m Höhe, Bahndämme über 5 m vertikaler Höhe, größere ebenerdige Wächterhäuser, kleinere einstöckige Wächterhäuser; c) Brücken, Durchlässe usw. von 2 bis 5 m lichter Öffnung und 5 bis 10 m Höhe; Brücken, Durchlässe usw. von 5 bis 10 m lichter Öffnung und unter 5 m Höhe, größere einstöckige Wächterhäuser; d) Brücken, Durchlässe usw. von 5 bis 10 m lichter Öffnung und 5 bis 10 m Höhe; Brücken, Viadukte, Durchlässe usw. von 10 bis 20 m lichter Öffnung und unter 5 m Höhe."

In anerkennenswerter Weise hat das begutachtende Komitee die Notwendigkeit hervorgehoben, daß die Bahnaufsichtsbehörde über den Stand der Abbaue in der Nähe der Bahn und unter derselben stets informiert sei, um die notwendigen Vorsichtsmaßregeln treffen zu können. Die Bahnaufsichtsbehörde muß in der Lage sein, die voraussichtlichen Senkungsgebiete zu prognostizieren, es muß ihr der jeweilige Stand der Abbaue in der Nähe bekannt sein.

Es ist auch vom Standpunkt der Ökonomie der Bahnerhaltung unbedingt erforderlich, daß die Bahnaufsichtsbehörde nach Beendigung eines Senkungsprozesses die notwendige Sanierung gesenkter Bahnstrecken bewirken kann.

Wenn aber der Bahnerhaltungssektion der Fortschritt im Abbau unter einer Bahnstrecke unbekannt ist, so ist ihr die Möglichkeit nicht gegeben, zu beurteilen, ob eine Bahnsenkung bereits vollständig zum Stillstande gelangt und eine weitere Niedersenkung des Oberbaues nicht mehr zu gewärtigen ist. Es wird in diesem Falle natürlich vorkommen, daß unnötigerweise bedeutende Kosten für Geleisaufholungen verausgabt werden, welche infolge neuerlicher Senkungen unökonomische Verausgabungen darstellen.

Man könnte sich leicht zu dem Trugschlusse verleiten lassen, daß die Kosten bewirkter Aufholungen noch nicht vollständig gesenkter Bahnstrecken (bzw. ausgelebter Bahnsenkungen) nicht umsonst verausgabt sind. Man könnte vielleicht glauben, daß die in mehreren Senkungsstadien immer wieder vorgenommenen Streckenhebungen in ihrer summarischen Wirkung einer einmaligen Aufhebung einer total abgesenkten Bahnstrecke gleichkommen.

Es ist jedoch auch hier sofort einzuwenden, daß die mehrmalige Hebung einer gesenkten Bahnstrecke auch eine mehrmalige unangenehme Störung der Verkehrsabwicklung bedeutet; die für die Herstellung der Aufholungsarbeiten notwendigen Maßnahmen, wie Geleisesperren und Langsamfahrsignale sind bei jeder Arbeitsdurchführung neuerlich erforderlich. Es ist aber auch die mehrmalige Einleitung und Durchführung von Geleisehebungen entschieden mit wesentlich größeren Kosten verbunden, als wenn eine einmalige vollständige Ausführung der Arbeiten erfolgen würde.

Aber auch für die Art der Sanierung ist das Abwarten der Beendigung eines Senkungsprozesses von ganz bedeutendem Vorteil. Nehmen wir nun an, wir hätten eine Bahnstrecke a″ b″, welche in drei Senkungsstadien a b, a′ b′ und a″ b″ immer wieder zur Aufholung gelangt, wie dies in der Fig. 41 ersichtlich gemacht ist.

Setzen wir ferner voraus, man hätte die vollständige Senkung der Bahnstrecke a″ b″ abgewartet und erhielte die in Fig. 42 dargestellte totale Senkung.

Während in den vorangeführten 3 Senkungsstadien in den seltensten Fällen eine andere Sanierung durchgeführt werden kann als eine Aufholung in die ursprüngliche Höhenlage der Bahnnivelette, wird bei einer einmaligen Sanierung der totalen oder ausgelebten Bahnsenkung die Möglichkeit geboten sein, eine andere Sanierungsart zu wählen.

Der Zweck derartiger Bahnhebungen ist doch immer nur die Verbesserung ungünstiger Neigungsverhältnisse, welche infolge der Senkung der Bahnstrecken hervorgerufen werden. Es wird also nach Beendigung des Senkungsprozesses nicht notwendig sein, die Strecke in die ursprüngliche Höhenlage zu heben, man wird alle möglichen Niveletten wählen können, welche eine Verbesserung der Neigungsverhältnisse zur Folge haben.

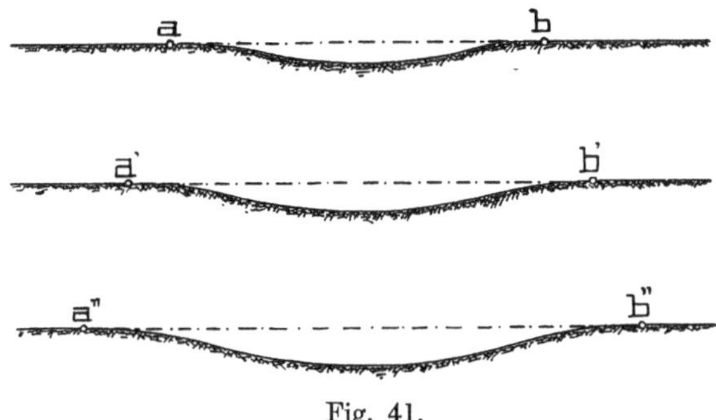

Fig. 41.

Man kann z. B. die Niveletten $a'' c_1 b''$, $a'' c_2 b''$, $a'' c_1 c_2 b''$ herstellen, und es wird nicht notwendig sein, die großen Kosten der totalen Aushebung zu verausgaben.

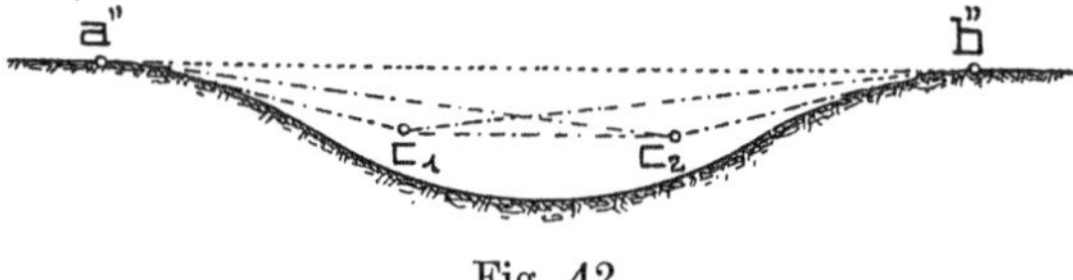

Fig. 42.

Wenn wir nun vom Standpunkte der Ökonomie die Notwendigkeit erläutern wollten, daß die Bahnerhaltungsbehörde Kenntnis vom Stande der Abbauverhältnisse haben müsse, so sind bei Eisenbahnbrücken außer den angeführten Momenten noch Gründe der Verkehrssicherheit, welche dafür sprechen. Wir wollen damit keinesfalls behaupten, daß die Setzungen im Ostrau-Karwiner Reviere momentane Bahnabstürze ermöglichen können, aber für den Bestand von Eisenbahnbrücken können selbst allmähliche Bodenbewegungen von unangenehmster Bedeutung sein. Es läßt sich niemals genau konstatieren, wann der Moment gegeben erscheint, wo die weitere Deformation einer Eisenkonstruktion oder eines gewölbten Objektes Gefahren für die Verkehrssicherheit bedeuten würde.

Im § 7 des Regulativs ist die Annäherungsanzeige des Abbaues für größere Objekte vorgesehen, und lauten die Bestimmungen folgendermaßen: „Befinden sich auf der Montanbahn sehr große Objekte, als Brücken, Durchlässe usw. von 10 bis 20 m lichter Öffnung usw., so hat die Werksleitung die im § 3 näher spezifizierten Anzeigen zu erstatten, wenn sich der Abau in horizontaler Richtung auf 40 m dem äußeren Umrisse des Bahnkörpers genähert hat, und ist zugleich bei dem k. k. Revierbergamte um Einleitung der kommissionellen Erhebungen, zu denen auch die k. k. Bezirkshauptmannschaft einzuladen ist, anzusuchen."

Die Erfahrungen haben jedoch gelehrt, daß bei einer Annäherung des Abbaues bis auf 40 m der Bahnkörper bereits in Mitleidenschaft gezogen war, weshalb diese übliche Distanz über Verlangen des auf dem Bahnsenkungsgebiete hervorragenden Fachmannes, des Sektionsvorstandes Herrn Ingenieur R. Wawerka, in Anerkennung der geltend gemachten Gründe seitens der Bergbehörde auf 100 m erhöht wurde.

Es ist nicht möglich, allgemein feststehende Normen in dieser Beziehung zu erlassen, weil die Größe der Senkungsgebiete von den örtlichen geologischen Verhältnissen abhängig sind.

Die in den anderen Paragraphen des Regulativs festgelegten Vorschriften bezüglich der Abbauzulässigkeit bedürfen keiner weiteren Erörterung, weil dieselben eine logische Anwendung jener Grundsätze des begutachtenden Komitees bilden, welche unserseits bereits eine eingehende Kritik erfahren haben.

Es liegt mir daran, noch zu bemerken, daß das in Rede stehende Gutachten des Berg- und Hüttenmännischen Vereins in M.-Ostrau eine sehr wertvolle Arbeit darstellt, welche ihren wesentlichen Anteil an der Aufklärung des schwierigen Senkungsproblemes für sich in Anspruch nehmen kann. Insbesondere vom Standpunkte des Eisenbahntechnikers bildet das vorliegende Elaborat eine äußerst verdienstvolle Betätigung des genannten Vereines, der Senkungsfrage der Eisenbahnen die volle Aufmerksamkeit gewidmet zu haben.

3. Die Jičinsky'sche Theorie.

Die Theorie Jičinskys hat sich im Ostrau-Karwiner Reviere allgemeinen Eingang verschafft und sei es nun gestattet, die vom genannten Fachmann veröffentlichten Erörterungen einer Kritik zu unterziehen.

a) Die Grundsätze der Theorie. In der Monographie des Ostrau-Karwiner Steinkohlenrevieres vom Jahre 1884 hat der in diesem Reviere bestbekannte Bergdirektor Wilhelm Jičinsky eine Abhandlung veröffentlicht über „Die Einwirkungen des Kohlenabbaues auf die Tagesoberfläche".

In der genannten Abhandlung stellt Jičinsky bezüglich der durch den Abbau hervorgerufenen Gebirgsbewegung folgende Grundsätze auf:

„Die Einsenkung ist abhängig: 1. von der Flözmächtigkeit, 2. von dem Flözverflächen, 3. von der Teufe des Abbaues und 4. von der Beschaffenheit des Dachgesteines der Flöze, und es ist als Regel anzusehen, ad 1. daß die Tiefe der Terrainsenkung mit der Flözmächtigkeit und die Ausdehnung derselben mit der Abbaufläche in einem geraden Verhältnisse stehe,

ad 2. daß die Tiefe der Terrainsenkung mit dem zunehmenden Flözverflächen wächst, deren Ausdehnung jedoch abnimmt und bei ganz seigeren Flözen daher die Bodensenkung wohl tief, jedoch nur pingenartig sich äußert.

Bezeichnet man mit s (Fig. 43) die Bodensenkung, mit m die lotrecht gemessene Flözmächtigkeit, mit t die Kohlengebirgsmächtigkeit über den Flözen, so ist nach Jičinsky $s = m + t - 1{,}01\,t; s = m - 0{,}01\,t$, wobei angenommen ist, daß sich beim Einbrechen oder Niedergehen der Flözfirste das Kohlengebirge um 1 %, in der lotrechten Mächtigkeit gemessen vermehrt, wodurch eine Reduktion des Senkungsmaßes hervorgerufen wird."

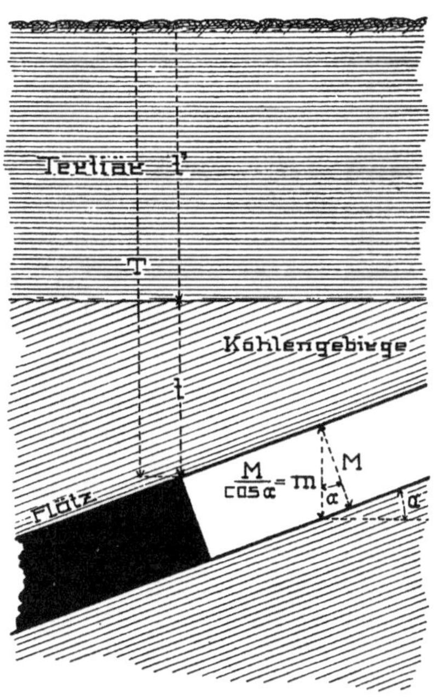

Fig. 43.

Die vorerwähnten Grundsätze sind zweifellos richtig, und kann auch gegen die von Jičinsky aufgestellte Behauptung nichts eingewendet werden, daß nur das Kohlengebirge eine Volumvermehrung erleiden kann, während das dasselbe überlagernde plastische Tertiär ohne Vermehrung seines Volumens nachsinkt.

Der von Jičinsky angeführte Grundsatz, daß die Größe des Senkungsmaßes eine Abhängige vom Flözverflächen darstellt, hat dadurch Berücksichtigung erhalten, daß unter m die lotrecht gemessene Flözmächtigkeit zu verstehen ist. Wenn wir nun mit M die normale Flözmächtigkeit bezeichnen, so ist die lotrechte Flözmächtigkeit (Fig. 43) $m = \frac{M}{\cos\alpha}$, wobei α den Fallwinkel des Flözes bedeutet.

Untersuchen wir nun diese Formel in den Grenzwerten des Flözeinfallswinkels von $\alpha = 0^0$ bis 90^0, so ist bei einem schwebenden (horizontalen) Flöz $m = \frac{M}{\cos 0^0} = M$, bei einem seigeren Flöz $m = \frac{M}{\cos 90^0} = \infty$.

Daraus geht also hervor, daß die Art der Berücksichtigung des Flözverflächens nicht entsprechend sein kann, da das Maß der Senkung bei einem seigeren Flöze bis ins Unendliche wachsen würde, was wohl ausgeschlossen erscheint.

Im Jahre 1898 hat Jičinsky in seinem Buche „Bergmännische Notizen“ der behandelten Senkungsfrage abermals ein Kapitel gewidmet, doch hat er in der angeführten Formel mit m die (normale) Flözmächtigkeit bezeichnet und auf die lotrechte Messung derselben keine Rücksicht mehr genommen.

Wenn also im ersteren Falle eine nicht entsprechende Rücksichtnahme auf den Flözeinfallswinkel genommen wurde, so hat der Gelehrte in seiner viele Jahre später erschienenen Broschüre diesen Winkel in seiner Formel nicht mehr beachtet, was jedoch mit dem in der Monographie zitierten Grundsatze bezüglich des Einflusses dieses Winkels nicht im Einklange sich befindet. Die große Bedeutung des Flözverflächens für das Maß der vertikalen Einsenkung ist wohl außer Zweifel, und ist eine bezügliche Rücksichtnahme unbedingt erforderlich.

Man kommt sofort in Verlegenheit, wenn man die besprochene Senkungsformel beim Abbau eines seigeren Flözes in Anwendung bringen will, und es ist klar, daß zwischen den Fallwinkeln von 0^0 bis 90^0 diese Tendenz zur Unbrauchbarkeit in der Formel bis zur Unmöglichkeit wächst, bis diese letztere bei 90^0 endlich vollständig erreicht wird.

In der behandelten Monographie wird ferner folgender Grundsatz festgelegt:

„ad 3. Da bei jedem Einbruche eines festen Gesteines ein Auftürmen oder Übereinanderschlichten der Bruchmassen vor sich geht, so hat ein solcher Bruch eine Volumvermehrung zur Folge, aus welchem Grunde in einer gewissen Höhe ein Moment eintreten muß, wo infolge der Volumvermehrung aller leerer Bruchraum derart ausgefüllt ist, daß ein ferneres Nachbrechen nicht möglich ist, daher mit der zunehmenden Teufe des Abbaues die Bruchwirkungen über Tage abnehmen und bei einer gewissen Teufe gleich Null werden müssen.

ad 4. Jedes Gestein, ja jede einzelne Gesteinsschichte hat ihre eigene Festigkeit und Zähigkeit, daher nicht alle Gesteinsarten auf eine gleiche Art und Weise sich bei ihrem Einbrechen oder Niederbrechen verhalten.“

b) Die Volumvermehrung. Es heißt ferner: „Das Einbrechen oder Niedergehen der Flözfirste nach erfolgtem Abbau wurde in unserem Reviere nachfolgend beobachtet: a) als einfache Einsenkung ohne Bruch, indem sich die Flözfirste nach Zerdrückung der Abbaustempel einfach auf die Sohle des Flözes auflegte.

Dieses Eingehen erfolgt jedesmal dort, wo die Elastizitätsgrenze der betreffenden Gesteinsschichte bei dem Niedergange durch den Fallraum nicht überschritten wird, also bei gleichförmigen, gutgelagerten, unzerklüfteten Kohlenschieferlagen; bei schwachen Flözen oder bei mächtigeren Flözen, die teilweise versetzt sind. Bei dieser Art des Firstniederganges ist nur eine geringe Volumvermehrung möglich.“

Die Formel Jičinskys läßt jedoch die vorstehende Tatsache unberücksichtigt, da ein für alle Fälle geltender Volumvermehrungskoeffizient von 0,01 in der Formel eingesetzt erscheint, trotzdem nach der vom genannten Fachmanne geäußerten richtigen Anschauung für schwache und mächtigere Flöze verschiedene Koeffizienten zu wählen wären. Für das sich durchbiegende oder ohne Vermehrung nachsenkende Hangende schwacher Flöze ist der Koeffizient von 0,01 zu groß, für die verbrechenden Dachgesteinsschichte mächtiger Flöze ist dieser Koeffizient zu klein, und es ist deshalb nicht möglich, einen für alle Flözmächtigkeiten gültigen Koeffizienten ins Kalkül zu ziehen, ohne schwerwiegende Fehler zu begehen.

Jičinsky führt ferner aus: „Das Einbrechen oder Niedergehen der Flözfirste wurde als Bruch des Firstgesteines beobachtet, indem dasselbe in größeren oder kleineren Blöcken eingeht, die sich auf der Sohle in unregelmäßigen Haufen auftürmen. Diese Art des Einbrechens erfolgt jedesmal dort, wo die Elastizitätsgrenze der betreffenden Gesteinsschichten beim Niedergehen überschritten wird, also vornehmlich bei mächtigeren Flözen ohne Bergversatz; auch bei schwächeren Flözen, wenn das Firstgestein aus festen Sandsteinen, festen Schiefern oder auch sonst elastischen, jedoch zerklüfteten Schichten besteht. Bei dieser Art des Firstniederganges tritt immer eine größere Volumvermehrung ein."

Wir sehen also, daß Jičinsky ausdrücklich hervorhebt, daß bei mächtigeren Flözen ohne Bergversatz ein Verbruch stattfindet, sowie auch vorhin vom Gelehrten betont ist, daß bei mächtigeren Flözen, die teilweise versetzt sind, bloß eine einfache Einsenkung ohne Verbruch stattfinden kann.

Es ist außer Zweifel, daß diese Ansicht des Fachmannes richtig ist, doch hat er es unterlassen, auch diesbezüglich seine Formel auszubilden, indem er für beide Fälle des Abbaues (ohne und mit Versatz) denselben Volumvermehrungskoeffizienten annahm, statt im Falle des Bergversatzes eine entsprechende Restringierung des Koeffizienten vorzunehmen. Es ist vollständig klar, daß durch die Ausführung eines dichten Bergversatzes an das Elastizitätsvermögen hangender Gebirgsschichten keine so große Anforderung gestellt wird und es denselben eventuell ermöglicht werden kann, nachzusinken, ohne zu verbrechen.

Jičinsky führt weiter an, daß die aus Sand, Schotter, Tegel, Lehm, Letten bestehende tertiäre Überlagerung keine Volumvermehrung erleidet, und diese Annahme ist ebenso richtig, wie die vom Gelehrten aufgestellten Grundsätze ebenfalls der Erfahrung entsprechen.

c) Das Verhalten der tertiären Überlagerung. Auf das Verhalten des nachsinkenden Tertiärs übergehend wird in der Monographie folgendes angeführt:

„Bei Bahneinschnitten, Lehm- und Sandgruben kommen in unserem Reviere namentlich im kupierten Terrain oft Rutschungen der tertiären

Überlagerung vor, die sich auf weite horizontale Entfernungen durch Erdrisse bemerkbar machen. Solche Rutschungen sind in den meisten Fällen von den dadurch zufällig geschädigten Grundbesitzern dem Bergbau, wenn einer zufällig in der Nähe war, jedoch mit Unrecht, in die Schuhe geschoben worden.

Andererseits kommt es, wohl jedoch selten vor, daß bei einem Abbaueinbruch, wenn auch nicht gleich, sondern erst mit der Zeit ein seitliches Nachrutschen in der tertiären Überlagerung gegen den Abbaueinbruch eintritt, der auf viele Meter außerhalb der Abbaugrenze seitlich sich noch bemerkbar macht.

Für den Umfang der seitlichen Rutschung haben wir keinen Maßstab und auch keine Norm, da hier das Einfallen der Gebirgsschichten, wasserführenden Schichten, Kohäsion u. a. m. mitwirken, welche alle das Zufließen oder vielmehr Zudrängen zu dem niedergegangenen Terrain beeinflussen. Keinesfalls kann die Ausdehnung dieser mehr horizontalen Nachrutschung des tertiären Gebirges mehr betragen, als dessen natürlicher Böschungswinkel von 25° bis 30° vom Kohlengebirge aus zuläßt. Die so seitlich rutschenden tertiären Gebirgsmassen stauchen sich bald aneiander, so daß diese Erdbewegung eine minimale ist, aber doch Tagobjekte schädigen kann."

Diese Mitteilungen sind ebenfalls vollständig richtig, sie entsprechen den vielfachen langjährigen Erfahrungen, sie sind in den durch die von den tertiären Erdmassen hervorgerufenen Gleichgewichtsstörungen frei werdenden Kräften begründet, deren Zusammenhang Rebhann in seiner „Theorie des Erddruckes und der Futtermauern" im Jahre 1871 veröffentlicht hat.

Wenn nun Jičinsky in seinen weiteren Ausführungen behauptet, daß die Bruchrichtung im Tertiär nach aufwärts immer nur lotrecht erfolgt, so hat er also entschieden nicht angegeben, daß diese lotrechten Bruchrichtungen die Grenzen der obertägigen Senkungsgebiete bedeuten, weil diese Deduktion mit seinen vorhin erwähnten Mitteilungen bezüglich der seitlichen Rutschungen des tertiären Gebirges im entschiedenen Widerspruche gestanden hätte.

Jičinsky betont ausdrücklich, daß diese seitliche Nachrutschung des tertiären Gebirges nicht mehr betragen kann, als dessen natürlicher Böschungswinkel vom Kohlengebirge aus zuläßt. Damit wurde also die Nachrutschung der tertiären Überlagerung in ihrer gesamten Mächtigkeit vom Kohlengebirge bis obertags ins Treffen geführt, während die vom Gelehrten in den „Bergmännischen Notizen" festgelegte Ansicht eine Modifikation jener vorerwähnten richtigen Behauptung darstellt.

In dieser letzteren Publikation wird folgendes angeführt: „Außer den vertikal wirkenden Bodensenkungen kommen auch mehr horizontal wirkende Erdbewegungen bei einem Abbau vor, welche dann auf weitere Distanzen ihr Dasein bekunden.

Erfolgt nämlich durch den Abbau mehrerer Flöze eine Bodensenkung e (Fig. 44), so kommt das tertiäre Gebirge aus seinem bisherigen Gleichgewichtszustand, und es schieben sich die Schichten t gegen die Bodensenkung e und zwar bis zur Bildung des natürlichen Böschungswinkels w, über den hinaus ein Nachsinken nicht mehr stattfinden kann.

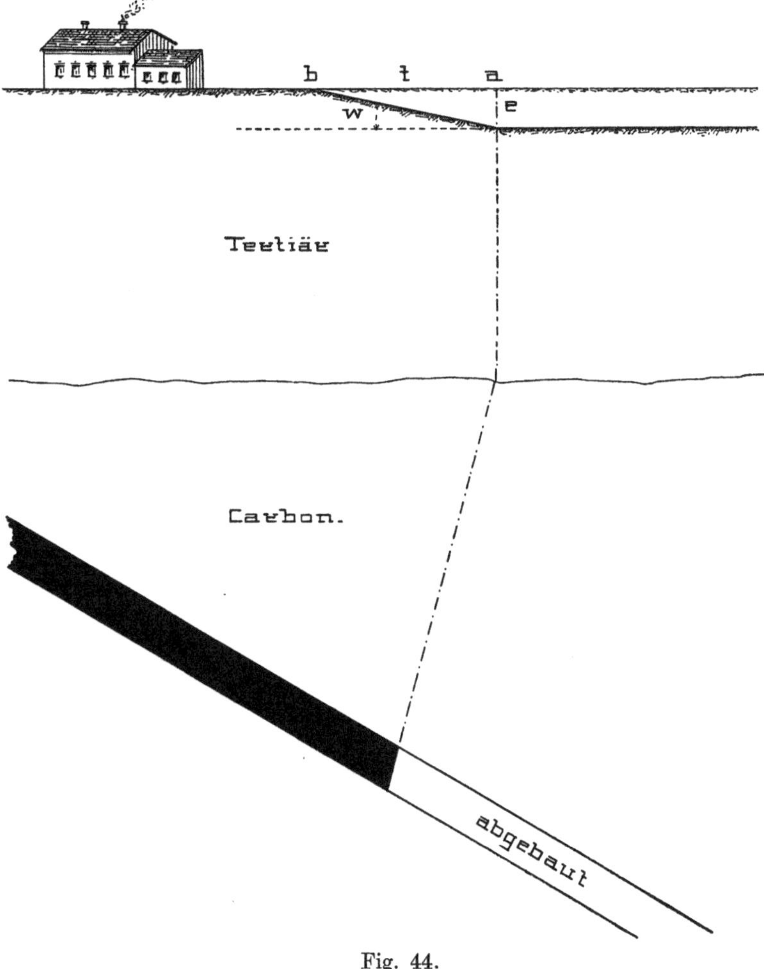

Fig. 44.

Tagobjekte oberhalb des Terrains von a bis b können daher Schaden nehmen, es erfolgt eine Zerreißung der Bauobjekte und ein andauerndes Auseinandergehen derselben, bei einer nur kleinen vertikalen Einsenkung. Wasserführende und andere Querklüfte des tertiären Gebirges können diesen Böschungswinkel vielfach modifizieren und vergrößern, nicht aber vermindern.

Nach mehrfachen Beobachtungen beträgt dieser Böschungswinkel des tertiären Gebirges in unserem Reviere im Durchschnitt bis 12 Grad, darüber hinaus ist eine Schädigung durch den Bergbau ausgeschlossen.“

Während also in der Monographie von einer durch die ganze tertiäre Masse hindurch reichenden Rutschtendenz die Rede ist, ist in den „Bergmännischen Notizen“ die seitliche Nachrutschung auf jene Höhe beschränkt, um welche eine vertikale Niedersenkung des Terrains stattgefunden hat.

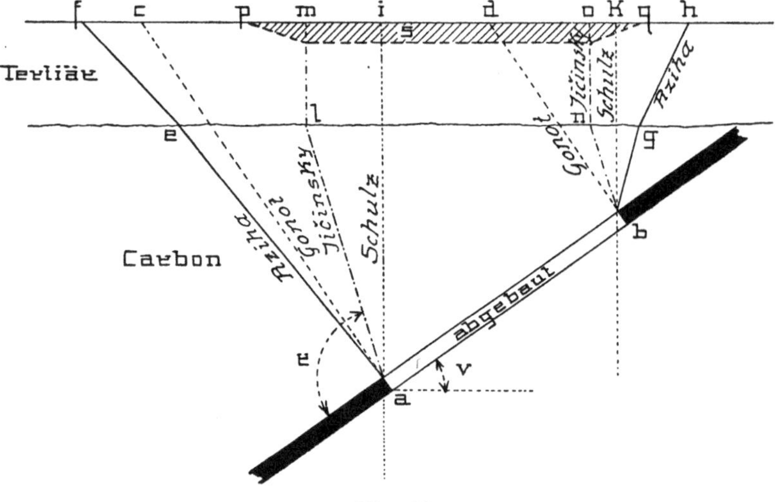

Fig. 45.

Wir können uns diese irrige Auffassung Jičinskys nur dadurch erklären, daß dem Genannten keine Nivellements der gesenkten Gebiete zur Verfügung gestanden haben konnten, daß sich seine Beobachtungen nur auf obertägige Erdrisse, Beschädigungen von Gebäuden usw. beschränkten; denn sonst hätte der genannte Fachmann bei Betrachtung der charakteristischen immer wieder auftretenden gesetzmäßigen Form der Senkungsmulde zu dieser Behauptung nicht kommen können.

Aus der im Falle des Vorhandenseins tertiärer Schichten zum Vorschein gelangenden Form der Senkungskurve geht hervor, daß eine um das gleiche Maß über dem ganzen Bereich mo stattfindende gleichmäßige Senkung, wie dies Jičinsky in Fig. 45 ersichtlich gemacht hat, nur selten vorkommt, daß vielmehr in der Mitte der Abbauzone das Senkungsmaximum auftritt, und daß nach beiden Seiten der Senkungsmulde die Senkungsmaße allmählich abnehmen, bis sie endlich Null werden.

Die in den „Bergmännischen Notizen“ dargelegte Ansicht bezüglich der Art der seitlichen Nachrutschung des Tertiärs widerspricht den Konklusionen, welche in der „*Monographie*" in dieser Beziehung gefaßt wurden, für welche Darlegungen der Fachmann in der Monographie einleitungsweise ins Treffen führt, daß schon seit mehr als 25 Jahren die obertägigen Wirkungen des Kohlenabbaues beobachtet wurden.

Wir können uns den in der Monographie angeführten Ausführungen vollständig anschließen, müssen aber mit Entschiedenheit betonen, daß die von einer mehr als 30 jährigen Erfahrung herrührenden Nivellements der Montanbahn des Ostrau-Karwiner Reviers die in den „*Bergmännischen Notizen*" wiedergegebene Ansicht als irrig und in der Praxis nicht zutreffend erscheinen lassen.

Wäre die wichtige Tatsache der seitlichen Nachrutschung des Tertiärs vom Kohlengebirge aus nicht vorhanden, so würde die Form der Senkungsmulde nicht immer wieder zum Vorschein gelangen können, welche für das Ostrau-Karwiner Revier charakteristisch ist. Die auf die Höhe der vertikalen Einsenkung (Fig. 45) angegebene seitliche Nachrutschung müßte zur Voraussetzung haben, daß im *ersten Stadium* des Senkungsprozesses die lotrechte Niedersenkung des Tertiärs auf das *Maximum* stattfinden und *hiernach* die seitliche Bewegung des tertiären Gebirges eintreten würde.

Diese Umstände müßten zur Folge haben, daß *plötzliche Absenkungen* entstehen könnten, welche bei Eisenbahnen ein *lotrechtes Durchreißen und Einsinken des Bahnkörpers* verursachen würden, es *müßten jene Stellen, an welchen sich die Senkungsmaxima befinden, mit jenen Stellen unmittelbar benachbart sein, welche keine Senkung erleiden.* Diese Erscheinungen sind im Ostrau-Karwiner Reviere *niemals* beobachtet worden, und *Jičinsky* selbst sagt in seinen Bergmännischen Notizen, „daß rapide trichterförmige Einsenkungen binnen wenigen Stunden, wie bei Brüx, bei unserem Bergbau aus geologischen ~~Verhältnissen~~ nicht vorkommen können." Dies geht auch aus den unzähligen Nivellements der vielerwähnten Montanbahn hervor, welche die feststehende Tatsache aufwiesen, daß die Prozesse der lotrechten Niedersenkung und der seitlichen Nachrutschung des Tertiärs *gleichzeitig* erfolgen, so daß die Nachrutschung durch das ganze Tertiär hindurch reichen und deshalb vom Kohlengebirge aus vorhanden sein muß, wie dies ja *Jičinsky* selbst in der Monographie behauptet hat.

Eine sehr interessante diesbezügliche Beobachtung stammt aus einem bereits im Jahre 1879 stattgehabten Senkungsfalle nach dem Abbau des 1,1 m *mächtigen Junoflözes unter dem Jakobschachtflügel der Montanbahn* (siehe Fig. 49).

Diese Bahnsenkung wurde vom seinerzeitigen Streckenvorstand der Montanbahn, Ingenieur *Alois Postulka* beobachtet und graphisch dargestellt.

Aus dieser Darstellung ist auch die *Zeit des Verlaufes* der Bahnsenkung genau zu entnehmen, sowie auch die *Zunahme der*

Senkungsmaße und der Ausdehnung des Senkungsgebietes in sehr übersichtlicher Weise dargestellt erscheinen.

Diese einzige Beobachtung würde genügen, den Beweis dafür zu liefern, daß die lotrechte Niedersenkung und seitliche Nachrutschung gleichzeitig erfolgen, daß ferner die hangenden Gebirgsschichten einfach nachsinken, ohne zu verbrechen, und nur eine ganz geringfügige Volumvermehrung erleiden.

d) Die schadlose Tiefe. Jičinsky berechnet ferner aus seiner Senkungsformel für den Wert $s = 0$ das Maß der schadlosen Tiefe $t = \frac{m}{0{,}01}$, das ist jene Tiefe, in welcher ein Abbau stattfinden kann, ohne daß obertags Bodenbewegungen hervorgerufen würden.

Ebenso wie in der Senkungsformel $s = m - 0{,}01\ t$ das von Jičinsky behandelte verschiedene Verhalten der hangenden Gebirgsschichten nicht zum Ausdruck gebracht wurde, weil ein für alle Fälle gültiger Volumvermehrungskoeffizient eingesetzt erscheint, ebenso macht sich in der Formel für die schadlose Tiefe dieser Fehler geltend.

Wenn wir nun die Formel für die schadlose Tiefe kritisieren, so obliegt es uns, diese Formel auf ihre Werte zu untersuchen, welche für m nach den bereits erwähnten 2 verschiedenen Auffassungen einzusetzen sind, und zwar für jenen Fall, wo m die lotrecht gemessene Flözmächtigkeit bedeutet (Monographie des Ostrau-Karwiner Steinkohlenrevieres), und für jenen Fall, wo m die normale Flözmächtigkeit bezeichnet, wie dies in den „Bergmännischen Notizen“ dargelegt erscheint.

Setzen wir nun den Wert m für den ersten Fall in die Formel ein, so erhalten wir $t = \frac{\frac{M}{\cos \alpha}}{0{,}01}$, und untersuchen wir die Resultate für die Flözfallwinkelwerte von $\alpha = 0^0$ bis 90^0, so erhalten wir:

$$\text{a)}\ t = \frac{\frac{M}{\cos 0^0}}{0{,}01} = \frac{M}{0{,}01},$$

$$\text{b)}\ t = \frac{\frac{M}{\cos 90^0}}{0{,}01} = \frac{\infty}{0{,}01} = \infty.$$

Wir sehen also, daß bei der von Jičinsky in der Monographie angegebenen Berücksichtigung des Flözfallwinkels der Wert der schadlosen Tiefe bis ins Unendliche wächst, selbst wenn der Volumvermehrungskoeffizient einen von Null verschiedenen Wert aufweist. Der Wert der schadlosen Tiefe ist zweifellos auch von der Größe des Flözfallwinkels abhängig, und auf diesen Umstand hat Jičinsky in seinen „Bergmännischen Notizen“ keine Rücksicht mehr genommen, indem er unter m den Wert der normalen Flözmächtigkeit angeführt hat.

Für den Abbau mit Bergversatz hat Jičinsky die Formel $s = 0{,}4\ m - 0{,}01\ t$, weil nach den Erfahrungen des Ostrauer Reviers der Versatz auf 0,6 seiner Mächtigkeit zusammengepreßt wird, und somit nur 0,4 der Flözmächtigkeit übrig bleibt, welche das nachrückende Gestein mit seiner durchschnittlichen Vermehrung von 0,01 ausfüllt.

Es wurde bereits erwähnt, daß es unzulässig erscheint, für den Abbau ohne und mit Bergversatz denselben Volumvermehrungskoeffizienten anzunehmen, weil in diesen beiden Fällen das elastische Verhalten der hangenden Gebirgsschichten verschieden ist. Wenn sich dieser Mangel einerseits im unrichtigen Senkungsmaße äußert, so resultiert andererseits die Unrichtigkeit der Maße für die schadlose Tiefe. Für den Fall elastischer Gebirgsschichten, welche eine Volumvermehrung Null aufweisen, ist $t = \frac{m}{o} = \infty$, d. h. ein begrenzter Wert der schadlosen Tiefe ist überhaupt nicht vorhanden, und muß bei jeder noch so großen Tiefe des Abbaues eine obertägige Bodensenkung eintreten.

Für den Abbau mit Versatz hat Jičinsky den Wert $t = \frac{0{,}4\ m}{0{,}01}$ und ist diese Restringierung des schadlosen Tiefenmaßes nur auf die Einsetzung eines konstant bleibenden Volumvermehrungskoeffizienten zurückzuführen. Es ist jedoch unzulässig, bei denselben geologischen Verhältnissen verschiedene Werte der schadlosen Tiefe anzunehmen, weil uns der Wert der schadlosen Tiefe gewissermaßen das Materialelastizitätsvermögen darstellt. Der Wert der schadlosen Tiefe ändert sich mit der Größe der Materialelastizität, er ist eine Funktion derselben.

Der Volumvermehrungskoeffizient ist eine Funktion der Flözmächtigkeit, er nimmt mit derselben zu, und es ist einleuchtend, daß im Falle mächtiger Flöze eine größere Beanspruchung der Elastizität der hangenden Gebirgsschichten eintritt als im Falle schwacher Flöze.

Bei Reduktion der Flözmächtigkeit muß eine Restringierung des Koeffizienten in demselben Maße vorgenommen werden, als eine Abnahme der Flözmächtigkeit stattgefunden hat. Jičinsky hätte also eigentlich in seiner Formel für den Versatz: $s = 0{,}4\ m - 0{,}004\ t$ den angeführten Wert des Volumvermehrungskoeffizienten von 0,004 einsetzen sollen, weil: $\frac{m}{0{,}4\ m} = \frac{1}{0{,}4} = \frac{0.01}{0{,}004}$; die vorgenommene Restringierung der Flözmächtigkeit ist in demselben Maße auch für den Volumvermehrungskoeffizienten durchzuführen.

Wendet man diese Reduktion des Koeffizienten auch in der Formel für die schadlose Tiefe an, so erhält man $t = \frac{0{,}4\ m}{0{,}004} = \frac{m}{0{,}01}$, d. h. der Wert der schadlosen Tiefe ist für beide Fälle des Abbaues, ohne und mit Versatz, derselbe, was auch der richtigen Anschauung entspricht, denn durch die Ausführung des Abbaues mit Versatz wird an den geologischen Verhältnissen nichts geändert.

e) Die Bruchrichtungen im Kohlengebirge. Es erübrigt nunmehr die räumliche Ausdehnung des Senkungsgebietes im Kohlengebirge zu behandeln, welche in der Monographie folgendermaßen angeführt erscheint:

„In der streichenden Richtung der Flöze erfolgt die Bruchrichtung immer in einer vertikalen (lotrechten) Fläche, welche Tatsache auch in den belgischen und deutschen Kohlenrevieren als Norm aufgenommen wird.“

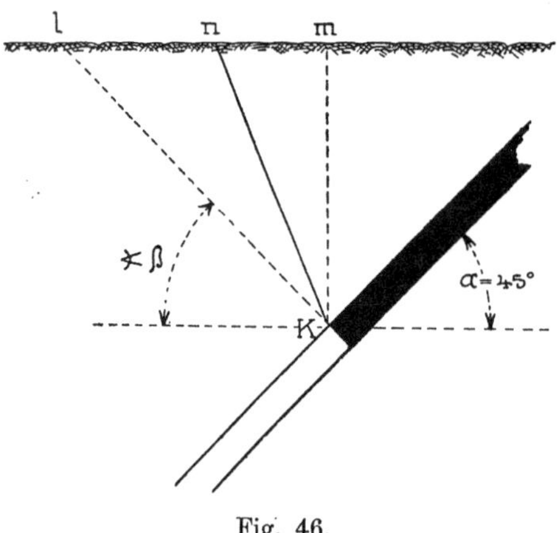

Fig. 46.

Was jedoch die Richtung der Bruchfläche dem Flözverflächen nach anbelangt, so habe ich die zwei gangbarsten Theorien im Ostrauer Revier nicht bestätigt gefunden, nämlich die eine Theorie, welche die Bruchrichtung in allen Fällen lotrecht annimmt, während die andere Theorie wieder in allen Fällen die Bruchrichtung senkrecht auf das Flözfallen ausmittelt.

Entgegen diesen Theorien wurde in den meisten Fällen eine Bruchrichtung gemessen, welche etwa in der Mitte zwischen den beiden oben angeführten liegt und durch Untersuchung vieler Einsenkungen nachstehend ermittelt wurde.

Bezeichnen wir den Flözfallwinkel mit α (Fig. 46), den Bruchwinkel mit β,

so beträgt für die Winkelwerte

$$1. \quad \left.\begin{aligned} \alpha &= 0^0 \text{ bis } 45^0 \\ \beta &= 90^0 - \frac{\alpha}{2} \end{aligned}\right\} \text{ und } \quad 2. \quad \left.\begin{aligned} \alpha &= 45^0 \text{ bis } 90^0 \\ \beta &= 45^0 + \frac{\alpha}{2} \end{aligned}\right\}$$

„Ist das Flöz unter einem Winkel von 45⁰ abgelagert“, so nimmt Jičinsky an, „daß die Bruchrichtung weder nach der Senkrechten auf das Flözeinfallen, also nach der Linie k l, Fig. 46, noch nach der Lotrechten k m erfolge, sondern mitten darinnen nach k n liege.

Der Bruchwinkel eines Flözes, mag dasselbe wie immer gelagert sein, kann nur zwischen den Linien k n und k m fallen, und es wird sich bei jedem mehr horizontal oder mehr lotrecht als mit 45⁰ einfallenden Flöze die Bruchrichtung im gleichen Verhältnisse des Einfallswinkels α

von der Linie k n entfernen und jener k m nähern, d. h. k n das Maximum der Neigung einer Bruchfläche gegen die Horizontale bilden."

Diese Ansicht hat Jičinsky in 80 % beobachteten Fällen bestätigt gefunden, indem die in der Natur eruierten Bruchwinkel bis auf einige Grade auf und ab mit der Formel übereinstimmen.

Wenn nun diese Ausführungen Jičinskys zu kritisieren erlaubt ist, so sei bemerkt, daß gegen die Annahme dieser Bruchrichtungen im Kohlengebirge für die Aufstellung einer Theorie nichts einzuwenden ist, wenn auch zweifellos Abweichungen von diesen angegebenen Bruchrichtungen in der Praxis vorkommen werden.

Wir müssen hier 2 Fälle ins Auge fassen, und zwar: 1. das Kohlengebirge ist von tertiären Schichten überlagert, und 2. das Kohlengebirge steht zu Tage an. Im Falle des Vorhandenseins einer tertiären Überlagerung ist es natürlich ungemein schwer, die Lage der Bruchrichtungen im Kohlengebirge zu bestimmen, und man ist darauf angewiesen, aus den obertags auftretenden Erdbewegungen diesbezügliche Schlüsse zu fassen. So hat wahrscheinlich auch Jičinsky in diesem Falle die obertags sichtbaren Risse des Tertiär vertikal projiziert, um die Lage der Schnittpunkte der Bruchrichtungen im Kohlengebirge mit dessen Grenzlinie zum Tertiär bestimmen zu können.

Im Falle anstehenden Kohlengebirges ist die Sache natürlich einfacher, und hat Jičinsky in der Monographie erwähnt, daß hier an einzelnen Punkten ein seitliches Rutschen, daher Kluftbildung bis auf 8 m beobachtet wurde.

Man kann gewiß auch die Ansicht vertreten, daß unter dem Drucke der überlagernden Tertiärschichten die Möglichkeit einer seitlichen Nachrutschung zu den angegebenen Bruchrichtungen im Kohlengebirge selbst nicht vorhanden ist; bei anstehendem Kohlengebirge wird es jedoch bei mächtigen Flözen bestimmt vorkommen, daß diese seitliche Gebirgsbewegung gegen die Jičinskyschen Bruchrichtungen zu eintritt, wenn auch keineswegs in jenem Maße, wie dies bei den tertiären Schichten der Fall ist.

Für das Maximum dieser seitlichen Nachrutschung des anstehenden Kohlengebirges haben wir keine theoretischen Anhaltspunkte, wir sind hier auf praktische Erfahrungen allein angewiesen, welche in ausreichendem Maße vorhanden sind. Wenn wir nun abermals zur Jičinskyschen Senkungsformel zurückkehren, so ist es noch notwendig, darauf hinzuweisen, daß dem Schlußpassus der die Senkungsfrage behandelnden Arbeit in der Monographie folgendes wörtlich zu entnehmen ist: „Daß sich der Bruch eines Abbaufeldes nicht nach theoretischen Formeln richtet, wird niemand bestreiten, wenn man jedoch aus vielen Beispielen und Messungen eine theoretische Formel ableitet, so hat eine solche Formel wenigstens den Wert, um vor Trugschlüssen zu bewahren und annähernd richtig Bodensenkungen voraus zu bestimmen und zu erklären. Einen anderen Anspruch erheben die hier abgeleiteten Formeln und Erklärungen auch nicht."

Wir sehen also, daß der vielgenannte Fachmann selbst die Überzeugung zum Ausdrucke gebracht hat, daß eine strenge Anwendung seiner Formel für eingetretene Senkungsfälle nicht zulässig sei, daß vielmehr seine viel kritisierte Formel nur bestenfalls für ein Prognostikon ins Kalkül gezogen werden könnte.

f) Berechnung des obertägigen Senkungsmaßes infolge Abbaues mehrerer übereinander gelagerter Flöze. Es ist nunmehr noch übrig, die in den „Bergmännischen Notizen" angegebene Art der Berechnung der Senkungsmasse zu erörtern, welche wie folgt angeführt erscheint: „Werden mehrere untereinanderliegende Flöze abgebaut, so summiert man die Mächtigkeiten der einzelnen Flöze m, m′, m″ und nimmt für t die Teufe des liegendsten abgebauten Flözes im Kohlengebirge an. Es müßte also die Formel lauten $S = m + m' + m'' - 0{,}01\,t''$, wobei t″ die Teufe des liegendsten Flözes bedeuten würde."

Diese Methode der Berechnung des Senkungsmaßes birgt einen Widerspruch in sich gegen das von Jičinsky aufgestellte Prinzip, daß verschiedenen Flözmächtigkeiten verschiedene schadlose Tiefen entsprechen, was aus der Formel $t = \frac{m}{0{,}01}$ hervorgeht.

Jičinsky hätte also logischer Weise seine Formel schreiben sollen $S_1 = m + m' + m'' - 0{,}01\,(t + t' + t'')$, wobei t, t′ und t″ die zu den einzelnen Flözen gehörigen Kohlengebirgsmächtigkeiten bezeichnen würden. Diese Formel läßt sich aus jener Formelreihe ableiten, welche sich aus der Berechnung des Senkungsmaßes für jedes einzelne Flöz ergibt, und zwar:

$$\begin{aligned} &1.\quad s = m - 0{,}01\,t,\\ &2.\quad s' = m' - 0{,}01\,t',\\ &3.\quad s'' = m'' - 0{,}01\,t''. \end{aligned}$$

Durch die Summierung dieser Gleichungen erhält man: $s + s' + s'' = S_1 = m + m' + m'' - 0{,}01\,(t + t' + t'')$.

Bilden wir nun die Differenz der nach den 2 verschiedenen Methoden berechneten Senkungsmaße, so erhalten wir $S - S_1 = 0{,}01\,(t + t')$, um welchen Betrag nach der von Jičinsky angedeuteten Berechnung das Senkungsmaß S einen zu großen Wert ergibt.

Man könnte behaupten, daß Jičinsky den Abbau von Flötzen im Auge hatte, welche ganz nahe übereinander gelagert sind und gleichsam einen einzigen Flözkörper darstellen, obgleich dies seitens des Fachmannes nirgends betont wurde. Der Abbau solcher Flöze wird jedoch nur in der Art gestattet, daß im Falle des „Abbaues ohne Versatz" vom Hangenden ins Liegende größere Zeiträume verstreichen müssen; im Falle des „Abbaues mit nachfolgendem Versatz" kann der gleichzeitige Kohlengewinn in allen Flözen erfolgen. Im ersten Falle ist die aufeinanderfolgende Berücksichtigung jedes einzelnen Tiefenmaßes unbedingt erforderlich, im letzteren Falle ist es jedoch nicht einzusehen, warum gerade die Teufe des liegendsten und nicht jene des hangendsten Flötzes ins Kalkül zu ziehen wäre.

Die Anwendung eines für alle Fälle gültigen Volumvermehrungskoeffizienten kommt natürlich hier um so nachteiliger zur Geltung, aus Gründen, die bereits eine eingehende Erörterung gefunden haben.

g) Die verschiedenen Stadien der Gebirgsbewegung. In den „Bergmännischen Notizen" ist ferner über die Zeiten der stattfindenden Gebirgsbewegungen folgendes angeführt:

„Ich unterscheide einen primären und einen sekundären Abbaubruch". Nach Anführung der Zeitdauer des primären Bruches heißt es weiter: „In dieser Periode (primärer Bruch) kommen die meisten und bemerkbarsten Beschädigungen an Tagobjekten nach und nach und nie plötzlich vor, namentlich an jenen Objekten, welche an der Begrenzung des Bruches liegen, während solche ausgeführte Gebäude inmitten der größten Einsenkung intakt, d. h. ohne Beschädigung sich mitsenken."

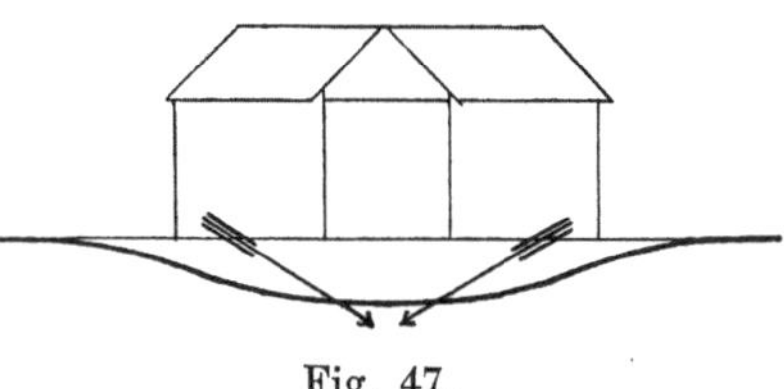

Fig. 47.

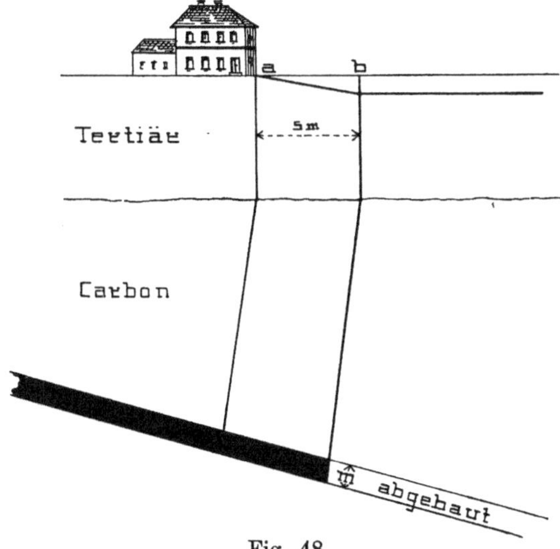

Fig. 48.

Diese Ansichten sind gewiß richtig und sind noch dahin zu ergänzen, daß es hier hauptsächlich auf die Form der für das Ostrau-Karwiner Revier charakteristischen Mulde ankommt.

Bei geringer Länge dieser Mulde kann jedoch die Form derselben so steil werden, daß in deren Mitte zu liegen kommende größere Objekte nach zwei gegeneinander verlaufenden Richtungen in Rutschbewegung geraten, wie dies in Fig. 47 angedeutet erscheint.

h) Die Dimensionierung der Kohlen- und Versatzsicherheitspfeiler. In seinem Schlußkapitel der vielbehandelten Veröffentlichung („Bergmännische Notizen“) erörtert Jičinsky die Dimensionierung von Kohlen- und Versatzsicherheitspfeilern und führt aus:

„Der beste Schutz gegen Tagsenkungen und Brüche ist jedenfalls ein hinreichend großer Sicherheitspfeiler, doch müssen dessen Dimensionen derartig sein, daß derselbe nicht zusammengedrückt werden kann, bei weicher Kohle mehr bei fester weniger groß.

Aus Erfahrung soll ein Sicherheitspfeiler zehnmal horizontal gemessen so lang und so breit sein als die Flözmächtigkeit m, daher der Übergriff eines Sicherheitspfeilers (Fig. 48), die Berme a b, mehr als 5 m, d. h. über das Fünffache der Flötzmächtigkeit betragen muß, weil bei 5 m schon der Bruch des Sicherheitspfeilers nach der einen Seite eintritt.

Ein guter Bergversatzpfeiler soll erfahrungsgemäß 5 mal so lang und so breit sein als die Flözmächtigkeit, ebenfalls horizontal gemessen; daher hinreichend breite Versatzpfeiler zur Einsäumung von Kohlenpfeilern im ganzen einen guten Schutz gewähren, und gilt sonst von diesen dasselbe, was von den Kohlenpfeilern gesagt wurde.“

„Bei steilerem Flözfallwinkel“, führt Jičinsky weiter an, „haben die stehengelassenen Kohlenpfeiler das Bestreben, im ganzen zu rutschen, und bei einem Fallwinkel von über 60° ist die Bestimmung eines Sicherheitspfeilers überaus schwer, und ist daher ein Versatz in diesem Falle besser als ein Sicherheitspfeiler.“

Wir wollen nun mit Rücksicht auf die bereits von uns betonte große Bedeutung des Flözfallwinkels für die Größe des Senkungsgebietes (in horizontaler und lotrechter Richtung gemessen) betonen, daß für die Dimensionierung des Sicherheitspfeilers die Beschaffenheit des Tertiärs von großer Bedeutung ist.

Je geringer der natürliche Böschungswinkel und die Kohäsion des Tertiärs sind, desto größer ist die Tendenz des seitlichen Nachrutschens der Gebirgsschichten, desto größere Werte müssen auch die Dimensionen des Sicherheitspfeilers annehmen.

Bei anstehendem Kohlengebirge ist im Falle mächtigerer Flöze, wie bereits erwähnt, ebenfalls ein Nachrutschen zu den Jičinskyschen Bruchrichtungen vorhanden, für welches die gemachten Erfahrungen genug Anhaltspunkte bieten.

Es kommt natürlich auch auf den Zweck des Sicherheitspfeilers an, und bemerken wir dies deshalb, weil Jičinsky einem guten Versatzpfeiler oft einen besseren Wert zumißt als einem Kohlenpfeiler.

Wir müssen dabei berücksichtigen, daß die Ausführung eines wirklich guten Versatzes aus verschiedenen Gründen oft eine schwere und kostspielige Sache ist, und daß die Versatzdurchführung nur in relativ seltenen Fällen als tadellos zu bezeichnen sein wird. Setzen wir aber trotzdem die allerbeste Qualität der Versatzausführung voraus, so müssen wir vor allem über den praktischen Wert eines solchen Versatzes ins klare kommen.

Durch die Ausführung eines Versatzes wird den hangenden Gebirgsschichten die Möglichkeit geboten, sich *allmählich* zu setzen, es werden an die Elastizität des überlagernden Gebirges keine so großen Anforderungen gestellt, wie wenn der aufgekohlte Raum unversetzt bliebe. Es wird also einerseits eine Reduktion der Senkungsmaße hervorgerufen, andererseits wird das Durchbiegungsvermögen des Hangenden vergrößert, wodurch größere Senkungsmasse ermöglicht werden, welche der beabsichtigten ~~Restringierung~~ teilweise entgegenwirken.

Wir müssen uns vor allem darüber klar werden, welcher *Zweck* durch die Belassung eines Kohlenpfeilers beabsichtigt wird, und welche Vorteile die Ausführung eines Versatzpfeilers bieten kann.

Ein *Kohlenpfeiler* bezweckt den *vollständigen Schutz* eines obertägigen Objektes, *ohne daß auch nur die geringste Bewegung* desselben zugelassen werden könnte. Für diese Schutzmaßnahme kommen natürlich nur solche Objekte in Betracht, bei welchen jede noch so geringe Einwirkung die Sicherheit derselben gefährden könnte.

Ein *Versatzpfeiler* kann nur eine ~~Restringierung~~ *der obertägigen Senkungsmaße* bewirken, *er verhindert das rasche Nachsinken der hangenden Gebirgsschichten.* Diese Schutzmaßnahme wird für solche Objekte gewählt werden, die *wohl Senkungen erleiden können,* ~~welche jedoch~~ *nicht plötzlich, sondern allmählich und gleichmäßig* ~~sein dürfen.~~

Aus dem Vorangeführten wollen wir deduzieren, daß es nicht angeht, die beiden, verschiedenen Zwecken dienenden Schutzpfeiler gleich zu bewerten.

Die Erfahrung hat gezeigt, daß die Existenz ungenügend großer Kohlenpfeiler für die Objekte oft von ungünstigerer Wirkung ist, als wenn überhaupt kein solcher Pfeiler vorhanden wäre. *Es sind nämlich die Grenzen dieser Pfeiler die seitlichen Nachrutschgebiete, in welchen die Objekte nach allen Seiten hin in Bewegung versetzt werden.*

Es ist noch die Beantwortung der Frage erforderlich, ob die Aufstellung *allgemein giltiger Normen* für die Dimensionierung von Kohlenpfeilern möglich erscheint, und ob man in der Lage ist, in ähnlicher Weise, wie es *Jičinsky* getan hat, für alle Gebiete eines Revieres die Größenverhältnisse solcher Pfeiler festzusetzen.

Diese Frage ist unbedingt zu *verneinen*, weil so viele *Umstände* hier in Betracht kommen, daß die Möglichkeit einer einheitlichen Festlegung von Normen nicht gegeben erscheint. Mit Rücksicht darauf, daß die *Flözeinfallswinkel an verschiedenen Stellen des Ostrauer Revieres wesentliche Abweichungen voneinander aufweisen, ist die Lage der Bruchrichtungen im Kohlengebirge verschieden,* so daß die Bewegungsterritorien daselbst verschiedene Größen aufweisen können. Von *größter Bedeutung* jedoch sind die ganz *verschiedenen Mächtigkeiten der tertiären Überlagerung,* welche logischerweise verschiedene Größen der obertägigen Senkungsgebiete zur Folge haben.

Es wird also in jedem gegebenen Falle die Ausarbeitung eines Kohlenpfeilerprojektes erforderlich sein, bei welchem in sachlicher, gewissenhafter Weise alle Umstände ihre Berücksichtigung finden müssen, welche für die Lösung der Frage von Bedeutung sind.

Es ist natürlich auch die eventuelle Frage von Bedeutung, ob ein mit Vorsicht betriebener Abbau nicht einem Kohlenpfeiler vorzuziehen sein wird, um die kostspieligen Kohlenverluste zu vermeiden. Für die Beantwortung dieser Frage können selbstverständlich nur die Größe, der Zweck und der Wert des zu schützenden Objektes von Bedeutung sein.

i) Schlußfassung. Die kritisierenden Ausführungen bezüglich der Jičinskyschen Theorie sollen in folgendem Resumee zum Ausdrucke gelangen.

1. Die in der Monographie aufgestellten Grundsätze sind einwandfrei, sie entsprechen den vieljährigen Erfahrungen an den stattgehabten Senkungen der Montanbahn des Ostrau-Karwiner Revieres.

2. Die in der Monographie aufgestellte Formel beinhaltet nur eine teilweise Berücksichtigung der von Jičinsky aufgestellten Prinzipien.

a) In dieser Formel ist die Annahme eines für alle Fälle giltigen Volumvermehrungskoeffizienten als mangelhaft zu bezeichnen und den aufgestellten Grundsätzen widersprechend.

b) In der Formel ist ferner die seitliche Nachrutschung des Tertiärs, welche in den Grundsätzen festgelegt erscheint, unberücksichtigt geblieben.

c) In der Formel ist ferner die Größe des Flözeinfallswinkels durch die lotrecht gemessene Flözmächtigkeit berücksichtigt, welcher Übelstand bei steilen Flözen sich als besonders nachteilig erweist.

3. In den „Bergmännischen Notizen“ ist der Einfluß des Fallwinkels nicht berücksichtigt, weil die normale Flözmächtigkeit in der Formel eingesetzt erscheint.

4. Die Berechnung der schadlosen Tiefe muß in logischer Folge der der Senkungsformel anhaftenden Mängel ebenfalls als irrig bezeichnet werden.

5. Der in der Monographie aufgestellte Grundsatz des seitlich nachrutschenden Tertiärs vom Kohlengebirge aus hat in den Bergmännischen Notizen eine wesentliche Einschränkung dadurch erfahren, daß diese Rutschtendenz nur von dem gesenkten Tertiär beginnend unter einem Winkel von 12^0 angenommen wurde.

Diese vorangeführte Ansicht ist mit den vieljährigen Erfahrungen im Widerspruche, welche erwiesen haben, daß die vertikale Absenkung des über dem Abbau liegenden Tertiär mit der seitlichen Nachrutschung der benachbarten Tertiärschichten gleichzeitig erfolgt.

6. Die von Jičinsky angegebenen Bruchrichtungen im Kohlengebirge können für die Entwicklung einer Theorie

übernommen werden, wenn auch Nichtübereinstimmungen in der Praxis vorkommen werden. Es muß dabei ausdrücklich hervorgehoben werden, daß unter der Bruchrichtung jene Richtung verstanden ist, längs welcher ein tatsächlicher Bruch der Gebirgsschichten stattfindet, wie dies in der Kritik der Rzihaschen Theorie erklärt worden ist. Es kann also die von uns gemachte Erfahrung, daß im Falle anstehenden Kohlengebirges bei mächtigeren Flözen das Senkungsgebiet die gegenständlichen Bruchrichtungen wesentlich überschreitet, deshalb keinen Widerspruch zu dieser Ansicht bedeuten, weil die Grenzen des Senkungsgebietes nicht als Bruchrichtungen zu bezeichnen sind.

Die seitliche Nachrutschung im Kohlengebirge wird bei Vorhandensein tertiärer Schichten ganz gewiß nicht in dem Ausmaße stattfinden können, wie bei anstehendem Kohlengebirge, weil das Gewicht der Überlagerung dieser seitlichen Rutschtendenz entgegenwirkt und diese zumindest auf jenes Maß restringieren wird, welche eine Einflußnahme auf die Tertiärsenkung eliminiert. Bei schwachen Tertiärschichten wird diese seitliche Rutschung des Kohlengebirges nicht verhindert werden können, weil die überlagernde Last zu gering ist. Die Jičinskyschen Bruchrichtungen im Kohlengebirge lassen eine Erklärung für die obertägigen Vorgänge zu, und deshalb sind sie für die Entwicklung einer Theorie von entschiedenem Vorteil.

7. In der Formel für die Abbaumethode mit Versatz ist eine der Beschaffenheit des Versatzes entsprechende Restringierung des Volumvermehrungskoeffizienten notwendig, welcher Umstand für die Berechnung des Wertes der schadlosen Tiefe ebenfalls von wesentlicher Bedeutung ist.

8. Die in den „Bergmännischen Notizen" angeführte Formel für den Abbau mehrerer übereinander gelagerter Flöze kann mit der Formel für den Abbau eines Flözes nicht in Einklang gebracht werden.

9. Die Aufstellung von einheitlichen Normen für die Dimensionierung von Kohlenpfeilern ist unzulässig.

Wenn ich nun meine Ausführungen schließe, so muß ich bemerken, daß trotz der der Formel anhaftenden Mängel mit dem Urteile nicht zurückgehalten werden kann, daß es als großes Verdienst Wilhelm Jičinskys anzuerkennen ist, zur Aufklärung des schwierigen Senkungsproblems einen sehr wertvollen Beitrag geleistet zu haben.

Die vom genannten Fachmann in der Monographie aufgestellten Prinzipien bilden eine für die Senkungsfrage hoch zu bewertende Grundlage, welche für die Entwicklung einer Theorie von unschätzbarer Bedeutung ist.

Wenn es Jičinsky auch nicht gelungen ist, diese Grundsätze in einer praktisch anwendbaren Formel zur Verwertung zu bringen, so muß man dennoch rückhaltlos anerkennen, daß der genannte Fachmann an der Klärung des äußerst schwierigen Senkungsproblemes sich äußerst verdienstvoll betätigt hat.

III. Die Theorie der Bahnsenkungen infolge Kohlenabbaues.

Es sollen nun auf Grund der vieljährigen Erfahrungen, welche an den Bahnstrecken des Ostrau-Karwiner Steinkohlenreviers gemacht wurden, die infolge Kohlenabbaues hervorgerufenen Bahnsenkungen theoretisch erläutert werden, und sei nochmals bemerkt, daß es für die obertägigen Bodenbewegungen kein besseres Beobachtungsterritorium geben kann als eine Eisenbahn, für deren Erhaltung in ihrer Lage ein eminentes Interesse besteht.

Infolge des Kohlenabbaues werden unterirdische Hohlräume erzeugt, deren Ausfüllung durch die nachsinkenden hangenden Gebirgsschichten bewirkt wird. Es wird also durch die Auskohlung der Flöze an den bestehenden geologischen Verhältnissen nichts geändert, es werden vielmehr statische Vorgänge ausgelöst, zu deren Beurteilung ~~diesbezügliche~~ Fachkenntnisse unbedingt notwendig erscheinen. Wir müssen also in einem gegebenen Senkungsfalle das statische Verhalten der vorhandenen Gebirgsschichten kennen, um über die obertägigen Vorgänge das richtige Urteil zu erhalten. Statische Wirkungen folgen gewissen Grundsätzen der technischen Wissenschaft, so daß sich an den Folgeerscheinungen der diese Wirkungen veranlassenden Vorgänge eine gewisse Gesetzmäßigkeit nachweisen lassen wird, wenn die Voraussetzungen hierzu gegeben erscheinen.

An den Längenprofilen gesenkter Bahnstrecken des Ostrau-Karwiner Steinkohlenrevieres kann ersehen werden, daß diese Niveletten eine parabelähnliche Form aufweisen, daß in der Mitte dieser Mulden die Senkungsmaxima sich befinden, und daß in fast regelmäßiger Weise die Senkungsmaße gegen die beiden Kurvenenden hin abnehmen, bis sie endlich Null werden. Dieser geradezu gesetzmäßige Verlauf der Senkungsmulden hat in mir die begründete Vermutung hervorgerufen, daß sich für die Senkungen des obertägigen Terrains eine Theorie entwickeln lassen müsse, und wurde ich in dieser Ansicht durch die für diese Zwecke äußerst günstige Situation der Ostrauer Bodenverhältnisse bestärkt.

Über dem flözführenden Steinkohlengebirge lagert im Ostrau-Karwiner Reviere eine bis zu 400 m mächtige plastische Tegelschichte, welche die allmähliche Senkung des obertägigen Terrains begünstigt. Diese tertiäre Überlagerung wirkt als eine Art Beruhigungsmittel ~~für~~ die Bergbausenkungen des Kohlengebirges und verhindert das plötzliche Einsinken des obertägigen Gebirges.

Nur an wenigen Stellen des Ostrauer Revieres steht das Kohlengebirge zu Tage an, und liegen auch an solchen Orten bahnseitige Erfahrungen vor, welche an vielen Senkungsfällen des Burniaflügels der Montanbahn gemacht wurden. Im Falle anstehenden Kohlengebirges ist die Gesetzmäßigkeit an der Bodensenkung nicht mehr in dem Maße vorhanden, es kommen nicht mehr kurvenförmige, sondern polygonale Senkungsbilder zum Vorschein, wie dies an den Längenprofilen (Fig. 72, 73) ersehen werden kann.

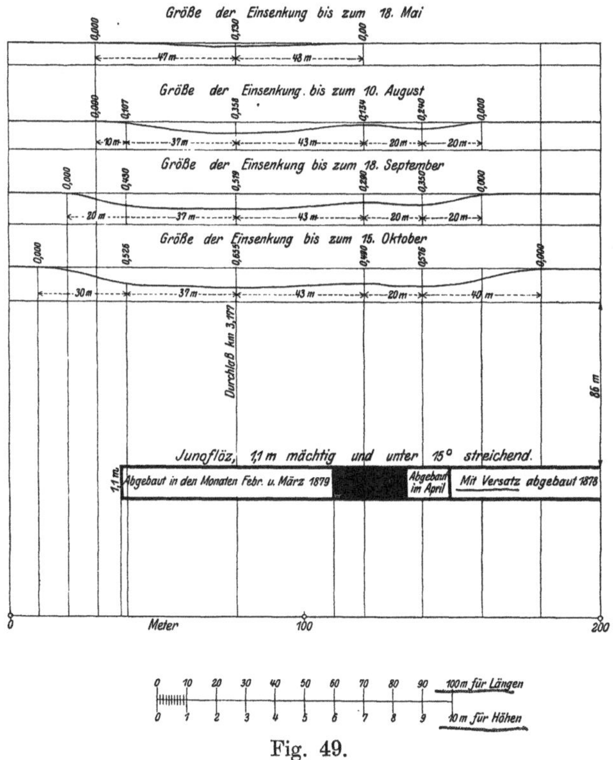

Fig. 49.

Wir wollen nun vor allem jenen Fall der geologischen Verhältnisse ins Auge fassen, welcher das Vorhandensein tertiärer Überlagerungen zur Voraussetzung hat. An der bereits erwähnten, sehr interessanten graphischen Darstellung des Senkungsprozesses infolge Abbaues des 1,1 mächtigen Junoflözes unter dem Jakobschachtflügel der Montanbahn (Fig. 49) ist der Verlauf der Bahnsenkung in anschaulicher Weise zu ersehen.

Das Kohlengebirge besitzt an der Abbaustelle eine durchschnittliche Mächtigkeit von zirka 65 bis 70 m, die tertiäre Überlagerung ist an dieser Stelle ca. 25 m mächtig, und beträgt das Flözeinfallen ca. 5°. In den Monaten Februar und März des Jahres 1879 wurde ein ca. 70 m langer Flözteil (in der Fallrichtung gemessen) abgebaut, im Monate April erfolgte der Abbau eines 14 m langen Flözteiles, und wurde zwischen diesen zwei Abbauen ein ca. 25 m messender Kohlenpfeiler stehen gelassen.

Aus der graphischen Darstellung ist zu entnehmen, daß im Monat Mai auf Grund des ausgeführten Bahnnivellements eine Senkung konstatiert wurde, deren Bereich beiläufig durch die lotrechten Grenzebenen des 70 m langen Abbaues gegeben erscheint. In den folgenden Monaten trat eine Vertiefung und gleichzeitig eine Erweiterung des Senkungsgebietes ein, bis im Monat Oktober der Senkungsprozeß zum Stillstand gekommen war.

Eine ähnliche Wahrnehmung wurde beim Abbau des benachbarten 14 m langen Flözteiles gemacht, und es wäre zwischen dem Nivellement vom Mai und jenem vom August auch noch eine Aufnahme mit dem Nivellierinstrument notwendig gewesen, um so den Beginn des durch den zweiten Abbau hervorgerufenen Senkungsprozesses festlegen zu können. Es ist zweifellos, daß auch hier bei Beginn der Absenkung der Senkungsbereich beiläufig durch die lotrechten Grenzebenen dieses Abbaues bestimmt war.

Aus der angeführten Zeichnung ist ferner zu ersehen, daß die Enden der Senkungsgebiete über die Abbaugrenzen beiläufig um dieselben Maße hinüberreichen, daß also die Grenzrichtungen, welche diese Endpunkte der Senkungsterritorien mit den Abbauenden verbinden, beiläufig dieselben Winkel mit der Horizontalen einschließen.

Wir wollen nun auf Grund des vorgeführten Senkungsbildes untersuchen, wie es ermöglicht werden kann, daß dieser geradezu gesetzmäßige Verlauf des Senkungsprozesses vor sich geht. Man ist nur in der Lage, auf Grund der in dieser Beziehung obertags gemachten Erfahrungen Schlüsse zu ziehen, in welcher Art die Nachsenkung der Gebirgsschichten über dem Abbau sich vollzieht, um die obertägigen Wirkungen erklären zu können. Man wird diese Vorgänge in der Grube niemals genau beobachten können, es wird uns auch nicht ermöglicht, die Bruchrichtungen innerhalb der Gebirgsschichten genau zu erschließen; es sei hier mit besonderem Nachdruck hervorgehoben, daß wir nur auf Grund der obertags feststellbaren Niveauänderungen in die Lage versetzt werden, auf die Vorgänge innerhalb der Erdmassen Schlüsse zu ziehen. Aus diesem Grunde ist die Möglichkeit für diese Beobachtungen jedem Berufsmanne gegeben, dessen Aufgabe es ist, die obertägigen Bodenbewegungen verfolgen zu müssen. Es gehört also zur selbstverständlichen Pflicht des Eisenbahningenieurs im Bergbaugebiete, die die Bodensetzungen mitmachenden Bahnstrecken genau zu beobachten, weil Betriebsrücksichten diese Notwendigkeit erfordern. Es kann aber auch, wie bereits mehrmals erwähnt wurde, kein besseres Beobachtungsgebiet für Bodenbewegungen bestehen als eine Eisenbahn, deren immer wieder notwendige Niveauaufnahme zur Bahnerhaltung erforderlich ist.

Sache des Bergtechnikers ist es, den Stand der Abbaue jeweilig zu konstatieren, und mittels obertägiger Nivellements müssen die Bodensetzungen festgestellt werden, welche infolge des Bergbaubetriebes hervorgerufen werden.

Ich unterscheide meine theoretischen Untersuchungen in:

1. die Theorie der Bruchrichtung,
2. die Theorie der Grenzrichtung und
3. die Theorie des lotrechten Senkungsmaßes der Erdoberfläche.

1. Die Theorie der Bruchrichtung.

a) Die Bruchrichtungen im Tertiär. Es ist bisher üblich, unter der Bruchrichtung jene Richtung zu verstehen, in welcher vom Abbau aus Schäden an den obertägigen Objekten zum Vorschein gelangen.

Der Urheber der Bruchrichtungstheorie, der belgische Ingenieur Gonot, hat die Bruchrichtungen mit Hilfe jener Häuser in Lüttich gemessen, welche beschädigt wurden, er hat also zweifellos unter der Bruchrichtung jene Richtung verstanden, in welcher vom Abbau aus obertags Brüche und Risse an den Objekten entstanden sind.

Wir müssen uns jedoch die Frage stellen, welcher Art eine Bodenbewegung sein muß, um Objektsschäden hervorzurufen, wir müssen erwägen, welche Umstände hierzu veranlassend sein können.

Es kann eine gesetzmäßige Bodensenkung in der Weise eintreten, daß die Erdoberfläche an allen Stellen um fast dasselbe Maß sich absenkt, daß also an allen Stellen der bewegten Fläche eine fast gleich große Absenkung erfolgt, wie dies in Fig. 50 angedeutet erscheint.

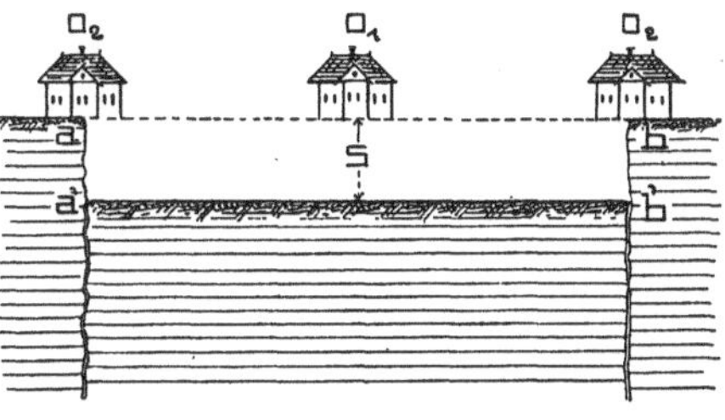

Fig. 50.

Dieser Fall hätte zur sebstverständlichen Voraussetzung, daß in den Punkten a und b der in Bewegung geratenen Fläche eine Trennung der Gebirgsschichten eintreten müßte, um auch an diesen Stellen Senkungen a a′ und b b′ zu ermöglichen, welche dem Maße s gleichen.

Wenn wir nun diese Art der Bodensenkung untersuchen, so finden wir, daß obertägige Objekte, welche sich zwischen den Punkten a und b befinden (O_1), den Prozeß des Absenkens schadlos mitmachen können, und daß Objekte, welche sich in den Punkten a und b befinden (O_2), unbedingt Schaden erleiden müssen. In diesem Falle fällt also die Schadensphäre der Objekte mit jenen Stellen zusammen, an welchen tatsächlich Störungen im Zusammenhange der Gebirgsschichten auftreten, wo also ein Bruch der Erdmassen im wahren Sinne des Wortes eintritt.

Es kann aber ferner eine Bodensenkung in der Weise eintreten, daß die Senkungsmaße nicht überall das gleiche Maß betragen, es kann die Form der Senkung muldenförmig sein, wie dies in Fig. 51 angedeutet wurde. In diesem Falle könnte ein Objekt bestenfalls nur dann schadlos bleiben, wenn sich dasselbe in der Mitte der Mulde, also in a befinden würde, und es ist jenes Gebiet, wo die Senkungsmaße nahezu gleiche Werte betragen, wesentlich eingeschränkt. An allen anderen Stellen zwischen b und c sind die Senkungsmaße voneinander verschieden, es müssen die Fundamente der dort befindlichen Objekte Nachsenkungen erleiden, deren Maße voneinander verschieden sind, welcher Umstand für die Objektsschäden veranlassend ist. Es kann also vorkommen, daß ein zwischen zwei intakt gebliebenen Objekten a und c befindliches Objekt d einen Schaden erleidet.

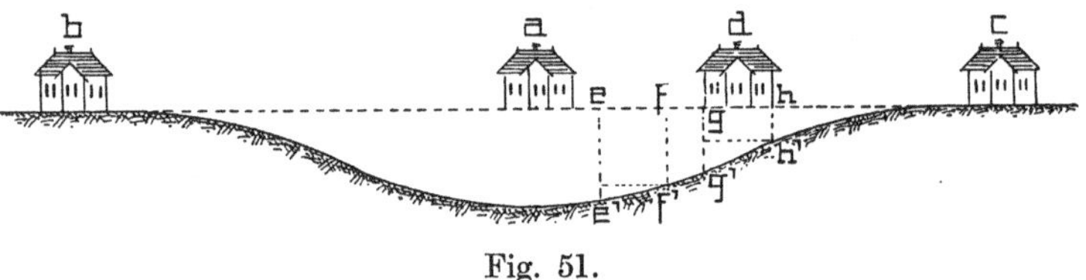

Fig. 51.

Der Unterschied zwischen den aufeinander folgenden Senkungsmaßen wird von der Mitte a gegen die beiden Enden der Senkungsmulde b und c immer größer, das heißt die Differenz e e′—f f′ ist kleiner als g g′—h h′; es werden also die gegenseitigen Fundamentsetzungs-Differenzen in jenen Objekten immer größer, welche sich näher den Kurvenenden befinden. Je größer aber diese Differenzen der Senkungsmaße in den Fundamenten eines und desselben Objektes sind, desto größer wird die hervorgerufene Gleichgewichtsstörung in den Gebäudemauern und um so unangenehmere Schäden werden an den Objekten zum Vorscheine gelangen.

Trotz der gegen die Kurvenenden hin geringeren Senkungsmaße werden die dort befindlichen Objekte empfindlicheren Schaden erleiden; denn es spielt nicht die Größe dieser Maße die Hauptrolle, sondern die gegenseitige Verschiebung der Fundamente ist der wichtigste Umstand für die Veranlassung von Deformationen in Senkung befindlicher Objekte.

Wir sehen, daß nicht allein Brüche in den Gebirgsschichten Rißbildungen in Hausmauern verursachen können, sondern auch jene Stellen der sinkenden Erdschichten, welche keine Störung ihres Zusammenhanges zur Folge haben.

Die unzähligen Nivellements von gesenkten Montanbahnstrecken haben die für das Ostrau-Karwiner Kohlenrevier charakteristische Senkungsmulde ergeben. Es ersteht nun die Frage, welche Ursachen für die Ausbildung dieser Senkungsmulden veranlassend sind; wir müssen deshalb untersuchen, wie es ermöglicht werden kann, daß diese gesetzmäßige Form der Senkungsmulde immer wieder zum Vorschein gelangt.

Die Ausbildung der gezeichneten Senkungsmulde kann entweder dadurch verursacht werden, daß das tertiäre Gebirge sich elastisch durchbiegen und wie ein eingespannter Träger infolge seines Eigengewichtes dem nachsinkenden Kohlengebirge in der Abwärtsbewegung folgen würde.

Das hätte zur Voraussetzung, daß das Kohlengebirge an seiner Grenze vom Tertiär in der ähnlichen Form eingedrückt würde, wie die obertags entwickelte Mulde andeutet, wenn vorausgesetzt wird, daß vom plastischen Tertiär an Volumen weder verloren gehen noch hinzukommen kann (Fig. 52). Die Erfahrung hat gelehrt, daß das Tertiärgebirge durch den Senkungsprozeß eine Volumvermehrung nicht erleidet, wie dies auch von Jičinsky treffend behauptet wurde. Es wird übrigens in Fig. 53 ein typischer Senkungsfall angeführt, der diese Tatsache beweist. Es müßte sich also im Kohlengebirge an seiner Grenze zum Tertiär infolge der Absenkung seiner Schichten eine der obertägigen Kurve gleiche Form ausbilden, es müßten die Flächen a b c und a′ b′ c′ einander gleich sein (Fig. 52).

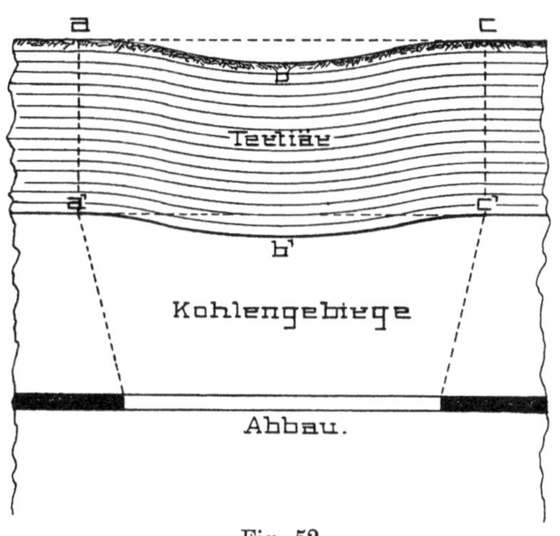

Fig. 52.

Dieses elastische Verhalten der tertiären Überlagerung hätte zur Voraussetzung, daß in dieser Masse sich keine Risse bilden würden, es müßte eine homogene Masse vorhanden sein, welche dem Gesetze eines sich durchbiegenden Trägers folgen könnte. Die tertiäre Überlagerung ist jedoch keineswegs homogen, sie besteht aus Tegel, Ton, Schotter und Sandschichten, welche letzteren auch häufig wasserführend sind.

Anläßlich des im Jahre 1889 erfolgten Abbaues unter dem Burniaflügel der Montanbahn wurde eine maximale Senkung von 1,90 m konstatiert, und es müßte also das im Durchschnitte 30 m mächtige Tertiär sich dort nahezu 2 m durchgebogen haben. Es ist wohl außer Zweifel, daß die Elastizität der tertiären Schichten ein so großes Durchbiegungsmaß nicht zulassen kann.

Einen Beweis dafür, daß es sich um eine elastische Durchbiegung des Tertiärs nicht handeln kann, bietet der nachstehend ersichtliche Senkungsfall anläßlich des Abbaues des 1,1 m mächtigen zweiten Liegend-Flözes 1890—1893 unter der Hauptstrecke Josefschacht—Michalkowitz der Montanbahn (Fig. 53).

An dem äußerst lehrreichen und interessanten Senkungsbilde ist zu ersehen, daß die größte obertägige Absenkung von 90 cm sich an jener Stelle befindet, wo das abgebaute Flöz von keinen Kohlengebirgs-

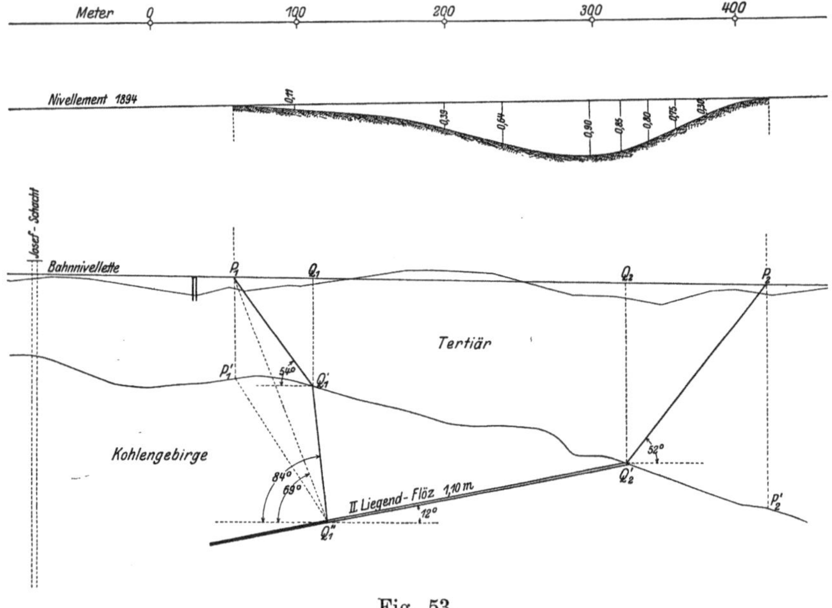

Fig. 53.

schichten überlagert ist. An dem Senkungsbilde ist der Mangel einer Symetrie hervorzuheben, welcher darin seine Erklärung findet, daß das über dem abgebauten Flöz befindliche Kohlengebirge in seiner Mächtigkeit von 90 m bis 0 m abnimmt.

Wir sehen, daß das plastische Tertiär an jener Stelle, wo die Kohlengebirgsmächtigkeit Null wird, einfach nachsinkt, ohne sich zu vermehren. Die Differenz der Flözmächtigkeit und maximalen Senkung (1,10 — 0,90 = 0,20) ist einerseits daher rührend, daß eigentlich nur an einem Punkte die Kohlengebirgsmächtigkeit gleich Null ist und die geringe Volumvermehrung vom Kohlengebirge herrührt, welches eine durchschnittliche Mächtigkeit von 10 m in der Umgebung des Senkungsmaximums besitzt; andererseits kann infolge des über die Abbaustöße hinausreichenden Senkungsgebietes auch im Falle einer Senkung ohne Volumvermehrung bei flachen Flözen das maximale Senkungsmaß das Maß der Flözmächtigkeit niemals erreichen.

Das vorliegende Senkungsbild sagt uns aber auch, daß die elastische Durchbiegung des Tertiärs nicht für die Ausbildung der Senkungsmulde veranlassend sein kann; es würde das Tertiär den Träger $P_1 P_2 P_2' P_1'$ darstellen, welcher sich zwischen den Punkten P_1' und P_2' in das Kohlengebirge eingedrückt haben müßte. Es müßte also in dem Teile $P_2' Q_2'$ der oberen Kohlengebirgsgrenze eine Eindrückung des Tertiärs in das Kohlengebirge an einem Orte stattgefunden haben, wo ein Abbau gar nicht stattgefunden hat, also an einer Stelle, wo das Kohlengebirge im Ruhezustande sich befindet.

Daraus geht hervor, daß es sich im vorliegenden Falle nur um eine seitliche Nachrutschung des dem Abbau benachbarten tertiären Erdprismas $P_2 Q_2 Q_2'$ handeln kann, für welche Rutschbewegung nur eine Störung des Gleichgewichtszustandes im Tertiär veranlassend gewesen sein muß.

In der vielerwähnten Monographie des Ostrau-Karwiner Steinkohlenrevieres betont Jicinsky, daß die Bruchrichtung im tertiären Gebirge immer nur lotrecht sein kann, was bei einer plastischen und rolligen Masse nicht anders möglich sei.

Anläßlich des Senkungsfalles infolge Abbaues des dritten Hangendflözes (2,2 m mächtig) der Witkowitzer Gruben wurden im Jahre 1883 Risse in der tertiären Überlagerung der Strecke Wilhelmschacht—Salm der Montanbahn beobachtet (Fig. 114).

Diese Erdrisse waren fast genau lotrecht über den Enden des unter einem Winkel von 6° einfallenden Flözes gelegen und deuteten darauf hin, daß in diesen lotrechten Ebenen im Tertiär eine Störung des Zusammenhanges dieser Schichten erfolgt sein muß, ohne daß die Kontinuität der Senkungsmulde hierdurch gelitten hätte.

Durch den untertags bewirkten Abbau des Kohlenflözes wird im Falle der Entfernung der das Hangende unterstützenden Zimmerung ein Nachsinken der hangenden Gebirgsschichten erfolgen. Infolge des im Kohlengebirge hervorgerufenen Bewegungszustandes wird ein Nachsinken der tertiären Überlagerung bewirkt, wodurch der Zustand des Gleichgewichtes der letzteren gestört wird. Bei dieser Abwärtsbewegung der über dem Abbau gelegenen Tertiärmasse wird eine Trennung des Zusammenhanges mit den benachbarten Erdmassen erfolgen, und infolge dieser in lotrechten Ebenen stattfindenden Ablösung des tertiären Gebirges werden innere Kräfte frei, welche ein seitliches Nachrutschen der benachbarten Gebirgsschichten zur unmittelbaren Folge haben.

Die Absenkung der mittleren Erdmasse A (Fig. 54) und das Nachrutschen der seitlichen Erdmassen B_1 und B_2 erfolgen gleichzeitig, wie dies aus dem in Fig. 49 vorgeführten Senkungsfalle des Junoflözes ersehen werden kann.

Dieser Verlauf des Senkungsprozesses gibt auch eine Erklärung für die Ausbildung der charakteristischen Senkungsmulde, und es ist daraus klar ersichtlich, daß die Grenzen des Senkungsgebietes nicht mit jenen Stellen identisch sind, an welchen Störungen im Zusammenhange als Brüche oder Risse der Gebirgsschichten erfolgen.

Die Bruchrichtungen in der tertiären Überlagerung sind lotrecht, es schließen sich jedoch an die dadurch hervorgerufenen obertägigen , eventuell sichtbaren Rißlinien gesenkte Terrainflächen an, deren Grenzen in einem folgenden Kapitel erörtert werden sollen.

Es erübrigt nur noch, die Lage der Bruchrichtungen im Kohlengebirge anzugeben.

b) Die Bruchrichtungen im Kohlengebirge. In der gegebenen Kritik der Jicinskyschen Theorie wurden die von dem Genannten entwickelten Lagen der Bruchrichtungen im Kohlengebirge angeführt, und müssen wir bemerken, daß die geologische Beschaffenheit dieser Schichten wesentlich von jener des Tertiärs verschieden ist. Das aus Schiefer- und Sandsteinschichten bestehende Kohlengebirge wird deshalb bezüglich der Lage der Bruchrichtungen nicht den-

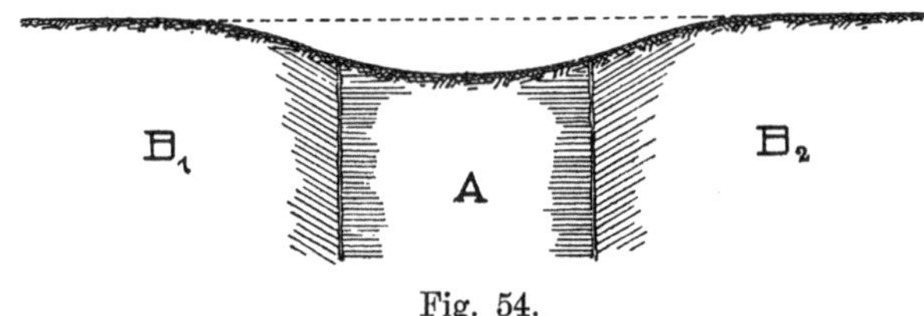

Fig. 54.

selben Gesetzen folgen wie das Tertiär, und es ist selbstverständlich, daß die über dem abgebauten Hohlraum lagernden Kohlengebirgsschichten nicht in derselben Weise verbrechen werden wie das dem Kohlengebirge nachsenkende tertiäre Gebirge.

Das Kohlengebirge verbricht unter dem unmittelbaren Einflussse des abgebauten Flözes, es werden deshalb seine Bruchrichtungen wesentlich beeinflußt von der Lage des ausgekohlten Raumes, es wird also der Fallwinkel des Flözes für die Lage dieser Richtungen mitbestimmend sein. Die Lage der Bruchrichtungen im Kohlengebirge ist beim Vorhandensein tertiärer Schichten sehr schwer zu verfolgen, und man könnte entgegnen, daß diese Richtungen einfach bei anstehendem Kohlengebirge beobachtet werden müssen.

Es muß jedoch an dieser Stelle abermals mit Nachdruck hervorgehoben werden, daß die Grenzen eines abgesenkten Gebietes nicht Bruchrichtungen der Gebirgsschichten darstellen; denn an den Grenzlinien treten keine tatsächlichen Brüche dieser Schichten ein. Man müßte also in die Lage versetzt sein, die obertägigen Risse genau zu verfolgen, um die Bruchrichtungen angeben zu können.

Wie beim absenkenden Tertiär dem erfolgten lotrechten Bruche ein gleichzeitiges Nachrutschen der benachbarten Schichten eintritt, so wurde auch bei anstehendem Kohlengebirge im Falle Abbaues mächtiger Flöze ein gleichzeitiges Nachbrechen der Schichten zu den Jičinsky'schen Bruchrichtungen hin beobachtet.

Während man für das Tertiär in der Lage ist, auch theoretisch das mögliche Maximum der seitlichen Nachrutschung angeben zu können (wie dies im folgenden Kapitel erörtert wird), hat man für das Kohlengebirge keinen festen Anhaltspunkt hierfür und ist rein auf die Erfahrung angewiesen. Bezüglich der Lage der Bruchrichtungen im Kohlengebirge ist man auf Annahmen angewiesen. Man wird jedoch Annahmen treffen müssen, welche mit den obertägigen Folgewirkungen im Einklange sich befinden, und habe ich deshalb die von Jičinsky angegebenen Bruchrichtungen angenommen und untersucht, ob diese Richtungen mit den in der Praxis konstatierten Senkungsfällen in Übereinstimmung gebracht werden können.

Mit Hilfe der mir zur Verfügung gestandenen Abbaukarten habe ich in den Abbauenden die Jičinskyschen Bruchrichtungen eingetragen und konstatiert, daß diese Richtungen tatsächlich jenen Raum begrenzen, in welchem eine Absenkung der Kohlengebirgsschichten stattfinden muß, um die obertägigen Erscheinungen verursachen zu können. Jičinsky hat die von ihm angenommenen Kohlengebirgsrichtungen in 80 % beobachteten Fällen bestätigt gefunden.

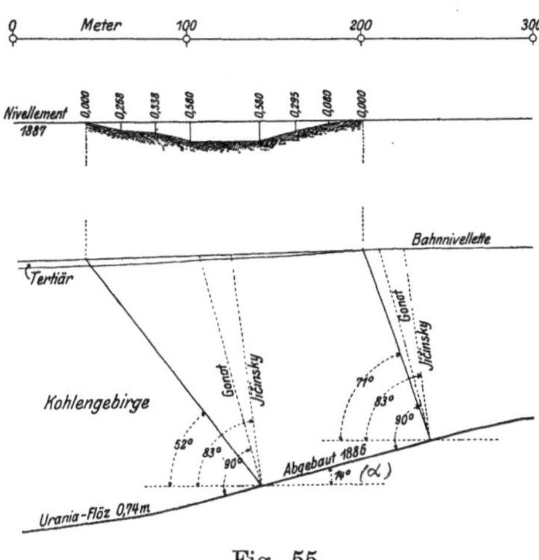

Fig. 55.

Bei fast allen Fällen gesenkter Bahnstrecken haben die Annahmen der Jičinskyschen Bruchrichtungen eine Erklärung für die obertägigen Wirkungen zugelassen, wobei wir jedoch nochmals hervorheben, daß unter der Bruchrichtung jene Richtung zu verstehen ist, in welcher ein tatsächlicher Bruch der Gebirgsschichten stattfindet.

Fig. 55 zeigt uns das interessante Senkungsbild gelegentlich des Abbaues des 0,74 m mächtigen Uraniaflözes unterhalb des Burniaflügels der Montanbahn. Wir sehen, daß die Grenzrichtung am oberen Stoß flacher geneigt ist als die Jičinskysche Bruchlinie. Wir bemerken ferner die Symmetrie des Senkungsbildes, und geben uns diese Tatsachen zur folgenden Schlußfassung Anlaß:

Bei schwachen Flözen werden, wie bereits eingehend erörtert wurde, an das Elastizitätsvermögen der Hangendschichten geringere Anforderungen gestellt wie bei mächtigeren Flözen. Es ist sogar die Möglichkeit der Nachsenkung ohne oder mit einer ganz geringen Volumvermehrung gegeben, wie dies ebenfalls erörtert wurde.

Während in den Senkungsfällen gelegentlich des Abbaues des 4 m mächtigen Flözes bei anstehendem Kohlengebirge ein seitliches Nachrutschen zu den Jičinskyschen Bruchlinien stattgefunden hat, war beim schwachen Uraniaflöz diese Tatsache am oberen Stoß des Abbaues nicht konstatiert worden.

Die Gründe dafür sind naheliegend und in dem Umstande gelegen, daß anläßlich des Abbaues des 4 m mächtigen Flözes die in den Hangendschichten hervorgerufene Gleichgewichtsstörung infolge der weitaus größeren Absenkung viel größer war, wodurch die seitlichen Gebirgsschichten zur Nachrutschung in bedeutenderem Maße angeregt worden sind.

Im Falle des Uraniaabbaues kann man von wirklichen Bruchrichtungen gar nicht sprechen, es handelt sich in diesem Falle um eine Durchbiegung der Hangendschichten, welche das begutachtende Komitee des Berg- und Hüttenmännischen Vereins in M.-Ostrau (Fig. 39) im Auge gehabt hat. An Stelle der Bruchrichtungen sind im vorliegenden Falle Durchbiegungsrichtungen vorhanden, welch letztere im Falle mächtiger Flöze oder vorhandener gewichtiger Tertiärschichten zu Bruchrichtungen ausarten.

In der folgenden Tabelle sind die von uns übernommenen Jičinskyschen Bruchwinkel im Kohlengebirge angeführt.

Tabelle der Jičinskyschen Bruchwinkel im Kohlengebirge.

Fallwinkel α	Bruchwinkel β	Formel für β
0^0	90^0	$90^0 - \frac{\alpha}{2}$
10^0	85^0	$90^0 - \frac{\alpha}{2}$
20^0	80^0	$90^0 - \frac{\alpha}{2}$
30^0	75^0	$90^0 - \frac{\alpha}{2}$
40^0	70^0	$90^0 - \frac{\alpha}{2}$
45^0	$67\frac{1}{2}^0$	$90^0 - \frac{\alpha}{2}, 45^0 + \frac{\alpha}{2}$
50^0	70^0	$45^0 + \frac{\alpha}{2}$
60^0	75^0	$45^0 + \frac{\alpha}{2}$
70^0	80^0	$45^0 + \frac{\alpha}{2}$
80^0	85^0	$45^0 + \frac{\alpha}{2}$
90^0	90^0	$45^0 + \frac{\alpha}{2}$

2. Die Theorie der Grenzrichtung.

a) Die Grenzrichtungen im Tertiär. Wenn im vorstehenden Kapitel über die Bruchrichtungen der Gebirgsschichten gesprochen wurde, so soll nunmehr an die Feststellung der Grenzen der Senkungsgebiete geschritten, werden und sollen die bezüglichen Untersuchungen mit der Erörterung der Senkungsgrenzen der Tertiärschichten beginnen. Es wurde bereits betont, daß infolge des im Kohlengebirge hervorgerufenen Bewegungszustandes ein Nachsinken der tertiären Überlagerung eintritt. Bei dieser Abwärtsbewegung dieser plastischen und rolligen Tertiärmasse wird in lotrechten Bruchebenen der Zusammenhang des mittleren Tertiärblockes A (Fig. 54) mit den seitlichen Tertiärmassen B_1 und B_2 gestört, wodurch innere Kräfte frei werden, deren Beziehungen Dr. Georg Rebhann, Professor der Baumechanik am k. k. polytechnischen Institute in Wien, in seiner „Theorie des Erddruckes und der Futtermauern“ im Jahre 1871 dargelegt hat.

α) Die Rebhannsche Theorie des aktiven Erddruckes. Rebhann hat die in der Erdmasse zur Wirkung gelangenden Kräfte erforscht und hat unter Erdreich oder Erde im weitesten Sinne folgende Materialien verstanden: Dammerde, Sand, Lehm und Schotter. Das sind gerade jene Materialien, aus welchen die tertiäre Überlagerung zusammengesetzt ist.

Es seien nun zur Vervollständigung unserer Erläuterungen die wichtigsten Sätze aus der Rebhannschen Theorie herausgegriffen und im folgenden erörtert:

„Zwischen den einzelnen Teilen des Erdreichs findet ein Aneinanderhaften statt. Der Zusammenhalt ist zwar nicht so groß wie bei den eigentlichen festen Körpern, er setzt indessen jedenfalls Verschiebungskräften, wenn solche auftreten, einen gewissen Widerstand entgegen, welcher im allgemeinen von folgenden drei Ursachen herrührt: 1. von der Adhäsion, mit welcher die sich berührenden Erdteilchen aneinander haften; 2. von der Kohäsion, womit dieselben untereinander zusammenhängen; 3. von der Reibung zwischen den aufeinander gelagerten Erdteilchen infolge ihrer rauhen Oberfläche, sowie ihrer gegenseitigen Lagerung, und zwar nach Maßgabe des Druckes, mit welchem sie aneinandergepreßt werden.

Die Adhäsion ist so geringfügig, daß sie nicht besonders in Betracht gezogen zu werden braucht, es bleiben daher nur die Widerstände infolge der Kohäsion und der Reibung zu berücksichtigen übrig.

Die Kohäsion ist je nach der Erdgattung und dem Zustande derselben (locker oder gestoßen, feucht oder durchnäßt) verschieden. Dammerde und Lehm haben verhältnismäßig die bedeutendste Kohäsion, namentlich in verdichtetem Zustand. Bei dem Sande ist dieselbe nur gering, und bei reinem Schotter oder zusammengeworfenen Steintrümmern gleich Null zu setzen.

Auch die Reibungsverhältnisse sind nach der Erdgattung und dem Zustande, in welchem sich solche befinden, mehr oder weniger verschieden. So z. B. ist der fragliche Reibungswiderstand bei dem Flußschotter wegen seiner glatten Steine ein geringerer als bei dem eckig gestalteten Schlegelschotter.

Wird auf einer Bodenfläche $\overline{AC}$ (Fig. 56) Erde aufgeschüttet, so bemerkt man, daß, falls diese Bodenfläche rauh genug ist, um ein Ausrutschen der Erde darauf zu verhindern, im Grenzzustande des Gleichgewichtes eine gewisse steilste Erdböschung $\overline{AD}$ sich bildet, so daß unter einer steileren Böschung ein Gleichgewichtszustand in dem freistehenden, ungebölzten Erdkörper nicht mehr möglich ist. Die gedachte steilste Böschung wird offenbar von den Reibungs- und Kohäsionswiderständen abhängen, welche sich der Verschiebung der Erdteilchen entgegensetzen. Je größer diese Widerstände sind, desto steiler wird die erwähnte Böschung sein, und umgekehrt.

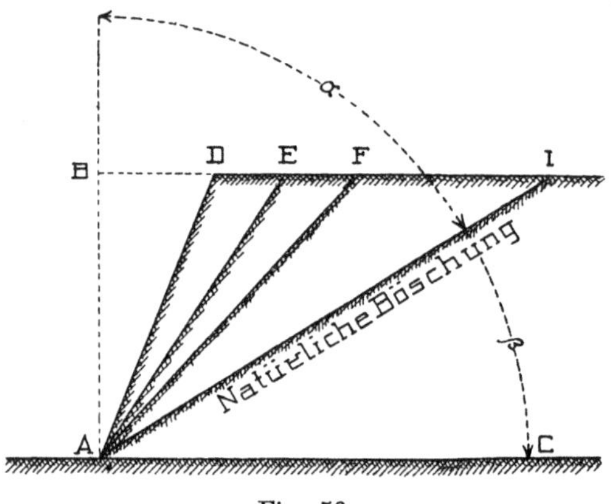

Fig. 56.

Bleibt die aufgeschüttete Erde den Einflüssen der Temperatur und des Wetters ausgesetzt, so wird die Kohäsion an der Böschungsfläche $\overline{AD}$ allmählich zerstört, daher nach einer gewissen Zeit ein Teil der Erde abrutschen und sich eine neue Böschung $\overline{AE}$ bilden wird, welche weniger steil als die anfängliche ist. Die Ursache hiervon ist einzusehen. Gesetzt den Fall, es sei anfänglich trockenes, später nasses Wetter vorhanden, hierauf folgt Frost, dann Tauwetter und endlich wieder Trockenheit. Zunächst wird das Wasser in den Zwischenräumen der Erdmasse in die Böschungsfläche bis auf eine gewisse Tiefe eindringen, sodann gefrieren, wobei es ein größeres Volumen annimmt und die Erdteilchen daselbst mehr oder weniger aus ihrem Zusammenhange bringt, wonach schließlich, wenn Tauwetter und darauf wieder Trockenheit eintritt, die Kohäsion der Erdteilchen an und zum Teile unter der Böschungsfläche derart zerstört oder verringert wird, daß sich dieselben auf der anfänglichen Böschungsfläche nicht mehr erhalten können, sondern bis zur Erreichung einer weniger steilen Böschung abrutschen müssen.

Wiederholen sich solche Einflüsse, so werden sich nach und nach immer minder steile Böschungen $\overline{AE}$, $\overline{AF}$ usw. herausstellen, bis endlich eine solche Böschung $\overline{AI}$ entsteht, auf welcher sich die Erdteilchen schon vermöge des alleinigen Reibungswiderstandes im Gleichgewichte erhalten und daher ohne ein gewaltsames Zutun nicht weiter abrutschen können. Diese besondere Böschung nennt man die natürliche Böschung des Erdreiches.

Der entsprechende Reibungswinkel $CAI = \beta$ ist offenbar der Reibungswinkel für die Reibung von Erde auf Erde. Nennt man den diesfälligen Reibungskoeffizienten f, so hat man daher

$$\left.\begin{array}{c} \operatorname{tg} \beta = \dfrac{\overline{AB}}{\overline{BI}} = f \\ (\alpha + \beta) = 90^0, f = \operatorname{tg} \beta = \operatorname{ctg} \alpha \end{array}\right\}, \quad . \; . \; . \; . \; . \quad (1)$$

Die natürliche Böschung wird sich in allen Fällen gleich anfänglich genau oder fast genau einstellen, in welchem keine oder nahezu keine Kohäsion zwischen den Erdteilchen stattfindet, wie z. B. bei reinem Schotter, trockenem Sande. Dagegen kann Dammerde und Lehm, besonders im ungestampften Zustande, in welchem die Kohäsion bedeutend ist, eine sehr steile Böschung annehmen, welche die natürliche weit überragt. Was überhaupt die Kohäsion des Erdreichs, nämlich die Widerstandsfähigkeit gegen die Trennung seiner Teile in der Richtung der Trennungsfläche betrifft, so soll dieselbe per Quadrateinheit dieses letzteren mit c bezeichnet werden, so daß man für ein kohäsionsloses Material $c = 0$ zu setzen hat.

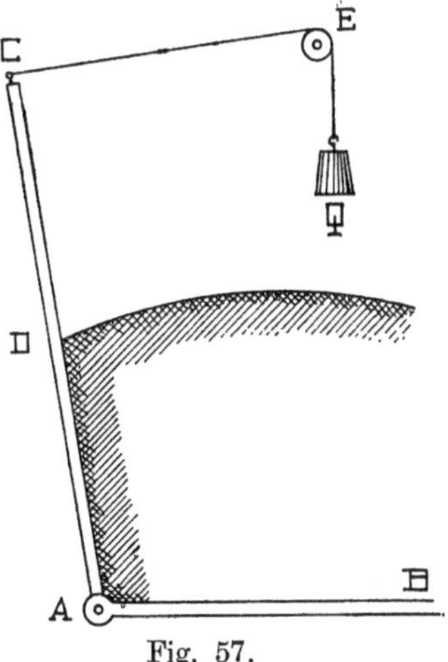

Fig. 57.

Wenn, wie in Fig. 57, hinter einer Wand $\overline{AC}$, welche mit dem Boden $\overline{AB}$ in A eine scharnierartige Verbindung haben soll, anliegende Erde sich befindet, und man stellt sich vor, daß diese Wand vermittels eines Gewichtes Q, das an einer über eine feste Rolle E laufenden Schnur hängt, im Gleichgewicht sich befindet, so leuchtet wohl auf den ersten Anblick ein, daß es innerhalb gewisser Grenzen viele Gewichte geben wird, welche der geforderten Bedingung entsprechen. Diese Grenzen sind durch Gewichte, etwa Q' und Q'', bestimmt, wovon das eine ein Minimum und das andere ein Maximum ist.

Es wird nämlich ein kleinstes Gewicht Q' (Fig. 58) geben, das einen Grenzzustand des Gleichgewichtes, und zwar in dem Augenblicke bezeichnet, in welchem der Übergang zur Bewegung in dem in der Figur angedeuteten Sinne zu beginnen droht. Dieser Grenzzustand für das Gleichgewicht kann daher ebensowohl als ein solcher für die Bewegung (als Bewegungsbeginn) angesehen werden, etwa so, wie die Null die Grenze zwischen den positiven und negativen Zahlen bildet und ebensogut, als Anfangsglied für das Positive wie als solches für das Negative gilt. Jedenfalls wird bei der geringsten Verkleinerung des Gewichtes Q′ eine Bruchfläche $\widehat{Aa}$ im Erdreich entstehen und der abstürzende Erdkörper A D a die Stützwand zum Ausweichen nach vorwärts bringen. Da in diesem Falle der Erdruck gleichsam aktiv wirkt, während sich die Stützwand passiv verhält, so kann man ersteren den **aktiven Erddruck** nennen, welcher, wie man erkennt, geradezu in demjenigen Grenzzustande des Gleichgewichtes auftritt, dem das Minimalgewicht Q′ entspricht. Vermehrt man das Minimalgewicht Q′ allmählich, so wird die Stützwand immer mehr an das Erdreich angepreßt, und es muß auch jetzt insolange Gleichgewicht bestehen, bis man das Maximalgewicht Q″

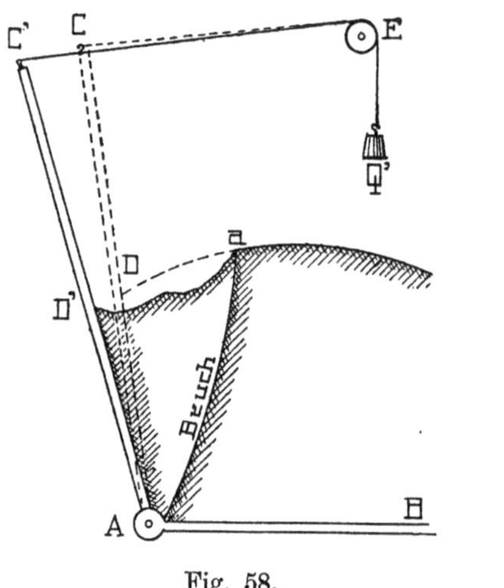

Fig. 58.

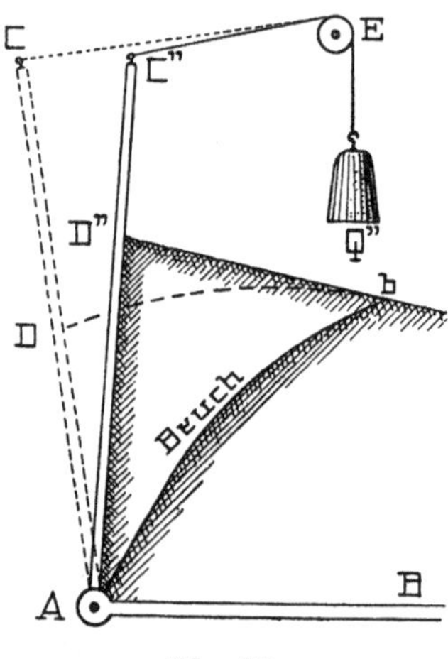

Fig. 59.

erreicht hat, bei dem der andere Grenzzustand des Gleichgewichtes eintritt, so daß jetzt, wie in Fig. 59 angedeutet, die Bewegung im entgegengesetzten Sinne zu beginnen droht. Bei der geringsten Vermehrung des Gewichtes Q″ wird neuerdings eine Bruchfläche im Erdreiche (etwa $\widehat{Ab}$) sich bilden, und der Erdkörper A D b durch die nach rückwärts ausweichende Stützwand verschoben.

Indem in diesen Falle die Stützwand gewissermaßen aktiv, das Erdreich passiv sich verhält, so kann man den hier auftretenden Gegendruck der Erde auch den **passiven Erddruck** nennen, welcher offenbar aus dem Maximalgewichte Q″ zu beurteilen ist. Augenscheinlich ist der aktive Erddruck derjenige, welcher auf eine feststehende Stützwand durch das dahinterliegende Erdmaterial ausgeübt wird, der passive Erddruck aber stellt eigentlich den größten Widerstand der Erde vor, auf welchen man rechnen kann, wenn eine Stützwand von außen her mit Gewalt an das Erdreich angepreßt wird. Daher kann man auch, anstatt den Erddruck „aktiv“ und „passiv“ zu nennen, gemeinhin die Bezeichnung „**Druck**“ und „**Widerstand**“ der Erde wählen.

Ist Erdreich hinter einer Stützwand gelagert, und läßt man diese letztere ausweichen, so stürzt dasselbe — insofern es sich vermöge der im Innern auftretenden Kohäsions- und Reibungswiderstände ohne Stützwand nicht zu erhalten vermag — zum Teil ab; es entsteht nämlich, wie schon in Fig. 58 angedeutet, eine Bruchfläche $\widehat{Aa}$. Unter gewissen Voraussetzungen ist diese Bruchfläche eine Ebene, und zeigt die Erfahrung, daß man berechtigt ist, die Bruchfläche als eine Ebene anzunehmen, da eine solche Annahme als Annäherung zur Wahrheit in den meisten praktischen Fällen immerhin zugelassen werden darf, wie dies auch alle Fachmänner, welche sich bisher mit dem Gegenstande beschäftigten, gelten lassen.

Die sämtlichen auf die Wirkung des Erddruckes Bezug nehmenden Berechnungen werden stets für die Einheit der Erdkörper- und Stütz-

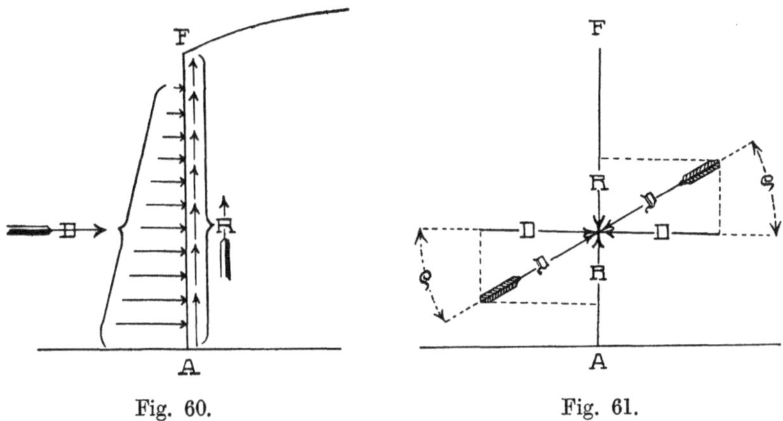

Fig. 60. Fig. 61.

wandlänge durchgeführt werden, wobei die Vorstellung zu verbinden ist, daß diese Länge überall auf der Ebene der dem Texte beigefügten Querprofil-Zeichnungen normal steht.

Der aktive Erddruck ist nach den gegebenen Erklärungen für den durch die Fig. 58 erläuterten Grenzzustand des Gleichgewichtes zu bestimmen. In diesem Zustande erleidet jedes Wandelement einen gewissen unendlich kleinen Normaldruck, und alle diese Druckelemente setzen sich zu einer Resultierenden D (Fig. 60) zusammen, deren Größe zugleich den normalen Widerstand der Stützwand angibt. Außerdem tritt aber nach der Wandrichtung A F die durch den Normaldruck D entstehende Reibung nach den in der Figur angedeuteten Richtungspfeilen als Widerstand gegen das Herabsinken der Erdmasse auf. Die Resultierende dieses Reibungswiderstandes sei R. Wenn in dem in Rede stehenden Grenzzustande des Gleichgewichtes die ganze mögliche Reibungsgröße absorbiert wird, so hat man mit Rücksicht auf die Gleichung offenbar

$$R = \mu D = D \operatorname{tg} \rho \quad . \; . \; . \; . \; . \; . \; . \; . \quad (2)$$

wobei unter μ der Reibungskoeffizient zwischen dem Erdreiche und der Stützwand und unter ρ der dazu gehörige Reibungswinkel zu verstehen ist.

Denkt man sich die Wand weggenommen, anstatt derselben aber zur ungeänderten Erhaltung des Gleichgewichtes der Erdmasse die sämtlichen Teilchen derselben, welche früher an die Wand angepreßt wurden, künstlich durch Kräfte gehalten, welche überall den bezüglichen normalen und den Reibungswiderstand der Wandelemente ersetzen, und geht man bei dieser Betrachtung sogleich auf die beiderseitigen Resultierenden D und R über, so erhält man zur Versinnlichung des Gleichgewichtszustandes die Fig. 61.

Jetzt kann man die beiden Wandwiderstände D und R zu einer Hauptresultierenden $\mathfrak{D}$ (siehe linke Seite der Fig. 61) zusammensetzen und das Ganze so ansehen, wie wenn die Stützwand einschließlich der Reibungswirkung ursprünglich einen Widerstand entgegengesetzt hätte, welcher der Größe und der Richtung nach durch die gefundene Hauptresultierende $\mathfrak{D}$ dargestellt ist.

Augenscheinlich ist wegen $\frac{R}{D} = \mu = \operatorname{tg} \rho$, der Winkel welchen $\mathfrak{D}$ mit D einschließt, geradezu gleich dem Reibungswinkel ρ; somit bestehen folgende Relationen:

$$\left.\begin{aligned} \mathfrak{D} &= \sqrt{D^2 + R^2} = \frac{D}{\cos \rho} = \frac{R}{\sin \rho} \\ D &= \sqrt{\mathfrak{D}^2 - R^2} = \mathfrak{D} \cos \rho = R \operatorname{ctg} \rho \\ R &= \sqrt{\mathfrak{D}^2 - D^2} = \mathfrak{D} \sin \rho = D \operatorname{tg} \rho \end{aligned}\right\} \quad \ldots\ldots\ (3)$$

Gleich groß, aber entgegengesetzt gerichtet wie der kombinierte Wandwiderstand $\mathfrak{D}$, muß, vermöge des vorausgesetzten Gleichgewichtes, die Resultierende des Erddruckes sein, daher diese letztere so anzunehmen ist, wie auf der rechten Seite der Figur mittels Pfeiles $\mathfrak{D}$ angedeutet erscheint. Selbstverständlich kann man diesen Erddruck $\mathfrak{D}$ ebenfalls in die zwei Seitenkräfte D und R zerlegen, von denen die erstere normal gegen die Stützwand, die andere aber längs der Wandböschung nach abwärts wirkt.

Wird die Reibung zwischen dem Erdreiche und der Stützwand außer acht gelassen, also $\mu = \rho = o$ gesetzt, so verschwindet die Reibungsgröße R und es bleiben dann nur die auf die Wand normal wirkende Kraft und die Gegenkraft, nämlich rechtsseitig D als Erddruck und linksseitig D als Wandwiderstand übrig.

Rücksichtlich der Giltigkeit der in den Gleichungen 2) und 3) ausgedrückten Gesetze ist jedoch noch eine nähere Untersuchung anzuknüpfen.

Zu diesem Behufe betrachte man den Zustand derjenigen Erdschichte A F b a (Fig. 62), welche unmittelbar an die Mauerböschung $\overline{AF}$ angepreßt wird, und deren rechtseitige Begrenzungsfläche $\overline{ab}$ in unendlich kleiner Distanz zur Mauerböschung parallel laufend gedacht wird. Da in dieser Fläche $\overline{a\,b}$ der Zusammenhalt der erwähnten Erdschichte mit der dahinter gelegenen Erdmasse vorhanden ist, so kann der an der Wand auftretende Reibungswiderstand niemals größer werden als der Maximalwiderstand ist, den jener Zusammenhalt zu leisten vermag.

Dieser Maximalwiderstand besteht aus der Summe zweier Einzelwiderstände, welche aus der Reibung und aus der Kohäsion zwischen den Erdteilchen in der Fläche $\overline{a\,b}$, und zwar in dem Augenblicke einer daselbst entstehenden Trennung entspringen würden. Der Reibungswiderstand wäre dann f D, der Kohäsionswiderstand aber $c \,.\, \overline{a\,b} \,.\, 1 = c \frac{H}{\cos \varepsilon}$, wenn f der Reibungskoeffizient des Erdmateriales ($f = \operatorname{tg} \beta$) und β den natürlichen Böschungswinkel des Erdmateriales bezeichnen, c das Maß der Kohäsion für die Quadrateinheit in der Trennungsfläche $\overline{a\,b}$ bedeutet und ε den Wert des Neigungswinkels der Stützwand gegen das Lot angibt.

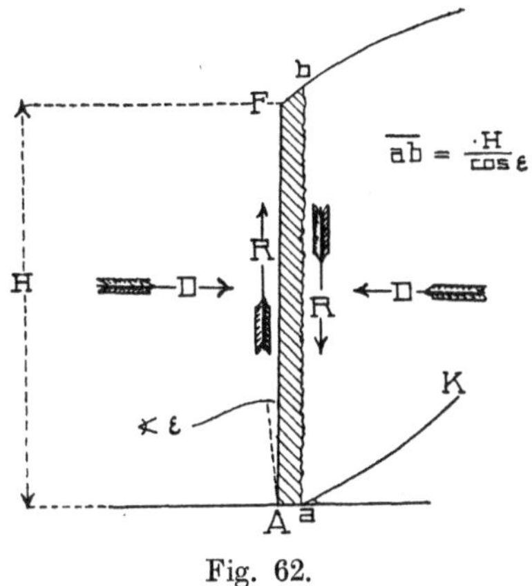

Fig. 62.

Der ausgesprochenen Bedingung gemäß erhält man jetzt die Relation:

$$R \overline{\overline{<}} f D + \frac{c H}{\cos \varepsilon} \quad . \; . \; . \; (4)$$

und hieraus, wenn die Gleichung 2) möglich sein soll, wegen $R = \mu D$ die weitere:

$$\mu \overline{\overline{<}} f + \frac{c H}{D \cos \varepsilon} \quad . \; . \; . \; . \; . \; . \; . \; . \; . \; . \; (5)$$

Nur unter diesen Verhältnissen wird im Grenzzustande des Gleichgewichtes der g a n z e Reibungswiderstand an der Stützwand absorbiert.

Ist zwischen den Erdteilchen eine Kohäsion nicht vorhanden, also $c = o$, so erhält man die Bedingung:

$$\mu \overline{\overline{<}} f \text{ oder } \rho \overline{\overline{<}} \beta \quad . \; . \; . \; . \; . \; . \; . \; . \; . \; . \; . \; (6)$$

d. h. es darf dann der Koeffizient, beziehungsweise der Winkel für die Reibung zwischen der Stützwand und der Erde nicht größer sein als jener für die Reibung zwischen den Erdteilchen, widrigenfalls man nicht mehr berechtigt wäre, den an der Stützwand hervorgerufenen Reibungswiderstand mit seinem größten Werte (μ D) in Rechnung zu bringen.

Bei dem Vorkommen einer Kohäsion zwischen den Erdteilchen aber kann, wie man sieht, immerhin $\mu > f$, d. i. $\rho > \beta$ werden, wenigstens bis zu einem gewissen Grade, worüber die Relation 5) Aufschluß gibt.

Trifft jedoch in einem vorkommenden Falle die Relation 5) nicht zu, so wird der Grenzzustand des Gleichgewichtes nicht mehr unmittelbar an den Stützwandfläche, sondern in der benachbarten Fläche $\overline{a\,b}$ im Erdkörper selbst eintreten; d. h. es werden sich im Beginne des Ausweichens der Stützwand zwei Trennungsflächen in der Erdmasse bilden, nämlich die eine $\overline{A\,K}$, von welcher bereits die Rede war, und die andere $\overline{a\,b}$, welche hart an der Wandböschung und zu dieser parallel situiert ist; während die Erdschichte A F b a von der Stützwand nicht abgeschoben wird, sondern daran haften bleibt.

Wären die Erdteilchen unendlich klein, so hätte die erwähnte Erdschichte auch nur eine unendlich kleine Dicke; insofern aber jene Annahme eigentlich nicht statthaft ist, wird man sich tatsächlich vorstellen müssen, daß die fragliche Erdschichte eine endliche, indessen immerhin blos sehr kleine Dicke besitzt.

Offenbar ist es dann gerade so, wie wenn diese Erdschichte noch zur Stützwand selbst gehören, also die Trennungsfläche $\overline{a\,b}$ die eigentliche Druckfläche bilden, und der an letzterer entstehende Reibungswiderstand R mit einem eingebildeten Reibungskoeffizienten μ' in Rechnung gebracht würde, welcher aus der Relation:

$$\mu' = f + \frac{c\,H}{D\cos\varepsilon} < \mu \quad \ldots\ldots\ldots \quad (7)$$

zu bestimmen ist.

Nennt man ρ' den zu μ' gehörigen Reibungswinkel, so ist $\mu' = \operatorname{tg}\rho'$ und man hat:

$$\operatorname{tg}\rho' = \operatorname{tg}\beta + \frac{c\,H}{D\cos\varepsilon} < \operatorname{tg}\rho \quad \ldots\ldots\ldots \quad (8)$$

worin ρ' den Winkel bedeutet, den der schiefe Erddruck $\mathfrak{D}$ mit dem normalen D einschließt. Für $c = o$ ist insbesondere:

$$\rho' = \beta = (90^0 - \alpha) \quad \ldots\ldots\ldots \quad (9)$$

Ist daher eine Kohäsion zwischen den Erdteilchen nicht in Rechnung zu bringen, so schließt für $\mu > f$ und $\rho > \beta$ die Richtung des Erddruckes und jene des Widerstandes der Stützwand mit dieser letzteren nur einen Winkel ein, welcher um den Reibungswinkel β von der normalen Richtung abweicht.

Aus dem Gesagten schließt man, daß der in der Fig. 61) angedeutete Deklinationswinkel zwischen $\mathfrak{D}$ und D nur dann den Wert von ρ erreichen kann, wenn die Relation 5) stattfindet, sonst aber nicht, da im Gegenfalle anstatt ρ ein kleinerer Wert ρ' zu setzen ist, welcher aus der Gleichung 8) ermittelt werden kann, so daß dann die Relation

$$R = D\operatorname{tg}\rho' \quad \ldots\ldots\ldots \quad (10)$$

in Anwendung zu bringen sein wird.

Übrigens folgt aus den gegebenen Erörterungen, daß man den Widerstand einer Stützwand gegen den aktiven Druck auf zweierlei Art untersuchen kann.

Entweder läßt man beide Widerstandskräfte D und R separat oder aber gleich von vorne herein in ihrer Kombination, als Hauptresultierende $\mathfrak{D}$ wirken. Wird die Reibung zwischen dem Erdreiche und der Stützwand außer Acht gelassen, also $\mu = \rho = o$ gesetzt, so verschwindet die Größe R und es bleibt dann nur der normale Erddruck und der normale Wandwiderstand in Betracht zu ziehen, so daß dann die zwei angedeuteten Untersuchungsarten identisch werden.

Es sei hinter der Stützwand $\overline{AF}$ (Fig. 63) mit dem Neigungswinkel ε gegen das Lot anliegendes Erdreich vorhanden, welches einen solchen

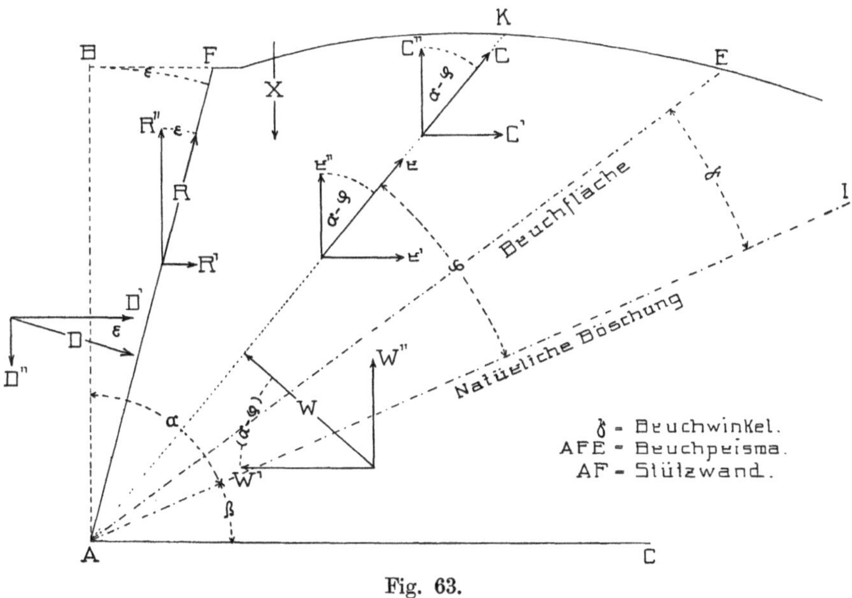

Fig. 63.

Druck ausübt, daß der normale Widerstand der Wand D und der Reibungswiderstand an derselben nach aufwärts gerichtet R sein soll.

Zunächst ist für den in Betracht kommenden Grenzzustand des Gleichgewichtes auf Grundlage der Relationen 3) allgemein: $R = D \operatorname{tg} \rho$ zu setzen und hierbei nur zu beachten, daß zufolge der Gleichung 10) unter den besprochenen ausnahmsweisen Umständen ρ' anstatt ρ zu substituieren sein wird.

Die Bruchfläche im Erdreiche wird offenbar oberhalb der natürlichen Böschung, etwa in $\overline{AE}$ liegen, weil das Erdreich unter derselben nicht abstürzen kann. Um diese Bruchfläche, welche als eine durch den Fuß der Stützwand gehende Ebene angenommen wird, zu finden, untersuche man zunächst die Absturzwirkung eines beliebigen Erdprismas, welches zwischen der Stützwand und irgend einer durch den Fuß derselben gehende Ebene $\overline{AK}$, die sich um den Winkel φ über die natürliche Böschung erhebt, gelegen ist.

Veranlaßt wird die Absturzwirkung dieses Erdprismas lediglich durch das Gewicht desselben, welches mit X bezeichnet und in den Schwerpunkt wirkend gedacht werden soll, so daß für die Einheit der Längendimension des Erdkörpers das fragliche Gewicht mit $X = g$. area AFK ausgedrückt ist, wenn g das Gewicht der Kubikeinheit der Erdmasse bezeichnet. Dieses Gewicht ist die einzige auf den Erdabsturz abzielende Offensivkraft, der, außer den an der Stützwand hervorgerufenen Defensivkräften D und R noch die normale Reaktionskraft W von Seite des unter der Fläche $\overline{AK}$ liegenden Erdreiches, dann diejenigen Widerstandskräfte entgegenwirken, welche in dieser Fläche aus den zwischen den Erdteilchen vorhandenen Reibungs- und Kohäsionsverhältnissen entspringen und beziehungsweise r und C heißen mögen.

Die genannten 6 Kräfte X, D, W, R, r und C müssen mit Rücksicht auf ihre Größe und Richtung welch letztere in der Figur durch Pfeile anschaulich gemacht ist, untereinander im Gleichgewichte stehen, und zwar sind voraussichtlich X, W, r und C, weil von dem Winkel φ abhängig, im allgemeinen variabel, dagegen D und R ,wenn auch vorläufig noch unbekannt, doch jedenfalls konstante Größen, weil diese lediglich von dem faktischen Widerstande herrühren, der sich im gegebenen Falle dem Absturze des Erdreiches überhaupt entgegensetzt.

Die Fläche $\overline{AK}$ wurde beliebig gerichtet angenommen, nur mit der einzigen Beschränkung, daß dieselbe nicht außerhalb des Erdkörpers AFI fällt. Sie wird daher im allgemeinen nicht die Bruchfläche $\overline{AE}$, welche für den Fall eines Ausweichens der Stützwand sich im Erdreiche bildet, vorstellen, indem jene Bruchfläche nur unter einem bestimmten Wert für φ, etwa für $\varphi = \gamma$ entsteht, wobei $\gamma = \sphericalangle EAI$ ist.

Hieraus folgt, daß im allgemeinen die in der Fläche $\overline{AK}$ auftretenden Defensivkräfte r und C nicht die vollständige Reibung f W und die vollständige Kohäsion c S absorbieren, daher $r < fW$ und $C < cS$ sein wird, wenn man $\overline{AK} = S$ setzt, und auf die angenommenen Bezeichnungen zurückblickt, wonach f den Koeffizienten für die Reibung, c aber die pro Quadrateinheit entfallende Kohäsionskraft zwischen den Erdteilchen bedeutet.

Nur dann, wenn $\overline{AK}$ genau in die Bruchfläche $\overline{AE}$ fällt, ist geradezu $r = fW$ und $C = cS$ zu setzen, weil daselbst die betreffenden Reibungs- und Kohäsionswiderstände vollständig vernichtet werden. Man wird daher, um alle Fälle in bezug auf die Neigung der Fläche $\overline{AK}$ zu umfassen, schreiben müssen:

$$\left.\begin{matrix} r \leqq fW \\ C \leqq cS \end{matrix}\right\} \text{oder} \left\{\begin{matrix} r = f'W \\ C = c'S \end{matrix}\right\} \quad \ldots\ldots\ldots \quad (11)$$

wenn man unter f′ und c′ zwei Werte versteht, welche nicht größer als f und beziehungsweise c werden können.

Indem nun, zufolge der Relationen

$$(1) \quad \ldots\ldots\ldots\ldots \quad f = \operatorname{tg}\beta = \operatorname{ctg}\alpha$$

ist, so setzt man analog damit auch

$$f' = \operatorname{tg} \beta' = \operatorname{ctg} \alpha' \quad \ldots \ldots \ldots \ldots (12)$$

wobei man zu beachten hat, daß

$$\left.\begin{matrix} \beta' \leqq \beta \\ \alpha' \geqq \alpha \end{matrix}\right\} \text{ und } (\alpha' + \beta') = 90^0 \quad \ldots \ldots (13)$$

ist, und das Ungleichheitszeichen nur dann wegfällt, wenn die Fläche $\overline{AK}$ zur Bruchfläche $\overline{AE}$ wird.

Der Zahlenbruch

$$\frac{f'}{f} = \frac{\operatorname{tg} \beta'}{\operatorname{tg} \beta} = \frac{\operatorname{ctg} \alpha'}{\operatorname{ctg} \alpha}$$

zeigt an, mit welchem Anteile der in der Fläche schlummernde Maximal-Reibungswiderstand (f W) zur Erhaltung des Gleichgewichts tatsächlich beansprucht wird. Die gleiche Bemerkung gilt für den Zahlenbruch $\frac{c'}{c}$ in bezug auf den in derselben Fläche schlummernden Maximal-Kohäsionswiderstand (c S). Geht die allgemein gewählte Fläche $\overline{AK}$ insbesondere in die Bruchfläche $\overline{AE}$ über, so sind ausnahmsweise jene beiden Brüche der Einheit gleich.

Hiernach kann man allgemein setzen:

$$r = W \operatorname{tg} \beta' = W \operatorname{ctg} \alpha' \text{ und } C = c' S \quad \ldots \ldots \ldots (14)$$

Es entsteht nun die Frage, unter welchen näheren Bedingungen das Gleichgewicht zwischen den angedeuteten sechs Kräften besteht. Zu diesem Behufe beobachte man, daß bei dem Umstand, als von der Stützwand und der Erdmasse stets ein Prisma mit der Einheit als Längendimension in Betracht steht, die genannten Kräfte in einer vertikalen Profilebene liegen. Es herrscht dann Gleichgewicht, wenn in dieser Ebene weder eine fortschreitende noch eine drehende Bewegung eintreten kann. Eine fortschreitende Bewegung wird nicht stattfinden, wenn die Resultierende sämtlicher Kräfte gleich Null wird, also die Komponenten davon sowohl in horizontaler als auch in vertikaler Richtung verschwinden. Zur Verhinderung einer drehenden Bewegung ist nötig, daß die algebraische Summe aus den statischen Momenten der Einzelkräfte, auf einen willkürlichen Drehungspunkt bezogen, gleich Null wird. Es reicht jedoch schon die erste Bedingung hin, die Größe des Erddruckes zu bestimmen. Die zweite Bedingung wird dann in Anwendung gebracht, wenn es sich darum handelt, den Mittelpunkt des Erddruckes zu bestimmen.

Um nun das Gesagte rechnungsmäßig in Anschauung zu bringen, zerlege man zunächst mit Ausnahme der Schwerkraft X, welche schon ursprünglich vertikal wirkt, jede der übrigen fünf Kräfte in eine horizontale und vertikale Komponente. Die horizontalen Komponenten sind in der Figur mit D′, R′, W′, r′ und C′, die vertikalen aber mit D″, R″, W″, r″ und C″ angedeutet, und zugleich findet man dort die Winkel eingeschrieben, welche zwischen den Kräften und ihren Komponenten vorhanden sind.

Hiernach erhält man unter gleichzeitiger Rücksichtnahme auf die Gleichungen (3) und (14) folgende Hilfswerte:

$$\left.\begin{array}{l} \left.\begin{array}{l} D' = D\cos\varepsilon \\ D'' = D\sin\varepsilon \end{array}\right\} \left.\begin{array}{l} R' = R\sin\varepsilon = D\,\mathrm{tg}\,\rho\sin\varepsilon \\ R'' = R\cos\varepsilon = D\,\mathrm{tg}\,\rho\cos\varepsilon \end{array}\right\} \ldots\ldots \\ \left.\begin{array}{l} W' = W\cos(\alpha-\varphi) \\ W'' = W\sin(\alpha-\varphi) \end{array}\right\} \left.\begin{array}{l} r' = r\sin(\alpha-\varphi) = W\,\mathrm{ctg}\,\alpha'\sin(\alpha-\varphi) \\ r'' = r\cos(\alpha-\varphi) = W\,\mathrm{ctg}\,\alpha'\cos(\alpha-\varphi) \end{array}\right. \\ \left.\begin{array}{l} C' = C\sin(\alpha-\varphi) = c'\,S\sin(\alpha-\varphi) \\ C'' = C\cos(\alpha-\varphi) = c'\,S\cos(\alpha-\varphi) \end{array}\right\} \ldots\ldots \end{array}\right\} \quad (15)$$

Indem aber vermöge des erwähnten Gleichgewichtszustandes gegen Verschiebung nach horizontaler und vertikaler Richtung die Hauptrelationen:

$$\left.\begin{array}{r} D' + R' - W' + r' + C' = 0 \\ X + D'' - R'' - W'' - r'' - C'' = 0 \end{array}\right\} \quad \ldots\ldots (16)$$

existieren, so findet man mit Hilfe der Werte (15) weiter:

$$D[\cos\varepsilon + \mathrm{tg}\,\rho\sin\varepsilon] - W[\cos(\alpha-\varphi) - \mathrm{ctg}\,\alpha'\sin(\alpha-\varphi)] \\ + c'\,S\sin(\alpha-\varphi) = 0$$

$$X + D[\sin\varepsilon - \mathrm{tg}\,\rho\cos\varepsilon] - W[\sin(\alpha-\varphi) + \mathrm{ctg}\,\alpha'\cos(\alpha-\varphi)] \\ - c'\,S\cos(\alpha-\varphi) = 0$$

und nach erfolgter Summierung innerhalb der Eckklammern:

$$D\frac{\cos(\rho-\varepsilon)}{\cos\rho} - W\frac{\sin(\alpha'-\alpha+\varphi)}{\sin\alpha'} + c'\,S\sin(\alpha-\varphi) = 0$$

$$X - D\frac{\sin(\rho-\varepsilon)}{\cos\rho} - W\frac{\cos(\alpha'-\alpha+\varphi)}{\sin\alpha'} - c'\,S\cos(\alpha-\varphi) = 0$$

Eliminiert man aus diesen Gleichungen die Größe W z. B. dadurch, daß man den aus der ersten folgenden Wert

$$\frac{W}{\sin\alpha'} = \frac{D\cos(\rho-\varepsilon)}{\cos\rho\sin(\alpha'-\alpha+\varphi)} + \frac{c'\,S\sin(\alpha-\varphi)}{\sin(\alpha'-\alpha+\varphi)}$$

in die zweite substituiert, so erhält man:

$$X - \frac{D}{\cos\rho}[\sin(\rho-\varepsilon) + \cos(\rho-\varepsilon)\,\mathrm{ctg}(\alpha'-\alpha+\varphi)] - \\ - c'\,S[\cos(\alpha-\varphi) + \sin(\alpha-\varphi)\,\mathrm{ctg}(\alpha'-\alpha+\varphi)] = 0$$

daher nach durchgeführter Reduktion innerhalb der Eckklammern:

$$X - D\frac{\cos(\alpha'-\alpha-\rho+\varepsilon+\varphi)}{\cos\rho\sin(\alpha'-\alpha+\varphi)} - c'\,S\frac{\sin\alpha'}{\sin(\alpha'-\alpha+\varphi)} = 0;$$

woraus endlich für den normalen Erddruck die Hauptgleichung sich ergibt:

$$D = \frac{\cos\rho}{\cos(\alpha'-\alpha-\rho+\varepsilon+\varphi)}[X\sin(\alpha'-\alpha+\varphi) - c'\,S\sin\alpha'] \quad . \; (17)$$

Der mit Rücksicht auf den an der Stützwand entstehenden Reibungswiderstand resultierende schiefe Erddruck ist nach den Gleichungen (3)

$$\mathfrak{D} = \frac{D}{\cos \rho} = \frac{X \sin(\alpha' - \alpha + \varphi) - c' S \sin \alpha'}{\cos(\alpha' - \alpha - \rho + \varepsilon + \varphi)} \quad . . . (18)$$

jener Reibungswiderstand aber:

$$R = D \operatorname{tg} \rho = \frac{\sin \rho \, [X \sin(\alpha' - \alpha + \varphi) - c' S \sin \alpha']}{\cos(\alpha' - \alpha - \rho + \varepsilon + \varphi} \quad . (19)$$

Die in den drei letzten Gleichungen ausgedrückten Widerstände können, da jedem von ihnen nur ein bestimmter Wert zukommen wird, von φ nicht abhängen, es müssen daher die Größen α' und c' in einer solchen Weise mit φ variieren, daß für D, $\mathfrak{D}$ und R bei jedem Winkel φ, welcher nicht über die Grenzen $\varphi = 0$ und $\varphi = (\alpha - \varepsilon)$ hinausfällt, immer das gleiche Resultat zum Vorschein kommt.

Für die Bruchebene wird $\varphi = \gamma$, $\alpha' = \alpha$, $c' = c$, und wenn man hierbei überdies $X = G =$ Gewicht des Erdprismas $A F E = g \,.$ area $A F E$, ferner $S = A = \overline{A E}$ setzt, so erhält man:

$$D = \frac{\cos \rho}{\cos(\gamma + \varepsilon - \rho)} [G \sin \gamma - c A \sin \alpha] \quad . . . . . (20)$$

$$\mathfrak{D} = \frac{D}{\cos \rho} = \frac{G \sin \gamma - c A \sin \alpha}{\cos(\gamma + \varepsilon - \rho)} \quad . . . . (21)$$

$$R = D \operatorname{tg} \rho = \frac{\sin \rho}{\cos(\gamma + \varepsilon - \rho)} [G \sin \gamma - c A \sin \alpha] \quad . . (22)$$

Diese drei Gleichungen sind geeignet, die Widerstandskräfte an der Stützwand zu bestimmen, wenn es gelingt, den Bruchwinkel γ ausfindig zu machen, indem die beiden Größen G und A Funktionen von γ sind, alles übrige aber für einen gegebenen Fall bekannt ist.

Um nun diesen Bruchwinkel zu finden, kann man folgende Erwägungen anstellen. Würde man in der allgemeinen Gleichung (17) $\alpha' = \alpha$ und $c' = c$ setzen, d. h. sich vorstellen, daß in der Fläche $\overline{A K}$ die Reibungs- und Kohäsionswiderstände zwischen den Erdteilchen in ihrer ganzen möglichen Größe sich der Absturzwirkung entgegensetzen könnten, so müßte offenbar der hieraus resultierende Erddruck ein kleinerer als der tatsächlich eintretende sein, d. h. ein Resultat hierfür zum Vorschein kommen, welches, wenn es mit Δ bezeichnet wird, zu dem wirklichen Erddrucke in einer Beziehung steht, die durch die Ungleichung

$$\Delta < D \quad . . . . (23)$$

ausgedrückt erscheint, wobei wegen $\alpha' = \alpha$ und $c' = c$ der Wert für Δ mit

$$\Delta = \frac{\cos \rho}{\cos(\varphi + \varepsilon - \rho)} [X \sin \varphi - c S \sin \alpha] \quad . . . (24)$$

zu bemessen ist.

Es wird daher die Differenz (D — Δ), welche mit U bezeichnet werden mag, im allgemeinen eine positive sein und nur in dem Falle, wenn die Fläche $\overline{AK}$ mit der Bruchfläche $\overline{AE}$ zusammenfällt vollends verschwinden, d. h. ausnahmsweise Δ = D werden. Man kann daher auch, diesen Fall im Auge behaltend, schreiben:

$$U = (D - \Delta) = D - \frac{\cos \rho}{\cos (\varphi + \varepsilon - \rho)} [X \sin \varphi - c\, S \sin \alpha] \gtreqless 0 \quad (25)$$

Ist auch nach der vorigen Erörterung Δ eigentlich eine bloß eingebildete Größe, so hat dennoch die Differenz U eine reelle Bedeutung. Indem nämlich D der wirkliche (normale) Erddruck ist, dagegen Δ denjenigen vorstellt, welcher sich ergäbe, falls in der betrachteten Fläche $\overline{AK}$ die ganzen möglichen Reibungs- und Kohäsionswiderstände absorbiert werden könnten, letzteres aber nur für die Bruchfläche $\overline{AE}$ eintritt, so leuchtet ein, daß die Differenz U = (D — Δ) von dem Überschusse an diesen Widerständen herrührt, welcher durch die Absturzwirkung nicht aufgehoben wird, sondern gleichsam in der Fläche $\overline{AK}$ aufgespeichert bleibt und zur Folge hat, daß daselbst im Beginne des Ausweichens der Stützwand solange keine Trennung zwischen den Erdteilchen eintreten kann, als $\overline{AK}$ eine von $\overline{AE}$ verschiedene Neigung hat. Aus der Größe der fraglichen Differenz ergibt sich somit gewissermaßen der Anhaltspunkt zur Beurteilung des Grades an Sicherheit, mit welchem das Erdreich in der Fläche $\overline{AK}$, ungeachtet der faktischen Tendenz zum Erdabsturze, noch immer aneinander haften bleibt.

Offenbar muß die Gefahr eines Bruches in dem Erdreiche z u n ä c h s t unter demjenigen Neigungswinkel $\varphi = \gamma$ auftreten, wofür die fragliche Differenz U = (D — Δ) ein Minimum und insbesondere = 0 wird, weil dann in der dazu gehörigen Bruchfläche $\overline{AE}$ die dort schlummernden Reibungs- und Kohäsionswiderstände vollständig zur Tätigkeit erweckt werden und kein unbeanspruchter Überschuß davon zurückbleibt.

Indem aber D konstant ist, erreicht die Differenz U = (D — Δ) ihr Minimum, wenn die Größe Δ ihren Maximalwert annimmt, und da das gedachte Minimum schließlich gleich Null sein muß, so erhält man D = max Δ, daher, weil in diesem Falle in der Relation (24) $\varphi = \gamma$, X = G und S = A zu setzen ist, übereinstimmend mit der Gleichung (20):

$$D = \max \Delta = \frac{\cos \rho}{\cos (\gamma + \varepsilon - \rho)} [G \sin \gamma - c\, A \sin \alpha] \quad . \quad (26)$$

Der Vorgang zur Berechnung des aktiven Erddruckes ist hernach folgender:

1. Man stelle zunächst die Gleichung (24):

$$\Delta = \frac{\cos \rho}{\cos (\varphi + \varepsilon - \rho)} [X \sin \varphi - c\, S \sin \alpha]$$

auf, worin X und S die Funktionen von φ sind, und untersuche, bei welchem Werte von φ der Ausdruck für Δ seinen größten Wert erhält. In der Voraussetzung, daß dieser Ausdruck geeignet ist, ein analytisches Maximum anzunehmen suche man:

2. den ersten Differential-Quotienten von Δ nach φ, um denselben gleich Null zu setzen.

Also

$$\frac{d\,\Delta}{d\,\varphi} = 0 \quad \ldots\ldots\ldots\ldots \quad (27)$$

Der hieraus sich ergebende Wert für φ bedeutet, wenn hierfür $\frac{d^2\,\Delta}{d\varphi^2}$ negativ wird, den Bruchwinkel γ, wonach dann auch die dazu gehörigen X und S bestimmt werden können.

3. Wird endlich der so ermittelte Wert von $\varphi = \gamma$ in die unter Punkt 1 erwähnte Gleichung für Δ substituiert, so erhält man das in der Gleichung (26) angedeutete Maximum Δ, welches sofort die Größe des normalen aktiven Erddruckes und des normalen Widerstandes der Stützwand D repräsentiert.

Sodann können auch die beiden Größen R und $\mathfrak{D}$ nach den Relationen (21) und (22) berechnet werden.

4. Insofern es vorkommen sollte, daß der Ausdruck für Δ eines *analytischen* Maximums nicht fähig ist, oder, wenn dies auch der Fall wäre, hierfür ein unbrauchbarer Wert von φ resultiert, muß man auf die Bestimmung des *numerischen* Maximums übergehen, wobei man im Auge zu behalten hat, daß der Wert für den Bruchwinkel γ jedenfalls innerhalb der Grenzen 0 und $(\alpha - \varepsilon)$ eingeschlossen sein muß, also einerseits γ nicht kleiner als Null, andererseits nicht größer als $(\alpha - \varepsilon)$ werden kann.

Rebhann bezeichnet die über der Bruchebene $\overline{AE}$ gelegene Erdmasse als das *Bruchprisma* oder *gefährliche Erdprisma*.

Analog damit soll die Fläche $\overline{AE}$, in welcher zunächst der Bruch auftritt oder aufzutreten *droht*, die *Bruch-* oder *gefährliche Fläche* oder *Böschung* und der dazu gehörige Winkel der *Bruch-* oder *gefährliche Winkel* heißen.

Diejenige größte Höhe, auf welcher sich das Erdreich unter einer steileren als der natürlichen Böschung solange, als nicht äußere Störungen eintreten, ohne Stützwand im Gleichgewicht zu erhalten vermag, soll, da dieselbe offenbar von der Kohäsion zwischen den Erdteilchen abhängt, *Kohäsionshöhe des Erdreiches* heißen.

Für ein kohäsionsloses Erdreich ist $c = 0$, und es kann sich ein solches im freien Zustande niemals nach einer steileren als der natürlichen Böschung im Gleichgewicht erhalten, so daß dann die Kohäsionshöhe ebenfalls gleich Null zu setzen ist. Innerhalb und bis zur Kohäsionshöhe kann offenbar ein Erddruck in der Richtung auf die äußere Böschung nicht vorhanden sein, es müssen also für alle Höhen, welche gleich oder kleiner als die Kohäsionshöhe sind, die früher mit D, $\mathfrak{D}$ und R bezeichneten Kräfte gleich Null sein.

Nennt man die den Umständen entsprechende Kohäsionshöhe $\overline{AB} = h$ (Fig. 64), so wird das Erdreich in dieser und selbstverständlich in jeder noch kleineren Höhe ganz frei, ohne Stützwand, im Gleichgewicht sich erhalten und erst dann abstürzen, wenn die Höhe h um eine beliebige, wenn auch noch so kleine Größe vermehrt wird, so daß z. B. unter sonst gleichen Umständen ein Gleichgewichtszustand des freien, ungestützten Erdreiches mit der Böschungshöhe $\overline{A'B'}$ nicht mehr möglich wäre.

Schon von vornherein ist einzusehen, daß die Kohäsionshöhe von der Kohäsion des Erdreiches (c), von dem Gewichte derselben per Kubikeinheit (g), von dem natürlichen Böschungswinkel (β), von derjenigen steileren, zu dem Winkel ε gehörigen Böschung, nach welcher sich das Erdreich frei erhalten soll, endlich von der Gestaltung der Oberfläche der Erdmasse abhängt.

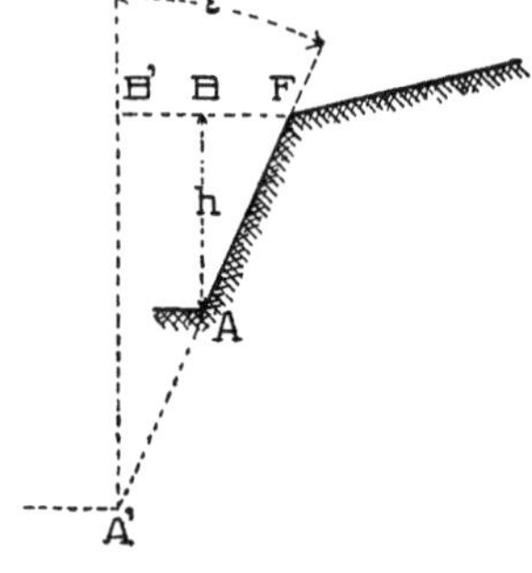

Fig. 64.

Man muß daher finden:

$$h = \text{Funktion } (c, g, \beta, \varepsilon) \quad . \quad . \quad . \quad (28)$$

wobei die Art der Funktion der jedesmaligen Gestaltung der erwähnten Oberfläche angepaßt sein wird.

Um den Wert von h rechnungsmäßig zu bestimmen, suche man zunächst den Erddruck D und setze denselben gleich Null. Dadurch wird sich eine Relation ergeben, woraus h zu ermitteln ist. Demzufolge hat man zunächst den Wert

$$\Delta = \frac{\cos\rho}{\cos(\varphi + \varepsilon - \rho)} [X \sin\varphi - c\, S \sin\alpha]$$

ins Auge zu fassen, denselben zu einem Maximum zu machen und dieses Maximum gleich Null zu setzen.

Es ist also jetzt für den gefährlichen Winkel $\varphi = \gamma$ nicht nur $\frac{d\Delta}{d\varphi} = 0$, sondern auch der dazu gehörige Maximalwert von Δ ebenfalls $= 0$

Indem Δ von einem Zahlenbruche abhängt, kann man schreiben:

$$\Delta = \cos\rho \left(\frac{\text{Zähler}}{\text{Nenner}}\right) = \cos\rho \frac{Z}{N},$$

daher auch:

$$\frac{d\Delta}{d\varphi} = \frac{\cos\rho}{N^2}\left[N \frac{dZ}{d\varphi} - Z \frac{dN}{d\varphi}\right],$$

wobei abkürzend

$$Z = X \sin\varphi - c\, S \sin\alpha$$

und

$$N = \cos(\varphi + \varepsilon - \rho)$$

gesetzt wird.

Für den Fall des Maximums von Δ, also für $\varphi = \gamma$ wird, wie bereits bemerkt wurde, nicht nur Δ, also auch Z, sondern überdies $\frac{d\Delta}{d\varphi} = 0$, was offenbar auch bedingt, daß auch $\frac{dZ}{d\varphi} = 0$ ist.

Somit findet man zur Bestimmung des gefährlichen Winkels $\varphi = \gamma$ die Relation:

$$\frac{dZ}{d\varphi} = \frac{d\,(X \sin\varphi - c\,S \sin\alpha)}{d\varphi} = 0^{1)} \quad . \quad . \quad . \quad . \quad (29)$$

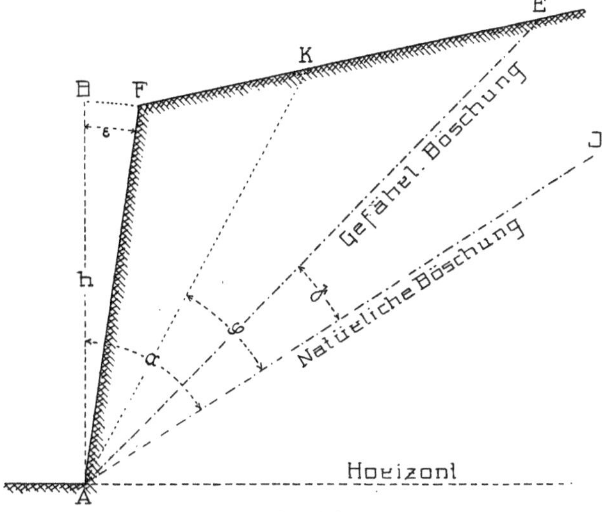

Fig. 65.

wonach zufolge der Gleichung (20) der Erddruck in der Größe

$$D = \frac{\cos\rho}{\cos(\gamma + \varepsilon - \rho)} [G \sin\gamma - c\,A \sin\alpha]$$

[1]) Nachdem der Bedingung gemäß Δ ein Maximum werden soll, so hätte man eigentlich noch den zweiten Differentialquotienten von Δ nach φ die Aufmerksamkeit zuzuwenden. Es ist daher allgemein:

$$\frac{d^2\Delta}{d\varphi^2} = \frac{\cos\rho}{N^4}\left\{N^2\left(N\frac{d^2Z}{d\varphi^2} - Z\frac{d^2N}{d\varphi^2}\right) - 2N\left(N\frac{dZ}{d\varphi} - Z\frac{dN}{d\varphi}\right)\frac{dN}{d\varphi}\right\},$$

daher insbesondere, wegen $Z = 0$ und $\varphi = \gamma$:

$$\frac{d^2\Delta}{d\varphi^2} = \frac{\cos\rho}{N}\frac{d^2Z}{d\varphi^2},$$

so daß $\frac{d^2\Delta}{d\varphi^2}$ und $\frac{d^2Z}{d\varphi^2}$ jederzeit das gleiche algebraische Zeichen erhalten, es somit genügt, anstatt $\frac{d^2\Delta}{d\varphi^2}$ unmittelbar $\frac{d^2Z}{d\varphi^2}$ aufzusuchen und aus dem algebraischen Zeichen dieses Wertes zu schließen, ob man es in der Tat mit einem Maximum zu tun hat.

entsteht, diese aber gleich Null zu setzen ist, so daß endlich die Bedingungsgleichung

$$G \sin\gamma - c\,A \sin\alpha = 0 \quad \ldots\ldots\ldots\ldots (30)$$

zum Vorschein kommt, aus welcher, weil G und A von der vertikalen Böschungshöhe (hier Kohäsionshöhe) h abhängen, die letztere sofort ermittelt werden kann.

Geht man von dieser allgemeinen Betrachtung sogleich auf den besonderen Fall über, wenn die Oberfläche der Erdmasse nach einer Ebene, horizontal oder geneigt, begrenzt wird, so erhält man als Grundlage zur näheren Untersuchung die Fig. 65.

Nach den hierin ersichtlichen Bezeichnungen, welche mit den früheren Annahmen übereinstimmen, haben die übrigen in den vorstehenden Formeln erscheinenden Buchstaben folgende Bedeutung:

$$\overline{AK} = S,\ \overline{AE} = A,\ X = g\,\Delta\,AFK \text{ und } G = g\,\Delta\,AFE;$$

hiernach erhält man:

$$X = \frac{1}{2} g\,\overline{AF}\cdot\overline{AK} \sin(\alpha - \varepsilon - \varphi) = \frac{1}{2} g \frac{h}{\cos\varepsilon} S \sin(\alpha - \varepsilon - \varphi) \quad 31)$$

$$G = \frac{1}{2} g\,\overline{AF}\cdot\overline{AE} \sin(\alpha - \varepsilon - \gamma) = \frac{1}{2} g \frac{h}{\cos\varepsilon} A \sin(\alpha - \varepsilon - \gamma) \quad 32)$$

sofort aber:

$$\begin{aligned} Z &= X \sin\varphi - c\,S \sin\alpha \\ &= \frac{1}{2} g \frac{h}{\cos\varepsilon} S \left[\sin\varphi \sin(\alpha - \varepsilon - \varphi) - \frac{2c}{gh} \sin\alpha \cos\varepsilon\right] \\ &= m\,S\,[\sin\varphi \sin(\alpha - \varepsilon - \varphi) - n] \quad \ldots\ldots\ldots\ldots (33) \end{aligned}$$

worin die, der abgekürzten Darstellung wegen, eingeführten zwei neuen Buchstaben (m und n) von φ unabhängige Werte haben.

Um hieraus den gefährlichen Winkel $\varphi = \gamma$ zu finden, hat man zu beachten, daß hierfür sowohl Z als auch $\frac{dZ}{d\varphi}$ gleich Null sein muß. Es ist also einerseits

$$\sin\varphi \sin(\alpha - \varepsilon - \varphi) - n = \sin\gamma \sin(\alpha - \varepsilon - \gamma) - n = 0 \quad . \quad (34)$$

und andererseits

$$\frac{d[\sin\varphi \sin(\alpha - \varepsilon - \varphi)]}{d\varphi} = \left\{\begin{matrix} \sin(\alpha - \varepsilon - 2\varphi) \\ \sin(\alpha - \varepsilon - 2\gamma) \end{matrix}\right\} = 0 \quad (35)$$

Aus der letzten Gleichung folgt:

$$\varphi = \gamma = \frac{\alpha - \varepsilon}{2} \quad \ldots\ldots\ldots\ldots (36)$$

und mit Hilfe dieses Wertes aus der Relation (34):

$$\sin^2\left(\frac{\alpha - \varepsilon}{2}\right) = n = \frac{2c}{gh} \sin\alpha \cos\varepsilon,$$

endlich aber in Übereinstimmung mit der allgemeinen Formel (28) die besondere Kohäsionshöhe:

$$h = \frac{2c}{g} \frac{\sin \alpha \cos \varepsilon}{\sin^2 \left(\frac{\alpha - \varepsilon}{2}\right)} \quad . \; . \; . \; . \; . \; . \; . \; . \quad (37)$$

wenn man statt n den betreffenden Wert zurücksubstituiert[1]).

Nach dem in der Gleichung (36) für γ gefundenen Wert liegt die gefährliche Böschung $\overline{AE}$ (Fig. 65), in welcher der Bruch zunächst einzutreten droht, derart, daß dieselbe den Winkel der zwischen der natürlichen Böschung $\overline{AI}$ und der steileren Außenfläche $\overline{AF}$ liegt, stets halbiert, und zwar ohne Rücksicht darauf, wie groß die Kohäsion des Erdreiches ist.

Auch ist merkwürdiger Weise weder die Lage dieser gefährlichen Böschung noch die aus der Gleichung (37) resultierende Kohäsionshöhe selbst von der Richtung $\overline{FE}$, nach welcher die Erdmasse obenauf begrenzt ist, abhängig, so daß die für γ und h gefundenen Resultate ebensowohl für eine horizontale, als auch für eine schiefe Richtung der Begrenzung $\overline{FE}$ (aufsteigend oder abfallend) gleichmäßig gelten.

Diese Erscheinung läßt sich übrigens auf eine sehr einfache Art erklären, solange man nämlich die gemachte Voraussetzung beibehält, daß die gefährliche Böschungsfläche eine Ebene sei. Denn ist $\overline{AF}$ der Größe und Richtung nach gegeben, so nimmt das Gewicht eines beliebigen Erdprismas A F K für einen und denselben Winkel im geraden und einfachen Verhältnisse mit der Größe der Böschungslinie $\overline{AK}$ zu und ab.

Die Kraft, mit welcher dieses Erdprisma auf seine Lagerfläche $\overline{AK}$ herauszugleiten strebt, steht also ebenfalls im geraden und einfachen Verhältnisse zur Größe der Böschungslinie $\overline{AK}$. Das gleiche gilt offenbar für den Druck welchen das Erdprisma auf seine Lagerfläche ausübt, daher auch der in dieser letzteren entstehende Reibungswiderstand, welcher sich dem Herabgleiten des Erdprismas entgegensetzt, mit der Größe der Linie $\overline{AK}$ einfach und direkt proportional ist.

Da nun das letztere in bezug auf den Kohäsionswiderstand gleichfalls Anwendung findet, so sieht man, daß sowohl die offensive, von der Schwere des Erdprismas herrührende Abgleitungskraft als auch die aus der Reibung und Kohäsion zwischen den Erdteilchen entspringenden Gegenkräfte in ganz gleicher Weise von dem Ausmaße der Böschungslinie $\overline{AK}$ abhängen, somit es schließlich vollkommen gleichgiltig erscheint, ob dieses Ausmaß ein größeres oder kleineres ist, d. h. die Rich-

[1]) Nachdem:

$$\frac{d^2 Z}{d\varphi^2} = -2 \cos(\alpha - \varepsilon - 2\varphi), \text{ also für } \varphi = \gamma = \frac{\alpha - \varepsilon}{2},$$

gleich -2 wird, so hat man es, wie es nötig ist, in der Tat mit einem Maximum von Z oder eigentlich von Δ zu tun.

tung der oberen Begrenzungsfläche der Erdmasse bleibt ohne Einfluß auf die Bedingungen des Gleichgewichtes.

Freilich wird sich die Sache anders herausstellen, wenn die gefährliche Böschungsfläche nicht in allen Fällen als eine Ebene betrachtet werden darf. Insofern aber zur Beurteilung hierüber verläßliche Anhaltspunkte derzeit noch fehlen, läßt sich nicht ermessen, ob und inwieweit die Resultate (36) und (37) einen Anspruch auf hinlängliche Genauigkeit auch dann besitzen, wenn die obere Begrenzung der Erdmasse nicht horizontal ist.

Für eine horizontale Abgrenzung wird man sich immerhin erlauben können, jenen Resultaten eine praktische Richtigkeit zuzugestehen, weil aus den von Martony[1]) angestellten Versuchen, so unvollkommen diese auch in mancher Beziehung sein mögen, denn doch das eine mit ziemlicher Deutlichkeit hervor, daß für eine horizontale Oberfläche des Erdreiches die Bruchböschung sehr nahe als eine Ebene angesehen werden darf.

Noch ist zu erwähnen, daß die Resultate (36) und (37) auch von der Größe ρ unabhängig sind, was als ganz sachgemäß bezeichnet werden muß, weil in dem vorliegenden Falle, wo eine Stützwand nicht vorhanden ist, oder, wenn eine solche selbst aufgestellt würde, diese keinen Erddruck zu erleiden hätte — von einer zwischen Stützwand und Erde auftretenden Reibung (wofür eben ρ den Reibungswinkel vorzustellen hätte) füglich keine Rede sein kann.

β) Die Anwendung der Rebhannschen Theorie des aktiven Erddruckes auf die Absenkung der tertiären Überlagerung. Die ausführliche Wiedergabe der wichtigsten Rebhannschen Sätze erschien unbedingt notwendig, um die aus denselben abgeleiteten Folgerungen vollständig zu erfassen und für die in der Praxis eintretenden Tatsachen eine theoretische Erklärung zu finden.

Um ein Nachsinken des Erdblockes A ($a' b' b'' a''$) (Fig. 66) zu ermöglichen, muß der Zusammenhang mit seinen benachbarten Blöcken B und C gestört werden, es entstehen in lotrechten Ebenen Klüfte und Risse, und nun kommt unmittelbar der in den Erdmassen B und C infolge der Störung des Gleichgewichts frei gewordene Erddruck zur Geltung.

Wie in der Rebhannschen Theorie anschaulich erörtert wurde, kommt der aktive Erddruck im Grenzzustande des Gleichgewichts im Erdreiche zur Wirkung, und bei der geringsten Störung dieses Zustandes wird das hinter einer Stützwand gelagerte Erdreich zum Teile abstürzen, insofern es sich vermöge der im Innern auftretenden Kohäsions- und Reibungswiderstände ohne Stützwand nicht zu erhalten vermag.

---

[1]) Versuche über den Seitendruck der Erde, ausgeführt auf höchsten Befehl des Herrn General-Genie-Direktors Erzherzog Johann, kaiserliche Hoheit, und verbunden mit einer theoretischen Abhandlung über diesen Gegenstand nach Coulomb und Français nebst einer Nachweisung älterer Versuche dieser Art von Carl Martony de Köszegh, Major im k. k. Ingenieurkorps, Wien. Aus der k. k. Hof- und Staats-Ärarial-Druckerei 1828.

Wenn wir nun diese Umstände bezüglich der tertiären Überlagerung berücksichtigen, so stellt uns der mittlere Erdblock A gewissermaßen eine Stützwand dar, an welcher die seitlichen Erdmassen B und C gelagert sind. Infolge der Absenkung des mittleren Erdblockes A und der dadurch hervorgerufenen lotrechten Abtrennung von den benachbarten Erdmassen B und C geschieht gewissermaßen ein Ausweichen der durch den Block A gegebenen Stützwand, wodurch der Zustand des Gleichgewichts in den seitlichen Erdmassen gestört wird.

Man könnte von einer Störung des Gleichgewichtszustandes nur dann absehen, wenn die Materialbeschaffenheit des Tertiärs eine derartige wäre, daß infolge der Kohäsions- und Reibungswiderstände diese seitlichen Erdmassen sich auch in lotrechten Wänden ohne Unterstützung erhalten könnten. Die tertiären Letten-, Sand- und Schotterschichten können sich jedoch keineswegs in großen Mächtigkeiten in vertikalen Wänden erhalten, und infolgedessen wird in den seitlichen Tertiärmassen B und C der aktive Erddruck frei, wodurch ein Nachrutschen dieser Erdmassen hervorgerufen wird.

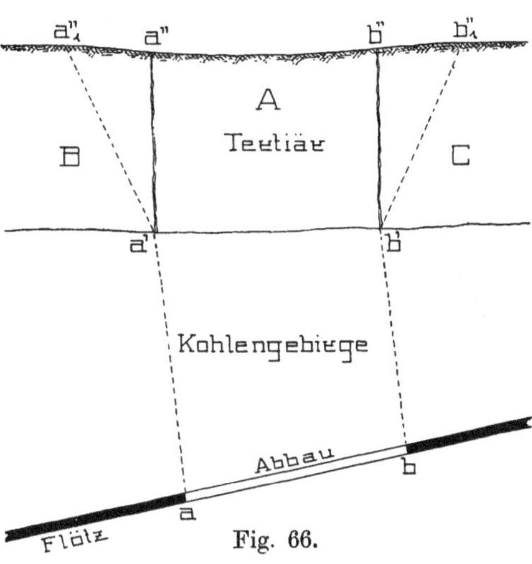

Fig. 66.

Diese seitliche Nachrutschung des Tertiärs würde nur dann eine rein oberflächliche Bewegung darstellen, wenn zuerst der lotrechte Absenkungsprozeß des mittleren Blockes sich vollständig abspielte und erst dann die seitliche Nachrutschung stattfände, so daß auf die hierdurch hervorgerufene Absenkungshöhe die seitlichen Tertiärschichten nachstürzen könnten, wie dies von Jičinsky in den „Bergmännischen Notizen" unter einem Winkel von 12^0 angenommen wurde.

Wie aus dem vorgeführten Senkungsbilde des Jakobflügels in Figur 49 ersehen werden kann, geschieht dieser seitliche Nachrutschungsprozeß gleichzeitig mit dem Absenken des mittleren Erdblockes A, und in dem Maße, als diese vertikale Absenkung zunimmt, findet auch eine seitliche Erweiterung des obertägigen Senkungsgebietes statt, welches an den Rebhannschen gefährlichen Böschungen seine Grenzen besitzen würde, vorausgesetzt, daß die Erdmassen eine entsprechende Kohäsion aufweisen.

Die Tatsache, daß die seitliche Zunahme des Senkungsgebietes mit der lotrechten Absenkung des mittleren Tertiärblockes gleichzeitig geschieht, beweist, daß diese Nachrutschung durch die Abwärtsbewegung des mittleren Blockes hervorgerufen ist. Es kann deshalb die Nachrutschung der seitlichen Tertiärmassen keine rein oberflächliche sein, es muß vielmehr dieser Nachrutschprozeß in der ganzen Mächtigkeit des Tertiärs schon von der Kohlengebirgsgrenze aus in Wirkung sich befinden.

Würde der mittlere Erdblock A nicht vorhanden sein, so müßten die gefährlichen Erdprismen der Blöcke B und C abstürzen; infolge des Widerstandes des vorhandenen Erdklotzes A vereinigen sich die beiden Bewegungen der benachbarten die Absturztendenz verfolgenden Blöcke B und C mit der lotrechten Abwärtsbewegung des mittleren Blockes A und bringen obertags jene muldenförmige Senkungskurve hervor, welche bei allen infolge Bergbaues gesenkten Bahnstrecken des Ostrau-Karwiner Kohlenreviers charakteristisch geworden ist.

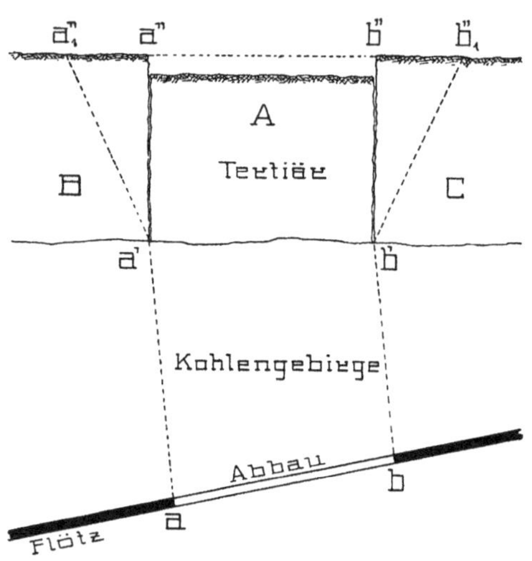

Fig. 67.

Würde die Annahme, daß die lotrechten Bruchebenen des Tertiärs die Grenzen des Senkungsgebietes darstellen, zutreffen, dann müßten sich in den Punkten a″ und b″ (Fig. 67) plötzliche Senkungen zeigen, es müßten die Stellen der Senkungsmaxima (a″, b″) mit jenen Stellen unmittelbar benachbart sein, an welchen die Senkung gleich Null ist. Diese Tatsache wurde im Ostrau-Karwiner Reviere niemals konstatiert, es wurde im Gegenteil bei allen Nivellements der Montanbahn der glückliche Umstand beobachtet, daß der Verlauf der Senkungsbilder ein kontinuierlicher war, so daß aus dem typischen Verlaufe der parabelähnlichen Senkungsmulde mit Sicherheit auf eine Senkung infolge Abbaues geschlossen werden konnte.

Um nun die Grenzen dieser Nachrutschtendenz der seitlichen Tertiärmassen zu bestimmen, haben wir die Rebhannschen Sätze auf die vorliegenden Verhältnisse zur Anwendung zu bringen. Zu diesem Behufe haben wir zunächst die Lage der gefährlichen

Böschung nach der Formel $\gamma = \frac{\alpha - \varepsilon}{2}$ zu bestimmen, und da mit Rücksicht auf die lotrechte Lage der Bruchebenen a′ a″ und b′ b″ (Fig. 67) der Winkel $\varepsilon = 0$ ist, so erhalten wir:

$$\gamma = \frac{\alpha}{2} \quad \ldots\ldots\ldots\ldots \quad (38)$$

Der Grenzwinkel (Fig. 68)

$$\delta = \beta + \gamma = \beta + \frac{\alpha}{2}$$

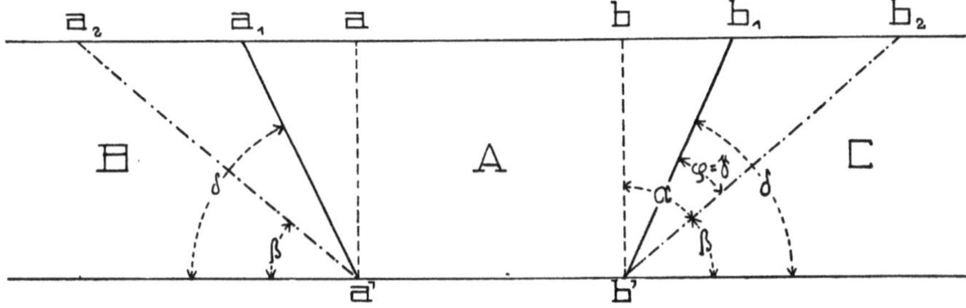

Fig. 68.

Da aber:

$$\alpha = 90^0 - \beta,$$

$$\frac{\alpha}{2} = 45^0 - \frac{\beta}{2},$$

so ist

$$\delta = \beta + \frac{\alpha}{2} = \beta + 45^0 - \frac{\beta}{2}$$

oder

$$\delta = 45^0 + \frac{\beta}{2}. \quad \ldots\ldots\ldots \quad (39)$$

Der bereits zitierte Rebhannsche Satz lehrt uns, daß die gefährliche Böschung den Winkel zwischen der natürlichen Böschung und der Stützwand halbiert, ohne Rücksicht darauf, wie groß die Kohäsion des Erdreiches ist.

Die gefährliche Böschung stellt uns jene Fläche dar, längs welcher die Erdmasse im Augenblicke des Nachgebens der Stützwand abstürzen würde; es ist die gefährliche Böschung jene Fläche, in welcher der Bruch zunächst einzutreten droht, wie dies Rebhann treffend erläutert. Durch die lotrechte Abwärtsbewegung des mittleren Erdblockes ist der erwähnte Augenblick des Nachgebens der Stützwand gegeben, der die seitliche Nachrutschtendenz erzeugt, welche zunächst in den gefährlichen Böschungsebenen ihre Grenzen besitzt.

Die Lage der gefährlichen Böschung ist also unter den vorliegenden Verhältnissen einzig und allein von der Größe des natürlichen Böschungswinkels abhängig. Die natürliche Böschung repräsentiert uns jene Böschung, auf welcher sich die Erdteilchen schon vermöge des alleinigen Reibungswiderstandes im Gleichgewichte zu erhalten vermögen. Je größer die Reibungswiderstände der Erdteilchen sind, desto größer ist auch der gefährliche Böschungswinkel derselben.

Infolge der durch den Senkungsprozeß hervorgerufenen Gleichgewichtsstörung wird also zunächst die Tendenz der seitlichen Nachrutschung bis zur gefährlichen Böschung hervorgerufen, auf deren Lage lediglich die Reibungswiderstände des Erdmaterials von Einfluß sind.

Wenn die Kohäsion des Erdmaterials eine derartige Größe besitzt, daß es sich unter dem gefährlichen Böschungswinkel auch frei zu erhalten vermöchte, dann wird die äußerste Sphäre der seitlichen Nachrutschtendenz die gefährliche Böschungsebene darstellen.

Ist jedoch die Kohäsion geringer, so wird über die gefährliche Böschung hinaus der seitliche Nachrutschprozeß ermöglicht, und wenn endlich die Kohäsion des Erdmaterials den Wert Null besitzt, dann wird die äußerste Grenze dieses Rutschprozesses durch die Lage der natürlichen Böschung selbst gegeben sein. Zwischen den lotrechten Bruchebenen des Tertiärs und den gefährlichen Böschungsebenen derselben befindet sich also jenes Senkungsgebiet, welches ohne Rücksicht auf die Kohäsion des Erdmaterials hervorgerufen wird; für die Größe dieses Gebietes sind die Reibungskräfte allein maßgebend, es sei dieses Gebiet als Reibungszone ($a\,a_1$ und $b\,b_1$, Fig. 68) bezeichnet.

Zwischen den gefährlichen Böschungsebenen und den natürlichen Böschungsflächen befindet sich das Gebiet des Einflusses der Kohäsion, es sei diese Sphäre die Kohäsionszone ($a_1\,a_2$ und $b_1\,b_2$) genannt.

Bei kohäsionslosem Erdmaterial setzt sich der Nachrutschprozeß über die gefährliche Böschungsebene hinaus noch fort, bis er in der natürlichen Böschungsebene seine Grenze besitzt. Der Bereich der seitlichen Grenzen des obertägigen Senkungsgebietes befindet sich somit zwischen den Rebhannschen gefährlichen Böschungen und den natürlichen Böschungsebenen des Erdmaterials, er kommt also in die Kohäsionszone zu liegen.

Die gefährliche Böschungsebene stellt uns also gewissermaßen eine Minimalgrenze, die natürliche Böschungsebene hingegen eine Maximalgrenze des seitlichen Nachrutschprozesses dar. An diesen Grenzen der obertägigen Senkungsgebiete werden in den meisten Fällen keine Erdrisse bemerkbar sein, diese Schnittlinien der Grenzebenen mit dem Terrain stellen lediglich den Beginn und das Ende der Senkungsmulde dar, sie sind die Nullinien der Bodensenkungmulde.

Die obertägigen Brüche an den Grenzen der Senkungsgebiete könnten nur dann zur Entwicklung gelangen, wenn die abrutschenden Erdprismen keinen Widerstand finden würden, d. h. wenn die mittlere, in lotrechter Abwärtsbewegung befindliche Erdmasse nicht vorhanden wäre. Infolge des Bestandes des in die lotrechte Abwärtsbewegung versetzten mittleren Erdblockes werden die Rebhannschen Erdprismen an ihrer vollständigen Loslösung gehindert; diese Prismen können der hervorgerufenen Rutschtendenz nur in dem Maße folgen, als die mittlere Tertiärmasse die lotrechte Abwärtsbewegung mitmacht.

Es ist jedoch eine ganz irrige Auffassung, die obertägigen, eventuell sichtbaren lotrechten Bruchebenen des Tertiärs als die Grenzen der Senkungsgebiete zu bezeichnen, es schließen sich vielmehr an diese Rißlinien gesenkte Terrainflächen an, welche an den Grenzebenen des Senkungsgebietes die Nullpunkte der Senkung besitzen. Wäre diese wichtige Tatsache nicht vorhanden, so würde der muldenförmige Verlauf des Senkungsterritoriums gar keine Erklärung finden können, es würde jene charakteristische Form der parabolischen Senkungskurve nicht immer wieder zum Vorschein gelangen. Es ist deshalb diese typische Form des gesenkten Gebietes bei Eisenbahnen im Falle des Vorhandenseins der tertiären Überlagerung für die Konstatierung einer Bergbausenkung entscheidend.

Bei dieser Gelegenheit muß noch auf den wichtigen Umstand hingewiesen werden, daß die Länge des obertägigen Senkungsgebietes (in der Fallrichtung gemessen) nicht von der Flözmächtigkeit abhängt. Wie aus den in den folgenden Figuren ersichtlichen Senkungsfällen hervorgeht, sind gerade bei den Flözen geringerer Mächtigkeit ausgedehntere Senkungsterritorien vorhanden als bei den mächtigeren Abbauen.

Während z. B. beim Abbau des 4 m mächtigen Flözes die Grenzwinkel (Endwinkel) 64° und 66° betragen haben, besaßen diese Winkel beim Abbau des 1,1 m mächtigen Junoflözes am Jakobschachtflügel die Werte von 46°, 42° und 34°. Das ist gewiß ein Beweis dafür, daß die Größe der Flözmächtigkeit für diesen Grenzwinkel nicht von ausschlaggebender Bedeutung sein kann; es muß eine andere Ursache hierfür vorhanden sein, und diese ist in der verschiedenen Kohäsion und dem verschiedenen natürlichen Böschungsvermögen der Tertiärschichten gelegen. Wäre die bereits besprochene Möglichkeit der elastischen Durchbiegung der Tertiärschichten zutreffend, dann müßte mit der Zunahme der Flözmächtigkeit auch eine Zunahme des obertägigen Senkungsgebietes verbunden sein, weil die Vergrößerung der Senkungsmasse im Falle des Einflusses der Materialelastizität eine Vergrößerung des Senkungsgebietes zur Folge haben müßte.

Um nun abermals von der Größe des Grenzwinkels zu sprechen, sei bemerkt, daß der größte bezügliche Wert in der Strecke Wilhelmschacht—Salm der Montanbahn gemessen wurde. Er beträgt ca. 65° und entspricht einem 40grädigen natürlichen Böschungswinkel des

Tertiärs. Es ist der Grenzwinkel $\delta = 45 + \frac{\beta}{2}$, also $65^0 = 45^0 + \frac{\beta}{2}$, folglich $\frac{\beta}{2} = 20^0$ und $\beta = 40^0$. Die Kohäsion dieses Erdmaterials wird von einer derartigen Größe vorausgesetzt, daß die Grenzebene des obertägigen Senkungsgebietes mit der gefährlichen Böschungsebene zusammenfällt, unter der Voraussetzung, daß der natürliche Böschungswinkel $\beta = 40^0$ beträgt. Der natürliche Böschungswinkel von 45^0 repräsentiert das beiläufige Maximum des natürlichen Böschungswinkels des Tertiärmaterials.

Wäre das Material kohäsionslos, so müßte der Grenzwinkel $\delta = \beta = 45^0$ sein, mit den Wert des natürlichen Böschungswinkels besitzen.

Der nasse sandige Lehm hat einen natürlichen Böschungswinkel von ca. 20^0; dieser Wert repräsentiert das beiläufige Minimum des natürlichen Böschungswinkels des Tertiärmaterials. Der gefährliche Böschungswinkel beträgt in diesem Falle $\delta = 45^0 + \frac{20^0}{2} = 55^0$, und dieser Winkel würde den Grenzwinkel des Senkungsgebietes darstellen, wenn die Kohäsion des Erdmaterials den entsprechenden Wert betragen würde.

Ist das Material kohäsionslos, so beträgt der Grenzwinkel $\delta = \beta = 20^0$, welcher Wert dem natürlichen Böschungswinkel entspricht.

Es bewegt sich somit das obertägige Senkungsgebiet zwischen folgenden Grenzen:

1. Maximum des natürlichen Böschungswinkels $\beta = 45^0$.

a) Maximum des Grenzwinkels $\delta = 45^0 + \frac{45^0}{2} = 67^0\,30'$.

b) Minimum des Grenzwinkels $\delta = \beta = 45^0$ für kohäsionsloses Material.

2. Minimum des natürlichen Böschungswinkels $\beta = 20^0$.

a) Maximum des Grenzwinkels $\delta = 45^0 + \frac{20^0}{2} = 55^0$.

b) Minimum des Grenzwinkels $\delta = \beta = 20^0$ für kohäsionsloses Material.

Wie aus dem Vorangeführten hervorgeht, hängt die Größe des Grenzwinkels von folgenden Werten ab:

1. von der Größe der Reibung, d. h. des natürlichen Böschungswinkels; die Größe des Grenzwinkels wächst mit der Zunahme des natürlichen Böschungswinkels;

2. von der Größe der Kohäsion; die Größe des Grenzwinkels wächst mit der Zunahme der Kohäsion.

Wir sind nicht in der Lage, die genaue Größe des Grenzwinkels zu prognostizieren, weil uns der Wert des natürlichen Böschungswinkels und jener der Kohäsion unbekannt sind.

Man kann die Größe der Kohäsion auch durch denjenigen Winkelwert ausdrücken, um welchen Betrag sich das Erdmaterial über dem natürlichen Böschungswinkel hinaus frei ohne Stützwand im Gleichgewicht zu erhalten vermöchte. Dieser Winkel wird von der gefährlichen und natürlichen Böschungsebene begrenzt, sein Bereich wird also durch die Kohäsionszone repräsentiert, und soll dieser Winkel deshalb als Kohäsionswinkel bezeichnet werden.

Der Winkel $\gamma = \frac{\alpha}{2}$ stellt also den Wert des Kohäsionswinkels dar, und wir sind auf diese Weise in der Lage, diesen Winkel zu berechnen, wenn die Größe des natürlichen Böschungswinkels bekannt ist. Es ist nämlich: $\alpha = 90^0 - \beta, \frac{\alpha}{2} = 45^0 - \frac{\beta}{2}$, folglich

$$\gamma = \frac{\alpha}{2} = 45 - \frac{\beta}{2} \qquad (40)$$

Für den Maximalwert von $\beta = 45^0$ ist $\gamma = 45^0 - 22^0\,30' = 22^0\,30'$, für den Minimalwert von $\beta = 20^0$ ist $\gamma = 45^0 - 10^0 = 35^0$.

Aus der Gleichung für den Kohäsionswinkel ist eine interessante Beziehung zwischen der Kohäsion und der natürlichen Böschung ausgedrückt, für welche folgende Erklärung zu geben ist.

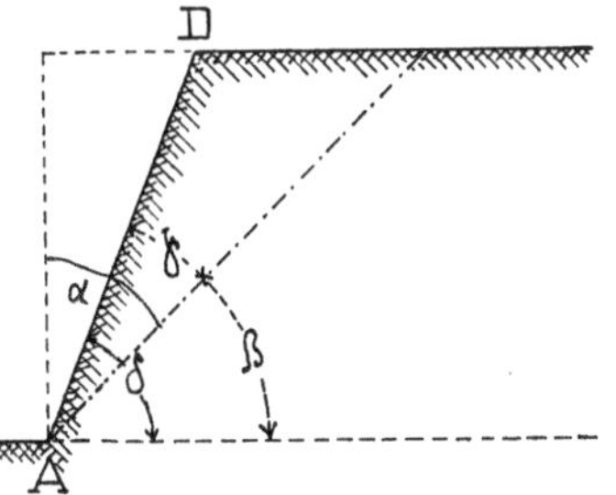

Fig. 69.

Nehmen wir an, es wäre ein bestimmtes Erdmaterial vorhanden, welches sich in einer gewissen Böschung A D (Fig. 69) im Gleichgewichte frei zu erhalten vermag, so gibt es zwei Möglichkeiten, welche für diesen Gleichgewichtszustand veranlassend sind: 1. es stellt $\overline{AD}$ die natürliche Böschung dar, oder 2. diese Böschung ist steiler als die natürliche Böschung des vorhandenen Erdmaterials.

Im ersteren Falle haben wir es mit einem kohäsionslosen Material zu tun, im letzteren Falle ist es der Einfluß der Kohäsion, welcher das Erdreich in einer steileren als der natürlichen Böschung im Gleichgewicht zu erhalten vermag. Je größer also der natürliche Böschungswinkel des Erdmaterials ist, desto geringer ist die Kohäsion, welche dem vorhandenen Erdmaterial eigen ist. Der summarische Einfluß der Reibungs- und Kohäsionswiderstände wird durch die Böschung $\overline{AD}$ repräsentiert.

Der Böschungswinkel $\delta = \beta + \gamma$ (41), wobei β den natürlichen Böschungswinkel, γ den von uns als Kohäsionswinkel bezeichneten Wert darstellt.

1. Für $\gamma = 0$ ist $\delta = \beta$ und 2. für $\beta = 0$ ist $\delta = \gamma$.

Es kann sich somit ein Erdreich im Gleichgewicht frei erhalten, entweder durch den alleinigen Einfluß der Reibung oder durch den alleinigen Einfluß der Kohäsion. Wenn wir nun die Gleichung für $\gamma = 45 - \frac{\beta}{2}$ untersuchen, so erhalten wir für $\gamma = 0$ den Wert $\frac{\beta}{2} = 45^0$ oder $\beta = 90^0$, d. h. ein kohäsionsloses Material kann sich nur dann in einer lotrechten Böschung frei im Gleichgewicht erhalten, wenn der natürliche Böschungswinkel $\beta = 90^0$ ist.

Der Maximalwert des Kohäsionswinkels γ, unter welchem sich das Erdreich im Gleichgewichte frei zu erhalten vermöchte, beträgt 45^0, und zwar für $\frac{\beta}{2} = 0$ ist $\gamma = 45^0$. Durch dieses Maximum des Kohäsionswinkels erhält die Gleichung (41) eine Einschränkung, indem dieselbe nur Geltung besitzt für die Werte $\beta = 0^0$ bis 90^0 und $\gamma = 0^0$ bis 45^0.

Die von Rebhann abgeleitete Lage der gefährlichen Böschungsebene liefert uns zugleich die äußerste Größe des möglichen Kohäsionseinflusses, welcher für eine lotrechte Wand und ein reibungsloses Material durch eine Böschung von 45^0 dargestellt erscheint. Ohne Rücksicht auf die Kohäsion des Materials müßte das vorbeschriebene Material im Momente der Gleichgewichtsstörung unter einer Böschung von 45^0 abrutschen und sich in dieser Lage erhalten, trotzdem sein natürlicher Böschungswinkel 0^0 betragen würde.

Wenn auch ein Erdmaterial derartiger Beschaffenheit gewiß nicht existiert, so ist durch die vorgeführte Einschränkung des Wertes der Kohäsion ein Anhaltspunkt gegeben, um die Lagen der Grenzrichtungen beurteilen zu können.

Analog dem Begriffe des Reibungskoeffizienten, welcher mit $f = \operatorname{tg} \beta$ bezeichnet wird, könnte man den Begriff eines Kohäsionskoeffizienten festlegen. Der Kohäsionswinkel ist entsprechend dem Rebhannschen gefährlichen Winkel $\gamma = \frac{\alpha - \varepsilon}{2}$, wobei ε den Neigungswinkel einer Stützwand gegen die Lotrechte darstellt. Der Maximalwert von γ ergibt sich für $\varepsilon = o$; es ist dann $\gamma = \frac{\alpha}{2}$. Der Kohäsionskoeffizient ist dann:

$$\operatorname{tg} \gamma = \operatorname{tg} \frac{\alpha}{2} = \operatorname{tg} \frac{90^0 - \beta}{2} = \operatorname{tg} \left(45 - \frac{\beta}{2}\right) \quad . \ . \quad (42)$$

Während der Reibungskoeffizient das maximale Böschungsverhältnis des Materials infolge der alleinigen Reibungswiderstände darstellt, bezeichnet der Kohäsionskoeffizient das maximale Böschungsverhältnis des Materials infolge des alleinigen Einflusses der Kohäsionswiderstände. — Es ist jedoch hier die Bedingung vorhanden, daß die Wirkungssphäre des Kohäsionswinkels erst anschließend an jener des natürlichen Böschungswinkels beginnt.

Die Kohäsion des Erdmaterials ist abhängig von dem Grade der Feuchtigkeit und Dichtigkeit der Erde.

Da infolge des Kohlenabbaues an den geologischen Verhältnissen nichts geändert wird, da ferner die tertiäre Überlagerung ohne Volumvermehrung den Senkungsprozeß mitmacht, so wird durch die aufeinander folgenden Abbaue (vom Hangenden ins Liegende) die Kohäsion des Tertiärmaterials nicht geändert.

Wenn man über die Größe der obertägigen Senkungsgebiete Erfahrungen in einem bestimmten geologischen Gebiete besitzt, so wird man dieselben für die folgenden Abbaue ganz gewiß mit Vorteil anwenden können. Man wird in diesem Falle auf das Minimum der Kohäsion bei der Bestimmung des Senkungsgebietes nicht Rücksicht nehmen müssen, welche Rücksichtnahme im Falle Mangels an Erfahrungen jedoch geübt werden müßte.

Bei Beurteilung der Frage, ob eine Bodenbewegung durch den Bergbau verursacht wurde, genügt gewiß nicht der Nachweis, daß die bewegte Terrainstelle sich in der Nähe einer Grenzrichtung befindet, welche dem möglichen natürlichen Böschungswinkel des Tertiärs entspricht. Auf diese Art könnte es tatsächlich leicht geschehen, daß eine lokale seitliche Rutschung einfach dem Bergbau zugeschoben würde. Es muß auf Grund eines Nivellements der Nachweis geliefert sein, daß die Einheitlichkeit des Bodensenkungsbildes gegeben ist, d.h. es muß bewiesen sein, daß die bewegte Terrainstelle den Auslauf einer infolge Bergbaues hervorgerufenen Bodensenkungsmulde darstellt.

Eine lokale Rutschung, die nicht bergbaulichen Ursprunges ist, wird niemals eine gesetzmäßige Form besitzen, und es wird sich bei dieser Bodenbewegung der Beweis eines Zusammenhanges mit einer Senkungsmulde nicht liefern lassen, welche infolge Kohlenabbaues hervorgerufen worden ist. Würde infolge Anschneidens, beziehungsweise Abzapfens einer Schwimmsandschichte eine Rutschung und Senkung auftreten, so könnte das obertägige Terrain bestimmt nicht jene charakteristische Mulde aufweisen, wie sie infolge abgebauter Räume hervorgerufen wird; niemals kann eine muldenartige, gesetzmäßige Form einer Bodensenkung zum Vorschein gelangen, wenn nicht ein gesetzmäßiger Anlaß, wie ihn der Kohlenabbau darstellt, vorhanden ist.

γ) Die Bedeutung der Lage der Bahntrasse über dem abgebauten Flözfelde. Wir wollen nun die verschiedenen möglichen Lagen einer Bahnstrecke in der Senkungsmulde untersuchen und bemerken folgendes.

In der Fig. 70 sei das Senkungsgebiet infolge Abbaues des Flözteiles A B dargestellt, und soll zur Erklärung dieser Darstellungen folgendes bemerkt werden. Wir denken uns in der Fallrichtung des Flözes, und zwar in der Mitte der im Grundrisse dargestellten, an dem Senkungsprozesse teilnehmenden Tertiärmasse $M_1 M_2 M_3 M_4 M_5 M_6 M_7 M_8$, also in der Richtung F F, einen Vertikalschnitt geführt, welcher als Fallschnitt bezeichnet werden soll. Wir sehen, daß die gegenständliche Tertiärmasse zwei Symmetrieachsen F F und S S besitzt, wovon die erstere in der Fallrichtung, die letztere in der Streichrichtung des Flözes verläuft, wobei vorausgesetzt ist, daß das Abbaufeld eine rechteckige Form aufweist.

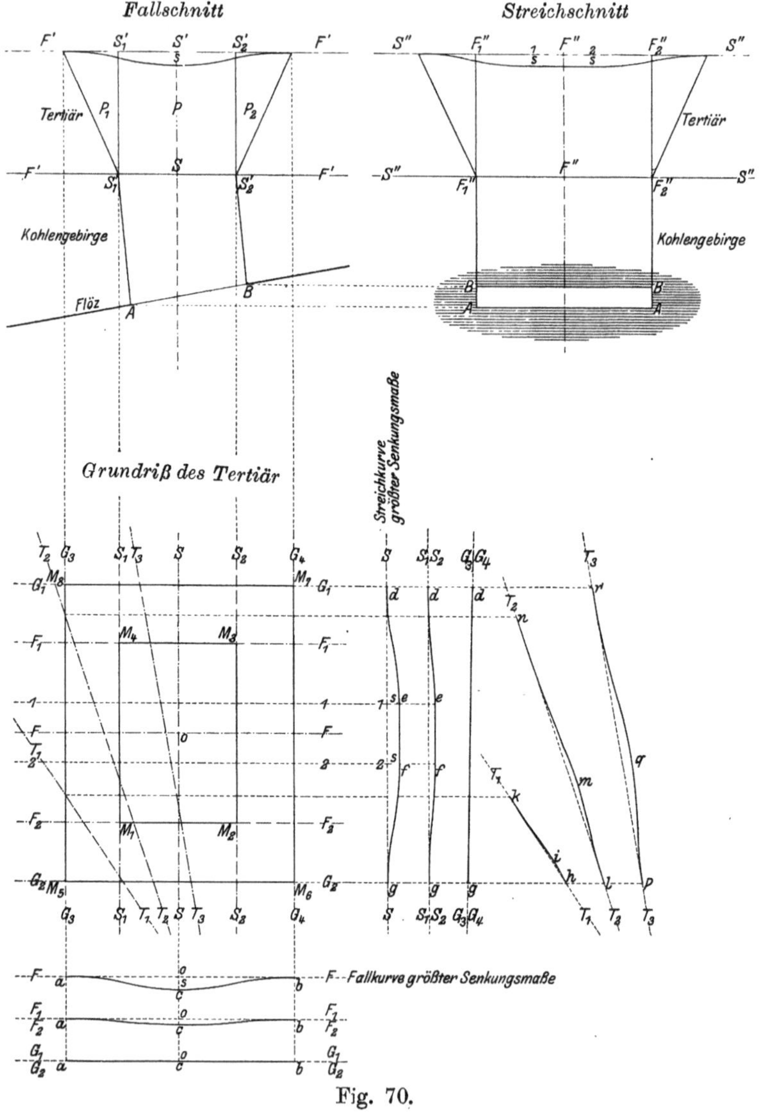

Fig. 70.

Es wurde auch weiter die Voraussetzung getroffen, daß in der Streichrichtung der Gebirgsbruch im Kohlengebirge in lotrechten Ebenen, in der Fallrichtung in den Jičinsky'schen Bruchebenen sich geltend macht, während im Tertiär die seitliche Nachrutschung im selben Maße zur Wirkung kommt, wie dies im Sinne der Rebhannschen Theorie erörtert wurde.

Der in der Symmetrieachse S S geführte Vertikalschnitt sei als Streichschnitt bezeichnet und ist ebenfalls ersichtlich gemacht.

Eine Bahnstrecke kann 1. genau in der Fallrichtung des Flözes liegen, und in diesem Falle bildet sich ein Senkungsbild aus, welches als die sogenannte Fallkurve a c b bezeichnet werden soll.

Die im Fallschnitte F F auftretende Senkungskurve weist die maximalen Senkungsmaße auf und sei als die Fallkurve größter Senkungsmaße bezeichnet. Alle übrigen Fallkurven sind Fallkurven geringerer Senkungsmaße, und sind die Senkungsmaße je zweier solcher Kurven, welche in gleichen Abständen von F F sich befinden, einander gleich (F_1 F_1, F_2 F_2). Die Senkungsmaße dieser Kurven nehmen von der Mitte gegen die beiden Enden hin allmählich ab, bis sie an den Grenzen G_1 G_1 und G_2 G_2 Null und die Kurven zu Geraden werden.

Eine Bahnstrecke kann ferner genau in der Streichrichtung des Flözes liegen, und wird sich in diesem Falle ein Senkungsbild entwickeln, welches als Streichkurve bezeichnet werden möge. Das in der Symmetrieachse S S auftretende Senkungsbild bedeutet nun die Streichkurve größter Senkungsmaße, alle anderen in der Streichrichtung auftretenden Kurven sind Streichkurven geringerer Senkungsmaße.

Je zwei von der Symmetrieachse S S gleichweit entfernte Streichschnitte ergeben Streichkurven (S_1 S_1, S_2 S_2), deren Senkungsmaße gegen die Grenzen G_3 G_3 und G_4 G_4 allmählich abnehmen, bis sie in G_3 G_3 und G_4 G_4 Null und die Kurven zu Geraden werden.

Endlich mag eine Bahnstrecke weder in der Fallrichtung noch in der Streichrichtung des Flözes sich befinden, und kann eine solche Strecke die verschiedensten Lagen besitzen, welche sowohl für die Größe der Senkungsmaße als für die Länge des Senkungsgebietes auf der Bahntrasse von wesentlichem Einflusse sind. Auf der vorliegenden Zeichnung wurden die Bahntrassen T_1 T_1, T_2 T_2 und T_3 T_3 ersichtlich gemacht und deren Senkungsbilder ebenfalls in den Mulden h i k, l m n und p q r dargestellt.

Noch bevor auf die Theorie der Berechnung des maximalen Senkungsmaßes eingegangen werden soll, sei hervorgehoben, daß mit Zunahme der in der Fallrichtung gemessenen Länge des abgebauten Flözes die lotrechten Senkungsmaße zunehmen; daß hierbei die Größe des Senkungsgebietes M_5 M_6 M_7 M_8 zunimmt, ist wohl selbstverständlich. Diese Zunahme der lotrechten Senkungsmaße hat jedoch ihre Grenze, und es wird eine Länge des abgebauten Flözes geben, bei welcher das maximale Senkungsmaß erreicht ist. Bei weiterer Zunahme der abgebauten Flözlänge wird sodann das maximale Senkungsmaß konstant bleiben, und es wird sich eine flache Mulde ausbilden, welche auf einer gewissen Teillänge gleichbleibende Senkungsmaxima aufweisen wird.

Es sei nun in der Fallrichtung gerade jene abgebaute Flözlänge A B vorausgesetzt, welche das mögliche Senkungsmaximum hervorruft, während die größere Länge in der Streichrichtung des Flözes die maximalen Senkungsmaße bereits in den Fallschnitten $\overline{1\,1}$ und $\overline{2\,2}$ aufweisen wird. Es wird hierbei angenommen, daß d e = a c, d. h. daß zur Erreichung des maximalen Senkungsmaßes sowohl in der Fallrichtung als in der Streichrichtung dieselben Flözdimensionen notwendig erscheinen. Vom großen Einfluß des Flözfallwinkels auf die Größe der obertägigen lotrechten Senkungsmaße wird in einem folgenden Kapitel gesprochen werden.

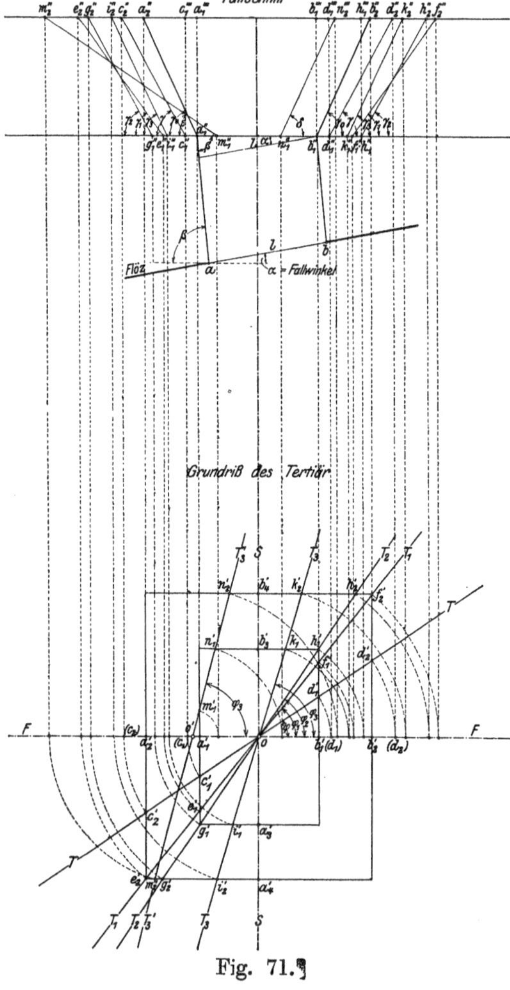

Fig. 71.

Die Lage einer Bahntrasse über dem abgebauten Flözfelde ist für die Größe des Senkungsgebietes auf derselben so wie für die Größe der lotrechten Senkungsmaße von wesentlicher Bedeutung.

Es soll nun in Fig. 71 veranschaulicht werden, wie die Größe des Senkungsgebietes, beziehungsweise das Ausmaß des Grenzwinkels mit den verschiedenen Lagen der Bahntrassen sich ändert.

Die Grenzwinkel des Senkungsgebietes müssen in der Fall- oder Streichrichtung gemessen werden und können nur dann zum Vorschein gelangen, wenn die Bahntrasse in diesen Richtungen über dem Abbaufelde situiert ist. Die an einer Bahntrasse gemessenen Grenzwinkel des Senkungsgebietes sind mit den von uns abgeleiteten Grenzwinkeln der Abbauwirkungen nicht immer identisch und müssen deshalb auch anders bezeichnet werden. Die eigentlichen Grenzwinkel stellen die Winkelmaxima dar, während alle anderen Winkel geringere Werte aufweisen. Die an einer beliebig gelegenen Bahntrasse an den Enden des Senkungsgebietes gemessenen Winkel sollen als die Endwinkel dieser Bahnstrecke bezeichnet werden, deren maximale Werte die Grenzwinkel darstellen.

Es sei nun abermals in Fig. 71 ein Fallschnitt und der Grundriß des an der Absenkung teilnehmenden Tertiärs gezeichnet, und es wird eine im Fallschnitte F F gelegene Bahntrasse den Endwinkel γ_0 aufweisen, welcher mit dem Grenzwinkelwerte übereinstimmt. Wenn jedoch die Bahntrasse die Lage T T besitzt, welche mit der Fallrichtung den Winkel φ einschließt, so stellen die im Grundrisse ersichtlichen Teilstrecken $c_1' c_2'$ und $d_1' d_2'$ die horizontalen Projektionen der Endböschungen des gesenkten Tertiärs dar, welche mit der Horizontalen die Endwinkel einschließen.

Durch Umlegung der durch den Mittelpunkt 0 hindurchgehenden Bahntrasse in die Fallschnittebene FF erhält man die Geraden (c_1) (c_2) und (d_1) (d_2), deren Aufrißprojektionen die Geraden $c_1'' c_2''$ und $d_1'' d_2''$ darstellen, welche mit der Horizontalen die Endwinkel einschließen, welche infolge der Gleichheit der Längen $c_1'' c_2'' = d_1'' d_2''$ ebenfalls einander gleich (γ) sind. Aus der Grundrißprojektion kann ersehen werden, daß $c_1' c_2' > a_1' a_2'$ und $d_1' d_2' > b_1' b_2'$; in der Aufrißprojektion: $c_1'' c_2'' > a_1'' a_2''$ und $d_1'' d_2'' > b_1'' b_2''$. Aus diesem Umstande geht jedoch hervor, daß $\gamma_0 > \gamma$, d. h. der Grenzwinkelwert γ_0 stellt den Maximalwert der Endwinkel dar.

Wir wollen nun untersuchen, ob es möglich erscheint, die Größe des Endwinkels γ aus jener des Grenzwinkels (Endwinkels) γ_0 zu berechnen mit Zuhilfenahme des Winkels φ, welchen die Richtung der Bahntrasse TT mit der Fallrichtung einschließt.

Wenn wir mit t die Mächtigkeit des Tertiärs bezeichnen, so ergibt sich

$$\operatorname{ctg} \gamma_0 = \frac{b_1''' b_2''}{t} = \frac{b_1' b_2'}{t}$$

$$\operatorname{ctg} \gamma = \frac{d_1''' d_2''}{t} = \frac{d_1' d_2'}{t}.$$

Aus der Figur 71 ergibt sich ferner: $d_1' d_2' = \dfrac{b_1' b_2'}{\cos \varphi}$ . . . (43)

$$\operatorname{ctg} \gamma = \frac{b_1' b_2'}{t \cos \varphi} = \frac{\operatorname{ctg} \gamma_0}{\cos \varphi} \quad \text{. . . . . (44)}$$

Für den Wert $\varphi = o$ ist $\operatorname{ctg} \gamma = \operatorname{ctg} \gamma_0$, weshalb $\gamma = \gamma_0$.

Die Formel (44) ist jedoch nur bis zu einer gewissen Grenze anwendbar, bis zu welcher die Gleichung (43) Geltung besitzt.

Die Gleichung (43) hat nur bis zum Werte von φ_1 Gültigkeit, für welchen folgende Beziehung besteht: $\operatorname{tg} \varphi_1 = \frac{\frac{L_s}{2}}{\frac{L_f}{2}} = \frac{L_s}{L_f}$, wobei mit L_s die Länge des Senkungsgebietes in der Streichrichtung und mit L_f die Länge desselben in der Fallrichtung bezeichnet wurde.

Die Bahntrace $T_1 T_1$ bildet die Grenze für die Giltigkeit der Gleichung (44); denn bei einer weiteren Zunahme des Winkels φ nehmen auch die Werte der Horizontalprojektionen der Endböschungen ab, wodurch eine Zunahme des Endwinkels bedingt ist. Der Winkel γ_0 stellt somit das Maximalmaß, der Winkel γ_1 das Minimalmaß der Endwinkel für die durch 0 hindurchgehenden Trassen dar. Mit der Zunahme des Winkelwertes φ_1, (φ_2, φ_3) erfolgt auch die Zunahme der Endwinkel, bis in der Streichrichtung wieder das Maximalmaß derselben im Werte des Grenzwinkels erreicht ist.

Wenn wir nun die Endwinkel der Trasse $T_2 T_2$ berechnen, so erhalten wir:

$$\operatorname{ctg} \gamma_2 = \frac{h_1''' h_2''}{t} = \frac{h_1' h_2'}{t}.$$

Es ist:

$$h_1' h_2' = \frac{b_3' b_4'}{\cos(90 - \varphi_2)} \text{ und da } \operatorname{ctg} \gamma_0 = \frac{b_3' b_4'}{t},$$

so ist

$$\operatorname{ctg} \gamma_2 = \frac{b_3' b_4'}{t \sin \varphi} = \frac{\operatorname{ctg} \gamma_0}{\sin \varphi}, \quad \ldots \ldots \quad (45)$$

wobei der in der Streichrichtung auftretende Endwinkel gleich dem Grenzwinkel γ_0 angenommen wird. Für $\varphi = 90^0$ ist $\operatorname{ctg} \gamma_2 = \operatorname{ctg} \gamma_0$ und $\gamma_2 = \gamma_0$. Nur für Bahntrassen, welche in die Flächen $f_1' f_2' h_2' h_1'$, und $e_1' e_2' g_2' g_1'$ (Grundriß) hineinfallen, gelten die angeführten Formeln für die Endwinkel nicht und wir können in dieser Sphäre beide Formeln anwenden, ohne einen wesentlichen Fehler zu begehen.

Alle durch den Mittelpunkt des Senkungsgebietes hindurchgehenden Trassen weisen zwei Endwinkel auf, welche einander gleich sind, nur Trassen, welche außerhalb dieses Mittelpunktes gelegen sind, haben Endwinkelwerte, welche voneinander verschieden sind.

Es sei eine zur Trace $T_3 T_3$ parallel gezogene Trasse $T_3' T_3'$, vorausgesetzt, so ersieht man aus der graphischen Ermittlung mit Hilfe der Umlegung der durch die Trasse geführten lotrechten Schnittebene in die Fallebene (Drehpunkt 0') an den Endwinkeln δ und ε die Verschiedenheit der Werte derselben. Während $\sphericalangle \delta$ gleich dem Endwinkelwerte γ_3 der Trace $T_3 T_3$ ist, weist der Endwinkel ε einen weit geringeren Wert auf.

b) Die Grenzrichtungen im Kohlengebirge. Wenn wir nun an die Feststellung der Lage der Grenzrichtungen im Kohlengebirge herantreten, so unterscheiden wir hier zwei Fälle, und zwar: 1. das anstehende Kohlengebirge und 2. das von Tertiärschichten überlagerte Kohlengebirge.

Meter 0 100 200 300
Nivellement 1881
0,90
1,23
1,18
0,35
Nivellement 1883
1,29
1,61
1,56
0,74
0,55
Emmaschacht
Bahnnivellette
Tertiär
Kohlengebirge
55°
84°
52°
Mächtiges Flöz 3,80 m
12°

Fig. 72.

Meter 0 100 200 300
Nivellement, Febr. 1889
0,80
1,18
0,80
Dreifaltigkeits-Schacht
Bahnnivellette
Tertiär
Kohlengebirge
63°
85°
75°
Mächtiges Flöz 3,80 m
10°

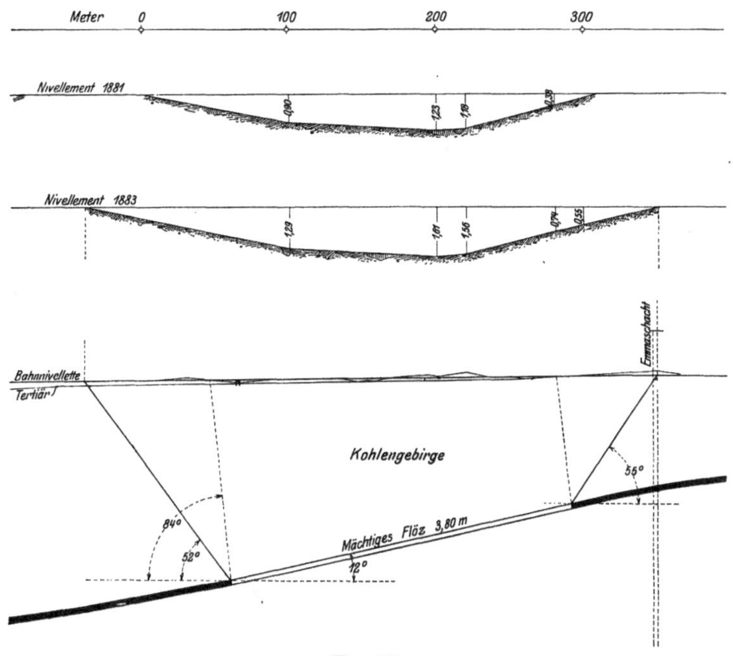

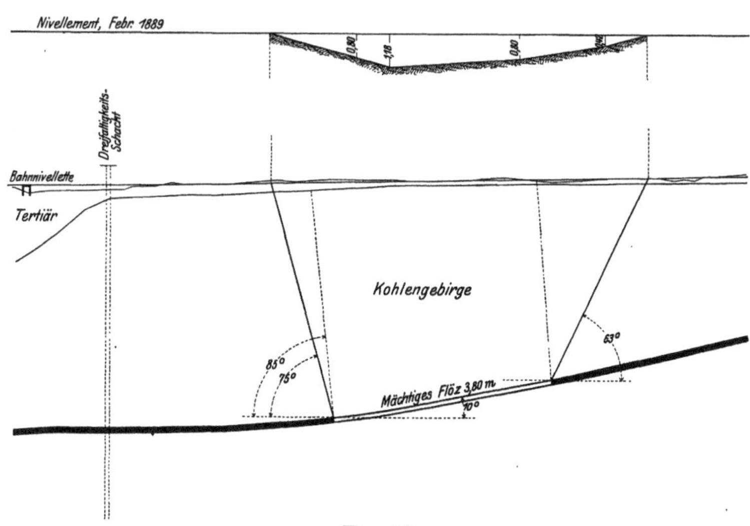

Fig. 73.

α) Das Kohlengebirge ist zu Tage anstehend. Aus den Senkungsbildern am Burniaflügel der Montanbahn (Fig. 72, 73) geht hervor, daß im Falle des anstehenden Kohlengebirges die gesetzmäßige parabolische Form der Senkungsmulde nicht mehr besteht. Es sind hier polygonale Senkungsbilder sichtbar, deren Grenzen ebenfalls über die Bruchrichtungen hinausreichen. Die Ursache für die verschiedenen Formen der Senkungsbilder bei vorhandenem Tertiär und anstehendem Kohlengebirge findet in dem Umstande ihre Er-

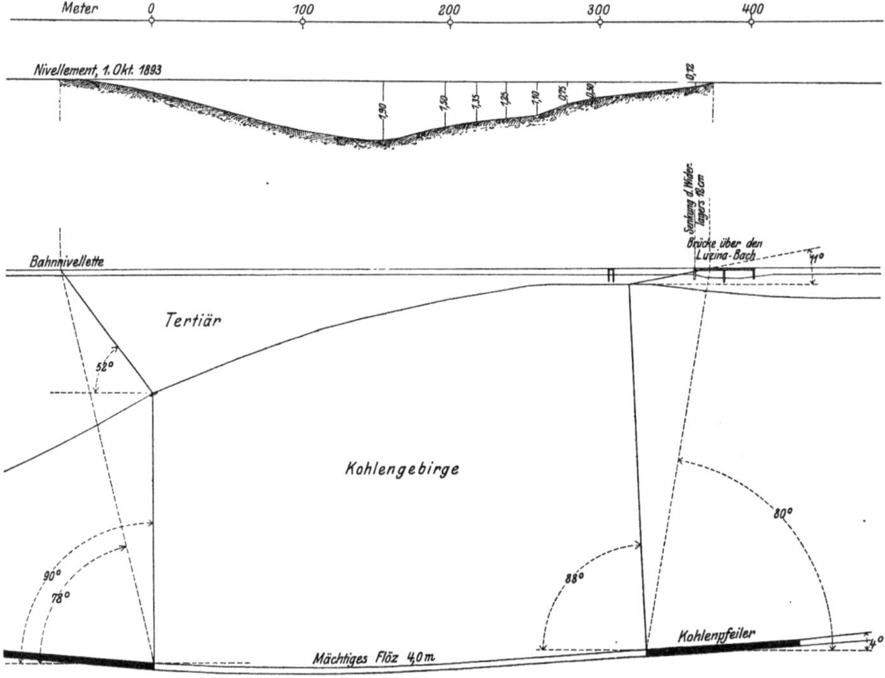

Fig. 74.

klärung, daß das Tertiär eine plastische Masse darstellt, während das Kohlengebirge aus Schiefer und Sandsteinschichten besteht, welche keineswegs eine plastische Beschaffenheit aufweisen.

Bezüglich der Grenzen der seitlichen Nachrutschung im anstehenden Kohlengebirge sind wir auf die praktische Erfahrung allein angewiesen, wir haben für die Grenze dieser Nachrutschtendenz keine theoretische Erklärung.

Aus den vorgeführten Senkungsbildern geht hervor, daß der Übergang der gesenkten Gebiete zu den unveränderten Terrainflächen des anstehenden Kohlengebirges nicht mehr in so allmählicher Weise stattfindet wie im Tertiär, weshalb auch die Schäden obertägiger Objekte an diesen Stellen unangenehmere Folgen zeitigen können als im Falle des Vorhandenseins tertiärer Überlagerung. An den Bahnsenkungsbildern ist auch zu ersehen, daß die Endwinkel zwischen 52^0 und 75^0 variieren.

Das in Fig. 74 dargestellte Bild stellt einen Senkungsfall dar, wo das mächtige Flöz unter dem Burniaflügel der Montanbahn in einem Gebiete abgebaut wurde, wo die eine Hälfte desselben mit Tertiär überlagert ist, während an der anderen Hälfte des abgebauten Flözes das Kohlengebirge zu Tage ansteht. Es ist hochinteressant zu ersehen, daß die eine Hälfte des entstandenen Senkungsbildes als gesetzmäßige Kurve ausgebildet ist, während die andere Hälfte dieses Bildes einen Polygonalzug darstellt, wo eine Gesetzmäßigkeit nicht beobachtet werden konnte.

Daß es sich im Falle anstehenden Kohlengebirges zweifellos um eine seitliche Nachrutschung der Kohlengebirgsschichten handelt,

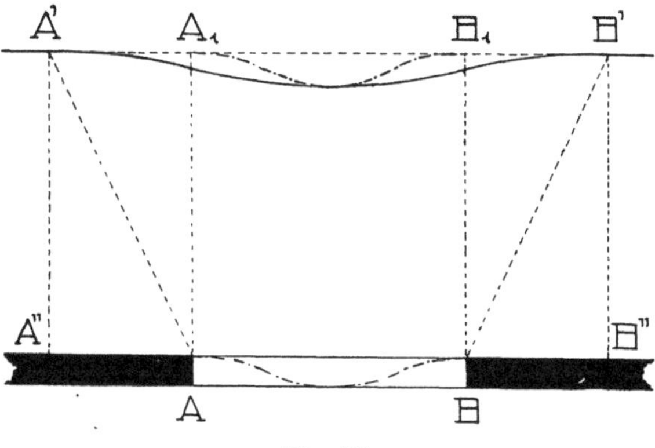

Fig. 75.

geht aus dem Umstande hervor, daß die beobachteten Senkungsbilder gegen die Mitte hin die größten Senkungsmaße aufweisen, während gegen die beiden Enden zu eine Abnahme dieser Maße zu beobachten ist.

Man könnte auch im vorliegenden Falle eventuell behaupten, daß es sich um eine elastische Durchbiegung der Kohlengebirgsschichten handelt (Fig. 75).

Wenn auch dieser Behauptung schon der alleinige Umstand widerspricht, daß nach dem Abbau eines 4 m mächtigen Flözes eine reine elastische Durchbiegung der Hangendschichten ausgeschlossen erscheint, so sei doch noch darauf hingewiesen, daß im Falle dieser Möglichkeit das Senkungsterritorium in den Punkten A_1 und B_1 seine Grenzen haben müßte, wenn die Durchbiegung des eingespannten Trägers $A\,B\,B_1\,A_1$ vorausgesetzt wird. Da jedoch diese Grenzen bis zu den Punkten A' und B' hinausreichen, so müßten sich die Hangendschichten in den Punkten A'' und B'' durchgebogen haben, wenn wieder die elastische Durchbiegung eines eingespannten Trägers vorausgesetzt würde. Da jedoch der Abbau in den Punkten A und B seine Grenzen besitzt, so ist die Möglichkeit der Durchbiegung nicht gegeben, wenn auch von der Struktur der Kohlengebirgsschichten abgesehen wird, welche im Falle mächtigerer Flöze diese Eventualität schon allein ausschließt.

Es wurde bereits anläßlich der Erörterung der Bruchrichtungen im Kohlengebirge unter Hinweis auf den Senkungsfall infolge Abbaues des 0,74 m mächtigen Uraniaflözes (Fig. 55) erläutert, daß im Falle schwacher Flöze bei anstehendem Kohlengebirge eine bloße Durchbiegung der Hangendschichten eintreten kann. Es wird hierbei die Ausbildung einer eigentlichen Bruchrichtung nicht stattfinden, weshalb auch eine seitliche Nachrutschung der Kohlengebirgsschichten nicht eintreten kann, für welche nur die infolge der Entstehung einer Bruchrichtung hervorgerufene Gleichgewichtsstörung veranlassend sein kann.

β) Das Kohlengebirge ist von Tertiärschichten überlagert. Es entsteht noch die Frage, ob im Falle des Vorhandenseins tertiärer Überlagerung ein Nachrutschen der Kohlengebirgsschichten zu den Jičinskyschen Bruchrichtungen stattfinden wird. Wie aus dem bereits angeführten Senkungsbilde des zweiten Liegendflözes (Fig. 53) hervorgeht, wurde die seitliche Nachrutschung der Tertiärschichten an Stellen konstatiert, wo von einer seitlichen Nachrutschung des darunterliegenden Kohlengebirges keine Rede sein kann, weil dort das abgebaute Flöz bis an die Tertiärgrenze herangereicht hat und die Mächtigkeit des Kohlengebirges bis auf Null abnimmt.

Es sei auf diesen Umstand hier nochmals besonders aufmerksam gemacht, weil man auch behaupten könnte, daß die Nachrutschung der seitlichen Erdmasse im Tertiär eine Folgeerscheinung der seitlichen Nachrutschung der darunter befindlichen Kohlengebirgsschichten sein könnte. Diese Annahme wäre eine Analogie zur bereits behandelten elastischen Durchbiegung, nur daß im letzteren Falle die rein vertikale Absenkung der Gebirgsschichten vorausgesetzt würde, während im ersteren Falle außer dieser lotrechten Abwärtsbewegung der mittleren Erdmasse noch eine seitliche Bewegung der angrenzenden Massen stattfindet.

Der vorerwähnte Senkungsfall (Fig. 53) beweist uns klar, daß die bis zur Grenzebene heranreichende seitliche Nachrutschung im Tertiär keineswegs ihre Ursache in der Nachrutschung des darunter befindlichen Kohlengebirges besitzt, wie dies aus dem gegenständlichen Senkungsbilde drastisch hervorgeht.

Wir haben im Falle anstehenden Kohlengebirges die Tatsache konstatiert, daß ein seitliches Nachrutschen der Gebirgsschichten im Falle mächtiger Flöze stattfindet, und wir müssen uns deshalb fragen, welcher Umstand diesen Nachrutschprozeß des Kohlengebirges im Falle Vorhandenseins des Tertiärs erschweren bzw. unmöglich machen sollte.

Bei allen Senkungsfällen, welche in Gebieten beobachtet wurden, wo das Kohlengebirge von einer mächtigen Tertiärschichte überlagert ist, ist die Wahrnehmung gemacht worden, daß die Grenzen des Senkungsgebietes nicht weiter als die mit Rücksicht auf das mögliche Minimum des natürlichen Böschungswinkels und der Kohäsion des Erdmaterials zulässigen Grenzebenen ergaben.

In jenen Fällen jedoch, wo eine geringere Mächtigkeit der tertiären Überlagerung vorhanden war, haben die Grenzwinkel der obertägigen Senkungsgebiete geringere Werte angenommen, als dies bei mächtiger Überlagerung der Fall war.

In jenen Fällen endlich, wo die Überlagerung ganz gering war, haben die Grenzwinkel sogar kleinere Werte als das mögliche Minimum des natürlichen Böschungswinkels aufgewiesen.

Die Mächtigkeit des Tertiärs ist von wesentlichem Einfluß auf die seitliche Nachrutschung des darunterbefindlichen Kohlengebirges, und es kann hierfür folgende Erklärung gegeben werden. Im Falle mächtiger Tertiärschichten wird infolge des Eigengewichtes derselben das seitliche Nachrutschen des darunterbefindlichen

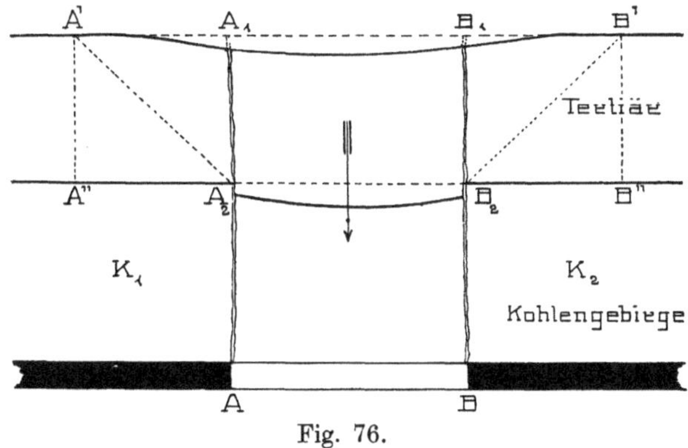

Fig. 76.

Kohlengebirges verhindert (Fig. 76), weil die Tertiärmasse $A_1 A_2 B_2 B_1$ zwischen den Bruchrichtungen $A A_2$ und $B B_2$ des Kohlengebirges nachsinkt und auf diese Weise das Nachrutschen der außerhalb dieser Bruchrichtungen befindlichen seitlichen Kohlengebirgsschichten K_1 und K_2 unmöglich macht. Wenn auch eine kleine seitliche Nachrutschnng des Kohlengebirges stattfinden würde, so kann dieselbe nur so gering sein, daß ein Einfluß auf die Größe des obertägigen Senkungsgebietes ganz gewiß nicht ausgeübt werden kann.

Wenn jedoch die Mächtigkeit des Tertiärs nur ganz gering ist, so ist das geringe Eigengewicht nicht mehr in der Lage, das Nachrutschen der mächtigen Kohlengebirgsschichten zu verhindern, wie dies aus dem in Fig. 77 angeführten Senkungsbilde deutlich zu ersehen ist.

In Fig. 77 sei dem in Figur 74 ersichtlichen Senkungsbilde entsprechend der Fall skizziert, in welchem an der einen Grenze des Senkungsgebietes das Kohlengebirge eine mächtige tertiäre Überlagerung aufweist, während an der anderen Grenze des obertägigen Senkungsgebietes eine nur geringe Überlagerung vorhanden sei. Wir haben bei den Senkungsbildern im Falle anstehenden Kohlengebirges die zu den Jičinskyschen Bruchrichtungen stattfindende seitliche Nachrutschung der Kohlengebirgsschichten bereits erörtert. Es stellt uns der geologische Fall geringer tertiärer Überlagerung gewissermaßen ein Übergangsstadium zum Falle anstehenden Kohlengebirges dar. Es ist gewiß auffallend, daß im Falle geringerer Mächtigkeit der Tertiärschichten die Grenzwinkel kleiner sind als im Falle, wo die Überlagerung eine größere Mächtigkeit aufweist. Für diese Tatsache ist jedoch die Größe der Kohäsion der Tertiärschichten veranlassend, welche mit der Mächtigkeit der Überlagerung zunimmt. Je mächtiger die Überlagerung ist, desto größer ist das Eigengewicht derselben und desto dichter werden die Tertiärschichten sein. Es wird sodann das Tertiärmaterial einer hervorgerufenen Störung des Gleichgewichtes einen größeren Widerstand zu leisten vermögen, weil dessen Kohäsion einen größeren Wert aufweisen wird.

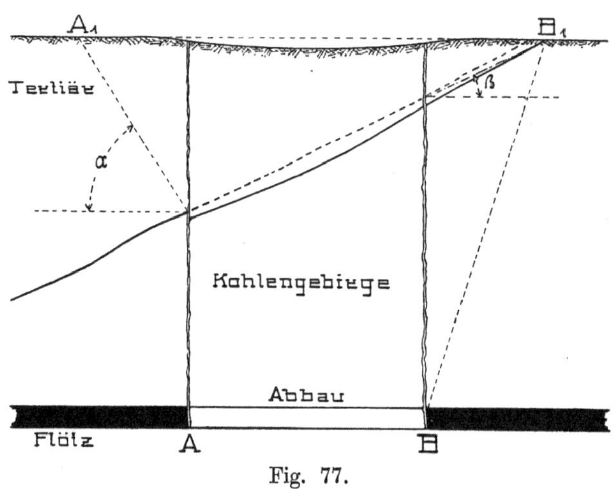

Fig. 77.

Je geringer die Mächtigkeit der Überlagerung wird, desto größer wird die Möglichkeit der seitlichen Nachrutschung der darunterbefindlichen Kohlengebirgsschichten, bis endlich bei anstehendem Kohlengebirge für diesen seitlichen Rutschprozeß desselben kein Hindernis mehr vorhanden ist. Es wird also im Falle ganz geringer Tertiärmächtigkeit das Kohlengebirge zu den Jičinskyschen Bruchrichtungen nachrutschen können, und die Tertiärschichten werden dem Kohlengebirge in der Absenkung nachfolgen. In diesem Falle kann für den Grenzwinkel im Tertiär nicht mehr die in der „Theorie der Grenzrichtung" gegebene Erklärung gelten, weil hier die Existenz der lotrechten Bruchrichtung im Tertiär illusorisch wird und deshalb ein seitlicher Rutschprozeß dortselbst nicht stattfinden kann. Wie aus dem Senkungsbilde (Fig. 74) ersehen werden kann, weist dasselbe bei geringerer Tertiärmächtigkeit nicht mehr die gesetzmäßige Kurvenform auf, sondern es bildet sich ein Polygonalzug aus, für welche Tatsache der vorerörterte Umstand maßgebend sein muß.

In Fig. 77 bedeutet α den Grenzwinkel der seitlichen Nachrutschung des Tertiärs, während dem Winkel β nicht mehr diese Bedeutung zukommt, weshalb dieser letztere Winkel auch einen weit geringeren Wert als der natürliche Böschungswinkel annehmen kann, wie dies in Fig. 74 ($\beta = 11^0$) auch der Fall ist. Während für das Ende A_1 der Senkungsmulde in Fig. 77 der Grenzwinkel des Tertiärs maßgebend erscheint, ist für das Ende B_1 dieser Mulde der Grenzwinkel der Kohlengebirgsschichten bestimmend.

Wir haben keinen Anhaltspunkt dafür, die Größe der Tertiärmächtigkeit angeben zu können, bei welcher der seitliche Rutschprozeß der Kohlengebirgsschichten bereits stattfinden kann, jedenfalls wissen wir, daß mit der Mächtigkeit der Überlagerung die Grenzwinkel sich ändern. Mit der Abnahme der Tertiärmächtigkeit nimmt auch die Größe dieser Grenzwinkel ab, bis endlich bei einer gewissen Mächtigkeit des Tertiärs die Grenzwinkel dortselbst ihre Bedeutung einbüßen und die Grenzrichtungen des Kohlengebirges für das obertägige Senkungsgebiet bestimmend wirken.

3. Die Theorie des lotrechten Senkungsmaßes der Erdoberfläche.

a) Das Kohlengebirge ist von Tertiär überlagert. Wenn bis jetzt über die Größe des obertägigen Senkungsgebietes die verschiedenen Schlüsse gefaßt wurden, so soll nun im folgenden über die lotrechten Senkungsmaße desselben gesprochen, bzw. es soll untersucht werden, wie groß die Maße der vertikalen Absenkung sich ergeben, welche das obertägige Terrain infolge des Kohlenabbaues zu erleiden hat.

Es müssen hier zwei Fälle der im Ostrau-Karwiner Steinkohlenrevier üblichen Art des Abbaues ins Auge gefaßt werden, und zwar: 1. der Abbau ohne Bergversatz und 2. der Abbau mit Bergversatz.

Je nach der Rücksicht, welche man beim Abbau auf das Hangende zu nehmen hat, das man seiner Unterstützung beraubt, kann man die vorgenannten Abbauverfahren unterscheiden. Man kann nämlich das Hangende einfach hinter sich zu Bruch gehen lassen (Bruchbau), oder man füllt die ausgekohlten Räume mit Versatzbergen aus (Abbau mit Bergversatz). Es soll nun vor allem der Bruchbau ins Auge gefaßt werden, welcher sich wieder nach verschiedenen Methoden (der streichende, schwebende, diagonale Pfeilerbau) ausführen läßt.

Für die endgültige Form der Bodensenkung ist die Größe der Querschnittsfläche und die Breitenausdehnung des tatsächlich zu Bruch gehenden Raumes in allererster Linie maßgebend, doch spielen selbstverständlich die örtlichen geologischen Verhältnisse (Kohlengebirgsmächtigkeit, Tertiärmächtigkeit, Flözfallwinkel und das Abbautempo) ihre mitbestimmende Rolle.

Es sei nun vor allem jener Fall der geologischen Verhältnisse behandelt, in welchem das Kohlengebirge von Tertiärmassen überlagert ist, wie dies im weitaus größten Teile des Ostrau-Karwiner Beckens auch tatsächlich zutrifft. Wie bereits mit Nachdruck hervorgehoben wurde, ist die Form des obertägigen Senkungsbildes bei vorhandenen Tertiärschichten gesetzmäßig, und es soll nun untersucht werden, wie es möglich werden kann, daß bei den bestehenden geologischen Verhältnissen ein derartiges gesetzmäßiges Nachsenken des obertägigen Terrains sich bemerkbar macht. Wenn die hangenden Kohlengebirgsschichten ihrer Unterstützung beraubt sind, dann werden sich dieselben in den ausgekohlten Raume absenken, und es kann sich dieser Absenkungsprozeß in zweifacher Weise vollziehen. Es sei in Fig. 78 a b c d die Querschnittfläche des ausgekohlten Raumes, so daß $\overline{c\,d}$ das Hangende darstellt, welches zur Absenkung gelangen soll. Infolge des über $\overline{c\,d}$ frei werdenden Gebirgsdruckes werden die Hangendschichten in den Raum a b c d einsinken, und je nach der Elastizität des Materials

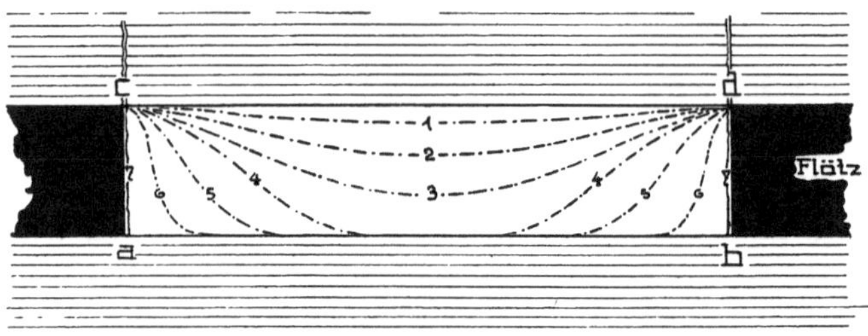

Fig. 78.

wird es zu den verschiedenen Stadien der Absenkung kommen, welche in Fig. 78 mit den Linien 1, 2, 3, 4, 5, 6 und 7 bezeichnet sind.

Je elastischer das sinkende Material ist, desto größer ist sein Durchbiegungsvermögen, d. h. desto tiefer kann dieses Material absinken, ohne daß der gegenseitige Zusammenhang der über $\overline{c\,d}$ lagernden Schichten gestört wird.

Je größer der lotrechte Abstand vom Hangenden ins Liegende, d. h. zwischen ab und cd ist, desto größere Anforderungen werden an die Elastizität der nachrückenden Gebirgsschichten gestellt, wenn von denselben verlangt würde, daß sie den vollständigen Senkungsprozeß mitmachen, ohne daß ihr Zusammenhang gestört werden soll. Der lotrechte Abstand vom Hangenden ins Liegende wird umso größer, 1. je größer die Flözmächtigkeit m ist, uud 2. je größer der Wert des Fallwinkels α des Flözes ist (Fig. 79).

Der lotrechte Abstand vom Hangenden ins Liegende ist bei einem horizontal gelagerten Flöz mit der Mächtigkeit desselben identisch, dieser Abstand ist gleich $\frac{m}{\cos\alpha}$ und vergrößert sich mit der Zunahme des Flözfallwinkels α, wie dies aus Fig. 79 ersehen werden kann.

$$1.\ \text{Für}\ \alpha = 0 \quad \text{ist}\ \frac{m}{\cos \alpha} = m$$

$$2.\ \text{Für}\ \alpha = 90^0\ \text{ist}\ \frac{m}{\cos \alpha} = \infty.$$

Bei einem seigeren Abbau ($\alpha = 90^0$) hat dieser Abstand keinen endlichen Wert, das lotrechte Senkungsmaß des obertägigen Senkungsgebietes wächst jedoch deshalb nicht ins Unendliche, sondern es ist unbestimmbar, wie dies in einem folgenden Kapitel erklärt wird.

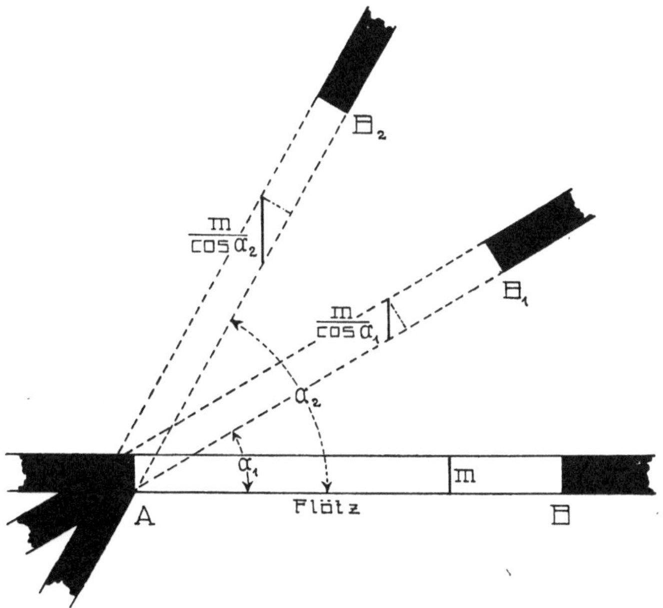

Fig. 79.

Wir sehen also, daß mit der Zunahme der Mächtigkeit des abgebauten Raumes einerseits und des Flözfallwinkels andererseits die Inanspruchnahme der Gebirgsschichten in bezug auf deren Elastizität wächst. Daraus geht aber auch hervor, daß mit der Zunahme der Flözmächtigkeit und des Flözfallwinkels die Wahrscheinlichkeit immer geringer wird, daß eine Störung des gegenseitigen Zusammenhanges der Gebirgsschichten vermieden werden kann. Wenn wir also ein Material voraussetzen, welches eine bestimmte Elastizität besitzt, so wird sich dasselbe im Falle verschiedener Flözmächtigkeiten auch verschieden verhalten, d. h. das Material kann bei einem gewissen Werte der Flözmächtigkeit die Absenkung ohne Störung des Zusammenhanges der Gebirgsschichten mitmachen, während bei einer größeren Mächtigkeit des ausgekohlten Raumes der Zusammenhang der Schichten gestört werden kann, weil die Elastizität bzw. das Durchbiegungsvermögen dieser Schichten überschritten worden ist.

Wenn die Elastizität der nachsinkenden Hangendschichten so groß ist, daß dieselben bis zur Sohle des ausgekohlten Raumes gelangen, *ohne daß die übereinandergelagerten Schichten in ihrem gegenseitigen Zusammenhange gestört werden*, so bleibt das *Volumen* dieser nachsinkenden Schichten *unverändert*. Im anderen Falle jedoch wird infolge der *Überschreitung des Durchbiegungsvermögens* in einer gewissen Lage 1 oder 2 (Fig. 78) der gegenseitige Zusammenhang der Schichten gelöst, das Gestein wird verbrechen und in Blöcken den noch übrigen Teil des Hohlraumes ausfüllen. Hierdurch

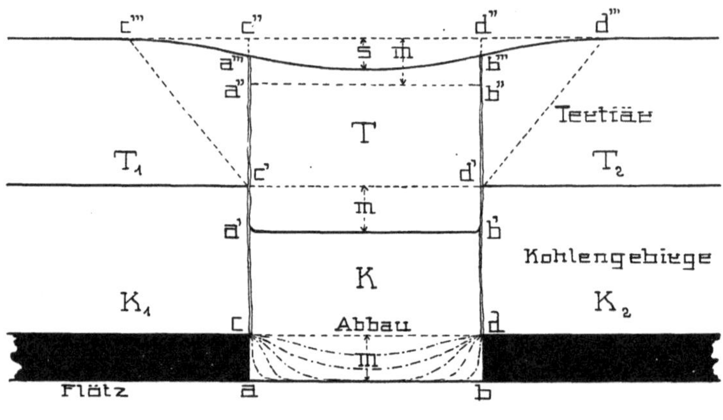

Fig. 80.

wird eine *Volumvermehrung* hervorgerufen, deren Wesen in einem folgenden Kapitel eingehend erörtert werden soll.

α) *Nachsinken der Hangendschichten ohne Volumvermehrung.* Das Nachsinken der Hangendschichten *ohne Volumvermehrung* wird im Falle des Abbaues *schwacher und flacher Flöze* eintreten.

Zwischen den lotrechten Abbaugrenzen a c und b d Fig. 80 wird eine Durchbiegung des Hangenden im Kohlengebirge hervorgerufen, welche immer größer wird, bis diese Schichten an der Sohle angelangt sind. Dieser Durchbiegungsprozeß wird erst dann sein Ende erreichen, bis auch an den Abbaurändern a c und b d die vollständige Druckwirkung erzielt sein wird, in welchem Momente eine Trennung des mittleren, abgesenkten Kohlengebirgsblockes K von den seitlichen Blöcken K_1 und K_2 eintreten muß. Die Trennungslinien c c′ und d d′ stellen uns die *Jičinskyschen Bruchlinien* dar, welche bis zur Kohlengebirgsgrenze heranreichen.

Da im vorliegenden Falle eine Vermehrung des Kohlengebirgsvolumens nicht eintreten soll, so muß das Tertiär dem Kohlengebirge in dem Maße der Flözmächtigkeit nachrücken, in welchem die Firstgesteinsschichten c d zur Sohle a b abgesenkt sind. Es muß in diesem Falle die Gleichheit der Flächen a b c d und a′ b′ c′ d′ vorhanden sein. In Fig. 80 ist noch die Voraussetzung gemacht, daß der Flözfallwinkel gleich Null ist, daß es sich also um ein horizontal gelagertes Flöz handelt, so daß mit Rücksicht auf die vorangeführte Flächengleichheit dieselben Höhen m beiden Rechtecken eigentümlich sein muß. Es sei ferner

$$a\,b \,||\, c\,d \,||\, c'd' \,||\, c''\,d''.$$

Das Tertiär folgt dem sich absenkenden Kohlengebirge nach, ohne sein Volumen zu vermehren, und es müßte deshalb obertags ein Senkungsrechteck a″ b″ c″ d″ von der Höhe m zum Vorschein gelangen, wenn nur der mittlere Tertiärblock T zwischen den Bruchlinien c′ c″ und d′ d″ dem sich senkenden Kohlengebirge nachfolgen würde.

Wie bereits erörtert wurde, nehmen jedoch die seitlichen Tertiärmassen T_1 und T_2 an dem Senkungsprozesse einen wesentlichen Anteil, und zwar erfolgt diese Anteilnahme gleichzeitig mit der Zunahme der lotrechten Senkungsmasse. Es wird also der durch die Absenkung des Kohlengebirges für das nachrückende Tertiär frei gewordene Raum a′ b′ c′ d′ sowohl von der mittleren als auch von den seitlichen Tertiärmassen ausgefüllt, so daß statt des obertägigen Senkungsrechteckes a″ b″ c″ d″ die Senkungsmulde a‴ b‴ c‴ d‴ zum Vorschein gelangt. Es ist also a b c d = a′ b′ c′ d′ = a‴ b‴ c‴ d‴. Wir bezeichnen die in der Fallrichtung gemessene Abbaulänge a b = c d mit l, die an der Kohlengebirgsgrenze vorhandene Eindruckssphäre von der Länge a′ b′ = c′ d′ mit l′; es ist dann l m = l′ m = F, wobei unter F die Querschnittsfläche der obertägigen Senkungsmulde im Fallschnitte größter Senkungsmaße zu verstehen ist. Es wurde ferner die später erörterte Flächengleichheit dieses Muldenquerschnittes mit dem Abbauquerschnitt vorausgesetzt.

Da die Länge des obertägigen Senkungsgebietes c‴ d‴ größer ist als l′, so ist das maximale obertägige Senßungsmaß s < m. Daraus geht hervor, daß trotz des Umstandes, daß der Senkungsprozeß ohne Volumvermehrung des Tertiärs und des Kohlengebirges vor sich geht, das obertägige maximale Senkungsmaß kleiner sein muß als die Flözmächtigkeit bei horizontal gelagerten Flözen.

Wenn wir nun zum Zwecke der Berechnung des obertägigen Senkungsmaßes die Senkungsmulde einer näheren Betrachtung unterziehen, so können wir auf Grund der beobachteten zahlreichen Senkungsfälle bemerken, daß die Form dieser Mulde abhängig ist von dem Verhältnisse der in der Fallrichtung gemessenen abgebauten Flözlänge (flache Bauhöhe) und der Flözmächtigkeit.

Da wir in unseren späteren Ausführungen beweisen werden, daß der Fallwinkel des Flözes von wesentlichem Einflusse auf die Größe des obertägigen Senkungsmaßes sein muß, so setzen wir es als selbstverständlich voraus, daß die Betrachtung der Senkungsmulde in der Richtung des Fallschnittes stattfindet, da im vorliegenden Falle die Berechnung der maximalen Senkungsmaße stattfinden soll.

Die langjährigen Erfahrungen haben gezeigt, daß der in der Fallrichtung am Bahnkörper beobachtete Muldenquerschnitt die in Fig. 81 mit a c b bezeichnete Form besitzt, welche Querschnittsfläche näherungsweise einem Dreiecke flächengleich gesetzt werden kann, dessen Höhe das maximale Senkungsmaß bedeutet. Durch diese Annahme wird man gewiß keinen solchen Fehler begehen, daß die Größe des aus dieser Fläche später berechneten Volumvermehrungskoeffizienten wesentlich beeinflußt würde. Die in Rede stehende Flächengleichheit wurde in sehr vielen Fällen beobachtet, und sie vereinfacht die Rechnung sehr bedeutend.

Denken wir uns nun in Fig. 82 den Fallschnitt größter Senkungsmaße und den Grundriß des Senkungsgebietes dargestellt; für den Inhalt des abgebauten Raumes erhalten wir unter der Voraussetzung eines rechteckigen Abbaufeldes $J_1 = l_1 l_2 m$, wobei l_1 die Ausdehnung des Abbaufeldes in der fallenden Richtung, l_2 jene in der streichenden Richtung desselben und m die Flözmächtigkeit bezeichnen.

Für die näherungsweise Berechnung des Inhaltes der obertägigen Senkungsmulde sei folgende Methode angewendet. Der in dem Sen-

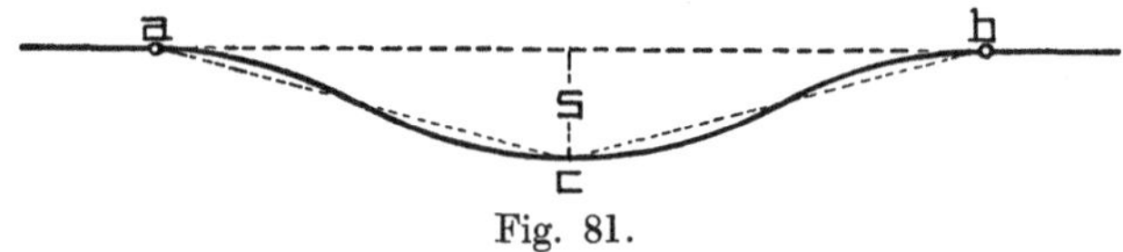

Fig. 81.

kungsgebiete geführte Fallschnitt größter Senkungsmaße $f_1 f_2$ ergibt die Muldenquerschnittsfläche $F = L_1 \frac{s}{2}$. Die an den Grenzen $g_1 g_2$ und $g_1' g_2'$ geführten Fallschnitte ergeben die Muldenquerschnittsflächen vom Werte Null, weil durch diese Grenzlinien der Beginn und das Ende der Senkungsmulde dargestellt erscheinen. Der Muldeninhalt kann näherungsweise gleich gesetzt werden dem halben Produkte der Querschnittsfläche F und der Länge L_2, also $J_2 = \frac{F}{2} L_2$.

Für den Fall als eine Volumvermehrung nicht stattfinden soll, muß also $J_1 = J_2$; folglich

$$l_1 l_2 m = \frac{F}{2} L_2$$

oder

$$l_1 l_2 m = L_1 L_2 \frac{s}{4}$$

und ferner

$$l_1 m = L_1 \frac{L_2}{2 l_2} \frac{s}{2} \quad \ldots \ldots \ldots \quad (46)$$

Der Ausdruck l_1 m stellt uns das Produkt der Länge in der fallenden Richtung des Abbaues mit der Flözmächtigkeit, also dieFlözquerschnittsfläche dar. Für die Bedingung $L_2 = 2\,l_2$ oder $l_2 = \frac{L_2}{2}$ ist

$$l_1\,m = L_1\,\frac{s}{2} = F \quad \ldots\ldots\ldots \quad (47)$$

d. h. die Abbauquerschnittsfläche ist gleich der Muldenquerschnittsfläche größter Senkungsmaße.

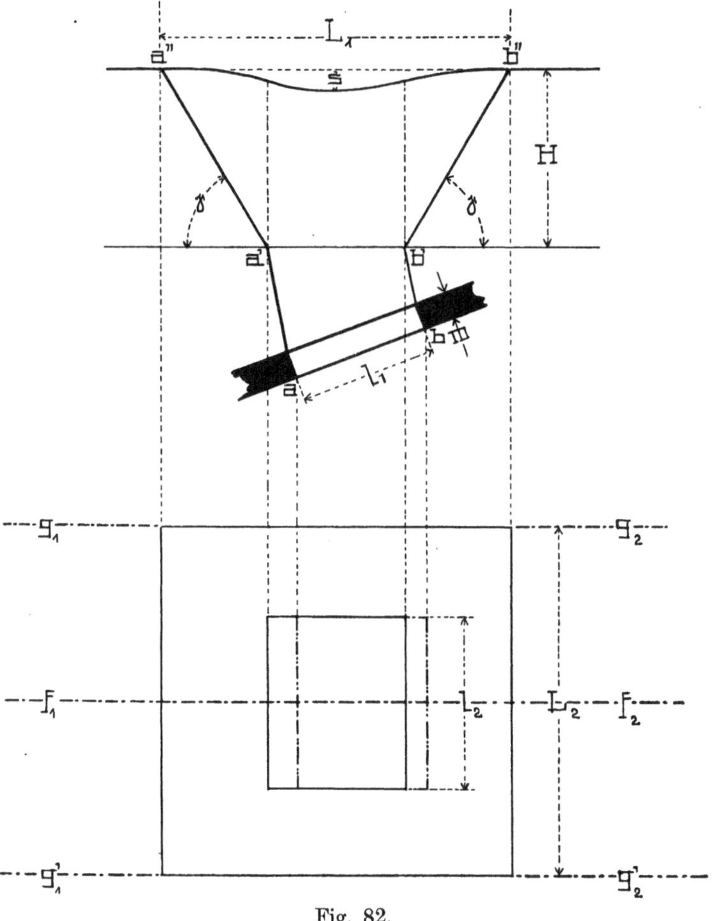

Fig. 82.

$$\left.\begin{array}{ll} \text{Für} & L_2 \gtreqless 2\,l_2 \\ \text{ist} & l_1\,m \gtreqless L_1\,\frac{s}{2} \end{array}\right\} \quad \ldots\ldots\ldots\ldots \quad (48)$$

Die streichende Länge des Senkungsgebietes L_2 ist auch gleich $l_2 + 2\,H \operatorname{ctg} \gamma$, wobei H die Mächtigkeit des Tertiärs und γ den Grenzwinkel bezeichnen. Für die Bedingung $L_2 = 2\, l_2$ müßte also $l_2 = 2\, H \operatorname{ctg} \gamma$ und wenn wir γ mit dem durchschnittlichen Werte von 45^0 annehmen, so muß

$$l_2 = 2\, H \quad \ldots\ldots\ldots\ldots \quad (49)$$

Damit also näherungsweise der Bedingung der Gleichheit der Flözquerschnittsfläche mit der Muldenquerschnittsfläche entsprochen werde, müßte bei einem Grenzwinkel von 45^0 die streichende Länge des Abbaues der doppelten Mächtigkeit des Tertiärs gleich sein. Wenn auch die Gleichheit der Abbauquerschnittsfläche mit der Muldenquerschnittsfläche größter Senkungsmaße nur bedingungsweise annähernd zutrifft, so können wir dennoch diese Flächen dazu benutzen, um aus ihrer Gleichheit, beziehungsweise Ungleichheit auf den Senkungsprozeß ohne oder mit Volumvermehrung schließen zu können.

In der Gleichung $l_1\, m = L_1 \frac{s}{2} \frac{L_2}{2\, l_2}$ bezeichnet uns die Größe des Bruchwertes $\frac{L_2}{2\, l_2}$ jenen Fehler, welchen wir begehen, wenn wir die Gleichheit der Abbauquerschnittsfläche mit der Muldenquerschnittsfläche größter Senkungsmaße voraussetzen, im Falle eine Volumvermehrung nicht stattgefunden hätte. Wenn wir unter dieser Voraussetzung das maximale Senkungsmaß bestimmen, so erhalten wir

$$s = 2 \frac{l_1}{L_1} m \frac{2\, l_2}{L_2} \quad \ldots\ldots\ldots \quad (50)$$

wobei uns der Bruchwert $\frac{2\, l_2}{L_2}$ jenen Koeffizienten darstellt, mit welchem s zu multiplizieren wäre, wenn dieser Wert unter Annahme der Flächengleichheit berechnet wurde. Je mehr sich dieser Fehlerkoeffizient dem Werte 1 nähert, desto geringer ist der begangene Fehler bei der Berechnung des Senkungsmaßes.

Für die im folgenden Kapitel vorgeführte Berechnung des Volumvermehrungskoeffizienten erscheint die angedeutete näherungsweise Methode vollständig hinreichend, und es soll für den Fall der Senkung ohne Volumvermehrung die Formel gelten $l\, m = l'' \frac{s}{2}$ und

$$s = 2 \frac{l}{l''} m \quad \ldots\ldots\ldots\ldots \quad (51)$$

wobei l die in der Fallrichtung gemessene Länge des Abbaues und l″ die in derselben Richtung gemessene Länge des obertägigen Senkungsgebietes bedeuten; es erscheinen in dieser Formel die früher angeführten Größen l_1 und L_1 durch die Bezeichnungen l und l″ ersetzt.

Aus dieser Formel ersehen wir, daß das lotrecht gemessene Senkungsmaximum, welches im folgenden allgemein als Senkungsmaß bezeichnet werden möge, mit der Flözmächtigkeit wächst. Das Senkungsmaß ist jedoch auch abhängig von dem Verhältnisse $\frac{l}{l''}$, d. h. das Maß der Senkung nimmt mit der abgebauten Flözlänge zu, es ist aber umgekehrt proportioniert der Größe des obertägigen Senkungsgebietes.

Wir können in der obigen Formel den Ausdruck $\frac{l}{l''}$ auch durch

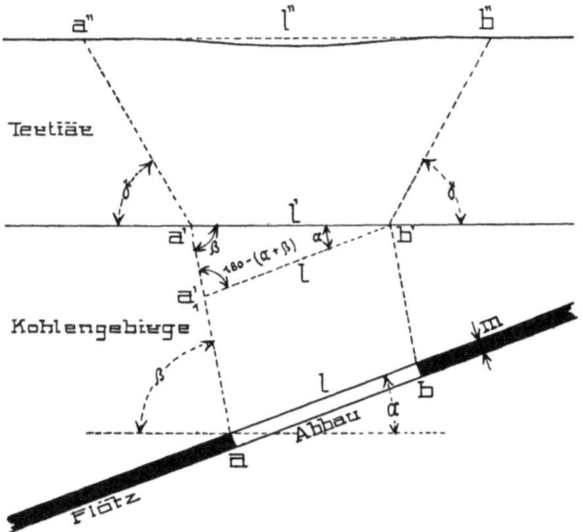

Fig. 83.

den Wert $\frac{l}{l'}\frac{l'}{l''}$ ersetzen und erhalten

$$s = 2\frac{l}{l'}\frac{l'}{l''}m, \quad . \; . \; . \; . \; . \; . \; . \; . \; . \quad (52)$$

wobei l' die in der Fallrichtung des Flözes gemessene Länge des primären Senkungsgebietes darstellt, welches an der Kohlengebirgsgrenze zum Tertiär auftritt. Die obertägige Senkungszone sei als das sekundäre Senkungsgebiet bezeichnet und habe die Länge l''. Die Bezeichnungen primär und sekundär wurden mit Rücksicht auf die aufeinanderfolgenden Zeiten der Entstehung beider Gebiete gewählt, da die primäre Senkungszone im Senkungsprozesse der Ausbildung der sekundären Zone vorangeht.

In Fig. 83 sei ein Fallschnitt durch das abgebaute Flöz gedacht, $a\,b = l$ sei die in der Fallrichtung abgebaute Flözlänge, $a'\,b' = l'$ stellt dann die Länge des primären Senkungsgebietes dar, $a''\,b'' = l''$ ist die Länge des sekundären (obertägigen) Senkungsgebietes. Es sei nun durch den Punkt b' eine Parallele zu l gezogen, so daß wir das

Dreieck $a' b' a_1'$ erhalten, aus welchem wir folgende Berechnung ableiten können:

$$\frac{l}{l'} = \frac{\sin \beta}{\sin [180 - (\alpha + \beta)]} = \frac{\sin \beta}{\sin (\alpha + \beta)} \quad . . \quad (53)$$

Setzt man nun diesen Bruchwert in der Senkungsformel (52) ein, so erhält man:

$$s = 2 \frac{l}{l'} \frac{l'}{l''} m = 2 \frac{\sin \beta}{\sin (\alpha + \beta)} \frac{l'}{l''} m \quad . . . \quad (54)$$

Untersuchen wir nun die Werte von β für die verschiedenen Werte von α, um zu ersehen, wie sich die Senkungsmaße bei den verschiedenen Winkelwerten verhalten.

1.) $\left.\begin{array}{l} \alpha = 0^0 \text{ bis } 45^0 \\ \beta = 90 - \frac{\alpha}{2} \end{array}\right\}$ Jičinsky.

Es ist dann:

$$\frac{\sin \beta}{\sin (\alpha + \beta)} = \frac{\sin \left(90 - \frac{\alpha}{2}\right)}{\sin \left(\alpha + 90 - \frac{\alpha}{2}\right)} = \frac{\cos \frac{\alpha}{2}}{\cos \frac{\alpha}{2}} = 1 \quad . \quad (55)$$

Setzt man nun dieses Resultat in die Senkungsformel (54) ein, so erhält man:

$$s = 2 \frac{l'}{l''} m = 2 \frac{l}{l''} m \left(\text{da } \frac{l}{l'} = 1 \text{ ist } l = l'\right);$$

daraus folgt, daß zwischen den Grenzwerten des Flözeinfallswinkels von 0^0 und 45^0 das Maß der Senkung unabhängig ist von diesen Winkeln.

Es ändert sich, wie wir in einem folgenden Kapitel erörtern werden, die Lage des Senkungsgebietes; das Tiefenmaß der Senkung bleibt jedoch konstant, wenn die Flözmächtigkeit, die Flözlänge und die Kohlengebirgsmächtigkeit ebenfalls konstant bleiben.

2.) $\left.\begin{array}{l} \alpha = 45^0 \text{ bis } 90^0 \\ \beta = 45^0 + \frac{\alpha}{2} \end{array}\right\}$ Jičinsky

$$\frac{\sin \beta}{\sin (\alpha + \beta)} = \frac{\sin \left(45 + \frac{\alpha}{2}\right)}{\sin \left(\alpha + 45 + \frac{\alpha}{2}\right)} = \frac{\sin \left(45 + \frac{\alpha}{2}\right)}{\sin \left(45 + 3 \frac{\alpha}{2}\right)} \quad . \quad (56)$$

Untersuchen wir nun den Grenzwert $\alpha = 90^0$, so erhalten wir:

$$3.)\quad \left.\begin{aligned} \alpha &= 90^0 \\ \beta &= 45 + \frac{\alpha}{2} = 90^0 \end{aligned}\right\} \text{Jičinsky}$$

$$\frac{\sin \beta}{\sin (\alpha + \beta)} = \frac{\sin 90^0}{\sin 180^0} = \frac{1}{0} = \infty \quad . \; . \; . \; . \quad (57)$$

Setzen wir nun diesen Wert in unsere Senkungsformel ein, so erhalten wir

$$s = 2 \frac{1}{0} \frac{l'}{l''} m.$$

Im Grenzfalle des $\sphericalangle \alpha = 90^0$ wird die Länge des sekundären Senkungsgebietes $l' = 0$, da die Jičinskyschen Bruchrichtungen an beiden Abbaustößen lotrecht werden und zusammenfallen. Man könnte auch streng genommen behaupten, daß in diesem Falle $l' = m$, aber diese Behauptung würde der theoretischen Annahme widersprechen, welche zur Voraussetzung hat, daß die beiden Jičinskyschen Bruchrichtungen die abgebaute Flözlänge begrenzen. Aber selbst bei Zulässigkeit der Gleichung $l' = m$ ist der Wert der Flözmächtigkeit gegenüber jenem der Länge des obertägigen Senkungsgebietes so klein, daß die Vernachlässigung des in Rede stehenden Wertes zulässig erscheint.

Setzen wir nun $l' = 0$ in die Gleichung ein, so erhalten wir

$$s = 2 \frac{1}{0} \frac{0}{l''} m = \sim \quad . \; . \; . \; . \; . \; . \; . \quad (58)$$

eine unbestimmte Zahl. Wir ersehen also, daß für ein lotrecht einfallendes (seigeres) Flöz das Senkungsmaß unbestimmbar ist, d. h. daß bei einem Flözeinfallswinkel von $\alpha = 90^0$ eine Gesetzmäßigkeit im obertägigen Senkungsbilde nicht existiert. Dieses interessante Resultat mußte logischerweise sich ergeben; denn das nachsinkende Hangende hat unter den gegebenen Verhältnissen keine eigentliche Sohle, so daß es zur Entwicklung einer regulären Senkungsmulde gar nicht kommen kann. Es wird vielmehr ein trichterförmiges, pingenförmiges Einsinken des Kohlengebirges eintreten, welcher Prozeß sich auch im Tertiär zeigen wird, jedoch durch dasselbe eine wesentliche Abschwächung erleidet.

Zwischen den Flözfallwinkelwerten von 45^0 bis 90^0 nimmt der Bruchwert $\frac{1}{l'}$ von 1 bis ∞ zu, es wächst somit auch das zugehörige Senkungsmaß mit der Zunahme dieses Flözfallwinkels so lange, bis im Grenzfalle des seigeren Flözes das Senkungsmaß theoretisch unbestimmbar wird. Hierbei ist jedoch die Annahme getroffen, daß eine

Vermehrung des Kohlengebirgsvolumens unter keinen Umständen stattfindet.

Aus der Formel $s = 2 \frac{\sin \beta}{\sin(\alpha + \beta)} \frac{l'}{l''} m$ ist auch zu ersehen, daß das Senkungsmaß mit der Zunahme des Bruchwertes $\frac{l'}{l''}$ zunimmt. Der Wert $\frac{l'}{l''}$ nimmt zwischen den Winkeln 45^0 bis 90^0 ab, bis er Null wird, der Wert wird umso kleiner, je größer die Mächtigkeit des Tertiärs wird. Wir wollen nun auf den allgemeinen Fall der geologischen Verhältnisse

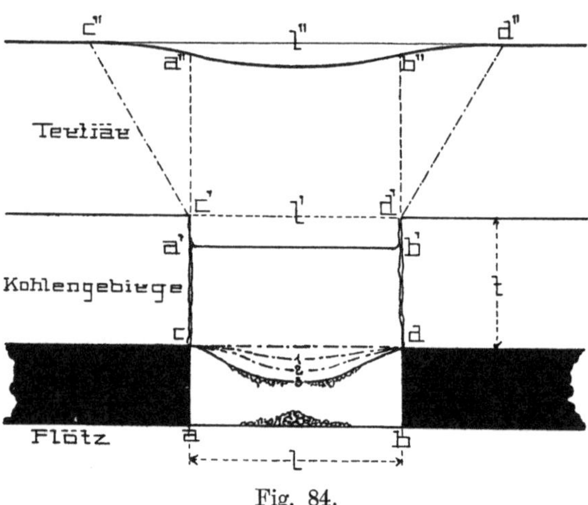

Fig. 84.

übergehen, indem wir voraussetzen, daß die hangenden Kohlengebirgsschichten beim Nachsenkungsprozeß eine Volumvermehrung erleiden.

β) Nachsinken der Hangendschichten mit Volumvermehrung. Wenn die Elastizität der nachsinkenden Hangendschichten überwunden wird, bevor dieselben bis zur Sohle des ausgekohlten Raumes gelangen, dann wird das Firstgestein in ein Haufwerk von Bruchstücken übergehen und sich so auf die Sohle niedersenken. Wenn also die Hangendschichten nicht so elastisch sind, daß sie die ganze Absenkung zur Sohle ohne Störung ihres gegenseitigen Zusammenhanges mit zu machen vermögen, so wird in einem gewissen Stadium des Senkungsprozesses die Überschreitung der Materialelastizitätsgrenze eintreten und den Verbruch des nachsinkenden Materiales zur Folge haben. In Fig. 84 ist dieses kritische Stadium in der Linie $\widehat{c\,3\,d}$ gekennzeichnet. Es ist klar, daß diese Überwindung der Elastizität um so reichlicher stattfinden wird, als der Weg vom Hangenden zum Liegenden zunimmt, daß also aus der

Zunahme der Flözmächtigkeit und des Flözfallwinkels auch die Zunahme der Volumvermehrung resultieren muß. Je mächtiger und je steiler das Flöz ist, desto größer muß die resultierende Volumsvermehrung sein, so daß es nicht angeht, für alle Flözmächtigkeiten und alle Fallwinkel ein einheitliches Maß für die Volumvermehrung anzunehmen.

Die im ersten Stadium des Senkungsprozesses stattfindende Volumvermehrung ist keine bleibende; denn durch das Gewicht der nachrückenden Hangendschichten wird das verbrochene Gestein wieder komprimiert, so daß bei Beendigung der Gebirgsbewegung eine Volumvermehrung resultiert, welche mit der anfänglichen Volumzunahme gewiß nicht identisch ist. Wenn also im folgenden von der Volumvermehrung des Kohlengebirges die Rede sein wird, dann kann hier nicht jenes Vermehrungsvermögen der Kohlengebirgsschichten gemeint sein, welches diesem Material im allgemeinen eigen ist, sondern es ist eine für den Kohlenabbau speziell geltende Volumvermehrung.

Das dem Kohlengebirge im allgemeinen zukommende Volumvermehrungsvermögen beträgt durchschnittlich 15 %; bei den im Abbau vorhandenen Verhältnissen, wo diese Vermehrung des Volumens bei gleichzeitiger Wirkung der auf dem Firstgestein ruhenden Kohlengebirgsmassen stattfindet, wird sogar die im allerersten Stadium des Verbruches eintretende Vermehrung weit geringer sein als der vorangeführte Wert. Durch die nachrückenden Kohlengebirgsmassen wird diese anfängliche Vermehrung wieder restringiert, so daß die resultierende Volumvermehrung noch bedeutend geringer wird als der angegebene Wert des dem Kohlengebirge im allgemeinen zukommenden Volumsvermehrungsvermögens.

Bezüglich des Tertiärs wurde bereits erörtert, daß dasselbe ohne Vermehrung seines Volumens den Senkungsprozeß mitmacht.

Bei Berücksichtigung der vorangeführten Umstände muß man ersehen, daß (Fig. 84) die Gleichheit der abgebauten Flözquerschnittsfläche lm und des Querschnittes der obertägigen Senkungsmulde $l'' \frac{s}{2}$ nicht mehr bestehen wird, es ist vielmehr $l\,m > l'' \frac{s}{2}$. Die obertägige Muldenquerschnittsfläche ist kleiner als die abgebaute Flözquerschnittsfläche und gibt uns die Differenz dieser beiden Flächen ein Mittel zur Berechnung der eingetretenen Volumsvermehrung des Kohlengebirges, welche die Herabminderung der lotrechten Senkungsmasse der obertägigen Mulde und dadurch auch die Restringierung ihrer Querschnittsfläche bewirkt hat. Da im vorliegenden Falle eine Vermehrung des Kohlengebirges eintritt, so kann das Tertiär diesem nicht mehr in dem Maße m der Flözmächtigkeit an der Kohlengebirgsgrenze nachrücken, in welchem die Firstgesteinsschichten zur Sohle abgesenkt sind.

Bezeichnen wir das durchschnittliche Maß der an der Kohlengebirgsgrenze stattfindenden Eindrückung des Tertiärs mit x (primäres

Senkungsmaß), so wird $l\,m = l'\,x + f$, wobei f die durch die Volumvermehrung aufgezehrte Querschnittsfläche bedeutet.

Es sei nach Rziha (Fig. 85) q ein differentialer Querschnitt eines Firstpartikels und m die seigere, also lotrechte Flözmächtigkeit, T die Kohlengebirgsmächtigkeit, so muß die Volumvermehrung der Masse q T (die Höhe senkrecht zur Bildebene sei die Maßeinheit), also v q T, wenn v die Vermehrung der Volumeinheit, den sogenannten Volumvermehrungskoeffizienten bezeichnet, untergebracht werden in dem abgebauten Raume q m. Es muß also $q\,m = v\,q\,T$, woraus $T = \frac{m}{v}$ (59), welcher Ausdruck die sogenannte „schadlose Tiefe" darstellt.

Die schadlose Tiefe bedeutet also jenes vertikale Maß der den Abbau überlagernden Kohlengebirgsmächtigkeit T, welche notwendig erscheint, damit der durch den Abbau geschaffene Hohlraum durch die Vermehrung des Kohlengebirges aufgezehrt wird.

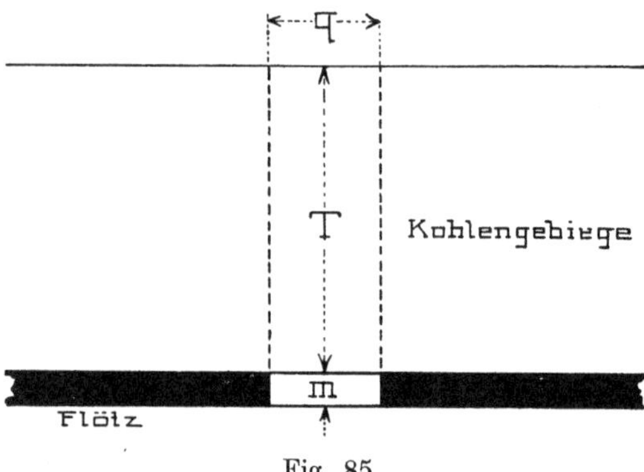

Fig. 85.

Aus der Berechnung von $v = \frac{m}{T}$ (60) ist zu ersehen, daß der Volumvermehrungskoeffizient mit der Flözmächtigkeit zunimmt und daß dieser Koeffizient den Quotienten aus der Flözmächtigkeit m und der schadlosen Teufe T darstellt.

Würde es sich um die Senkung eines Firstpartikelchens allein handeln, dessen Zusammenhang mit dem Nachbargestein nicht vorhanden wäre, so müßte nach Jičinsky ein Senkungsmaß $s = m - v\,t$ (61) sich ergeben, welches Maß $s = 0$ wird, wenn $m - vt = 0$, für welchen Fall t gleich T wird. Diese für ein Firstpartikelchen geltende Erklärung für die Berechnung des Senkungsmaßes muß nun für den abgebauten Flözkörper selbst zur Anwendung gelangen.

In der Formel $s = m - v\,t$ wurde das Volumen des Firstpartikelchens vernachlässigt; es wurde nur die in der Vertikalrichtung eintretende Vermehrung der Kohlengebirgsmasse berücksichtigt, welche die Reduktion des Senkungsmaßes hervorruft.

Wenn wir nur in Fig. 84 voraussetzen, daß die Masse $l\,m$ abgebaut wurde, wobei die zur Bildfläche gemessene Dimension als Einheit gedacht ist, so ist nach früherer Erörterung $l\,m = l'\,x + f = l'\,x + l'\,v\,t$ (62), wobei f gleich $l'\,vt$ gesetzt wurde, welch letzterer Ausdruck jene

Masse darstellen soll, welche durch die Volumvermehrung hinzugekommen ist.

Da an der Kohlengebirgsgrenze die Wirkungssphäre der Volumsvermehrung endet, so muß an dieser Grenze das Maximum jenes Volumens erzeugt sein, welches eine Restringierung der obertägigen Senkung hervorruft. Hierbei ist vorausgesetzt, daß v den Koeffizienten für die in der Vertikalrichtung eintretende Vermehrung der Kohlengebirgsmasse darstellt, während l' die an der Kohlengebirgsgrenze in der Fallrichtung gemessene Dimension dieser Masse bezeichnet.

Aus der Formel $l\,m = l'\,x + l'\,v\,t$ ergibt sich $x = \frac{l}{l'}\,m - v\,t$ (63), welcher Ausdruck uns das mittlere primäre Senkungsmaß vorstellt. Da im Tertiärgebirge eine Volumsvermehrung nicht stattfindet, so ergibt sich (Fig. 84) die Gleichheit der Flächen $a'\,b'\,c'\,d'$ und $a''\,b''\,c''\,d''$, und es gilt deshalb die Beziehung $l'\,x = l''\,\frac{s}{2}$; es ist dann $s = 2\,\frac{l'}{l''}\,x$ oder

$$s = 2\,\frac{l'}{l''}\left(\frac{l}{l'}\,m - v\,t\right) \quad \ldots \ldots \quad (64)$$

Diese Formel ist nur bis zu einer gewissen in der Fallrichtung gemessenen, im vorhinein nicht bestimmbaren Abbaulänge gültig, bei welcher das mögliche Senkungsmaximum erreicht wird. Bis zu dieser Länge des Abbaues bildet sich immer wieder die gesetzmäßige Mulde, welche jedoch ihre Grenze besitzt, wenn das maximale Senkungsmaß erreicht ist. Ist das Senkungsmaximum einmal erreicht, dann bleibt dasselbe konstant, und es wird sich ein Senkungsbild entwickeln, welches aus einer Anfangs- und einer Endkurve bestehen wird, während der mittlere Teil dieses Bildes eine Linie sein wird, welche die Senkungsmaxima miteinander verbindet, wenn die Kohlengebirsgmächtigkeit konstant bleibt.

Im Falle des Nachsenkens der Hangendschichten ohne Volumvermehrung kann das maximale Senkungsmaß schon bei einer geringen Länge des Abbaues hervorgerufen werden. Im Falle einer stattfindenden Vermehrung des Volumens wird erst bei einer gewissen Länge des Abbaues ein Senkungsmaximum erzeugt, und zwar an jener Stelle, wo durch die Druckwirkung der Hangendschichten die bedeutendste Zusammenpressung des vermehrten, verbrochenen Firstgesteins eingetreten ist. Da mit der Zunahme der Abbaulänge der Gebirgsdruck immer mehr entfesselt wird, muß es zu einem Stadium des möglichen Maximums der Senkung kommen, welches bei einer gewissen Größe des Abbaufeldes hervorgerufen wird.

Nehmen wir nun an, wir hätten ein derartiges Senkungsbild, wo das Senkungsmaximum bereits erreicht ist (Fig. 86), so wird sich die Formel für die Querschnittsfläche der obertägigen Senkungsmulde wie folgt berechnen:

$$F = l_1'' s + 2 l_2'' \frac{s}{2}$$

$$F = l_1'' s + l_2'' s = s (l_1'' + l_2'')$$

$$F = s (l_1'' + l_2'')$$

Es wird sich sodann die Senkungsformel folgendermaßen gestalten:

$$l' x = F = (l_1'' + l_2'') s,$$

wobei $l' x$ die Querschnittsfläche des primären Senkungsgebietes darstellt. Es ist dann:

$$s = \frac{l'}{l_1'' + l_2''} x,$$

und da

$$x = \frac{l}{l'} m - vt,$$

so ist

$$s = \frac{l'}{l_1'' + l_2''} \left(\frac{l}{l'} m - vt \right) \quad \ldots \ldots \quad (65)$$

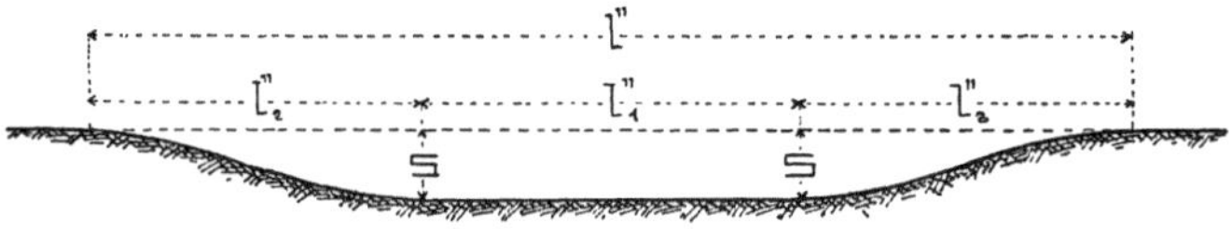

Fig. 86.

Wir wollen nun in unseren folgenden Berechnungen voraussetzen, daß das maximale Senkungsmaß noch nicht eingetreten sei und somit die Formel (64) in Geltung sich befindet. Wenn wir nun für den Ausdruck $\frac{l}{l'}$ den bereits abgeleiteten Wert

$$\frac{\sin \beta}{\sin (\alpha + \beta)}$$

in die allgemeine Senkungsformel (64) einsetzen, so erhalten wir die sogenannte Winkelformel

$$s = 2 \frac{l'}{l''} \left[\frac{\sin \beta}{\sin (\alpha + \beta)} m - vt \right] \quad \ldots \ldots \quad (66)$$

welche uns den Einfluß des Flözeinfallswinkels auf die Größe des Senkungsmaßes kennzeichnet.

Untersuchen wir nun abermals diese Formel bezüglich der verschiedenen Werte des Flözeinfallswinkels $\alpha = 0^0$ bis 90^0 so erhalten wir:

1.) $\left.\begin{aligned}\alpha &= 0^0 \text{ bis } 45^0\\ \beta &= 90^0 - \frac{\alpha}{2}\end{aligned}\right\}$ Jičinsky

$$\frac{\sin\beta}{\sin(\alpha+\beta)} = 1$$

$$s = 2\frac{l'}{l''}[m - v\,t] \quad \ldots\ldots\ldots \quad (67)$$

2.) $\left.\begin{aligned}\alpha &= 45^0 \text{ bis } 90^0\\ \beta &= 45^0 + \frac{\alpha}{2}\end{aligned}\right\}$ Jičinsky

$$\frac{\sin\beta}{\sin(\alpha+\beta)} = \frac{\sin\left(45+\frac{\alpha}{2}\right)}{\sin\left(45+3\frac{\alpha}{2}\right)}$$

$$s = 2\frac{l'}{l''}\left[\frac{\sin\left(45+\frac{\alpha}{2}\right)}{\sin\left(45+3\frac{\alpha}{2}\right)}m - v\,t\right] \quad \ldots\ldots \quad (68)$$

3.) $\left.\begin{aligned}\alpha &= 90^0\\ \beta &= 90^0\end{aligned}\right\}$ Jičinsky

$$\frac{\sin\beta}{\sin(\alpha+\beta)} = \infty,\quad s = 2\frac{0}{l''}[\infty\, m - v\,t] = \infty \text{ unbestimmte Zahl} \quad (69)$$

γ) Einfluß der Größe des Flözfallwinkels auf die Lage des obertägigen Senkungsgebietes. In Fig. 87 sei die sich ändernde Form des Senkungsbildes bei zunehmendem Flözeinfallswinkel von $\alpha = 0^0$ bis 90^0 dargestellt unter der Annahme eines konstant bleibenden Volumvermehrungskoeffizienten von $v = 0{,}01$. Man sieht aus dieser Darstellung, daß mit zunehmendem Flözeinfallswinkel das obertägige Senkungsgebiet sich sowohl bezüglich seiner Lage, seiner Größe als auch seiner lotrechten Senkungsmaße ändert.

Bei horizontaler Lagerung des Flözes wird das Verbruchsgebiet im Kohlengebirge durch die zwei lotrechten Linien $a_1 a_1'$ und $b_1 b_1'$ begrenzt, im Tertiär bilden die Geraden $a'_1 a_1''$ und $b'_1 b_1''$ die Grenzen des Senkungsgebietes. Zwischen den Winkeln $\alpha = 0^0$ bis 45^0 wandert das Senkungsgebiet mit zunehmendem Senkungsmaße von rechts nach links, bis es bei $\alpha = 45^0$ sich am weitesten von seiner Anfangslage entfernt hat, was durch die Geraden $a_4' a_4''$ und $b_4' b_4''$ angezeigt wird. An dieser Zunahme der Senkungsmaße in dem angeführten Winkelbereiche ist

für α = 90°, S = unbestimmt
Übertägige Senkungskurve
Maßstab: Längen 1:5000 Höhen 1:250
Tertiär
Kohlengebirge
t in Metern für α von 0°–90°
Maßstab:
Längen 1:5000
Höhen 1:5000
l' in Metern für α von 90°–0°

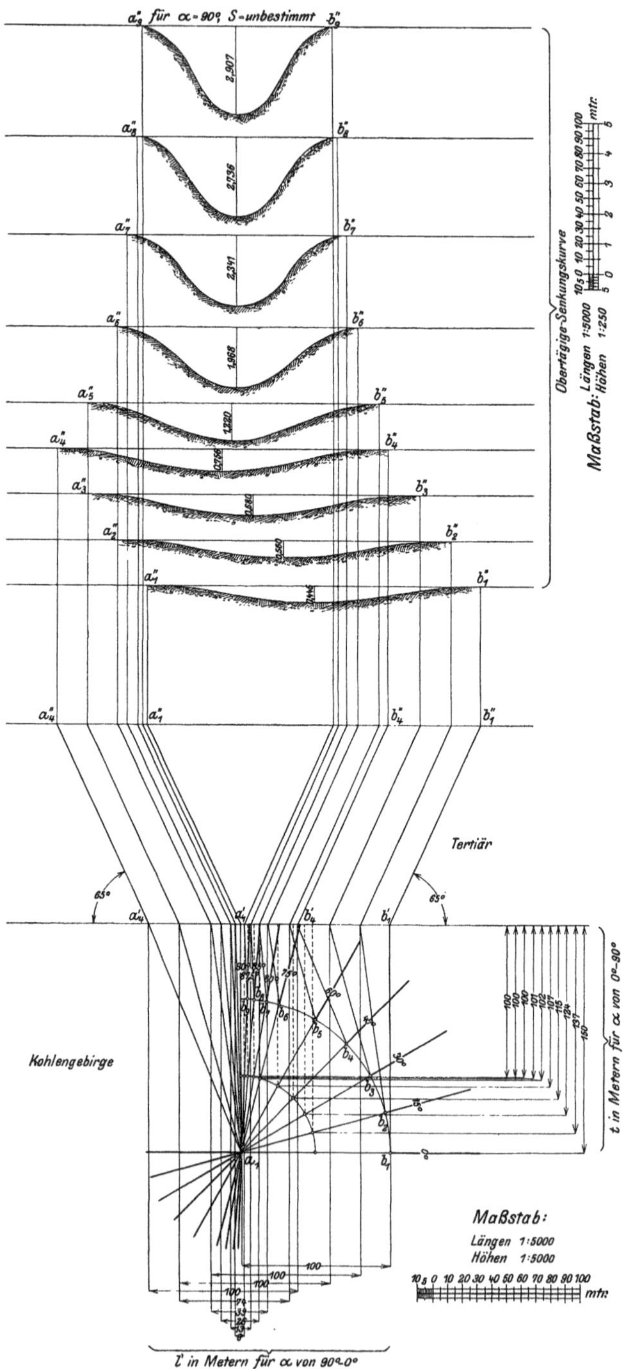

Fig. 87.

Tabelle für die Berechnung der Senkungsmaße (ad Fig. 87).

Flözmächtigkeit m = 1 m, Grenzwinkel $\gamma = 65^0$, Volumvermehrungskoeffizient v = 0,01.

Flöz-Einfallswinkel α	Bruchwinkel β	Abbaulänge l	Länge des primären Senkungsgebietes l′	Länge des obertägigen Senkungsgebietes l″	Mächtigkeit des Kohlengebirges t	Obertägiges Senkungsmaß $s = 2\frac{l'}{l''}\left(\frac{1}{l'}m - vt\right)$
		in Metern				
$\alpha_1 = 0^0$	$\beta_1 = 90^0$	100	100	224	150	0,445
$\alpha_2 = 15^0$	$\beta_2 = 82{,}30^0$	100	100	224	137	0,560
$\alpha_3 = 30^0$	$\beta_3 = 75^0$	100	100	224	124	0,680
$\alpha_4 = 45^0$	$\beta_4 = 67{,}30^0$	100	100	224	115	0,756
$\alpha_5 = 60^0$	$\beta_5 = 75^0$	100	74	196	107	1,222
$\alpha_6 = 75^0$	$\beta_6 = 82{,}30^0$	100	39	162	102	1,968
$\alpha_7 = 80^0$	$\beta_7 = 85^0$	100	26	149	101	2,341
$\alpha_8 = 85^0$	$\beta_8 = 87{,}30^0$	100	13	134	100	2,736
$\alpha_9 = 87{,}30^0$	$\beta_9 = 88{,}45^0$	100	6	126	100	2,907
$\alpha_{10} = 90^0$	$\beta_{10} = 90^0$	100	0	122	100	unbestimmt

der Umstand schuldtragend, daß bei horizontal bleibender Kohlengebirgsgrenze die mittlere Mächtigkeit t des über dem Abbau lagernden Kohlengebirges abnimmt, wodurch in der Formel der Wert $\frac{l'}{l''}vt$ abnimmt, was die Vergrößerung der Senkungsmasse zur Folge hat.

Nimmt der Winkelwert α über 45^0 zu, so kehrt das Senkungsgebiet bei zunehmendem Senkungsmaße wieder gegen die rechte Seite zurück, wobei es sich immer mehr einschränkt. In diesem Winkelbereiche hat auch die Zunahme des Flözeinfallswinkels ihren gewaltigen Einfluß bezüglich der Zunahme der Senkungsmasse. Diese interessante Erscheinung der Wanderung des Senkungsgebietes bei zunehmendem Flözeinfallswinkel nenne man das „Pendeln des Senkungsgebietes“. Das Senkungsgebiet entfernt sich bei $\alpha = 45^0$ am meisten vom Abbaugebiete; es ist dies der größte Pendelausschlag des Senkungsterritoriums, welches sich bei weiterer Zunahme des Flözfallwinkels immer mehr verengt, um seinen Pendelausschlag zu verringern, bis derselbe bei 90^0 wieder Null wird.

Das Maß der Mächtigkeit des Kohlengebirges, welches für die Volumvermehrung ins Kalkühl zu nehmen wäre, ist in der Mitte der abgebauten Flözlänge in der lotrechten Richtung über dem Abbau nach aufwärts bis zur Kohlengebirgsgrenze zu bestimmen, wie dies in Fig. 87 angedeutet ist. Es ist zu ersehen, daß je steiler der Flözeinfallswinkel wird, desto kleiner wird das Maß der mittleren Kohlengebirgsmächtigkeit, welche für die Volumvermehrung bei konstant bleibender Tertiärgrenze in Betracht kommt, und desto größer wird das hervorgerufene Senkungsmaß.

Wenn wir früher abgeleitet haben, daß das Maß der obertägigen Senkung zwischen den Flözeinfallswinkelwerten $\alpha = 0^0$ und bis 45^0 konstant bleibt, so haben wir die Voraussetzung getroffen, daß die Größe der mittleren Kohlengebirgsmächtigkeit und des Volumvermehrungskoeffizienten zwischen den erwähnten Winkelgrenzen konstant bleibt. Wie in Fig. 87 ersehen werden kann, wird die Größe der über dem Abbau in dessen Mitte gemessenen mittleren Kohlengebirgsmächtigkeit zwischen den erwähnten Winkelgrenzen immer kleiner, infolge dessen wird das Maß der Senkung zwischen diesen Winkeln immer größer, wie dies bereits erörtert worden ist.

Der Fall des konstant bleibenden Wertes der Senkungsmaße zwischen den Winkeln $\alpha = 0^0$ bis 45^0 ist also nur ein rein theoretischer bezüglich des alleinigen Einflusses des Flözeinfallswinkels auf das Maß der Bodensenkung. Bei Berücksichtigung der immer kleiner werdenden Kohlengebirgsmächtigkeiten ergibt sich sofort das logische Resultat der immer größer werdenden Senkungsmasse zwischen diesen Winkeln.

δ) Die Berechnung des Volumvermehrungskoeffizienten. Es wurde bereits erörtert, daß im Falle der Überschreitung des Elastizitätsvermögens der hangenden Gebirgsschichten ein Verbruch derselben eintritt, welcher eine Volumvermehrung dieser Schichten zur Folge hat. Auch wurde eingehend begründet, daß diese Volumvermehrung nicht mit jener Vermehrung identisch sein kann, deren das Kohlengebirge im allgemeinen fähig ist. Diese Vermehrung findet unter dem Gewichte der nachrückenden Kohlengebirgs- und Tertiärschichten statt und ist deshalb bedeutend kleiner als die dem Kohlengebirge im allgemeinen zukommende Vermehrungsfähigkeit. Es ist selbstverständlich eine ganz unmögliche Sache, den Volumvermehrungskoeffizienten, welcher uns die prozentuelle Zunahme des Kohlengebirgsvolumens angibt, im Abbau selbst zu berechnen. Man kann nur durch die Beobachtung der infolge eines untertags betriebenen Abbaues obertags eintretenden Terrainsenkungen einen Anhaltspunkt für die stattgehabte Volumvermehrung des Kohlengebirges erhalten. Durch den Vergleich der abgebauten Flözquerschnittsfläche mit der obertags konstatierbaren Senkungsmuldenquerschnittsfläche erhält man die Größe des Flächenverlustes, beziehungsweise der Massenzunahme, welche die Volumvermehrung der hangenden Kohlengebirgsschichten bewirkt hat.

Aus der allgemeinen Senkungsformel

$$s = 2\frac{l}{l''}m - 2\frac{l'}{l''}v\,t$$

berechnet man

$$v = \frac{2\frac{l}{l''}m - s}{2\,t}\,\frac{l''}{l'} \quad \ldots\ldots\ldots \quad (70)$$

Auf diese Art wurden aus einer ganzen Reihe von Senkungsfällen die Volumvermehrungskoeffizienten berechnet, deren Größen auf der auf Seite 256 u. 257 befindlichen Tabelle ersehen werden. Die Berechnungen haben die verschiedensten Werte für diese Koeffizienten ergeben, und variieren diese zwischen 0,000 und 0,041.

Wie aus der Formel (70) hervorgeht, wächst der Volumvermehrungskoeffizient mit der Flözmächtigkeit. Je größer die Flözmächtigkeit ist, desto größer ist der hervorgerufene Verbruch der hangenden Kohlengebirgsschichten, und desto größer muß auch die resultierende Volumvermehrung sein.

Der Volumvermehrungskoeffizient wächst auch mit dem Bruchwerte $\frac{l''}{l'}$, dessen Größe mit der Zunahme des Flözeinfallswinkels zunimmt.

Der Volumvermehrungskoeffizient wächst ferner mit der Abnahme des Senkungsmaßes; endlich ist diese Koeffizientengröße umgekehrt proportional der Größe der Kohlengebirgsmächtigkeit. Je größer die Mächtigkeit der das Flöz überlagernden Kohlengebirgsschichten, desto kleiner ist die hervorgerufene Volumvermehrung, weil diese Vermehrung dann unter einem größeren Gewichte der nachrückenden Schichten stattfindet, welches der Vergrößerung des Volumens entgegenwirkt.

Der im Zähler des Bruches ersichtliche Wert $2\,\frac{l}{l''}\,m$ bedeutet nichts anderes als die Größe des Senkungsmaßes, im Falle eine Volumvermehrung nicht stattfindet, wie dies bereits im bezüglichen Kapitel abgeleitet wurde. Bezeichnen wir diesen Wert mit S, so erhalten wir

$$v = \frac{S - s}{2\,t}\,\frac{l''}{l'} \quad \ldots\ldots\ldots\ldots \quad (71)$$

Die Größe des Volumvermehrungskoeffizienten ist also direkt proportional der Differenz aus dem maximalen Senkungsmaße für den idealen Fall der Bodensenkung ohne Volumvermehrung und jenem Senkungsmaße, welches in der Natur tatsächlich gemessen wurde. Man kann also in einem gegebenen Senkungsfalle die Größe des Volumvermehrungskoeffizienten berechnen, wenn man jenen Fall zugrunde legt, welchen man den „idealen Elastizitätsfall“ bezeichnen könnte, d. i. jener Fall, bei welchem sich die Gebirgsschichten absenken, ohne zu verbrechen, wobei der Wert des Volumvermehrungskoeffizienten gleich Null und eine schadlose Tiefe nicht vorhanden ist.

Haben wir die Größe des maximalen Senkungsmaßes in diesem Falle berechnet und die in der Natur aufgetretene Bodensenkung durch ein Nivellement ermittelt, dann sind wir mit Hilfe der abgeleiteten Formel im Stande, den Volumvermehrungskoeffizienten bei den gegebenen Verhältnissen zu berechnen. Es ist klar, daß das Senkungsmaß für den idealen Elastizitätsfall größer sein muß als jenes Maß der Senkung, welches sich im Falle einer stattfindenden Volumvermehrung einstellt, es ist also S > s. Der Volumvermehrungskoeffizient ist eine Funktion der gegenüber dem idealen Elastizitätsfall eintretetenden Verminderung des Senkungsmaßes.

ε) Das Problem der schadlosen Tiefe. Wenn durch das Nachsinken der Hangendschichten der gegenseitige Zusammenhang derselben innerhalb der Bruchrichtungen nicht gestört wird, so daß eine Volumvermehrung des Kohlengebirges nicht eintreten kann, so wird sich die stattgefundene Absenkung der Schichten obertags in Form einer Mulde äußern, deren maximales Senkungsmaß bereits erörtert wurde. In diesem Falle kann von einer schadlosen Tiefe nicht gesprochen werden, und wird bei dieser Gelegenheit auf die Erfahrungen in Westfalen hingewiesen, wo ein sogenanntes „Totlaufen der Senkung" niemals beobachtet worden ist.

Wenn jedoch das Dachgestein bei gleichzeitiger Volumvermehrung nachsinkt und der Koeffizient für die Zunahme des Volumens als Abhängige von der Mächtigkeit des Kohlengebirges gewählt wird, dann ist das Problem der schadlosen Tiefe gegeben, dann tritt das ein, was in Deutschland das „Totlaufen der Senkung" genannt wird.

Aus der Senkungsformel

$$s = 2 \frac{l}{l''} m - 2 \frac{l'}{l''} v t$$

berechnet man die schadlose Tiefe T für $s = 0$ und erhält

$$2 \frac{l}{l''} m = 2 \frac{l'}{l''} v T,$$

und hieraus ist

$$T = \frac{l}{l'} \frac{m}{v} \quad \ldots \ldots \ldots \ldots \quad (72)$$

Aus dieser Formel ersehen wir folgendes: Die schadlose Tiefe T wird um so größer, je größer die Flözmächtigkeit ist, diese Tiefe wächst ferner mit der Verhältniszahl $\frac{l}{l'}$ welche um so größer wird, je steiler der Flözeinfallswinkel ist.

Setzen wir nun für $\frac{l}{l'}$ den früher abgeleiteten Wert von

$$\frac{\sin \beta}{\sin (\alpha + \beta)}$$

in die Formel ein, so erhalten wir die Winkelformel für

$$T = \frac{\sin \beta}{\sin (\alpha + \beta)} \frac{m}{v} \quad \ldots \ldots \ldots \quad (73)$$

1. Für die Flözeinfallswinkel $\alpha = 0^0$ bis 45^0 ist

$$\frac{\sin\beta}{\sin(\alpha+\beta)} = 1 \quad \text{und} \quad T = \frac{m}{v} = c,$$

d. h. die schadlose Tiefe ist zwischen den Flözeinfallswinkelwerten $\alpha = 0^0$ und 45^0 bei konstanter Flözmächtigkeit und konstantem Volumvermehrungskoeffizienten konstant.

2. Zwischen den Flözeinfallswinkeln $\alpha = 45^0$ bis 90^0 wächst der Bruchwert $\frac{\sin\beta}{\sin(\alpha+\beta)}$ bis ins Unendliche, so daß bei $\alpha = 90^0$,

$$T = \infty \frac{m}{v} = \infty \quad \ldots\ldots\ldots \quad (74)$$

(d. i. für ein seigeres Flöz) es einen begrenzten Wert der schadlosen Tiefe nicht mehr gibt, weil die absenkenden Hangendschichten eine eigentliche Sohle nicht mehr besitzen. Es wird sich daher in dem gegebenen Grenzfalle eine trichterförmige Einsenkung zeigen, wie dies bereits gelegentlich der Berechnung des Senkungsmaßes erörtert wurde.

Jedenfalls ist es einzusehen, daß für die Berechnung der schadlosen Tiefe, die übrigens nur dann vorhanden ist, wenn das Material eine Volumvermehrung erfährt, die Größe des Flözeinfallswinkels von großer Bedeutung ist.

Die Existenz einer schadlosen Tiefe könnte zu den Trugschlusse verleiten, daß bei zu schützenden obertägigen Objekten nur bis zu dieser Tiefe hinabreichende Kohlensicherheitspfeiler zu belassen wären, unter welchen die Abbaue bewirkt werden könnten, ohne daß obertags Bodensenkungen hervorgerufen werden könnten. An einem Beispiele Fig. 88 wollen wir nun untersuchen, wie sich ein bis zur schadlosen Tiefe nach abwärts reichender Sicherheitspfeiler verhält, wenn unter demselben ein Abbau bewirkt würde. Nehmen wir an, es wäre die Lage des Flözes a b so beschaffen, daß seine Tiefenlage mit dem Maße der schadlosen Tiefe übereinstimmt, und fragen wir uns nun, welche Wirkungen würden durch den Abbau dieses Flözes im Sicherheitspfeiler selbst hervorgerufen werden?

Durch den in der schadlosen Tiefe bewirkten Abbau wird im Falle des Verbruches das Firstgestein den Hohlraum $a\,b\,b_0\,a_0$ ausfüllen, hierdurch wird ein Nachsenken der hangenden Gebirgsschichten stattfinden, welches sich bis zur Linie $\overline{g\,h}$, d. i. bis zur oberen Grenze des Kohlengebirges fortpflanzen wird. In dieser Grenzlinie $\overline{g\,h}$ wird ein Stillstand des Gebirges eintreten, dort ist gerade jene Schichte desselben, welche von dem in a b bewirkten Abbau verschont bleiben muß, da diese Gebirgszone über dem Abbau im Maße der schadlosen Tiefe gelegen ist. Es wird also durch den Abbau a b eine Bewegung und damit eine Störung des Gleichgewichtes im Kohlenpfeiler eintreten, welche an der oberen Kohlengebirgsgrenze zum Stillstande gelangt. Durch diese gegen die Kohlengebirgsgrenze hin abnehmende Schichtenbewegung wird die Stabilität des Kohlenpfeilers beeinträchtigt, welcher Umstand für das zu schützende Objekt nur von Nachteil sein kann. Hierbei muß man sich vorstellen, daß nach Ausfüllung des ausgekohlten Raumes die

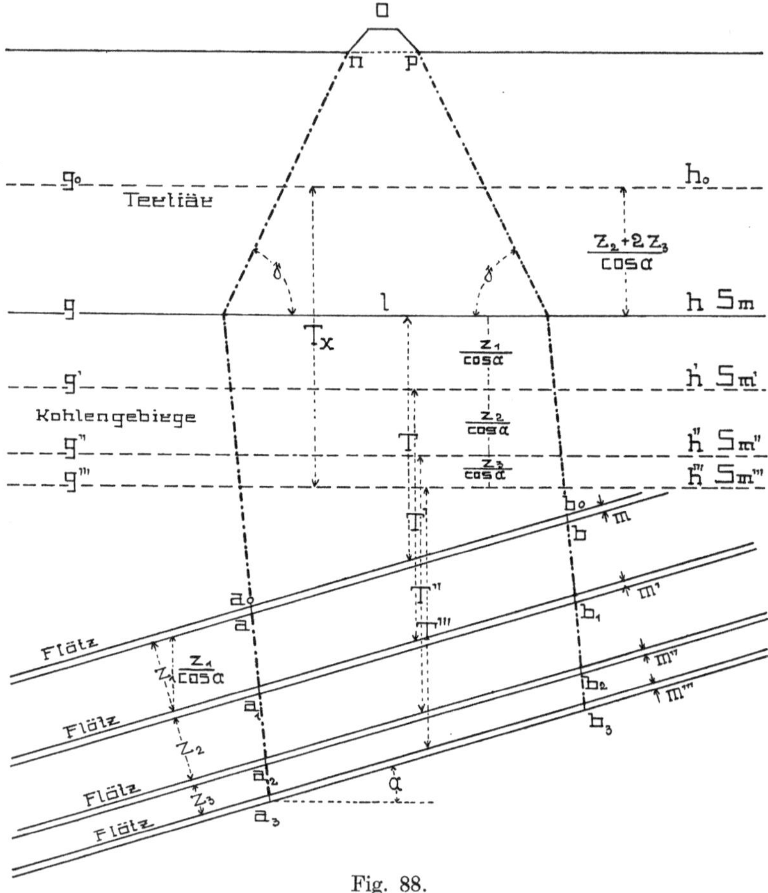

Fig. 88.

nachrückenden Gesteinsschichten eine Durchbiegung erfahren werden, welche nach obenhin abnimmt, bis das Maß derselben endlich Null wird, wie dies in Fig. 89 angedeutet erscheint.

Wenn nun das liegendere Flöz $a_1\,b_1$ zum Abbau gelangt, dann werden die durch diesen folgenden Abbau erzeugten Schichtenbewegungen bis zur Grenze $\overline{g'h'}$ reichen, welche in dem schadlosen Tiefenmaße über diesem Abbau sich befindet. Es werden also zu den infolge des Abbaues a b hervorgerufenen Schichtenbewegungen noch jene von $a_1\,b_1$ hinzugelangen, welche bis zur Grenze $\overline{g'\,h'}$ hinaufreichen. Dasselbe gilt vom Abbau $a_2\,b_2$, dessen Wirkungen bis zur Grenze $\overline{g''\,h''}$ sich geltend machen werden. Es ist also zu ersehen, daß durch diese immer neu entstandenen Gleichgewichtsstörungen im Sicherheitspfeiler dessen Stabilität sehr in Mitleidenschaft gezogen wird, und es muß durch die infolge des Abbaues weiterer Flöze immer neu hinzukommenden Schichtenbewegungen endlich der Fall eintreten, daß diese letzteren über die Kohlengebirgsgrenze hinaufreichen und dadurch auch obertags zum Vorschein gelangen.

Wir wollen nun an einem Beispiele die Wirkungen der unter dem schadlosen Tiefenmaße vorgenommenen Abbaue untersuchen und machen dabei folgende Voraussetzungen. m, m', m'', m''' seien die

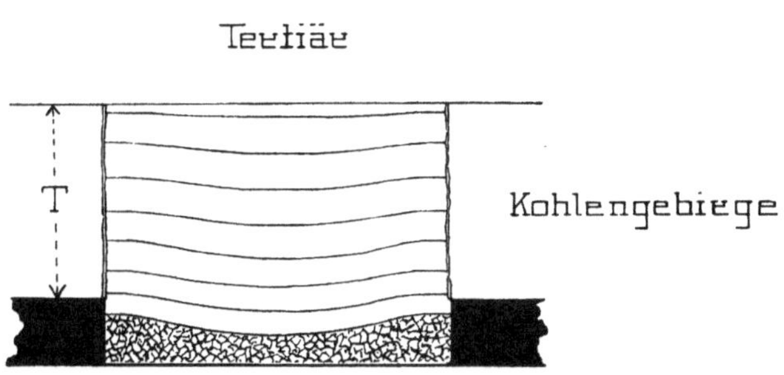

Fig. 89.

Mächtigkeiten der übereinandergelegenen Flöze $a\,b$, $a_1\,b_1$, $a_2\,b_2$, $a_3\,b_3$, wobei $a\,b$ im Maße der schadlosen Tiefe T unter der Kohlengebirgsgrenze $\overline{g\,h}$ sich befinde. Die einzelnen Flöze hätten voneinander die senkrechten Entfernungen z_1, z_2 und z_3, und die allen gemeinschaftliche Länge sei l, wobei der Einfallswinkel α bei allen 4 Flözen derselbe wäre.

Die zu den einzelnen Abbauen gehörigen schadlosen Tiefen seien T, T', T'' und T''', welche bis zu den oberen Grenzen $\overline{g\,h}$, $\overline{g'\,h'}$, $\overline{g''\,h''}$ und $\overline{g'''\,h'''}$ reichen, und es soll nun untersucht werden, welche Senkungsmaße in diesen Grenzen zum Vorschein gelangen. Behufs Vereinfachung der Rechnung setzen wir nun voraus, daß $T = T' = T'' = T'''$, d. h. die Werte der schadlosen Tiefen für alle Abbaue seien einander gleich, wie dies gleichen Flözmächtigkeiten und gleichen Fallwinkeln entsprechen würde.

Wir wollen die von den einzelnen Abbauen hervorgerufenen Senkungsmaße berechnen und erhalten:

1. in der Grenze $\overline{g\,h}$: Senkungsmaß $S_m = s_m = o$, d. i. das Senkungsmaß vom Abbau $a\,b$;

2. in der Grenze $\overline{g'h'}$: Senkungsmaß $S_m' = s_m + s'_m$, das sind die Senkungsmaße von den Abbauen $a\,b + a_1\,b_1$. In der Grenze $\overline{g'h'}$ ist das vom Abbau $a_1\,b_1$ herrührende Senkungsmaß $s'_m = 0$, folglich $S_m' = s_m$;

3. in der Grenze $\overline{g''h''}$: Senkungsmaß $S_m'' = s_m + s_m' + s_m''$, das sind die Senkungsmaße von den Abbauen $a\,b + a_1\,b_1 + a_2\,b_2$. In der Grenze $\overline{g''h''}$ ist das vom Abbau $a_2\,b_2$ herrührende Senkungsmaß $s_m'' = 0$, folglich $S_m'' = s_m + s_m'$;

4. in der Grenze $\overline{g'''h'''}$: Senkungsmaß $S_m''' = s_m + s_m' + s_m'' + s_m'''$, das sind die Senkungsmaße von den Abbauen $a\,b + a_1\,b_1 + a_2\,b_2 + a_3\,b_3$. In der Grenze $\overline{g'''h'''}$ ist das vom Abbau $a_3\,b_3$ herrührende Senkungsmaß $s_m''' = 0$ folglich, $S_m''' = s_m + s_m' + s_m''$.

Wir wollen nun die einzelnen Werte für diese Senkungsmaße ermitteln und erhalten:

1. in der Grenze $\overline{g\,h}$: $S_m = s_m = 0$.

Im Sinne der Flächentheorie ist

$$l\,m = l'\,s_m + l'\,v\,t;$$

es ist nämlich die abgebaute Flözquerschnittsfläche $l\,m$ gleich der an der Kohlengebirgsgrenze auftretenden primären Senkungsfläche plus derjenigen Fläche, welche infolge der eingetretenen Volumvermehrung aufgezehrt worden ist. Aus der obigen Formel berechnet man:

$$s_m = \frac{l}{l'}\,m - \mathbf{v\,t = 0 = S_m} \quad \ldots\ldots\ldots \quad (75)$$

hieraus erhält man den Wert der schadlosen Tiefe

$$T = t = \frac{l}{l'}\,\frac{m}{v};$$

2. in der Grenze $\overline{g'\,h'}$:

$$S_m' = s_m = \frac{l}{l'}\,m - v\left[T - \frac{z_1}{\cos\alpha}\right];$$

$\frac{z_1}{\cos\alpha}$ stellt die lotrechte Entfernung der Grenzen $\overline{g\,h}$ und $\overline{g'\,h'}$ voneinander dar, um welches Maß der schadlose Tiefenbereich des Abbaues $a_1\,b_1$ unterhalb jenem für den Abbau $a\,b$ gelegen ist.

Setzen wir nun den Wert T in die vorstehende Gleichung ein, so erhalten wir:

$$S_m' = \frac{l}{l'}\,m - v\left[\frac{l}{l'}\,\frac{m}{v} - \frac{z_1}{\cos\alpha}\right]$$

$$S_m' = \frac{l}{l'}\,m - \frac{l}{l'}\,m + v\,\frac{z_1}{\cos\alpha}$$

$$\mathbf{S_m' = v\,\frac{z_1}{\cos\alpha}} \quad \ldots\ldots\ldots\ldots\ldots \quad (76)$$

3. in der Grenze $\overline{g'' h''}$:

$$S_m'' = s_m + s_m';$$

$$s_m = \frac{1}{l'} m - v \left[T - \frac{z_1 + z_2}{\cos \alpha}\right],$$

wobei der schadlose Tiefenbereich des Abbaues $a_2 b_2$ um das Maß

$$\frac{z_1}{\cos \alpha} + \frac{z_2}{\cos \alpha} = \frac{z_1 + z_2}{\cos \alpha}$$

unterhalb jenem für den Abbau a b gelegen ist.

$$s_m' = \frac{1}{l'} m' - v \left[T - \frac{z_2}{\cos \alpha}\right],$$

hierbei setzen wir zur Vereinfachung der Rechnung voraus, daß in allen Gebirgsschichten der gleiche durchschnittliche Volumvermehrungskoeffizient v geltend sei.

$$S_m'' = \frac{1}{l'} m - v \left[T - \frac{z_1 + z_2}{\cos \alpha}\right] + \frac{1}{l'} m' - v \left[T - \frac{z_2}{\cos \alpha}\right]$$

$$S_m'' = \frac{1}{l'} m - v \left[\frac{1}{l'} \frac{m}{v} - \frac{z_1 + z_2}{\cos \alpha}\right] + \frac{1}{l'} m' - v \left[\frac{1}{l'} \frac{m'}{v} - \frac{z_2}{\cos \alpha}\right]$$

$$S_m'' = \frac{1}{l'} m - \frac{1}{l'} m + v \frac{z_1 + z_2}{\cos \alpha} + \frac{1}{l'} m' - \frac{1}{l'} m' + v \frac{z_2}{\cos \alpha}$$

$$S_m'' = v \frac{z_1 + z_2}{\cos \alpha} + v \frac{z_2}{\cos \alpha}$$

$$S_m'' = v \frac{z_1 + 2 z_2}{\cos \alpha} \quad \ldots\ldots\ldots\ldots \quad (77)$$

4. in der Grenze $\overline{g''' h'''}$. Wenden wir nun in logischer Weise die vorangeführte Rechnungsmethode für die Ermittlung des Wertes S_m''' an, so erhalten wir:

$$S_m''' = s_m + s_m' + s_m'';$$

$$s_m = \frac{1}{l'} m - v \left[T - \frac{z_1 + z_2 + z_3}{\cos \alpha}\right]$$

$$s_m' = \frac{1}{l'} m' - v \left[T - \frac{z_2 + z_3}{\cos \alpha}\right]$$

$$s_m'' = \frac{1}{l'} m'' - v \left[T - \frac{z_3}{\cos \alpha}\right]$$

$$S_m''' = \frac{1}{l'} m - v \left[T - \frac{z_1 + z_2 + z_3}{\cos \alpha}\right]$$
$$+ \frac{1}{l'} m' - v \left[T - \frac{z_2 + z_3}{\cos \alpha}\right] + \frac{1}{l'} m'' - v \left[T - \frac{z_3}{\cos \alpha}\right].$$

Setzen wir nun die entsprechenden Werte für T in die Gleichung ein, so erhalten wir:

$$S_m''' = \frac{1}{l'} m - v\left[\frac{1}{l'}\frac{m}{v} - \frac{z_1 + z_2 + z_3}{\cos\alpha}\right]$$
$$+ \frac{1}{l'} m' - v\left[\frac{1}{l'}\frac{m'}{v} - \frac{z_2 + z_3}{\cos\alpha}\right] + \frac{1}{l'} m'' - v\left[\frac{1}{l'}\frac{m''}{v} - \frac{z_3}{\cos\alpha}\right]$$

$$S_m''' = \frac{1}{l'} m - \frac{1}{l'} m + v\frac{z_1 + z_2 + z_3}{\cos\alpha}$$
$$+ \frac{1}{l'} m' - \frac{1}{l'} m' + v\frac{z_2 + z_3}{\cos\alpha} + \frac{1}{l'} m'' - \frac{1}{l'} m'' + v\frac{z_3}{\cos\alpha}$$

$$\mathbf{S_m''' = v\frac{z_1 + 2\, z_2 + 3\, z_3}{\cos\alpha}} \quad \ldots\ldots\ldots\ldots\ldots \quad (78)$$

S_m''' ist jenes Senkungsmaß, welches in der Grenze $\overline{g''' h'''}$ durch die vier Abbaue hervorgerufen wird, und untersuchen wir nun, in welcher Höhe über dieser Grenze diese Senkung infolge der stattfindenden Volumvermehrung aufgezehrt würde.

Die in $\overline{g''' h'''}$ erzeugte Senkungsfläche (Schichtenabsenkung) $S_m''' l' = l' x + l' v t_x$. In dieser Gleichung bedeutet x das in einer beliebigen Lage über $\overline{g''' h'''}$ eintretende Senkungsmaß, und t_x stellt die dazu gehörige Kohlengebirgsmächtigkeit über $\overline{g''' h'''}$ dar. Aus der obigen Gleichung berechnet man $x = S_m''' - v\, t_x$.

Wenn wir den Wert x gleich Null setzen, so müssen wir jenen Wert $t_x = T_x$ erhalten, bei welchem das Senkungsmaß Null wird.

Für $x = 0$ ist $S_m''' = v\, T_x$, so daß $T_x = \frac{S_m'''}{v}$.

Nach Einsetzung des Wertes für S_m''' erhalten wir:

$$T_x = v\frac{z_1 + 2\, z_2 + 3\, z_3}{v \cos\alpha}$$

$$\mathbf{T_x = \frac{z_1 + 2\, z_2 + 3\, z_3}{\cos\alpha}} \quad \ldots\ldots\ldots \quad (79)$$

T_x stellt uns das Maß jener Kohlengebirgsmächtigkeit über der Grenze $\overline{g''' h'''}$ dar, welches notwendig sein würde, um das in dieser Grenze durch die Abbaue erzeugte Senkungsmaß S_m''' mit Hilfe der Volumvermehrung v aufzuzehren. Soll eine obertägige Senkung vermieden werden, so muß das Kohlengebirge mindestens eine derartige Mächtigkeit besitzen, daß seine obere Grenze in dem Maße T_x über der Grenze $\overline{g''' h'''}$ sich befindet. Die über dem Abbau $a_3\, b_3$ befindliche Kohlengebirgsmächtigkeit müßte also den Minimalwert $T + T_x$ aufweisen, damit eine obertägige Senkung hintangehalten werde; die obere

Kohlengebirgsgrenze müßte sich also in $\overline{g_0 h_0}$ befinden, welche Grenze in der Entfernung T_x über $\overline{g''' h'''}$ gelegen ist.

Die tatsächliche Kohlengebirgsgrenze $\overline{g h}$ befindet sich jedoch nur in der Entfernung

$$\frac{z_1}{\cos\alpha} + \frac{z_2}{\cos\alpha} + \frac{z_3}{\cos\alpha} = \frac{z_1 + z_2 + z_3}{\cos\alpha}$$

über der Grenze $\overline{g''' h'''}$, und es stellt uns der Wert

$$T_x - \frac{z_1 + z_2 + z_3}{\cos\alpha} = \frac{z_1 + 2\,z_2 + 3\,z_3}{\cos\alpha} - \frac{z_1 + z_2 + z_3}{\cos\alpha}$$

$$= \frac{z_2 + 2\,z_3}{\cos\alpha} \quad \ldots\ldots\ldots\ldots \quad (80)$$

jenes Maß der Kohlengebirgsmächtigkeit vor, welches über $\overline{g h}$ noch erforderlich wäre, um die in $\overline{g''' h'''}$ hervorgerufene Senkung S_m''' infolge der Volumvermehrung vollständig aufzuzehren.

Die über dem Abbau a b notwendige Gesamtmächtigkeit des Kohlengebirges müßte den Wert

$$T' = T + \frac{z_2 + 2\,z_3}{\cos\alpha} \quad \ldots\ldots\ldots \quad (81)$$

betragen.

Aus der vorstehenden Formel ergibt sich der Beweis, daß der Begriff der „schadlosen Tiefe" illusorisch wird und die Schadlosigkeit von Abbauen nur für den Idealfall des Vorhandenseins eines Flözes zutrifft. Nehmen wir nun an, es wäre der Fall vorhanden, daß der Abbau eines Flözes in der schadlosen Tiefe vor sich geht, ohne daß obertags eine Bodenbewegung eintreten würde; beim Abbau der liegenderen Flöze wird es jedoch infolge des Hinzutrittes neuer Schichtenbewegungen geschehen, daß eine derartige Vergrößerung der infolge der früheren hangenderen Abbaue erzeugten Schichtensenkung hervorgerufen wird, daß deren Folgen sich bis zu Tage fortpflanzen müssen.

Beim Abbau mehrerer übereinandergelagerten Flöze geht die schadlose Tiefe der hangenderen durch die Auskohlung der liegenderen Flöze verloren, und es kann somit in der Praxis von dem Vorhandensein einer unveränderlichen schadlosen Tiefe nicht gesprochen werden, es ist vielmehr eine ganz irrige Auffassung, das Maß der schadlosen Tiefe ein für allemal für ein bestimmtes Gebiet festzusetzen.

Bei Annahme der Möglichkeit der Festsetzung eines für alle Abbaue geltenden bestimmten schadlosen Tiefenmaßes könnte man in den unter der schadlosen Tiefe befindlichen Gebirgsschichten Hohlräume von unbegrenzter Mächtigkeit herstellen, ohne daß obertags eine Bodenbewegung entstehen würde.

Es kann nicht genug hervorgehoben werden, wie widersinnig die Festlegung eines schadlosen Tiefenmaßes erscheint, welches ein für allemal für alle Abbaue gelten soll; die schadlose Tiefe ist vielmehr nur theoretischen Charakters, weil in den seltensten Fällen der Praxis jene Voraussetzungen zutreffen, welche für die tatsächliche Existenz der schadlosen Tiefe notwendig sind.

Im Falle die Gebirgsschichten unter gleichzeitiger Volumvermehrung nachsinken, wird ein gewisses Maß der schadlosen Tiefe vorhanden sein, welches jedoch für jedes der übereinanderliegenden Flöze sich ändern muß.

Soll eine obertägige Senkung vermieden werden, dann muß der Fall vorhanden sein, daß die einzelnen Flöze in den Maßen der zugehörigen schadlosen Tiefen übereinandergelagert sind, so daß die Wirkungen der einzelnen Abbaue gerade noch zu den nächsten hangenderen Abbauen hinaufreichen. Es müßten somit die einzelnen Flöze Hunderte Meter übereinandergelagert sein, damit die Wirkungssphären der einzelnen Abbaue sich nicht übergreifen und hierdurch nicht eine Summierung der Schichtenbewegungen erzeugt wird.

Man muß also bei den im Ostrau-Karwiner Reviere bestehenden geologischen Verhältnissen mit Rücksicht auf die zahlreichen, in geringer Entfernung übereinandergelagerten Flöze von der Existenz einer schadlosen Tiefe vollständig absehen, um so mehr, als selbst die hangendsten abgebauten Flöze nicht im schadlosen Tiefenmaße untertags gelagert waren, wie dies die vielfachen Erfahrungen ergeben haben. Es können also durch liegendere Abbaue relativ größere Senkungen hervorgerufen werden als durch die hangenderen, weil infolge eintretender Summierungen von Schichtenbewegungen Senkungen ausgelöst werden, welche erst durch die liegenderen Abbaue zum Vorschein gelangen.

Gleichzeitig ist auch einzusehen, daß der Abbau in einem Kohlenpfeiler in dem für das hangendste Flöz bestimmten schadlosen Tiefenmaße nicht stattfinden darf, und es darf in einem solchen, der Sicherheit eines Objektes dienenden Pfeiler ein Abbau in keiner Tiefe stattfinden, wenn man den Bestand des zu schützenden Objektes nicht gefährden will.

Wenn wir nun abermals zur Formel für die schadlose Tiefe $T = \frac{1}{l'} \frac{m}{v}$ zurückkehren, so ersehen wir, daß für die verschiedenen Flöze von den Mächtigkeiten m, m', m'' und m'' die schadlosen Tiefen gleich sind:

$$T = \frac{1}{l'} \frac{m}{v},\ T' = \frac{1}{l'} \frac{m'}{v'},\ T'' = \frac{1}{l'} \frac{m''}{v''},$$

wenn die gleichen, in den Fallrichtungen gemessenen Flözlängen und die Gleichheit der Fallwinkel vorausgesetzt sind.

Zur Vereinfachung der vorgeführten Rechnung haben wir die Voraussetzung getroffen, daß die schadlosen Tiefenmaße für alle Flöze einander gleich sind, daß ferner die zu den Abbauen gehörigen Volumvermehrungskoeffizienten die gleiche Größe haben. Wie bereits im

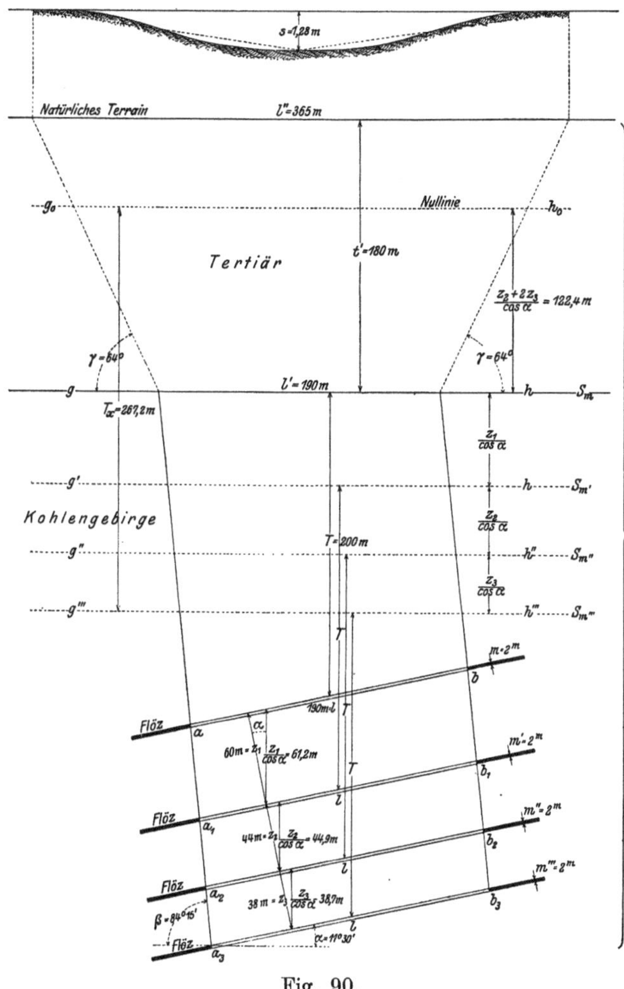

Fig. 90.

Kapitel über die Berechnung des Volumvermehrungskoeffizienten erörtert wurde, gehört zu jeder Flözmächtigkeit ein eigener Volumvermehrungskoeffizient, so daß die zugehörigen schadlosen Tiefen für die verschiedenen Flöze verschieden sind. Aber selbst unter der Voraussetzung, daß die einzelnen Flöze die gleiche Flözmächtigkeit besitzen, werden die liegenderen Flöze größere schadlose Tiefenmaße aufweisen als die hangenderen, weil den liegenderen Flözen kleinere Volumvermehrungskoeffizienten entsprechen, wie auch aus der Formel $v = \frac{S - s\,l''}{t\ \ l'}$ zu ersehen ist, in welcher für die liegenderen Abbaue der Wert von t zunimmt, weshalb jener von v abnehmen muß.

Aber selbst wenn man diesen Umstand unberücksichtigt ließe, muß man erwägen, daß die Volumvermehrungskoeffizienten für die liegenderen Abbaue auch bei gleichen Flözmächtigkeiten auch noch deshalb kleiner werden müssen, weil das Vermehrungsvermögen eines gewachsenen, noch komprimierten Materials, welches für die hangenderen Flöze vorhanden ist, gewiß geringer sein wird, als das Vermehrungsvermögen eines bereits gelockerten, durch die hangenden Abbaue bereits vermehrten Gebirges.

An einem Beispiele (Fig. 90) sei nun untersucht, in welchem Maße sich die obertägigen Senkungen infolge Abbaues mehrerer Flöze geltend machen, welche unterhalb der schadlosen Tiefe übereinandergelagert sein sollen.

Es sei vorausgesetzt, daß die einzelnen Abbaue die gleichen Flözmächtigkeiten $m = m' = m'' = m''' = 2^m$ besitzen; es sei ferner angenommen, daß die nachsinkenden Hangendschichten aller vier Abbaue dieselbe Volumvermehrung erleiden, wie dies bei gleichen Flözmächtigkeiten wohl der Fall sein kann. Es sei die fernere Voraussetzung getroffen, daß der Abbau a b unterhalb der Grenze g h des Kohlengebirges im Maße der schadlosen Tiefe T gelagert sei, welche letztere im vorliegenden Falle gleich ist $T = \frac{l}{l'}\frac{m}{v} = 1\,\frac{2}{0{,}01} = 200^m$, wobei $v = 0{,}01$ angenommen wurde und (zwischen $\alpha = 0^0$ bis 45^0) $l = l'$.

Die zu den Abbauen $a_1\,b_1$, $a_2\,b_2$ und $a_3\,b_3$ gehörigen schadlosen Tiefenmaße sind unter den getroffenen Voraussetzungen ebenfalls gleich 200^m, und sollen die Geraden $g'\,h'$, $g''\,h''$ und $g'''\,h'''$ jene oberen Grenzen darstellen, bis zu welchen die Wirkungen der einzelnen Abbaue hinaufreichen. Die einzelnen Flöze hätten den gleichen Fallwinkel $\alpha = 11^0\,30'$ und wäre der gemeinschaftliche Bruchwinkel $\beta = 84^0\,15'$, wie dies die Jičinskysche Theorie ergibt. Die in der Fallrichtung der Flöze gemessenen Längen der Abbaue seien einander gleich und betragen $l = 190^m$. Die Abbaue hätten voneinander die normalen Entfernungen $z_1 = 60^m$, $z_2 = 44^m$ und $z_3 = 38^m$, so daß die lotrechten Entfernungen gleich sind

$$\frac{z_1}{\cos\alpha} = 61{,}2^m,\quad \frac{z_2}{\cos\alpha} = 44{,}9^m \text{ und } \frac{z_3}{\cos\alpha} = 38{,}7^m.$$

Die Grenzen g h, $g'\,h'$, $g''\,h''$ und $g'''\,h'''$ sind dann naturgemäß um dieselben vorangeführten Maße voneinander entfernt. Die Grenzwinkel im Tertiär seien einander gleich $\gamma = 64^0$. Im Sinne der vorgebrachten Erörterungen hätten wir nun die in den einzelnen Grenzen

$g\,h$, $g'\,h'$, $g''\,h''$ und $g'''\,h'''$ infolge der Abbaue $a\,b$, $a_1\,b_1$, $a_2\,b_2$ und $a_3\,b_3$ auftretenden Senkungsmaße zu berechnen und erhalten: 1. in der Grenze $g\,h$:

$$S_m = s_m = 0$$

vom Abbau $a\,b$; 2. in der Grenze $g'\,h'$:

$$S_m' = v\,\frac{z_1}{\cos\alpha} = 0{,}61^m$$

von den Abbauen $a\,b$ und $a_1\,b_1$; 3. in der Grenze $g''\,h''$:

$$S_m'' = v\,\frac{z_1 + 2\,z_2}{\cos\alpha} = 1{,}51^m$$

von den Abbauen $a\,b$, $a_1\,b_1$ und $a_2\,b_2$; 4. in der Grenze $g'''\,h'''$:

$$S_m''' = v\,\frac{z_1 + 2\,z_2 + 3\,z_3}{\cos\alpha} = 2{,}67^m$$

von den Abbauen $a\,b$, $a_1\,b_1$, $a_2\,b_2$ und $a_3\,b_3$.

Um das in der Grenze $g'''\,h'''$ hervorgerufene summarische Senkungsmaß im Betrage von $2{,}67^m$ nach oben hin wirkungslos zu machen, müßte über derselben sich noch eine Kohlengebirgsmächtigkeit befinden, welche gleich sein müßte $T_x = \frac{S_m'''}{v} = 267^m$. Es müßte sich also die obere Kohlengebirgsgrenze in der Geraden $g_0\,h_0$ befinden, in welcher die Abbauwirkung bis auf Null abnehmen würde, weshalb diese Grenze als die Nullinie bezeichnet werden möge. Diese Nullinie befindet sich im vorliegenden Falle um den Betrag $\frac{z_2 + 2\,z_3}{\cos\alpha} = 122{,}4^m$ über der tatsächlichen Kohlengebirgsgrenze $g\,h$, und es muß deshalb in der letzteren ein Senkungsmaß auftreten, welches die Berechnung

$$x = S_m''' - v\,t_x = 2{,}67^m - 0{,}01\,\frac{z_1 + z_2 + z_3}{\cos\alpha} = 1{,}23^m$$

ergibt; hierbei ist unter t_x jenes Maß der Kohlengebirgsmächtigkeit verstanden, welches über der Grenze $g'''\,h'''$ tatsächlich vorhanden ist und dem Ausdruck $\frac{z_1 + z_2 + z_3}{\cos\alpha}$ gleichkommt.

Um nun das an der Tagesoberfläche auftretende maximale Senkungsmaß zu berechnen, benutzen wir die Flächengleichung $l'\,x = l''\,\frac{s}{2}$, woraus

$$s = 2\,\frac{l'}{l''}\,x = 2\,\frac{190}{365}\,1{,}23 = \mathbf{1{,}28^m};$$

hierbei ist für l'' der Wert von 365^m eingesetzt, welcher sich aus der Gleichung $l'' = l' + 2\,t'\,\mathrm{ctg}\,\gamma$ ergibt. Die Tertiärmächtigkeit beträgt im vorliegenden Beispiele $t' = 180$ m, und es ist dann $l'' = 190 + 360 \operatorname{ctg} 64^0 = 365$ m.

Aus dem vorangeführten Beispiele ist ersichtlich, daß bei Berücksichtigung der infolge der einzelnen Abbaue hervorgerufenen Schichtenbewegungen im Kohlengebirge selbst unter der Voraussetzung eines bestimmten schadlosen Tiefenmaßes die Berechnung ein obertägiges Senkungsmaß ergibt, welches im vorliegenden Falle den ansehnlichen Betrag von 1,28 m ausmacht.

Im folgenden Kapitel wird die Berechnung von obertägigen Senkungsmassen, welche infolge Abbaues mehrerer übereinandergelagerter Flöze hervorgerufen werden, einer eingehenden Erörterung unterzogen, und soll dort abermals auf das hier vorgeführte Beispiel reflektiert werden.

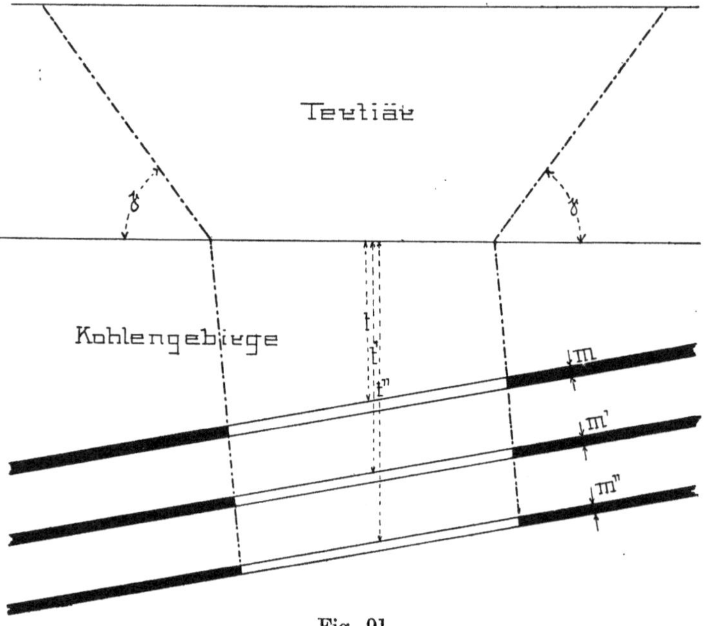

Fig. 91.

ζ) Berechnung des Senkungsmaßes für den Abbau mehrerer übereinandergelagerter Flöze. Behufs Berechnung des obertägigen Senkungsmaßes für den Abbau mehrerer übereinandergelagerter Flöze stellen wir folgende Untersuchung an. m, m' und m'' in Fig. 91 wären die Mächtigkeiten der einzelnen Flöze, die zugehörigen Kohlengebirgsmächtigkeiten sollen die Maße t, t' und t'' besitzen. Nehmen wir nun ferner an, daß die in der Fallrichtung gemessenen, zu den einzelnen Abbauen gehörigen Längen $l_1 = l_2 = l_3 = l$ einander gleich seien, und berechnen wir nun das zu jedem Abbau gehörige Senkungsmaß. Es sei nun vorausgesetzt, daß die einzelnen Flöze zueinander parallel gelagert sind, d. h. dieselben Fallwinkel besitzen. Setzen wir nun voraus, daß die hangenden Gebirgsschichten sich ohne Volumvermehrung absenken, und es möge die weitere Voraussetzung getroffen werden, daß 1. der Abbau der Flöze in derartigen Zeiten nacheinander erfolge, daß sich die zugehörigen Senkungsmulden voll entwickeln können. Es werden also die zu den einzelnen Abbauen gehörigen Senkungsmaße nacheinander hervorgerufen und endlich in ihrer summarischen Wirkung obertags zum Vorschein gelangen. Es ist dann:

$$s_m = 2\frac{l}{l''}m$$

$$s_m' = 2\frac{l}{l''}m'$$

$$s_m'' = 2\frac{l}{l''}m''.$$

Durch die Summierung dieser Senkungsmaße erhalten wir den Wert:

$$S = s_m + s_m' + s_m'' = 2\frac{l}{l''}(m + m' + m'') \quad . \; . \; . \quad (82)$$

Für den Fall des Nachsinkens der Hangendschichten ohne Volumvermehrung hat man die Summe der einzelnen Flözmächtigkeiten zu bilden und für dieselben das Maß der Senkung derart zu berechnen, wie wenn nur ein Flöz von der Mächtigkeit $m + m' + m''$ vorhanden wäre.

Es sei nun der allgemeine Fall ins Auge gefaßt, daß die Hangendschichten bei ihrer Absenkung eine Volumvermehrung erfahren; so ist:

$$s_m = 2\frac{l}{l''}m - 2\frac{l'}{l''}v\,t$$

$$s_m' = 2\frac{l}{l''}m' - 2\frac{l'}{l''}v'\,t'$$

$$s_m'' = 2\frac{l}{l''}m'' - 2\frac{l'}{l''}v''\,t'',$$ wobei v, v' und v''

die zu den einzelnen Abbauen gehörigen Volumvermehrungskoeffizienten bedeuten und die Werte t, t' und t'' die zugehörigen Kohlengebirgsmächtigkeiten darstellen. Durch die Summierung dieser Senkungsmaße erhalten wir den Wert:

$$S = s_m + s_m' + s_m'' = 2\frac{l'}{l''}(m + m' + m'')$$

$$- 2\frac{l'}{l''}(v\,t + v'\,t' + v''\,t'') \quad . \; . \; . \; . \; . \; . \quad (83)$$

Für den Fall des Nachsenkens der Hangendschichten mit gleichzeitiger Volumvermehrung hat man die Summe der einzelnen Flözmächtigkeiten zu bilden und für dieselben das Maß der Senkung derartig zu berechnen, wie wenn nur ein Flöz von der Mächtigkeit $m + m' + m''$ vorhanden wäre; in der Formel erscheint statt des aus dem Volumvermehrungskoeffizienten und der Kohlengebirgsmächtigkeit gebildeten Produktes die Summe der Produkte der Koeffizienten und der zugehörigen Kohlengebirgsmächtigkeiten.

Es sei nun vorausgesetzt, daß die 3 Abbaue m, m' und m'' gleichzeitig oder in solchen Zeiten erfolgen, daß die zugehörigen obertägigen Senkungsmulden sich nicht nacheinander selbständig ausbilden können, sondern fast gleichzeitig zur Entwicklung gelangen.

Im Falle des Nachsenkens der Hangendschichten ohne Volumvermehrung ist das summarische Senkungsmaß $S = 2 \frac{l}{l''} (m + m' + m'')$, d. i. derselbe Wert, welcher gelegentlich des nacheinander erfolgenden Abbaues der einzelnen Flöze sich ergeben hat.

Im Falle des Nachsenkens der Hangendschichten mit Volumvermehrung ist jedoch eine Änderung in der Berechnung des summarischen Senkungsmaßes gegenüber dem früher besprochenen Falle deshalb notwendig, weil der Volumvermehrungsprozeß für alle drei Abbaue gleichzeitig vor sich geht. Es wird für die Volumsermehrung diesmal das über dem liegendsten Abbau vorhandene Kohlengebirge und für die Berechnung des Senkungsmaßes die Kohlengebirgsmächtigkeit t'' des liegendsten Flözes in Betracht kommen. Es ist dann:

$$S = 2 \frac{l}{l''} (m + m' + m'') - 2 \frac{l'}{l''} v\, t'' \quad . \; . \; . \quad (84)$$

in welcher Formel nunmehr ein einziger, der Gesamtmächtigkeit aller drei Flöze entsprechender Volumvermehrungskoeffizient v vorkommt.

Wenden wir nun die vorangeführten Formeln bei dem in Figur 90 ersichtlichen Beispiele an, welches für den Abbau mehrerer unter der schadlosen Tiefe gelagerter Flöze das obertägige maximale Senkungsmaß im Betrage von 1,28 m ergab.

Unter Berücksichtigung des Falles, in welchem der Abbau der Flöze in derartigen Zeiten nacheinander erfolgen soll, daß sich die zugehörigen Senkungsmulden nacheinander voll entwickeln können, erhalten wir die nachstehende Gleichung:

$$\begin{aligned} S &= s_m + s_m' + s_m'' + s_m''' \\ &= 2 \frac{l'}{l''} \left[\frac{l}{l'} (m + m' + m'' + m''') - v\,(t + t' + t'' + t''') \right], \end{aligned}$$

wobei t, t', t'' und t''' die zu den einzelnen Abbauen gehörigen Kohlengebirgsmächtigkeiten bezeichnen.

Es wurde vorausgesetzt, daß der Volumvermehrungskoeffizient $v = 0{,}01$ für alle Abbaue konstant sei, wie dies auch im vorigen

Kapitel angenommen wurde. Nach Einsetzung der Werte ergibt sich:

$$S = 2\frac{190}{365}[1 \times 8 - 0{,}01\,(200 + 261{,}2 + 306{,}1 + 344{,}8)] = -\,\mathbf{3{,}24^m}.$$

Die vorangeführte Berechnungsart ergibt also einen negativen Wert, und es würde infolgedessen eine obertägige Senkung nicht resultieren, wenn diese Berechnungsmethode angewendet würde.

Versuchen wir nun die Anwendung der Formel für jenen Fall, in welchem der Abbau der Flöze gleichzeitig erfolgen soll, so erhalten wir:

$$S = 2\frac{l'}{l''}\left[\frac{1}{l'}(m + m' + m'' + m''') - vt'''\right],$$

wobei unter t''' die Kohlengebirgsmächtigkeit des liegendsten Abbaues zu verstehen ist. Die Einsetzung der Werte ergibt

$$S = 2\frac{190}{365}[1 \times 8 - 0{,}01 \cdot 344{,}8] = \mathbf{4{,}74^m}.$$

Es ist gewiß auffallend, daß die drei angeführten Berechnungsmethoden für das in Fig. 90 vorgeführte Beispiel so wesentlich voneinander verschiedene Werte für das obertägige Senkungsmaß ergeben haben.

Während die im Kapitel über „das Problem der schadlosen Tiefe“ angewandte Berechnungsmethode ein obertägiges Senkungsmaß von 1,28 m ergeben hat, erhielten wir mit Hilfe der zwei weiteren Berechnungsarten die Werte von — 3,24 m und 4,74 m. Es soll nun näher erörtert werden, welche Umstände diese ganz erstaunliche Verschiedenheit der berechneten Senkungsmaße verursacht haben, und bietet sich hierfür folgende Erklärung.

Gelegentlich der Berücksichtigung der im Kohlengebirge infolge der einzelnen Abbaue auftretenden Schichtenbewegungen wurden die Senkungsmaße in den einzelnen Grenzen g h, g' h', g'' h'' und g''' h''' berechnet, welche in dem Maße der schadlosen Tiefe über den zugehörigen Abbauen sich befinden. Es wurde angenommen, daß der Abbau der liegenderen Flöze nach jenem der hangenderen vorgenommen werde, und immer wieder wurde vorausgesetzt, daß die nachsinkenden Gebirgsschichten eine Volumvermehrung erleiden, welche dem Betrage $v = 0{,}01$ gleichkommt. Aus diesen Annahmen ergibt sich, daß außer der berechneten Summierung der Schichtenbewegungen in gewissen Abschnitten des Kohlengebirges auch eine Summierung der einzelnen Volumvermehrungen eintreten müßte, d. h. es müßten sich die Hangendschichten beim Abbau der liegenderen Flöze immer wieder von neuem vermehren. Diese Bereiche der von Abbau zu Abbau neuerlich eintretenden Volumvermehrung enden selbstverständlich an den zugehörigen oberen Grenzen g h, g' h', g'' h'' und g''' h'''.

Es wurde ferner angenommen, daß die obere Kohlengebirgsgrenze g h (Fig. 92) im Maße der schadlosen Tiefe über dem Abbau a b sich befinde, so daß in dieser Grenze g h die Schichtensenkung zum Stillstand gekommen war, also $S_m = 0$. In der Grenze g' h' ist $S_m' = v \frac{z_1}{\cos \alpha}$, welche Senkung vom Abbau a b hervorgerufen wurde, während vom Abbau a_1 b_1 in dieser Grenze keine Senkung verursacht werden kann. In der Grenze g'' h'' werden von den Abbauen a b und a_1 b_1 Senkungen

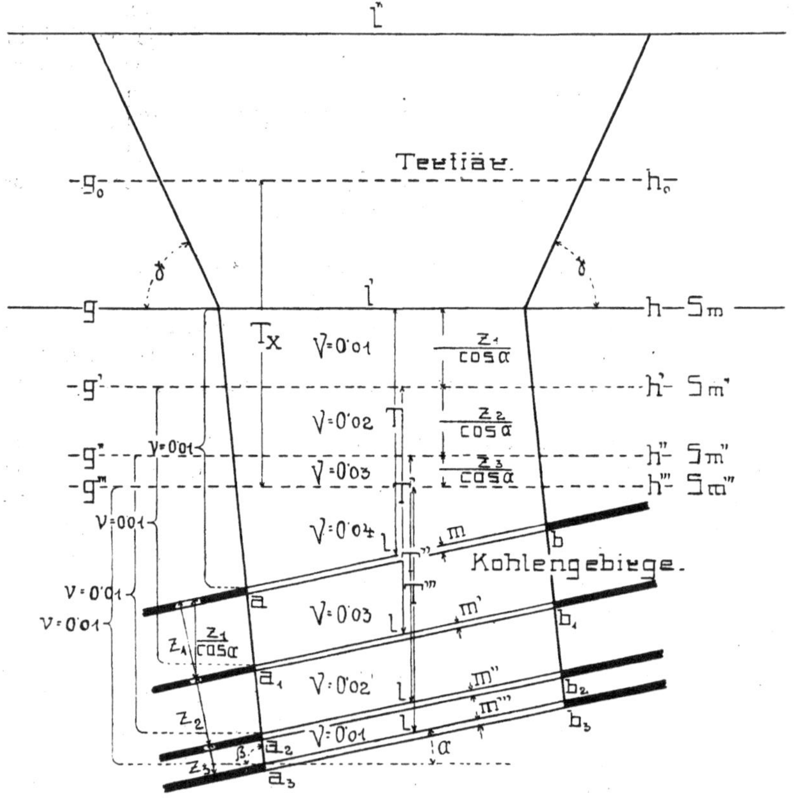

Fig. 92.

hervorgerufen, während der Abbau a_2 b_2 keine Einwirkung in g'' h'' verursacht; es ist

$S_m'' = v \frac{z_1 + 2 z_2}{\cos \alpha}$. In der Grenze g''' h''' werden von den Abbauen a b, a_1 b_1 und a_2 b_2 Senkungen erzeugt, während a_3 b_3 in dieser Grenze wirkungslos bleibt; es ist $S_m''' = v \frac{z_1 + 2 z_2 + 3 z_3}{\cos \alpha}$.

Die Wirkungssphäre des Abbaues a b reicht bis zur Grenze g h nach oben, und wird in dieser Sphäre eine Volumvermehrung hervorgerufen, welche mit v = 0,01 angenommen worden ist. Die Einflußsphäre des nachfolgenden Abbaues $a_1 b_1$ reicht bis zur Grenze $g' h'$ nach oben, und wird in dieser Sphäre abermals eine Volumvermehrung hervorgerufen, welche ebenfalls mit v = 0,01 angenommen erscheint. Dieselbe Betrachtung ist für die folgenden Abbaue $a_2 b_2$ und $a_3 b_3$ anzustellen, deren Einflußzonen bis zu den Grenzen $g'' h''$ bzw. $g''' h'''$ hinaufreichen.

Wenn wir nun die immer wieder eintretenden Volumvermehrungen des Kohlengebirges berücksichtigen, so ersehen wir, daß zwischen den Grenzen g h und $g' h'$ eine Volumvermehrung im Betrage V = 0,01 hervorgerufen wurde, zwischen den Grenzen $g' h'$ und $g'' h''$ eine summarische Vermehrung im Betrage von V = 0,02, zwischen den Grenzen $g'' h''$ und $g''' h'''$ eine summarische Vermehrung V = 0,03 und endlich zwischen $g''' h'''$ und dem Abbau a b eine summarische Vermehrung V = 0,04. Zwischen den Abbauen a b und $a_1 b_1$ ergibt sich eine summarische Volumvermehrung V = 0,03, zwischen $a_1 b_1$ und $a_2 b_2$ ist V = 0,02, zwischen $a_2 b_2$ und $a_3 b_3$ ist wieder der Wert V = 0,01.

Bei Anwendung der in Rede stehenden Berechnungsmethode ergibt sich die interessante Erscheinung, daß die Volumvermehrungskoeffizienten von der oberen Kohlengebirgsgrenze beginnend gegen den hangendsten Abbau hin zunehmen; von hier aus erfolgt wieder die Abnahme dieser Koeffizienten bis zum liegendsten Abbau. Diesem Gesetze der Zu- und Abnahme der Volumvermehrung müßte das Kohlengebirge folgen, wenn die Annahme eines Volumvermehrungskoeffizienten berechtigt sein soll, welcher für jeden Abbau immer wieder v = 0,01 sein soll.

Es ist nun die Frage zu beantworten, ob es möglich erscheint, daß das Kohlengebirge jenen großen Grad der Vermehrung erfahren kann, den die Berechnungsmethode voraussetzt. Je größer die Zahl der Abbaue wird, desto größer müßte die Vermehrung des Kohlengebirges werden, und es müßte dasselbe einer Vermehrung fähig sein, welche ein so großes Vielfaches des vorausgesetzten Koeffizienten betragen müßte, als die Zahl der Abbaue beträgt. Bei 10 Flözen müßte unter Annahme eines konstant bleibenden Vermehrungskoeffizienten v = 0,01 das Kohlengebirge einer summarischen Vermehrung von V = 10 × 0,01 = 0,10 unterworfen sein. Im vorliegenden Falle sind 4 Abbaue vorhanden, und die maximale summarische Volumvermehrung beträgt V = 4 v = 0,04.

Aus diesen Darlegungen ist wohl klar ersichtlich, daß es nicht gestattet sein kann, für jeden Abbau eine Volumvermehrung vorauszusetzen, ohne auf den Umstand Rücksicht zu nehmen, ob das Kohlengebirge infolge schon erfolgter Abbaue eine Vermehrung bereits erlitten hat. Es ist klar, daß sich das bereits vermehrte Kohlengebirge nicht in demselben Maße vermehren kann wie jenes, welches noch keine Vermehrung erlitten hat. Wenn auch durch einen neuerlichen Abbau das durch einen früheren Abbaubetrieb vermehrte Kohlengebirge abermals eine Vermehrung erleiden wird, so muß dieser Vermehrungsprozeß gewiß eine Grenze besitzen. Wenn diese Grenze einmal erreicht ist, so werden die Gebirgsschichten niedersinken, ohne sich wesentlich zu vermehren. Diese Grenze der möglichen Vermehrung wird, wie dies in der Fig. 92 ersichtlich ist, unmittelbar über dem hangendsten Abbau am ehesten erreicht.

Aus diesen Betrachtungen kann auch geschlossen werden, daß es nicht möglich ist, mit Sicherheit Senkungsmaße zu prognostizieren, weil man bezüglich der Volumvermehrung auf Annahmen angewiesen ist, für welche oftmals irrige Voraussetzungen getroffen worden sein können. Im allgemeinen wird das in Fig. 92 angedeutete Gesetz der Veränderung der Volumvermehrung gewiß geltend sein. Die Volumvermehrung nimmt vom liegendsten gegen den hangendsten Abbau zu, und von hier aus nimmt diese Vermehrung gegen die obere Kohlengebirgsgrenze wieder ab. Das Maß der Zu- und Abnahme der Volumvermehrung hängt von den Flözmächtigkeiten, den Fallwinkeln und der Tiefenlage der einzelnen Abbaue ab.

In Fig. 92 sind die Volumvermehrungskoeffizienten derart angenommen, als ob die Vermehrung bis zur oberen Grenze g h hinaufreichen würde. Tatsächlich ist jedoch die Volumvermehrung in den abgesenkten Firstgesteinsschichten am größten, diese Vermehrung nimmt nach oben hin ab, bis sie in der Grenze g h gleich Null wird. Der vorausgesetzte Wert $v = 0{,}01$ ist eigentlich ein mittlerer Wert der Volumvermehrung der ganzen Kohlengebirgsmasse innerhalb des schadlosen Tiefenbereiches, und es wird bei Annahme dieses Koeffizienten die unrichtige Voraussetzung getroffen, daß das Kohlengebirge eine durch die ganze Mächtigkeit desselben gleichmäßige Vermehrung erleidet. Tatsächlich ist dies jedoch nicht der Fall; denn die Volumvermehrung ist in den Firstgesteinsschichten am größten und nimmt nach oben hin ab, wie dies bereits erörtert wurde.

Wir haben kein Mittel, um dieses Gesetz der Abnahme der Vermehrung vom Firstgestein bis zur oberen Kohlengebirgsgrenze finden zu können. Die Berechnung ergibt nur durchschnittliche Werte der Koeffizienten, welche den Grad der infolge eines stattgehabten Abbaues stattgefundenen mittleren Kohlengebirgsvermehrung angeben. Es wird also diesen Betrachtungen zufolge die Vermehrung der Gebirgsschichten zwischen g h und g′ h′ kleiner als 0,01 sein, während zwischen dem Abbau a b und der Grenze g‴ h‴ die summarische Vermehrung noch größer sein müßte als 0,04, wie dies bei den getroffenen Annahmen sich ergeben hat.

Wir wollen nun auf die zweite Methode für die Berechnung des obertägigen Senkungsmaßes übergehen, für welche der Wert $S = -3{,}24$ m ermittelt wurde. In diesem Falle wurde für jeden einzelnen Abbau die Senkungsformel angewendet und das hierzu gehörige obertägige Senkungsmaß berechnet. Es wurde für jeden Abbau die gesamte bis zur oberen Kohlengebirgsgrenze reichende Mächtigkeit in die Formel eingesetzt, wie dies aus der Gleichung

$$S = s_m + s_m' + s_m'' + s_m'''$$
$$= 2\frac{l}{l''}\left[\frac{l}{l'}(m + m' + m'' + m''') - v(t + t' + t'' + t''')\right]$$

zu ersehen ist. Es wurde also ohne Rücksicht auf die schadlose Tiefe die unrichtige Voraussetzung gemacht, daß die Volumver-

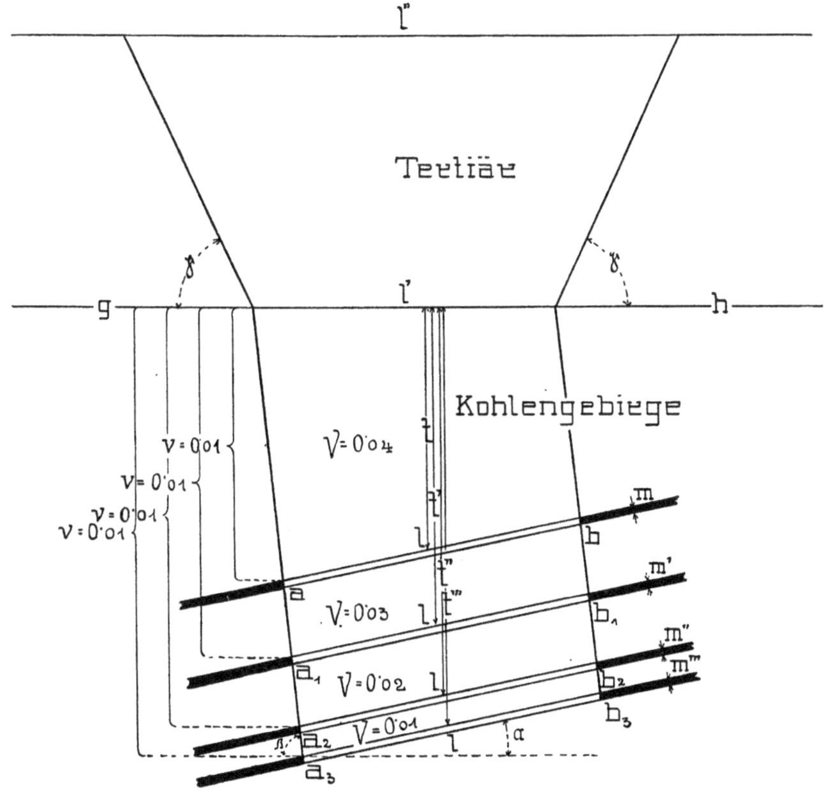

Fig. 93.

mehrung bei jedem Abbau ihr Ende erst in der oberen Kohlengebirgsgrenze g h erreicht.

In Fig. 93 ist ersichtlich gemacht, welche Werte die Volumvermehrungskoeffizienten ergeben müßten, wenn die angeführten Voraussetzungen getroffen werden.

Es ist zu ersehen, daß der summarische Volumvermehrungskoeffizient zwischen den Abbauen $a_3 b_3$ und $a_2 b_2$ am kleinsten ist, der Koeffizient vergrößert sich nach oben hin, bis er oberhalb des Abbaues a b zum Betrage von V = 0,04 anwächst. Dieses Gesetz der Zunahme der Volumvermehrungskoeffizienten gegen die obere Kohlengebirgsgrenze hin widerspricht dem Grundsatze, daß die Volumvermehrung unmittelbar über dem Abbau am größten ist und gegen die obere Kohlengebirgsgrenze hin abnehmen muß.

Es ist außer Zweifel, daß diese Methode für die Berechnung der obertägigen Senkungsmaße unrichtig ist, weil die Maximalwerte der in der Formel erscheinenden Kohlengebirgsmächtigkeiten t, t′, t″ und t‴ nicht größer sein dürfen, als die Werte der schadlosen Tiefe, welche für die Volumvermehrung in Betracht kommen. Da jedoch die der Berechnung zugrunde gelegten Kohlengebirgsmächtigkeiten größer sind als der im vorliegenden Falle konstant bleibend angenommene Wert der schadlosen Tiefe, so hat sich ein negatives Resultat für das obertägige Senkungsmaß ergeben. Der Minimalwert des obertägigen Senkungsmaßes ist gleich Null, und ein negatives Resultat deutet sofort darauf hin, daß für die Berechnung irrige Voraussetzungen getroffen worden sein müssen.

Es obliegt uns nun, auf die dritte Methode für die Berechnung des obertägigen Senkungsmaßes zu reflektieren, bei welcher der gleichzeitige Abbau aller vier Flöze vorausgesetzt wurde und die Kohlengebirgsmächtigkeit des liegendsten Flözes in der Formel eingesetzt erscheint. Die Formel

$$S = 2\frac{l'}{l''}\left[\frac{1}{l'}(m + m' + m'' + m''') - v\,t'''\right]$$

ergab das obertägige Senkungsmaß im Betrage von 4,74 m. In Fig. 94 ist zu ersehen, daß bei der in Rede stehenden Berechnung vom liegendsten Abbau $a_3\,b_3$ bis zur oberen Kohlengebirgsgrenze eine Volumvermehrung im Betrage von 0,01 vorausgesetzt wurde.

Bei dieser Berechnung wurde der Fehler begangen, daß für den Abbau von vier Flözen, deren summarische Mächtigkeit $4 \times 2^m = 8^m$ beträgt, derselbe Koeffizient von v = 0,01 angenommen wurde, welcher für jeden einzelnen Abbau von der Flözmächtigkeit 2^m in den früheren Beispielen angeführt worden ist. Da der Volumvermehrungskoeffizient in erster Linie von der Größe der Flözmächtigkeit abhängt, so ist diese Annahme zweifellos unrichtig, und ist deshalb dem berechneten Senkungsmaß ebenfalls keine Berechtigung zuzuerkennen.

Wenn wir nun die drei Berechnungsmethoden bezüglich der Volumsermehrung in Betracht ziehen, welche das Kohlengebirge auf Grund der gemachten Voraussetzungen in jedem einzelnen Falle erleiden müßte, so ersehen wir, daß entsprechend der wesentlichen Verschiedenheit der im Kohlengebirge sich ergebenden summarischen Volumvermehrungskoeffizienten die Berechnung auch wesentlich voneinander verschiedene Werte für die obertägigen Senkungsmaße ergeben hat.

Die eingehende Erörterung dieser Berechnungsbeispiele soll uns beweisen, daß es nicht möglich erscheint, mit Sicherheit auch nur annähernd genaue Senkungsmaße zu prognostizieren, wie dies leider in vielen bisher abgegebenen Gutachten tatsächlich bisher geschehen ist.

η) Einfluß der Abbauzeiten auf die Größe des obertägigen Senkungsmaßes. Mit der Zunahme der in der Fallrichtung abge-

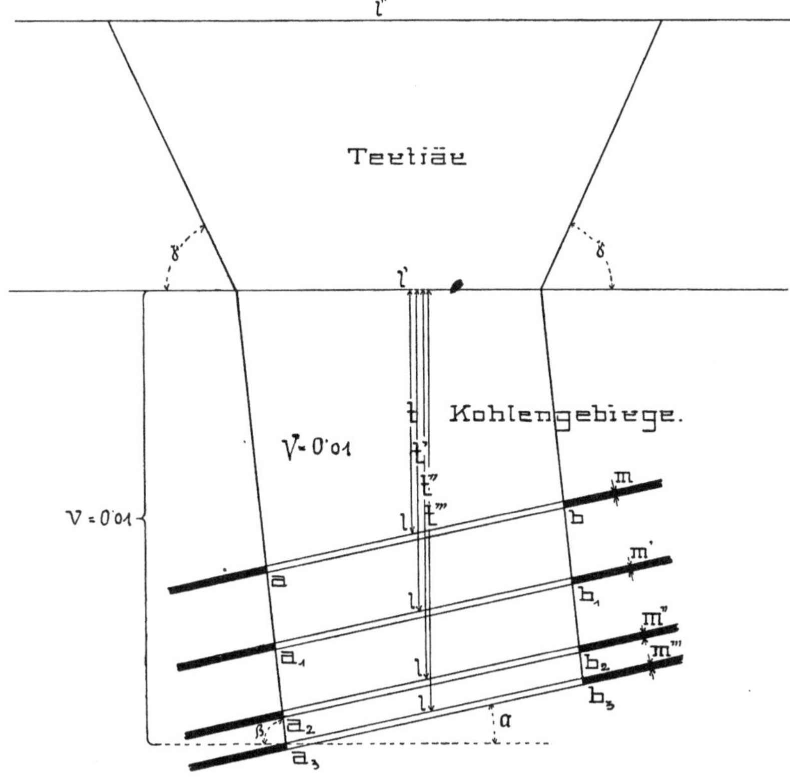

Fig. 94.

bauten Flözlänge wächst die Größe des obertägigen Senkungsgebietes. Das Senkungsmaß hängt ab von der Flözmächtigkeit, von der vorangeführten Flözlänge, von der Mächtigkeit des Kohlengebirges und dessen Volumvermehrung, und ist das Senkungsmaß auch abhängig von der Größe des Flözeinfallswinkels.

Das Senkungsmaß ist jedoch auch eine Abhängige der Abbauzeit, es ist eine Funktion des Fortschrittes im Abbau.

Wenn eine Flözlänge l in z. B. drei Teillängen l_1, l_2 und l_3 abgebaut wird, so werden sich für diese Flözteile selbständige Senkungsgebiete entwickeln können, wenn die einzelnen Abbaue so vorgenommen werden, daß der Flözteil l_2 erst nach der vollstänidgen Ausbildung des zu l_1 gehörigen Senkungsterritoriums zur Auskohlung gelangt.

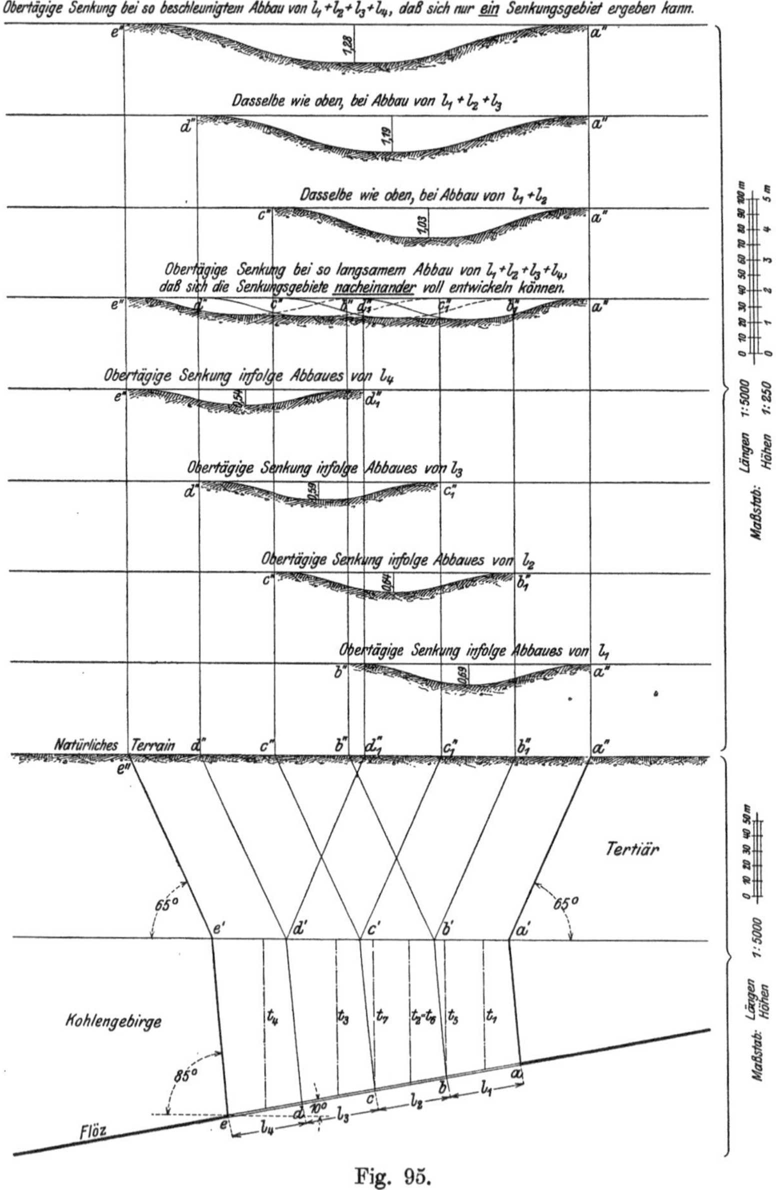

Fig. 95.

Der Abbau des Flözteiles l_3 erfolgt erst dann, bis sich die zu l_1 und l_2 gehörigen Senkungsgebiete vollständig ausgebildet haben, und es werden

Tabelle für die Berechnung der Senkungsmaße (a. d. Fig. 95).

Flözeinfallswinkel $\alpha = 10^0$, Bruchwinkel $\beta = 85^0$, Grenzwinkel $\gamma = 65^0$
Flözmächtigkeit m = 2 m, Volumsvermehrungskoeffizient v = 0,01.

Abbaulänge l	Länge des primären Senkungsgebietes l′	Länge des obertägigen Senkungsgebietes l″	Mächtigkeit des Kohlengebirges t	Obertägiges Senkungsmaß $s = 2\frac{l'}{l''}\left(\frac{1}{l'}m - v\,t\right)$
in Metern				
l_1 . . . . = 50	$l_1' = 50$	$l_1'' = 163$	$t_1 = 86$	$s_1 = 0{,}69$
l_2 . . . . = 50	$l_2' = 50$	$l_2'' = 163$	$t_2 = 95$	$s_2 = 0{,}64$
l_3 . . . . = 50	$l_3' = 50$	$l_3'' = 163$	$t_3 = 103$	$s_3 = 0{,}59$
l_4 . . . . = 50	$l_4' = 50$	$l_4'' = 163$	$t_4 = 112$	$s_4 = 0{,}54$
$l_5 = l_1 + l_2$ . . . . = 100	$l_5' = 100$	$l_5'' = 213$	$t_5 = 90$	$s_5 = 1{,}03$
$l_6 = l_1 + l_2 + l_3$ . . = 150	$l_6' = 150$	$l_6'' = 264$	$t_6 = 95$	$s_6 = 1{,}19$
$l_7 = l_1 + l_2 + l_3 + l_4$ = 200	$l_7' = 200$	$l_7'' = 313$	$t_7 = 99$	$s_7 = 1{,}28$

auf diese Weise drei Sphären der obertägigen Senkungen zum Vorschein kommen. In Fig. 95 sei ein Beispiel vorgeführt, in welchem die vier Abbaue von den Längen l_1, l_2, l_3 und l_4 mit ihren obertägigen Wirkungen ersichtlich gemacht sind, und wurde für die Berechnung ein mittlerer Volumvermehrungskoeffizient v = 0,01 angenommen. Die Senkungsmaße sind in der angeführten Tabelle ausgewiesen.

Wird der Abbau so rasch durchgeführt, daß die gesamte Flözlänge in derselben Zeit wie jede einzelne der vier Teillängen ausgekohlt wird, so wird sich nur ein einziges Senkungsgebiet entwickeln können.

Dies ist in der Praxis von großer Wichtigkeit für die Berechnung der Senkungsmaße, und es werden sich bei Außerachtlassung der Abbauzeiten gewiß wesentlich andere Senkungsmaße aus der Formel berechnen als jene, welche in der Natur zum Vorschein gelangen. Es ist von großer Bedeutung für die Berechnung des Senkungsmaßes, die Abbauzeiten festzustellen, da sonst leicht falsche Voraussetzungen der Rechnung zugrunde gelegt würden. Aus der bereits erwähnten Tabelle können die verschiedenen Senkungsmaße entnommen werden und können wir ersehen, daß die Senkungsmaße am größten sind, wenn die Abbauzeit die kürzeste ist, d. h. wenn sämtliche Flözteile so rasch abgebaut werden, daß sich nur ein einziges Senkungsgebiet entwickeln kann.

Aus dem angeführten Beispiel geht aber auch hervor, daß die rasche Abbauweise mit Rücksicht auf die obertägigen Wirkungen vorgezogen werden sollte, trotzdem derselben der Nachteil der damit verbundenen größeren Senkungsmaße anhaftet. Durch die infolge der langsamen Abbauart hervorgerufenen mehreren Senkungsgebiete entstehen auch mehrere seitliche Nachrutschgebiete,

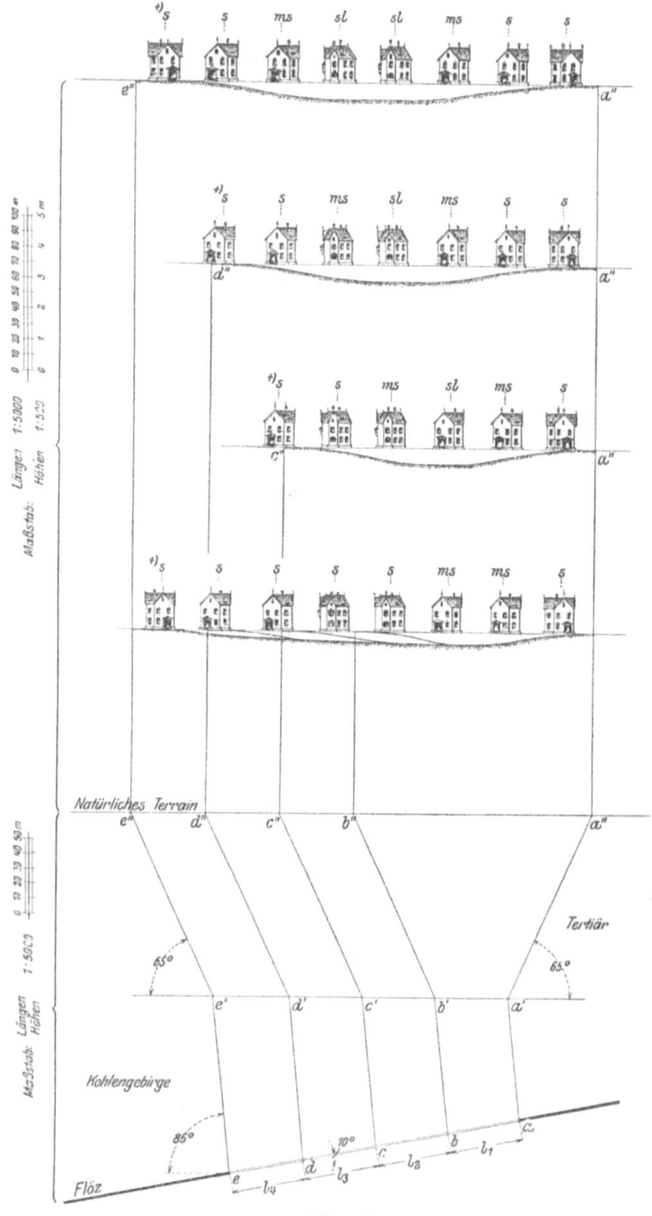

Fig. 96.

*) sl = schadlos. ms = Minderschaden. s = Schaden,

welche für den Bestand von Objekten viel gefährlicher sind als die Mitten der Senkungsterritorien (Fig. 96).

Die erwähnten seitlichen Nachrutschgebiete sind die eigentlichen Gefahrzonen obertägiger Objekte, sie sind die Territorien der eintretenden Bergschäden, für welche die ungleichmäßigen Terrainsenkungen maßgebend sind. In der Mitte der Senkungsmulde bleiben Objekte oft vollkommen schadlos, sie senken gleichmäßig ab, ohne daß im Zusammenhange der Gebäudemauern irgend eine Störung hervorgerufen würde. Es wird also die einheitliche rasche Abbauweise für die obertägigen Objekte mit weniger Gefahr für deren Standsicherheit verbunden sein als der in mehreren Partien sukzessive ausgeführte Abbau der Kohlenflöze.

Es ist wohl schwer möglich, im Bergbaubetriebe sich lediglich von jenen Rücksichten leiten zu lassen, welche den Bestand der obertägigen Objekte betreffen, und deshalb können diese Umstände in den meisten Fällen nur dann in Betracht kommen, wenn es sich um den Schutz solcher Objekte handelt, welche dem Wohle der Öffentlichkeit dienen und aus Gründen der öffentlichen Sicherheit unbedingt geschützt werden müssen. Ohne den Ausführungen des bezüglichen Kapitels dieses Buches vorzugreifen, sei bereits hier erwähnt, daß das gegenseitige Einvernehmen der Bergbautreibenden und derjenigen Organe, welchen die Pflicht der Aufsicht und Erhaltung obertägiger öffentlicher Objekte obliegt, vor allem notwendig erscheint, damit den gebotenen Rücksichten zum Wohle der Öffentlichkeit mit Erfolg Rechnung getragen werde.

Für die Begutachtung eines obertägigen Bergschadens ist vor allem die mit Nachdruck erwähnte Form der obertägigen Senkungsmulde, welche für das Ostrau-Karwiner Kohlenrevier typisch ist, maßgebend. Die Form der Senkungsmulde ist in erster Linie dafür entscheidend, ob in einem gegebenen Falle eine konstatierte Terrainsenkung auf bergbauliche Ursachen zurückgeführt werden muß. Die Feststellung der Bodensenkungsmulde ist bei einem Eisenbahnkörper ohne Schwierigkeiten möglich, anders ist jedoch die Sachlage im Falle der Notwendigkeit der Klassifizierung eines Schadens an einem Gebäude in einem vollständig verbauten Gebiete, wo die Ausführung von Terrainnivellements einerseits mit Hindernissen verbunden ist, andererseits ein Nivellement der ursprünglichen Terrainverhältnisse nicht zur Verfügung steht.

Der an einem Objekte konstatierte Schaden wird dann dem Bergbau anzulasten sein, wenn dasselbe in das mittels der erörterten Grenzrichtungen, für deren Konstruktion die Abbaukarten maßgebend sind, konstatierte, muldenförmige obertägige Senkungsgebiet zu liegen kommt, wenn nicht Mängel der Bauausführungsweise schuldtragend sein sollten. Ein Haus erleidet meistens nur dann einen Bergschaden, wenn es in den zwischen der Bruchebene und der Grenzebene befindlichen Nachrutschraum zu liegen kommt; in diesem Falle wird eine Bewegung der Fundamente eintreten, welche den Zusammenhang der Gebäudemauern stört, wodurch Risse in denselben hervorgerufen werden.

Es kann jedoch ein größeres Objekt auch gleichzeitig in zwei Nachrutschräume zu liegen kommen, welche von zwei benachbarten Bergbauen herrühren; ein derartiges Objekt wird Tendenzen des Nachrutschens nach zwei verschiedenen Richtungen aufweisen können. Es kann schließlich auch ein Objekt, welches in der Mitte einer durch einen Bergbau hervorgerufenen Senkungsmulde situiert ist, Tendenzen des Nachrutschens in entgegengesetzten Richtungen aufweisen, wenn diese Mulde in der Mitte steil ausgebildet ist, wie dies bereits an anderer Stelle eingehend erörtert wurde.

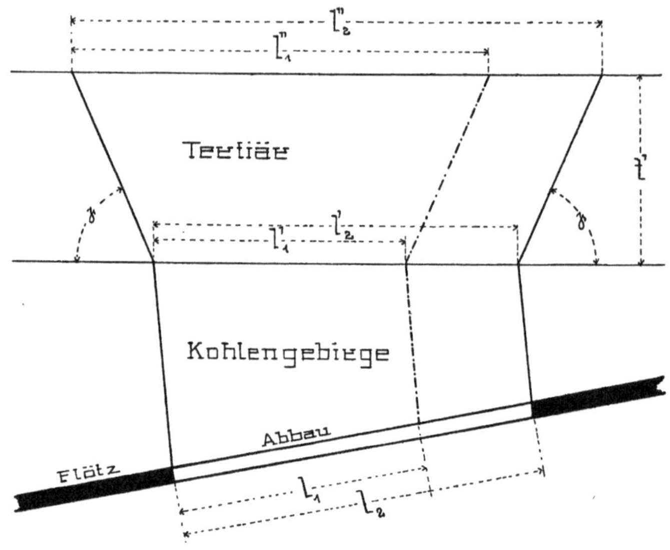

Fig. 97.

Das **Maß der Einsenkung** läßt sich bei den Eisenbahnen leicht konstatieren, und es bieten diese Bahnen fast das einzige sichere Mittel, die Senkungsmaße genau bestimmen zu können, weil die ursprüngliche Nivelette der Eisenbahnen bekannt ist. Da mit der Zunahme der abgebauten Flözlänge auch eine Zunahme des obertägigen Senkungsgebietes stattfindet, so erwächst auch die Frage, in welchem Maße diese Vergrößerung des Senkungsterritoriums vor sich geht. Es wird sich also um die Berechnung des Wertes l'' handeln, welcher bei zunehmender Länge des Abbaues (gemessen in der Fallrichtung des Flözes) einen Zuwachs erfährt.

Die Beziehungen werden aus folgenden Gleichungen ersehen. In Fig. 97 ist

$$\frac{l_1}{l_1'} = \frac{\sin\beta}{\sin(\alpha+\beta)} \quad \ldots\ldots\ldots \quad (85)$$

$$l_1'' = l_1' + 2\,t' \operatorname{ctg}\gamma \quad \ldots\ldots\ldots \quad (86)$$

wobei t' die Mächtigkeit der tertiären Überlagerung bedeutet und γ den Grenzwinkel im Tertiär darstellt. Ferner ist noch vorausgesetzt, daß dieser Grenzwinkel an den beiden Abbauenden gleich groß ist, und endlich ist noch angenommen, daß die Mächtigkeit des Tertiärs konstant und die Kohlengebirgsgrenze horizontal ist.

Aus Gleichung (85) ergibt sich

$$l_1' = l_1 \frac{\sin(\alpha+\beta)}{\sin\beta}, \quad \ldots\ldots\ldots \quad (87)$$

und wenn wir diesen Wert in die Gleichung (86) einsetzen, so erhalten wir

$$l_1'' = l_1 \frac{\sin(\alpha+\beta)}{\sin\beta} + 2\,t' \operatorname{ctg}\gamma \quad \ldots\ldots \quad (88)$$

l_1 und l_2 sind die Längen der Abbaue, und zwar sei $l_2 > l_1$; also bedeutet $l_2 - l_1$ den Fortschritt im Abbau.

Für die beiden Größen l_1'' und l_2'' gelten folgende Gleichungen:

$$\left.\begin{aligned} l_1'' &= l_1 \frac{\sin(\alpha+\beta)}{\sin\beta} + 2\,t' \operatorname{ctg}\gamma \\ l_2'' &= l_2 \frac{\sin(\alpha+\beta)}{\sin\beta} + 2\,t' \operatorname{ctg}\gamma \end{aligned}\right\} \quad \ldots\ldots \quad (89)$$

Die Differenz $l_2'' - l_1''$ bedeutet die Zunahme des obertägigen Senkungsgebietes.

Es ist dann:

$$l_2'' - l_1'' = (l_2 - l_1) \frac{\sin(\alpha+\beta)}{\sin\beta} \quad \ldots\ldots \quad (90)$$

Diskutieren wir nun diese Gleichung für die verschiedenen Werte des Flözeinfallswinkels α von 0^0 bis 90^0, so erhalten wir:

$$\text{a)} \quad \left.\begin{aligned} \alpha &= 0^0 \text{ bis } 45^0 \\ \beta &= 90^0 - \frac{\alpha}{2} \end{aligned}\right\} \text{Jičinsky.}$$

Es ist dann

$$\frac{\sin(\alpha+\beta)}{\sin\beta} = 1$$

$$l_2'' - l_1'' = l_2 - l_1 \,. \quad \ldots\ldots\ldots\ldots \quad (91)$$

Zwischen dem Flözfallwinkel 0^0 und 45^0 wächst das obertägige Senkungsgebiet in demselben Maße wie die Länge des abgebauten Flözes.

$$\left.\begin{aligned} \text{b)}\quad \alpha &= 45^0 \text{ bis } 90^0 \\ \beta &= 45^0 + \frac{\alpha}{2} \end{aligned}\right\} \text{Jičinsky}$$

$$\frac{\sin(\alpha+\beta)}{\sin\beta} = \frac{\sin\left(45 + \frac{3\alpha}{2}\right)}{\sin\left(45 + \frac{\alpha}{2}\right)} < 1$$

$$(l_2'' - l_1'') < (l_2 - l_1) \quad \ldots\ldots\ldots \quad (92)$$

Zwischen dem Flözfallwinkel 45^0 und 90^0 ist die Zunahme des obertägigen Senkungsgebietes geringer als die Zunahme der abgebauten Flözlänge.

$$\left.\begin{aligned} \text{c)}\quad \alpha &= 90^0 \\ \beta &= 90^0 \end{aligned}\right\} \text{Jičnisky}$$

$$\frac{\sin(\alpha+\beta)}{\sin\beta} = \frac{0}{1} = 0$$

$$l_2'' - l_1'' = (l_2 - l_1) \,.\, 0$$

$$l_2'' = l_1'' \quad \ldots\ldots\ldots\ldots \quad (93)$$

Bei seigeren Flözen bleibt das obertägige Senkungsgebiet konstant, es bildet sich eine Pinge, welche bei fortschreitendem Abbau nur eine Vertiefung erleidet. Die abgeleiteten Resultate besagen, daß unter den gemachten Voraussetzungen bei schwebenden und flachen Flözen die Zunahme des obertägigen Senkungsgebietes bei fortschreitendem Abbau am größten ist, daß diese Ausbreitung des Senkungsterritoriums bei steilen Flözen immer geringer wird; bei seigeren Flözen findet eine weitere Ausdehnung der obertägigen Senkungszone überhaupt nicht statt.

Bei der Berechnung der Zunahme der lotrechten Senkungsmaße infolge fortschreitenden Abbaues haben wir zwei Fälle zu unterscheiden, und zwar:

1. daß die Schichten nachsinken ohne Volumvermehrung,
2. daß die Schichten bei gleichzeitiger Volumvermehrung nachbrechen und auf diese Art den ausgekohlten Raum ausfüllen.

Für den ersten Fall gelten folgende Beziehungen:

$$\left.\begin{aligned} s_1 &= 2\,\frac{\sin\beta}{\sin(\alpha+\beta)}\,\frac{l_1'}{l_1''}\,m \\ s_2 &= 2\,\frac{\sin\beta}{\sin(\alpha+\beta)}\,\frac{l_2'}{l_2''}\,m \end{aligned}\right\} \quad \ldots\ldots \quad (94);$$

hierbei stellen l_1 und l_2 die Längen der Abbaue dar, und die Differenz $l_2 - l_1$ bezeichnet den Fortschritt im Abbau. Im übrigen seien die gleichen Bedingungen vorausgesetzt, welche der früheren Berechnung zugrunde gelegt wurden.

Die Zunahme des Senkungsmaßes

$$s_2 - s_1 = 2 \frac{\sin \beta}{\sin(\alpha + \beta)} \left(\frac{l_2'}{l_2''} - \frac{l_1'}{l_1''} \right) m \quad . \; . \; . \quad (95);$$

die Größen l_1'' und l_2'' lassen sich durch folgende Werte ausdrücken:

$$l_1'' = l_1' + 2\,t' \operatorname{ctg} \gamma$$
$$l_2'' = l_2' + 2\,t' \operatorname{ctg} \gamma,$$

wobei t' die Mächtigkeit der tertiären Überlagerung darstellt, welche konstant bleibend angenommen werden soll.

Setzen wir nun diese Werte in die Gleichung (95) ein, so erhalten wir:

$$s_2 - s_1 = 2 \frac{\sin \beta}{\sin(\alpha + \beta)} \left[\frac{l_2'}{l_2' + 2\,t' \operatorname{ctg} \gamma} - \frac{l_1'}{l_1' + 2\,t' \operatorname{ctg} \gamma} \right] m$$

$$s_2 - s_1 = 2 \frac{\sin \beta}{\sin(\alpha + \beta)}\, m \left[\frac{l_2' l_1' + 2\, l_2' t' \operatorname{ctg} \gamma - l_1' l_2' - 2\, l_1' t' \operatorname{ctg} \gamma}{(l_2' + 2\,t' \operatorname{ctg} \gamma)(l_1' + 2\,t' \operatorname{ctg} \gamma)} \right]$$

$$s_2 - s_1 = 2 \frac{\sin \beta}{\sin(\alpha + \beta)}\, m \left[2\,t' \operatorname{ctg} \gamma \frac{l_2' - l_1'}{l_2'' l_1''} \right]$$

$$s_2 - s_1 = 4\, m\, t' \operatorname{ctg} \gamma \frac{\sin \beta}{\sin(\alpha + \beta)} \frac{l_2' - l_1'}{l_2'' l_1''} \quad . \; . \; . \; . \; . \; . \; . \; . \; . \quad (96).$$

Untersuchen wir nun diese Gleichung für die verschiedenen Werte der Flözfallwinkel:

a) $\left.\begin{aligned} \alpha &= 0^0 \text{ bis } 45^0 \\ \beta &= 90^0 - \frac{\alpha}{2} \end{aligned}\right\},\qquad \frac{\sin \beta}{\sin(\alpha + \beta)} = 1$

$$s_2 - s_1 = 4\, m\, t' \operatorname{ctg} \gamma \frac{l_2' - l_1'}{l_2'' l_1''}.$$

Zwischen den Flözfallwinkelwerten $\alpha = 0^0$ und 45^0 ist nach früherer Ableitung $l_1' = l_1$ und $l_2' = l_2$, folglich:

$$s_2 - s_1 = 4\, m\, t' \operatorname{ctg} \gamma \frac{l_2 - l_1}{l_2'' l_1''} \quad . \; . \; . \; . \; . \quad (97).$$

b) $\left.\begin{aligned} \alpha &= 45^0 \text{ bis } 90^0 \\ \beta &= 45^0 + \frac{\alpha}{2} \end{aligned}\right\},\qquad \frac{\sin \beta}{\sin(\alpha + \beta)} = \frac{\sin\left(45 + \frac{\alpha}{2}\right)}{\sin\left(45 + \frac{3\alpha}{2}\right)}$

$$s_2 - s_1 = 4\, m\, t \operatorname{ctg} \gamma \frac{l_2' - l_1'}{l_2'' l_1''} \frac{\sin\left(45 + \frac{\alpha}{2}\right)}{\sin\left(45 + \frac{3\alpha}{2}\right)} \quad . \; . \; . \; . \; . \quad (98)$$

$$\text{c)} \quad \left.\begin{array}{l} \alpha = 90^0 \\ \beta = 90^0 \end{array}\right\}$$

$$\frac{\sin\beta}{\sin(\alpha+\beta)} = \frac{1}{0} = \infty, \; l_1' = 0, \; l_2' = 0,$$

$$s_2 - s_1 = 4\,m\,t' \operatorname{ctg}\gamma \frac{0}{l_2''\,l_1''}\,\frac{1}{0} = \sim \textbf{unbestimmt.} \quad . \quad . \quad (99)$$

Bei seigeren Flözen ist das Maß der Senkungszunahme unbestimmbar, was nicht anders zu erwarten war.

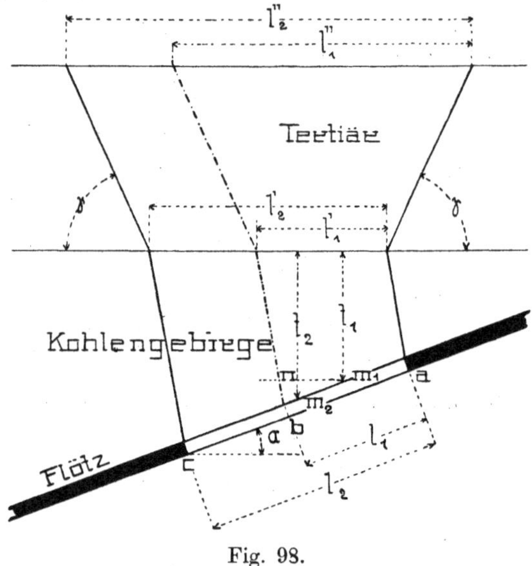

Fig. 98.

Für den Fall, in welchem die Hangendschichten unter gleichzeitiger Volumvermehrung nachsenken, gelten folgende Beziehungen:

$$\left.\begin{array}{l} s_1 = \dfrac{l_1'}{l_1''}\left(\dfrac{l_1}{l_1'}\,2\,m - v\,t_1\right) = \dfrac{l_1'}{l_1''}\left[\dfrac{\sin\beta}{\sin(\alpha+\beta)}\,2\,m - v\,t_1\right] \\ s_2 = \dfrac{l_2'}{l_2''}\left(\dfrac{l_2}{l_2'}\,2\,m - v\,t_2\right) = \dfrac{l_2}{l_2''}\left[\dfrac{\sin\beta}{\sin(\alpha+\beta)}\,2\,m - v\,t_2\right] \end{array}\right\} \quad . \quad (100)$$

hierbei stellen t_1 und t_2 die zu den einzelnen Abbaulängen gehörigen, mittleren Kohlengebirgsmächtigkeiten dar, wie in Fig. 98 ersichtlich ist.

Der Volumvermehrungskoeffizient v wird als konstant bleibend angenommen.

Bilden wir nun die Differenz der beiden Senkungsmaße, so erhalten wir:

$$s_2 - s_1 = \frac{l_2'}{l_2''}\left[\frac{\sin\beta}{\sin(\alpha+\beta)} 2\,m - v t_2\right] - \frac{l_1'}{l_1''}\left[\frac{\sin\beta}{\sin(\alpha+\beta)} 2\,m - v t_1\right]$$

$$s_2 - s_1 = 2\,m \frac{\sin\beta}{\sin(\alpha+\beta)}\left[\frac{l_2'}{l_2''} - \frac{l_1'}{l_1''}\right] - v\left[\frac{l_2'}{l_2''} t_2 - \frac{l_1'}{l_1''} t_1\right]$$

und wenn im ersten Klammerausdruck l_1'' und l_2'' durch die Ausdrücke $l_1' + 2\,t'\operatorname{ctg}\gamma$ und $l_2' + 2\,t'\operatorname{ctg}\gamma$ ersetzt werden, so erhält man:

$$s_2 - s_1 = 2\,m \frac{\sin\beta}{\sin(\alpha+\beta)} \frac{l_2' l_1' + l_2' 2\,t'\operatorname{ctg}\gamma - l_1' l_2' - l_1' 2\,t'\operatorname{ctg}\gamma}{(l_2' + 2t'\operatorname{ctg}\gamma)(l_1' + 2t'\operatorname{ctg}\gamma)}$$

$$- v\left[t_2 \frac{l_2'}{l_2''} - t_1 \frac{l_1'}{l_1''}\right]$$

$$s_2 - s_1 = 4\,m\,t'\operatorname{ctg}\gamma \frac{\sin\beta}{\sin(\alpha+\beta)} \frac{l_2' - l_1'}{l_2'' l_1''} - v\left[t_2 \frac{l_2'}{l_2''} - t_1 \frac{l_1'}{l_1''}\right] \tag{101}$$

Dieses Resultat unterscheidet sich von jenem bei der Schichtenabsenkung ohne Volumvermehrung (96) nur durch den hinzugekommenen Subtrahenten.

In diesem Ausdruck ist der Einfluß der zu den verschiedenen Abbaulängen gehörigen mittleren Kohlengebirgsmächtigkeiten ersichtlich, welche bei fortschreitendem Abbau größer oder kleiner werden können.

Untersuchen wir nun diesen Ausdruck, dessen Form sich auch folgendermaßen umstalten läßt:

$$v\left[\frac{t_2 l_2}{l_2''}\frac{l_2'}{l_2} - \frac{t_1 l_1}{l_1''}\frac{l_1'}{l_1}\right].$$

Setzen wir nun für die Bruchwerte $\frac{l_2'}{l_2}$ und $\frac{l_1'}{l_1}$ den Bruchwert $\frac{\sin(\alpha+\beta)}{\sin\beta}$ in den Ausdruck ein, so erhalten wir

$$v\left[\frac{t_2 l_2}{l_2''}\frac{\sin(\alpha+\beta)}{\sin\beta} - \frac{t_1 l_1}{l_1''}\frac{\sin(\alpha+\beta)}{\sin\beta}\right]$$

oder

$$v\,\frac{\sin(\alpha+\beta)}{\sin\beta}\left[\frac{t_2 l_2}{l_2''} - \frac{t_1 l_1}{l_1''}\right].$$

In diesem Ausdruck erscheinen die Bruchwerte $\frac{t_2 l_2}{l_2''}$ und $\frac{t_1 l_1}{l_1''}$; das Produkt $t\,.\,l$ stellt uns die über dem Abbau von der Länge l und der mittleren Kohlengebirgsmächtigkeit t befindliche Kohlengebirgsfläche vor, l_2'' bedeutet die zum Abbau gehörige in der Fallrichtung des Flözes gemessene Länge des obertägigen Senkungsgebietes. Wenn wir von Flächen auf Räume übergehen und das Maß der zur Bildfläche senkrechten Ausdehnung des Kohlengebirges (Streichrichtung) als die

Einheit annehmen, so stellt uns der Ausdruck $t \,.\, l \,.\, 1 = t \,.\, l$ die Kohlengebirgsmenge über dem Abbau dar; man könnte diese Menge auch die Kohlengebirgskapazität benennen.

Bei gleichbleibendem Flözeinfallswinkel bestehen zwischen den Kohlengebirgsmächtigkeiten bestimmte Beziehungen, welche sich wie folgt ausdrücken lassen.

In Fig. 98 ist $a\,b = l_1$, $a\,c = l_2$, t_1 und t_2 bedeuten die zu den Abbaulängen l_1 und l_2 gehörigen mittleren Kohlengebirgsmächtigkeiten.

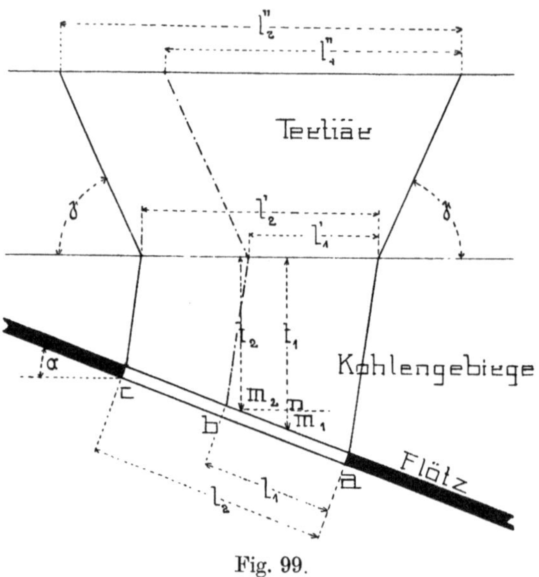

Fig. 99.

Es ist ferner:

$$\left.\begin{aligned} a\,m_1 &= m_1\,b \\ a\,m_2 &= m_2\,c \end{aligned}\right\}$$

$$m_1\,m_2 = \frac{l_2}{2} - \frac{l_1}{2} = \frac{l_2 - l_1}{2}$$

$$m_2\,n = t_2 - t_1 = m_1\,m_2 \sin\alpha = \frac{l_2 - l_1}{2} \sin\alpha.$$

$$t_2 = t_1 + \frac{l_2 - l_1}{2} \sin\alpha.$$

Diese Beziehung gilt für den ersten Fall, als $t_2 > t_1$, d. h. für den Fall zunehmender Kohlengebirgsmächtigkeit.

Wenn jedoch $t_2 < t_1$, dann ist in Fig. 99

$$m_1 n = t_1 - t_2 = m_1 m_2 \sin\alpha = \frac{l_2 - l_1}{2} \sin\alpha$$

$$t_2 = t_1 - \frac{l_2 - l_1}{2} \sin\alpha$$

für den Fall abnehmender Kohlengebirgsmächtigkeit. Setzen wir nun diese Werte für t_2 in den Ausdruck

$$v \frac{\sin(\alpha + \beta)}{\sin\beta} \left[\frac{t_2 l_2}{l_2''} - \frac{t_1 l_1}{l_1''} \right]$$

ein, so erhalten wir für 1.) $t_2 > t_1$:

$$v \frac{\sin(\alpha + \beta)}{\sin\beta} \left[\left(t_1 + \frac{l_2 - l_1}{2} \sin\alpha \right) \frac{l_2}{l_2''} - t_1 \frac{l_1}{l_1''} \right]$$

oder

$$v \frac{\sin(\alpha + \beta)}{\sin\beta} \left[t_1 \left(\frac{l_2}{l_2''} - \frac{l_1}{l_1''} \right) + \frac{l_2 - l_1}{2} \sin\alpha \frac{l_2}{l_2''} \right]$$

2.) $t_2 < t_1$

$$v \frac{\sin(\alpha + \beta)}{\sin\beta} \left[\left(t_1 - \frac{l_2 - l_1}{2} \sin\alpha \right) \frac{l_2}{l_2''} - t_1 \frac{l_1}{l_1''} \right]$$

oder

$$v \frac{\sin(\alpha + \beta)}{\sin\beta} \left[t_1 \left(\frac{l_2}{l_2''} - \frac{l_1}{l_1''} \right) - \frac{l_2 - l_1}{2} \sin\alpha \frac{l_2}{l_2''} \right]$$

Es ist also für $t_2 \gtrless t_1$:

$$s_2 - s_1 = 4\, m\, t' \operatorname{ctg}\gamma \frac{\sin\beta}{\sin(\alpha + \beta)} \frac{l_2' - l_1'}{l_2'' l_1''} - v \frac{\sin(\alpha + \beta)}{\sin\beta} \left[t_1 \left(\frac{l_2}{l_2''} - \frac{l_1}{l_1''} \right) \pm \frac{l_2 - l_1}{2} \sin\alpha \frac{l_2}{l_2''} \right] \quad (102)$$

wobei das vor dem Ausdruck $\frac{l_2 - l_1}{2} \sin\alpha \frac{l_2}{l_2''}$ vorgesetzte (+)-Zeichen für den Fall $t_2 > t_1$ zu setzen ist, während für den Fall $t_2 < t_1$ das (—)-Zeichen in Geltung sich befindet.

Wir können die vorstehende Gleichung auch folgendermaßen schreiben:

$$s_2 - s_1 = 4\, m\, t' \operatorname{ctg}\gamma \frac{\sin\beta}{\sin(\alpha + \beta)} \frac{l_2' - l_1'}{l_2'' l_1''} - v \frac{\sin(\alpha + \beta)}{\sin\beta} t_1 \left(\frac{l_2}{l_2''} - \frac{l_1}{l_1''} \right) \mp v \frac{\sin(\alpha + \beta)}{\sin\beta} \frac{l_2 - l_1}{2} \sin\alpha \frac{l_2}{l_2''} \quad . \; . \; . \quad (103)$$

wobei das (—)-Zeichen für $t_2 > t_1$ und das (+)-Zeichen für $t_2 < t_1$ gilt.

Bei zunehmender Kohlengebirgsmächtigkeit wird die Vergrößerung des Senkungsmaßes bei fortschreitendem Abbau geringer als bei abnehmender Kohlengebirgsmächtigkeit. Diese beiden Vergrößerungen des Senkungsmaßes infolge fortschreitenden Abbaues unterscheiden sich bei zu- und abnehmender Kohlengebirgsmächtigkeit nur durch den Ausdruck

$$v \frac{\sin(\alpha+\beta)}{\sin\beta} \frac{l_2 - l_1}{2} \sin\alpha \frac{l_2}{l_2''},$$

welcher im ersteren Falle in Abzug zu bringen, im zweiten Falle hinzuzufügen ist.

Bei horizontal gelagerten Abbauen, also wenn $\left.\begin{array}{l}\alpha = 0^0\\ \beta = 90^0\end{array}\right\}$ wird der vorangeführte Ausdruck

$$v \frac{\sin(\alpha+\beta)}{\sin\beta} \frac{l_2 - l_1}{2} \sin\alpha \frac{l_2}{l_2''} = 0,$$

weil die Kohlengebirgsmächtigkeit konstant bleibt.

In diesem Falle ist die Zunahme des Senkungsmaßes bei fortschreitendem Abbau

$$s_2 - s_1 = 4\,m\,t' \operatorname{ctg}\gamma \frac{\sin\beta}{\sin(\alpha+\beta)} \frac{l_2' - l_1'}{l_2'' l_1''} - v \frac{\sin(\alpha+\beta)}{\sin\beta} t_1 \left(\frac{l_2}{l_2''} - \frac{l_1}{l_1''}\right).$$

Für $\alpha = 0$ ist: $\frac{\sin\beta}{\sin(\alpha+\beta)} = 1$ und $t_1 = t_2 = t$ konstant unter der Voraussetzung einer horizontalen Kohlengebirgsgrenze.

Es ist dann

$$s_2 - s_1 = 4\,m\,t' \operatorname{ctg}\gamma \frac{l_2' - l'_1}{l_2'' l_1''} - v\,t \left(\frac{l_2}{l_2''} - \frac{l_1}{l_1''}\right).$$

Für ein seigeres Flöz ist $\left.\begin{array}{l}\alpha = 90^0\\ \beta = 90^0\end{array}\right\}$ wird der Ausdruck

$$v \frac{\sin(\alpha+\beta)}{\sin\beta} \frac{l_2 - l_1}{2} \sin\alpha \frac{l_2}{l_2''} = 0$$

und wir erhalten nach Einsetzung der Winkelwerte in die Gleichung (103)

$$s_2 - s_1 = 4\,m\,t' \operatorname{ctg}\gamma \frac{\sin 90^0}{\sin 180^0} \frac{l_2' - l_1'}{l_2'' l_1''} - v \frac{\sin 180^0}{\sin 90^0} t_1 \left(\frac{l_2}{l_2''} - \frac{l_1}{l_1''}\right)$$

Da ferner $l_2' = 0$ und $l_1' = 0$, so ist

$$s_2 - s_1 = 4\,m\,t' \operatorname{ctg}\gamma \frac{1}{0} \frac{0 - 0}{l_2'' l_1''} - v \frac{0}{1} t_1 \left(\frac{l_2}{l_2''} - \frac{l_1}{l_1''}\right)$$

$s_2 - s_1 = \infty$ unbestimmte Zahl.

Der Senkungsfortschritt ist bei seigeren Flözen unbestimmbar. Der Ausdruck, welcher die Zu- oder Abnahme der Kohlengebirgsmächtigkeit darstellt, wird Null, weil die Kohlengebirgskapazität den Wert Null aufweist.

Untersuchen wir noch, wie groß sich der Unterschied der Vergrößerung der Senkungsmaße zwischen den Senkungsfällen ohne und mit Volumvermehrung bei fortschreitendem Abbau gestaltet, und bezeichnen wir das Maß dieses Fortschrittes im ersteren Falle mit F_1 und für den letzteren Fall mit F_2, so folgt aus den Gleichungen (96) und (102):

$$\text{a)}\quad F_1 = s_2 - s_1 = 4\,m\,t' \operatorname{ctg}\gamma \frac{\sin\beta}{\sin(\alpha+\beta)} \frac{l_2' - l_1'}{l_2'' l_1''}$$

$$\text{b)}\quad F_2 = s_2 - s_1 = 4\,m\,t' \operatorname{ctg}\gamma \frac{\sin\beta}{\sin(\alpha+\beta)} \frac{l_2' - l_1'}{l_2'' l_1''} - v\frac{\sin(\alpha+\beta)}{\sin\beta}\left[t_1\left(\frac{l_2}{l_2''} - \frac{l_1}{l_1''}\right) \pm \frac{l_2 - l_1}{2}\frac{l_2}{l_2''}\sin\alpha\right]$$

$$F_1 - F_2 = v\frac{\sin(\alpha+\beta)}{\sin\beta}\left[t_1\left(\frac{l_2}{l_2''} - \frac{l_1}{l_1''}\right) \pm \frac{l_2 - l_1}{2}\frac{l_2}{l_2''}\sin\alpha\right] \quad (104)$$

1. Fall der Zunahme der Kohlengebirgsmächtigkeit

$$D_1 = F_1 - F_2 = v\frac{\sin(\alpha+\beta)}{\sin\beta}\left[t_1\left(\frac{l_2}{l_2''} - \frac{l_1}{l_1''}\right) + \frac{l_2 - l_1}{2}\frac{l_2}{l_2''}\sin\alpha\right] \quad (105)$$

2. Fall der Abnahme der Kohlengebirgsmächtigkeit

$$D_2 = F_1 - F_2 = v\frac{\sin(\alpha+\beta)}{\sin\beta}\left[t_1\left(\frac{l_2}{l_2''} - \frac{l_1}{l_1''}\right) - \frac{l_2 - l_1}{2}\frac{l_2}{l_2''}\sin\alpha\right] \quad (106)$$

a) für ein horizontal gelagertes Flöz, also für $\alpha = 0$ ist

$$\frac{l_2 - l_1}{2}\frac{l_2}{l_2''}\sin\alpha = 0,\ \frac{\sin(\alpha+\beta)}{\sin\beta} = 1 \text{ und } t_1 = t_2 = t.$$

Es ist dann

$$D_1 = D_2 = v\,t\left(\frac{l_2}{l_2''} - \frac{l_1}{l_1''}\right) \quad . \; . \; . \; . \; . \quad (107)$$

b) für ein seigeres Flöz, also für $\alpha = 90^0$ ist

$$\frac{\sin(\alpha+\beta)}{\sin\beta} = \frac{0}{1} = 0.$$

Es ist dann

$$D_1 = D_2 = 0 \quad . \; . \; . \; . \; . \; . \; . \; . \; . \; . \quad (108)$$

Die angeführten Resultate führen zu folgenden Schlüssen. Ad Gleichungen (96) und (101): Der Senkungsfortschritt (Zunahme der lotrechten Senkungsmaße) bei zunehmender Länge des Abbaues ist im Falle stattfindender Volumvermehrung geringer als in jenem ohne Vermehrung des Volumens der nachsinkenden Hangendschichten.

Ad Gleichung (102). Der Unterschied zwischen diesen Senkungsfortschritten bei den zwei verschiedenen Möglichkeiten der Absenkung (ohne und mit Volumvermehrung) ist dargestellt durch den Ausdruck:

$$v \frac{\sin(\alpha+\beta)}{\sin\beta}\left[t_1\left(\frac{l_2}{l_2''}-\frac{l_1}{l_1''}\right) \pm \frac{l_2-l_1}{2}\,\frac{l_2}{l_2''}\sin\alpha\right],$$

wobei das (+)-Zeichen für den Fall zunehmender Kohlengebirgsmächtigkeit gültig ist, während das (—)-Zeichen für den Fall abnehmender Kohlengebirgsmächtigkeit in Geltung sich befindet.

Ad Gleichungen (107) und (108). Die Differenz der Senkungsfortschritte für die beiden Fälle der Senkung ohne und mit Volumvermehrung bei zu- und abnehmender Kohlengebirgsmächtigkeit ist dieselbe wenn 1.) $\alpha = 0$ und 2.) $\alpha = 90^0$. Im letzteren Falle besitzt dieser Differenzbetrag den Wert Null.

ϑ) Der Abbau mit Bergversatz. Gelegentlich der Erörterung der Theorie des Senkungsmaßes wurde darauf hingewiesen, daß die Hangendschichten die ausgekohlten Räume entweder ohne Volumvermehrung oder bei gleichzeitiger Vermehrung des Volumens auszufüllen vermögen. Je mächtiger das abgebaute Flöz war, bzw. je mächtiger der ausgekohlte Raum ist, desto größer ist die Beanspruchung der nachsinkenden Hangendschichten in bezug auf deren Elastizität, wodurch der Eintritt des Verbruches und der Volumvermehrung begünstigt wird.

Wenn nun der ausgekohlte Raum mit Versatzbergen ausgefüllt wird, so wird den Hangendschichten eine Unterlage geboten, welche eine plötzliche Absinkung verhindert. Es wird das Nachsinken der Hangendschichten nur in dem Maße möglich sein, als eine Zusammendrückung des Versatzes stattfinden kann. Würde eine solche Komprimierung des Versatzes überhaupt nicht stattfinden können, würde eine sorgfältige Ausfüllung des ausgekohlten Raumes, z. B. durch Betonmauerwerk stattfinden, dann wäre den Hangendschichten gar kein Anlaß gegeben, eine Senkung mitzumachen, wodurch eine vollständige Verschonung der Tagesoberfläche bewirkt würde. In je größerem Maße die Komprimierung des Versatzes stattfinden kann, desto größer wird auch das Maß der Absenkung der Hangendschichten, und um so größer werden auch die obertägigen Senkungsmaße sein.

Daraus geht hervor, daß die Qualität des ausgeführten Versatzes von großer Bedeutung ist, und es wird bei der größten Sorgfalt in der Versatzausführung gewiß nicht vollständig zu verhindern sein, daß eine Zusammendrückung des Versatzes stattfinden könne. Durch die Ausführung des Versatzes wird eine Restringierung der obertägigen

Senkungsmaße bewirkt, welche um so größer sein wird, je sorgfältiger die Versatzausführung stattgefunden hat. Es ist klar, daß der gewöhnliche Handversatz keineswegs von so guter Beschaffenheit sein kann, wie z. B. ein Spülversatz, welcher für solche Fälle in erster Linie in Betracht kommt, in denen bereits eine geringe Zusammenpressung der Ausfüllungsmasse von wesentlicher Bedeutung sein muß, wie dies bei mächtigen Flözen der Fall ist.

Es ist nicht die Aufgabe dieses Buches, vom bergmännischen Standpunkte aus die Vor- und Nachteile der verschiedenen Versatzausführungen des näheren zu erörtern, in diesen Zeilen seien nur die Rücksichten auf die Tagesoberfläche in Erwägung gezogen. Es sei lediglich hier der Einfluß besprochen, welchen die Ausführung eines Versatzes auf den Senkungsprozeß auszuüben vermag. Die Sorgfalt in der Ausführung des Versatzes wird sich in der Größe der Zusammenpressung desselben äußern, und es ist schwer, eine einheitliche Norm aufzustellen, welche das Maß dieser Zusammendrückung für alle Abbaufälle festlegen soll. Nach den Erfahrungen Jičinskys beträgt diese Zusammenpressung 0,4 der Flözmächtigkeit, welche das nachrückende Gestein noch auszufüllen hat.

Gelegentlich der in diesem Buche gelieferten Kritik über die Jičinskysche Theorie wurde bereits erörtert, daß es unzulässig ist, für den Abbau mit Versatz denselben Volumvermehrungskoeffizienten anzunehmen wie für den Abbau ohne Versatz. Durch die Ausführung des Versatzes, wiederholen wir, werden an die Hangendschichten keineswegs solche Beanspruchnngen in bezug auf deren Elastizität gestellt, wie wenn diese nachsinkenden Schichten den ganzen Hohlraum des Abbaues auszufüllen gezwungen wären. In demselben Maße als eine Verringerung der Mächtigkeit dieses Hohlraumes eintritt, in demselben Maße tritt eine Verringerung in der Beanspruchung dieser Schichten ein. Wenn wir bereits erörtert haben, daß mit der Abnahme der Flözmächtigkeit auch eine Abnahme der Volumvermehrung verbunden ist, so ist das auch für den Versatz der Fall, welcher ja eigentlich nichts anderes als eine Restringierung der Flözmächtigkeit bedeutet.

Wenn im Falle des Abbaues ohne Versatz bei bestimmten geologischen Verhältnissen die Hangendschichten absinken mit einer Volumvermehrung von z. B. $v = 0{,}01$, so muß im Falle des Vorhandenseins eines Versatzes, dessen Komprimierung auf 60 % seiner Mächtigkeit stattfinden würde (40 % bleiben für die Ausfüllung durch die nachsinkenden Schichten übrig) ein Volumvermehrungskoeffizient resultieren, welcher der durch den Versatz bewirkten Verringerung der Flözmächtigkeit entsprechen muß. Wenn die Flözmächtigkeit im Falle des Abbaues ohne Versatz den Wert m betragen hat, so wird im Falle des Vorhandenseins des vorhin beschriebenen Versatzes nur noch $0{,}4\,m$ den Wert der Flözmächtigkeit darstellen. Es muß also $\frac{m}{0{,}4\,m} = \frac{0{,}01}{x}$, wobei x den Volumvermehrungskoeffizienten für den Abbau mit einem

Versatz darstellt, dessen Zusammenpressung bis auf 60 % seiner Mächtigkeit stattfindet.

$$x = \frac{0,4\ m}{m} 0,01 = 0,004.$$

Bezeichnen wir den Koeffizienten für die infolge der Zusammenpressung des Versatzes noch erübrigende Flözmächtigkeit mit z = 0,4, so ist x = v z. Dabei muß mit Nachdruck betont werden, daß weder der Koeffizient 0,01 noch die angegebene Zusammenpressung des Versatzes (auf 60 % der Versatzmächtigkeit) für alle Abbaufälle ein für allemal gültig sein können. Der Wert des Volumvermehrungskoeffizienten hängt von den im Kapitel über „Die Berechnung des Volumvermehrungskoeffizienten“ bereits erörterten Umständen ab; der Wert der Zusammenpressung des Versatzes hängt von dessen Beschaffenheit ab. Wenn wir jedoch diese Werte für bestimmte geologische Verhältnisse ermittelt und der Rechnung zugrunde gelegt haben, dann müssen wir für den Abbau mit Versatz die entsprechende Reduktion des Volumvermehrungskoeffizienten vornehmen. Es ist klar, daß durch die Ausführung eines Versatzes die Elastizität des nachsinkenden Materials nicht mehr in dem Maße beansprucht wird wie beim Abbau ohne Versatz, es wird deshalb im ersteren Falle die Volumvermehrung in demselben Maße abnehmen, als eine Verminderung in der Biegungsbeanspruchung der hangenden Gebirgsschichten eintritt.

Die beiden Volumvermehrungskoeffizienten bei bestimmten geologischen Verhältnissen verhalten sich für die beiden Abbauarten (ohne und mit Versatz) so wie die beiden Flözmächtigkeiten, welche für die Berechnung des Senkungsmaßes in Betracht kommen. Im Falle des Abbaues ohne Versatz ist die ganze Flözmächtigkeit ins Kalkül zu ziehen, im Falle des Abbaues mit Versatz ist nur jener Teilbetrag der Flözmächtigkeit in Betracht zu ziehen, welcher infolge der Komprimierung des Versatzes für die Ausfüllung seitens der nachrückenden Hangendschichten noch erübrigt. Hierbei ist die Voraussetzung getroffen, daß die Größe der Tertiärmächtigkeit, der Kohlengebirgsmächtigkeit und des Flözfallwinkels für beide Abbaumethoden dieselben sind; es ist hierbei auch vorausgesetzt, daß die Veränderungen im Kohlengebirge, welche durch bereits erfolgte Abbaue hervorgerufen wurden, in beiden Abbaumethoden dieselben sind. Diese Umstände sind maßgebend für die Art der obertägigen Einwirkungen und repräsentieren die geologischen Verhältnisse in senkungstechnischer Beziehung.

Diese Reduktion des Volumvermehrungskoeffizienten für den Abbau mit Versatz ist nun in den bereits vorgeführten Formeln vorzunehmen und ist auch für die Flözmächtigkeit nur jener Teilbetrag zu berücksichtigen, welcher nach erfolgter Zusammenpressung des Versatzes noch erübrigt.

Der Reihe nach seien nunmehr die einzelnen Formeln für die Abbaumethode mit Versatz vorgeführt.

I. Senkung ohne Volumvermehrung.

Senkungsmaß $s' = 2 \frac{1}{l''} z\, m$ (109); z stellt uns jenen Koeffizienten vor, welcher den Teilbetrag der Flözmächtigkeit angibt, welcher nach Zusammenpressung des Versatzes noch übrig bleibt.

Nach Jičinsky ist z = 0,4. Dieser Koeffizient hängt von der Qualität des Versatzes ab und kann sehr verschiedene Werte annehmen.

$$s' = 2\, z\, m \frac{\sin \beta}{\sin (\alpha + \beta)} \frac{l'}{l''} \quad \ldots\ldots \quad (110)$$

II. Senkung mit Volumvermehrung.

$$s' = 2 \frac{l'}{l''} \left(\frac{1}{l'} z\, m - z\, v\, t \right) \quad \ldots\ldots\ldots \quad (111)$$

$$s' = 2 \frac{l'}{l''} \left[\frac{\sin \beta}{\sin (\alpha + \beta)} z\, m - z\, v\, t \right] \quad \ldots \quad (112)$$

$$v' = v\, z = \frac{\frac{1}{l''} 2\, z\, m - s}{2\, t} \frac{l''}{l'} \quad \ldots\ldots \quad (113)$$

$$T' = \frac{1}{l'} \frac{z\, m}{z\, v} = \frac{1}{l'} \frac{m}{v} = T \quad \ldots\ldots \quad (114)$$

Aus der Gleichung (114) geht hervor, daß die schadlose Tiefe für den Abbau ohne Versatz gleich ist jener für den Abbau mit Versatz. Das will besagen, daß durch die Annahme eines Volumvermehrungskoeffizienten, welcher nur den angegebenen Teilbetrag jenes Koeffizienten ausmacht, welcher für den Abbau ohne Versatz gewählt wurde, bezüglich der Beschaffenheit des Materials nichts geändert wurde.

Da die Elastizität der Gebirgsschichten in beiden Abbaufällen gleich groß ist und nur die Beanspruchung auf Biegung in beiden Fällen verschieden ist, darf sich der Wert der schadlosen Tiefe bei beiden Abbauarten nicht ändern, weil uns die schadlose Tiefe gewissermaßen die Größe der Materialelastizität darstellt.

Die schadlose Tiefe ist unendlich groß, d. h. ein begrenzter Wert derselben ist überhaupt nicht vorhanden, wenn das Material so elastisch ist, daß es sich absenkt ohne zu verbrechen; das Maß der schadlosen Tiefe nimmt mit der Größe der Materialelastizität zu, es ist eine Funktion derselben.

Es soll nun abermals darauf hingewiesen werden, daß die Wirksamkeit des Bergversatzes für die Milderung der obertägigen Bodenbewegungen je nach der Beschaffenheit und Einbringung des Versatzgutes und nach den Lagerungs- und Abbauverhältnissen verschieden ist. Es ist zweifellos, daß die Einspülung feinkörnigen Versatzgutes mit einem unter Druck stehenden Wasserstrom den weitaus besten Versatz abgibt.

In der Zeitschrift für das Berg-, Hütten- und Salinenwesen im preußischen Staate (Jahrgang 1911, 2. Heft) hat Herr Oberbergrat Buntzel aus Breslau eine sehr interessante Abhandlung veröffentlicht unter dem Titel: „Über die in Oberschlesien beim Abbau mit Spülversatz beobachteten Erdsenkungen.“ Auf Grund einer Reihe angeführter Senkungsfälle kommt der genannte Fachmann zu dem Resümee, daß der Abbau mit Spülversatz in allen Fällen Senkungen der Erdoberfläche herbeigeführt hat.

„Der Spülversatz“ heißt es im gegenständlichen Artikel, „ist also nicht imstande, Einwirkungen des Abbaues auf die Tagesoberfläche auszuschließen. Wohl aber ist der Spülversatz geeignet, die Abbauwirkungen auf die Erdoberfläche zu mildern, und zwar sowohl hinsichtlich a) der Art wie b) des Maßes der Senkungen.“

Oberbergrat Buntzel führt ferner aus, daß über dem Abbau mit Spülversatz nur flachmuldenförmige Bodensetzungen aufgetreten sind; Risse im Erdreich sind hierbei nicht beobachtet worden. Der tiefste Punkt der Mulde liegt in der Regel in der Mitte des Abbaufeldes, während die Muldenränder über die Abbaugrenze hinausreichen.

Nach einigen Betrachtungen über die Senkungswinkel heißt es weiter: „Hieraus und aus den Betrachtungen bei den Fällen V und II ist zu entnehmen, daß beim Spülversatzbau der Gebirgskörper, der über dem durch den Abbau ausgehöhlten und mit dem Spülgut ausgefülltem Raume liegt, im ganzen langsam so lange niederzugehen pflegt, bis das Versatzgut vollständig zusammengepreßt ist und eine feste Auflage bietet. Der Gebirgskörper erfährt also bei der Senkung und bei der muldenförmigen Durchbiegung seiner Schichten keine Auflockerung, wie sie beim Bruchbau die Regel bildet. Es ist aber naturgemäß nicht ausgeschlossen, daß, sobald bei der Durchbiegung der festen Gebirgsschichten die Elastizitätsgrenze überschritten wird, eine Zerreißung des Gebirges eintritt; ein Verbruch der Schichten erfolgt hierbei indessen nicht.

Beim Bruchbau beträgt die Tiefe der Bodensenkungen günstigenfalls, nämlich beim Vorherrschen von Sandstein und bei geringer Diluvialbedeckung, 30—40 v. H. der Flözmächtigkeit. Wenn, wie meist in Oberschlesien, Sandstein und Schiefer in den hangenden Schichten etwa gleich verteilt sind, wächst die Tiefe der Einsenkungen bis 55% und erreicht sogar 70% der Abbaumächtigkeit bei vorwiegend aus Schiefer und einer starken Diluvialschicht bestehendem Deckgebirge.

Beim Spülversatz schwankt dagegen nach den aufgeführten Beispielen das Maß der Senkungen in den Fällen, in welchen nicht gleichzeitig Einwirkungen des Bruchbaues stattgefunden haben, von 0,3—7,8% der Mächtigkeit der ausgehöhlten Räume. Hierbei ist die

Gesteinsart des festen Deckgebirges (Sandstein oder Schiefer) auf den Umfang der Senkungen nicht gerade von wesentlichem Einfluß, da nach den Ausführungen bei a) der gesamte über dem Abbau anstehende Deckgebirgskörper gleichzeitig ohne Auflockerung niedergeht. Ausschlaggebend für die Tiefe der Senkungen sind vielmehr die Beschaffenheit (Zusammendrückbarkeit) des Versatzmaterials, die Vollständigkeit der Ausfüllung der Hohlräume, die Stärke des Einfallens und die Mächtigkeit der Flöze, wie dies schon durch eine Reihe von Veröffentlichungen bekannt ist.“

b) Das Kohlengebirge ist zu Tage anstehend. Es sei nunmehr der im Ostrau-Karwiner Kohlenrevier verhältnismäßig seltene Fall der geologischen Verhältnisse ins Auge gefaßt, bei welchem das Kohlengebirge

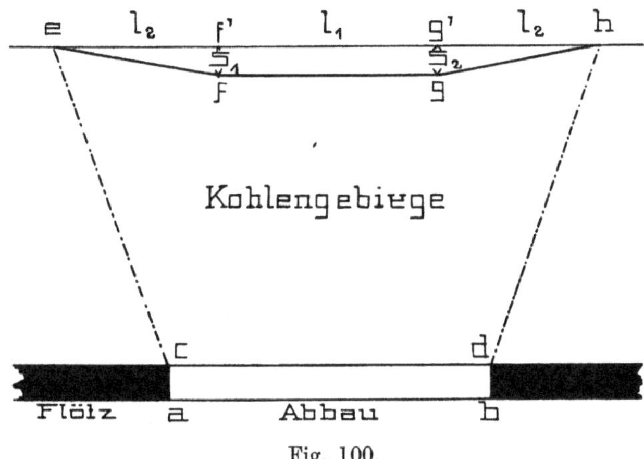

Fig. 100.

zu Tage ansteht. Wie bereits erwähnt wurde, ist im Falle anstehenden Kohlengebirges eine Gesetzmäßigkeit in der Bahnsenkungsmulde nicht mehr vorhanden, es kommen nicht mehr kurvenförmige Senkungsbilder zum Vorschein, es entstehen Senkungspolygonalzüge, wie dies bereits ausführlich erörtert worden ist. Über die verschiedenen Arten des Verhaltens der Hangendschichten im Falle ihrer Absenkung ist bereits ausführlich gesprochen worden, und müssen wir auch hier die 2 Fälle in Betracht ziehen, in welchen entweder eine Volumvermehrung nicht stattfindet, oder infolge der größeren Flözmächtigkeit bzw. des größeren Fallwinkels der Flöze eine Vermehrung des Volumens der nachsinkenden Gebirgsschichten eintreten muß.

α) Nachsinken der Hangendschichten ohne Volumvermehrung. Im Falle eine Volumsermehrung nicht stattfindet, wird eine annähernde Gleichung der Flächen a b c d und e f g h = F vorhanden sein (Fig. 100), wenn hier wieder nach der bereits erklärten Annäherungsmethode verfahren wird. Es muß also l m = F sein. Hierbei wurde die Form des obertägigen Senkungsbildes ähnlich gewählt, wie sie an den praktischen Senkungsfällen der Montanbahn sich ergeben hat.

Behufs näherungsweiser Berechnung des Querschnittes der obertägigen Senkungsfläche nehmen wir an, es sei: $s_1 = s_2 = s$, $f'g' = l_1$, $ef' = g'h = l_2$, und es ist dann:

$$F = 2\,l_2 \frac{s}{2} + l_1 s = s\,(l_1 + l_2),$$

folglich

$$l\,m = s\,(l_1 + l_2),$$

hieraus

$$s = \frac{l}{l_1 + l_2}\,m \quad \ldots\ldots\ldots \quad (115)$$

Wir können nun annäherungsweise setzen

$$l_1 = l_2 = \frac{l''}{3},$$

wobei $l_1 + 2\,l_2 = l''$ die gesamte Länge des obertägigen Senkungsgebietes bezeichnet. Es ist dann

$$s = \frac{l}{\frac{2}{3}\,l''}\,m \quad \text{oder} \quad s = \frac{3}{2}\,\frac{l}{l''}\,m \quad \ldots\ldots \quad (116)$$

β) Nachsinken der Hangendschichten mit Volumvermehrung. Im Falle die Hangendschichten unter gleichzeitiger Vermehrung des Volumens nachsinken, wird die Fläche $l\,m$ größer sein als die obertägige Senkungsquerschnittsfläche. Es wird dann: $l\,m = F + l''\,v\,t$,

wobei

$$l''\,v\,t$$

jene Fläche darstellt, welche infolge der Volumvermehrung aufgezehrt wird.

Wenn wir nun abermals die bereits angeführte näherungsweise Berechnungsmethode anwenden, so erhalten wir

$$l\,m = s\,(l_1 + l_2) + l''\,v\,t$$

$$l\,m = s\,\frac{2}{3}\,l'' + l''\,v\,t$$

$$s = \frac{3}{2}\left(\frac{l}{l''}\,m - v\,t\right) \quad \ldots\ldots\ldots \quad (117)$$

Wenn nun vom Einflusse des Flözeinfallswinkels auf die Größe des obertägigen Senkungsmaßes gesprochen werden soll, so gilt hier dasselbe, wie dies bei der Berechnung des Senkungsmaßes im Falle des Vorhandenseins von Tertiärschichten erörtert wurde.

Im Kapitel über „die Theorie der Grenzrichtung" wurde gelegentlich der Erörterung der Verhältnisse im Falle anstehenden Kohlengebirges bereits auf die Erfahrung hingewiesen, daß im Falle mächtiger Flöze über die Jičinskyschen Bruchrichtungen hinaus eine seitliche Nachrutschung der Kohlengebirgsschichten stattfindet. Bezüglich der Grenzen dieser seitlichen Nachrutschung wurde bemerkt, daß man auf praktische Erfahrungen angewiesen ist, welche verschiedene Größen der Grenzwinkel aufweisen.

In Fig. 101 sei ein Flöz dargestellt, dessen Einfallswinkel von $\alpha = 0^0$ bis α_3 bei gleichbleibender Abbaulänge l zunehmen möge, und es sei angenommen, daß das seitliche Nachrutschen der Kohlengebirgsschichten zu den Jičinskyschen Bruchrichtungen unter dem Winkel γ

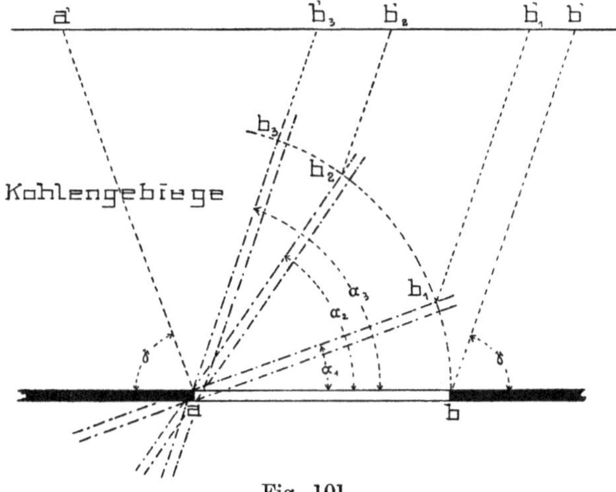

Fig. 101.

erfolgen möge, der an allen Stellen des Abbaufeldes dieselbe Größe besitzen soll. Wir sehen an diesem Beispiele, daß zwischen den Einfallswinkeln von 0^0 bis 90^0 das Senkungsgebiet immer mehr eingeschränkt wird. Es muß infolgedessen auch eine Vergrößerung der Senkungsmaße bei Zunahme des Flözfallwinkels eintreten.

Durch die Verkleinerung des obertägigen Senkungsgebietes wird in den angeführten Senkungsformeln eine Vergrößerung des Bruchwertes $\frac{l}{l''}$ hervorgerufen, wodurch eine Vergrößerung des Senkungsmaßes bewirkt wird.

Aus der Formel (117) ist auch ersichtlich, daß mit der Abnahme der Kohlengebirgsmächtigkeit eine Zunahme des obertägigen Senkungsmaßes erzeugt wird.

Aus der allgemeinen Formel $l\,m = F + l''\,v\,t$ ergibt sich der Wert der schadlosen Tiefe $T = t = \frac{l}{l''}\frac{m}{v}$ (118), weil $F = 0$, d. h. eine Senkungsmulde gänzlich vermieden werden müßte, wenn der Abbau in der schadlosen Tiefe vor sich geht. Aus der Gleichung $l\,m = F + l''\,v\,t$ berechnet man den Volumvermehrungskoeffizienten

$$v = \frac{l\,m - F}{l''\,t} \quad \ldots\ldots\ldots \quad (119)$$

Der Volumvermehrungskoeffizient läßt sich ermitteln, wenn man die Differenz aus der abgebauten Flözquerschnittsfläche und der obertägigen Muldenquerschnittsfläche bestimmt und diese Differenz durch das Produkt aus der Länge des obertägigen Senkungsgebietes und der Kohlengebirgsmächtigkeit dividiert. Der Volumvermehrungskoeffizient wächst mit der Flözmächtigkeit und nimmt mit der Kohlengebirgsmächtigkeit ab.

Nehmen wir nun den Fall, daß mehrere parallel übereinandergelagerte Flöze von den Mächtigkeiten m', m'', m''' und derselben Länge l derart abgebaut werden, daß die zu den einzelnen Abbauen gehörigen Senkungsgebiete sich nacheinander voll entwickeln können.

Es ist dann

$$\begin{aligned} &a)\ F' = l\,m' - l''\,v\,t' \\ &b)\ F'' = l\,m'' - l''\,v\,t'' \\ &c)\ F''' = l\,m''' - l''\,v\,t'''; \end{aligned}$$

hierbei wurde die Voraussetzung getroffen, daß der Volumvermehrungskoeffizient für alle Abbaue gleich groß wäre.

Die Summierung der vorstehenden Gleichungen ergibt

$$F = F' + F'' + F''' = l\,(m' + m'' + m''') - l''\,v\,(t' + t'' + t''').$$

Bezeichnen wir die zu den einzelnen Abbauen gehörigen Senkungsmasse mit s', s'' und s''', so erhalten wir analog der Gleichung (117)

$$s' = \frac{3}{2}\left(\frac{l}{l''}\,m' - v\,t'\right)$$

$$s'' = \frac{3}{2}\left(\frac{l}{l''}\,m'' - v\,t''\right)$$

$$s''' = \frac{3}{2}\left(\frac{l}{l''}\,m''' - v\,t'''\right)$$

$$S = s' + s'' + s''' = \frac{3}{2}\,\frac{l}{l''}\,(m' + m'' + m''') - \frac{3}{2}\,v\,(t' + t'' + t''')$$

$$S = \frac{3}{2}\left[\frac{l}{l''}\,(m' + m'' + m''') - v\,(t' + t'' + t''')\right] \quad . \quad (120)$$

Wenn jedoch der Abbau aller 3 Flöze gleichzeitig erfolgt und die obertägigen Senkungsgebiete für alle 3 Abbaue gleichzeitig zur Entwicklung gelangen, dann kommt für die Volumvermehrung nur die Kohlengebirgsmächtigkeit des liegendsten Flözes in Betracht, und wir erhalten:

$$S = \frac{3}{2}\left[\frac{1}{l''}(m' + m'' + m''') - vt'''\right] \quad . \quad . \quad . \quad (121)$$

Bezüglich der verschiedenen Methoden für die Berechnung der obertägigen Senkungsmaße sind hier dieselben Gesichtspunkte maßgebend, welche für den Fall des Vorhandenseins tertiärer Überlagerung im bezüglichen Kapitel bereits eingehend erörtert wurden.

Bei anstehendem Kohlengebirge wird die Ausführung des Versatzes von ganz besonderem Werte sein, weil ein plötzlicher Verbruch der Hangendschichten hierdurch verhindert werden kann, und weil auch die sonst unregelmäßigen Senkungen in kontinuierlichere Bahnen gebracht werden können. Durch die Ausführung eines guten Versatzes wird dem Kohlengebirge Gelegenheit gegeben, den Senkungsprozeß allmählich und entsprechend dem Maße der Zusammenpressung des Versatzes mitzumachen.

Speziell bei steil einfallenden Flözen ist die Versatzausführung im Falle anstehenden Kohlengebirges gewiß eine zwingende Notwendigkeit, weil die eventuelle Möglichkeit plötzlicher Devastationen der Tagesoberfläche hierdurch verhindert wird.

4. Die Theorie der Fernwirkungen an der Tagesoberfläche.

Wenn bisher über die mit dem Senkungsprozesse unmittelbar zusammenhängenden obertägigen Einwirkungen und deren Ursachen eingehend diskutiert wurde, so soll nun im folgenden die theoretische Erklärung jener Folgewirkungen gegeben werden, welche die vieljährigen Erfahrungen ebenfalls zutage gebracht haben.

Es hat sich nämlich gezeigt, daß an den Rändern der durch die Abbaue hervorgerufenen obertägigen Senkungsmulden kurze Geleisestrecken Punkte aufwiesen, welche eine höhere Lage hatten, als dies nach der ursprünglichen Nivelette der Fall sein sollte. Man hat diese Wahrnehmung während meiner vieljährigen Tätigkeit in der Bahnerhaltungssektion M.-Ostrau-Oderfurt wiederholt gemacht und hielt es für ausgeschlossen, daß in den an den Senkungsmuldenrändern anschließenden Gleisteilen Hebungen des Terrains infolge Kohlenabbaues hervorgerufen wurden. Man hat diese Überhöhungen der normalen Erhaltung der Gleise zugeschrieben und vermutet, daß gelegentlich der Schotterbettauswechslungen und Unterkrampung des Oberbaues das Gleis an einzelnen Stellen überhöht worden sei.

Ich selbst habe gelegentlich des von mir im Juli 1906 ausgeführten Nivellements in km 4,6—6,0 des Burniaflügels der Montanbahn (Fig. 102) Gelegenheit gehabt, auf einer 100 m langen Gebirgsstrecke km 5,050 bis 5,105 in der Mitte dieser Strecke, also in km 5,10 eine maximale

Hebung von 143 mm zu konstatieren, über deren Ursache ich mir keine Erklärung geben konnte. Dieser überhobene Streckenteil befand sich im Anschluß an einer in km 4,80—5,05 aufgetretenen Senkungsmulde einerseits, andererseits schloß sich an die gegenständliche überhöhte Gleisstrecke eine Senkungsmulde an, welche von km 5,250 bis km 5,950 reichend war. Während die erstere Mulde ein maximales Senkungsmaß von 467 mm aufwies, hat die letztere viel längere Senkungsmulde ein maximales Senkungsmaß von 4235 mm gezeigt, welches durch den Abbau mehrerer Flöze verursacht worden ist. Anschließend an diese letztere, 700 m lange Mulde habe ich wieder an der restlichen von 5,95—6,020 reichenden Gleisstrecke in km 6,020 eine maximale Überhöhung von 297 mm zu konstatieren Gelegenheit gehabt.

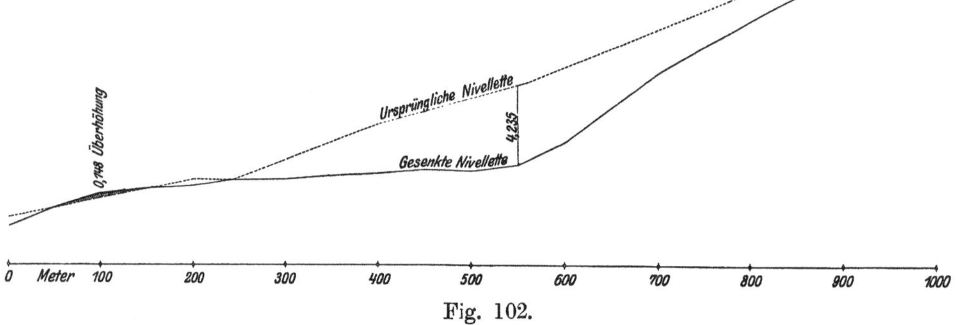

Fig. 102.

Oberbergrat Buntzel weist in seiner bereits erwähnten Abhandlung auf die Tatsache hin, daß die Nivellements an einzelnen Vermessungspunkten den Eintritt von Hebungen ergeben haben. Der genannte Fachmann führt in einigen Tabellen eine ganze Reihe von Punkten an, an welchen eine Hebung des Terrains zu konstatieren war, welche in einer Nivellementstation das maximale Maß von 150 mm betragen hat, wie dies aus einer bezüglichen Tabelle hervorgeht.

Oberbergrat Buntzel bemerkt ferner, daß die Beobachtungen nur vereinzelt gemacht worden sind, weshalb dieselben zu einer vollständigen Beurteilung der Frage nicht ausreichen, ob tatsächlich Hebungen des Erdreiches erfolgt sind, oder ob es sich lediglich um Ungenauigkeiten in den Messungen oder vielleicht auch um Veränderungen der Nivellementsausgangspunkte handelt. Nach den interessanten Mitteilungen des vorgenannten Fachmannes, der die Erdsenkungen in Oberschlesien beobachtet hat, welche durch den Abbau mit Spülversatz hervorgerufen wurden, ist bei dieser besten Versatzausführung ein maximales Hebungsmaß von 150 mm konstatiert worden.

Meiner Überzeugung nach sind diese Hebungen nicht das Resultat ungenauer Messungen, und es läßt sich im Falle des Vorhandenseins tertiärer Schichten eine theoretische Erklärung dafür geben, daß die an die Senkungsmulden anschließenden Terrainflächen eine Erhöhung erleiden, welche auf den Gleisstrecken der Montanbahn wiederholt beobachtet worden ist.

In Fig. 103 sei a b c d ein abgebauter Teil eines Flözes, und infolge der Absenkung des Kohlengebirges senke sich der mittlere Block A nach, wie dies gelegentlich der Erklärung des Senkungsprozesses bereits erläutert wurde. Mit dieser Absenkung des Kohlengebirges und des darübergelagerten Tertiärblockes A tritt gleichzeitig ein seitliches Nachrutschen der Blöcke B und C ein, welches bis zur gefährlichen Böschungsebene des Tertiärmaterials und darüber hinaus seine Grenzen besitzen wird. In dem Maße der lotrechten Absenkung des mittleren Tertiärblockes wird der aktive Erddruck der seitlichen Tertiärblöcke frei, welchem der mittlere Block deshalb nur einen geringeren Widerstand entgegenzusetzen vermag, weil dieser Block sich eben in der vertikalen Abwärtsbewegung befindet.

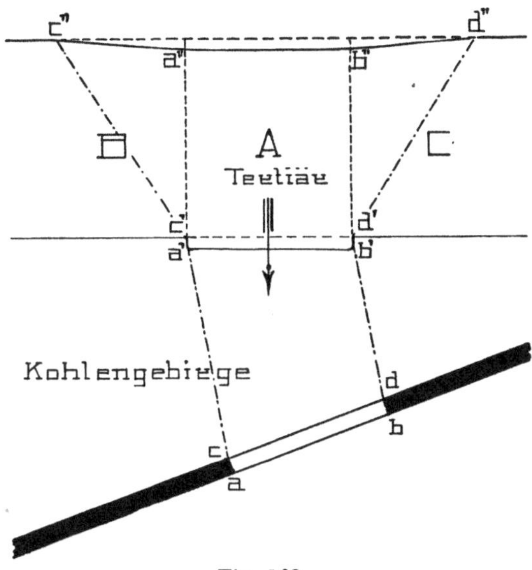

Fig. 103.

In dem Momente der Beendigung des Senkungsprozesses, also zur Zeit, wo der mittlere Block zur Ruhe gekommen ist, wird er nach den seitlichen Blöcken hin seinen vollen Widerstand gegen die Nachrutschung leisten können, welcher als der aktive Erddruck des mittleren Erdblockes zur Wirkung kommt. In dem Zeitpunkte des vollen Widerstandes des mittleren Erdblockes wird dem seitlichen Nachrutschprozeß der Tertiärblöcke B und C Einhalt getan. Die seitlichen Blöcke B und C werden dem mittleren Block A einen passiven Widerstand leisten, welcher dem *passiven Erddrucke* gleich kommt, für welchen *Rebhann* in seinem bereits angeführten Werke eine theoretische Erklärung gefunden hat.

Wie bereits im Kapitel über „die Theorie der Grenzrichtung“ erörtert wurde, nennt *Rebhann* den *passiven Erddruck* auch den *Widerstand der Erde*, wenn der *aktive Erddruck* als *Druck* derselben bezeichnet wird.

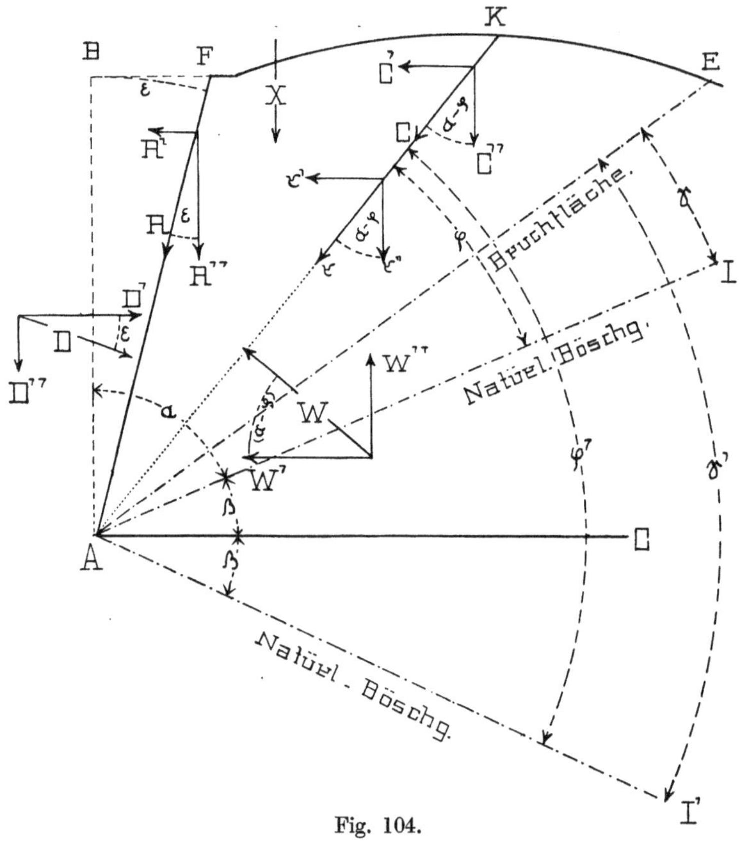

Fig. 104.

a) Die Rebhannsche Theorie des passiven Erddruckes. Es sei nun die *Rebhannsche Theorie des passiven Erddruckes* hier zum Verständnis der folgenden Ausführungen angeführt, und ist der zu beobachtende Vorgang analog dem, welcher bei Bestimmung des aktiven Erddruckes eingehalten wurde.

$\overline{AF}$ sei die Wand (Fig. 104), hinter welcher anliegendes Erdreich vorhanden sei, an welches die Wand mit einer solchen Intension angepreßt werden soll, daß das Erdreich geradezu im *Grenzzustande* des Gleichgewichtes sich befindet. In diesem Augenblicke beginnt die Gefahr, daß sich in dem Erdreich die Bruchfläche $\overline{AE}$ bildet, die Wand nach rückwärts ausweicht und das keilförmige Bruchprisma A F E über die Bruchfläche und an der Wand nach aufwärts verschoben wird. Der normale Druck, welchen hierbei die Wand an das Erdreich überträgt, wird mit D bezeichnet, und ebenso groß ist offenbar der passive Erddruck oder der Widerstand des Erdreiches gegen jene Wand.

Der erwähnten Verschiebung setzen sich in der Bruchfläche die Reibungs- und Kohäsionswiderstände zwischen den Erdteilchen entgegen, an der Wand tritt als Widerstand noch die Reibung auf, welche dort infolge des Anpressens derselben an das Erdreich entsteht. Dieser Reibungswiderstand ist

$$R = \mu D = D \operatorname{tg} \rho \quad \ldots \ldots \ldots \ldots \quad (122),$$

wobei $\mu = \operatorname{tg} \rho$ den diesfälligen Reibungskoeffizienten bezeichnet. Nur geht die Richtung desselben nicht wie beim aktiven Erddruck nach aufwärts, sondern, wie dies in der Fig. 104 bereits angedeutet, nach abwärts.

Die beiden Kräfte D und R sind es nun, welche unmittelbar an der Wand auftreten und durch den in Betracht stehenden Grenzzustand des Gleichgewichts im Erdreiche bedingt werden, wonach nämlich die Reibungs- und Kohäsionswiderstände in der Bruch- oder gefährlichen Fläche geradezu aufgehoben werden müssen. In jeder anderen Böschungsfläche $\overline{AK}$, welche von der Bruchböschung abweicht, also mit der natürlichen Böschung $\overline{AI}$ nicht den Bruchwinkel γ, sondern einen davon verschiedenen Winkel φ einschließt, werden die bezüglichen Reibungs- und Kohäsionswiderstände nicht vollständig aufgehoben, sondern es bleibt ein Teil derselben unbeansprucht zurück, der zwar in der Lagerfläche schlummert, indessen zur Wirksamkeit nicht erweckt wird.

Betrachten wir nun den Gleichgewichtszustand irgendeines Erdprismas A F K, an welches vorne die Wand angepreßt wird, und welches rückwärts die unter dem Winkel φ geneigte Lagerfläche hat, so treten hierbei folgende Kräfte auf:

1. die den passiven Normal-Erddruck an die Wand repräsentierende, von φ unabhängige Kraft D, welche zugleich die Stärke anzeigt, mit welcher die Wand an das Erdreich in offensiver Weise angepreßt wird;
2. der an der Wand entstehende, von φ gleichfalls nicht abhängige Reibungswiderstand R, welcher sich dort der Verschiebung der Erdteilchen nach aufwärts entgegensetzt;
3. Das mit φ variable Gewicht des in Betracht stehenden Erdprismas A F K, nämlich $X = g \, \Delta \, AFK$, wenn g das Gewicht der kubischen Einheit des Erdreiches vorstellt;
4. die von φ abhängige normale Reaktion W des unter der Lagerfläche $\overline{AK}$ gelegenen Erdreiches;
5. die Reibung zwischen Erde und Erde r;

14*

6. die Kohäsion C, welche letzteren zwei Kräfte sich dem Verschieben des Erdreiches in der Lagerfläche $\overline{AK}$ entgegensetzen, wobei die Größe dieser Widerstände von φ abhängt und der Richtungspfeil derselben offenbar nach abwärts anzunehmen ist, weil die Verschiebungstendenz aufwärts geht.

Diese 6 Kräfte müssen untereinander im Gleichgewicht sein. Die Widerstandskräfte R, r und C treten nunmehr im entgegengesetzten Sinne wie beim aktiven Erddruck auf. Indem man sich der Kürze wegen behufs des weiteren Vorgehens zur Gewinnung der nötigen Bedingungsrelationen für das Gleichgewicht auf die in Ansehung des aktiven Erddruckes geschehenen Ausführungen, welche auch gegenwärtig anwendbar sind, bezieht, und indem man die Bezeichnungen und die allgemeine Bedeutung derselben beibehält, ergibt sich folgendes:

$$\left.\begin{aligned} r &= f' W \leqq f W \\ C &= c' s \leqq c S \end{aligned}\right\} \quad \dots\dots\dots\dots \quad (123)$$

$$\left.\begin{aligned} f &= \operatorname{tg}\beta = \operatorname{ctg}\alpha \\ f' &= \operatorname{tg}\beta' = \operatorname{ctg}\alpha' \end{aligned}\right\} \quad \dots\dots\dots \quad (124)$$

$$\frac{f'}{f} = \frac{\operatorname{tg}\beta'}{\operatorname{tg}\beta} = \frac{\operatorname{ctg}\alpha'}{\operatorname{ctg}\alpha} \quad \dots\dots\dots \quad (125)$$

$$\left.\begin{aligned} &(\alpha + \beta) = (\alpha' + \beta') = 90^0 \\ &\beta' \leqq \beta, \quad \alpha' \geqq \alpha \end{aligned}\right\} \quad \dots\dots\dots \quad (126)$$

$$\left.\begin{aligned} &\left.\begin{aligned} D' &= D\cos\varepsilon \\ D'' &= D\sin\varepsilon \end{aligned}\right\} \begin{aligned} R' &= R\sin\varepsilon = D\operatorname{tg}\rho\sin\varepsilon \\ R'' &= R\cos\varepsilon = D\operatorname{tg}\rho\cos\varepsilon \end{aligned} \\ &\left.\begin{aligned} W' &= W\cos(\alpha-\varphi) \\ W'' &= W\sin(\alpha-\varphi) \end{aligned}\right\} \begin{aligned} r' &= r\sin(\alpha-\varphi) = W\operatorname{ctg}\alpha'\sin(\alpha-\varphi) \\ r'' &= r\cos(\alpha-\varphi) = W\operatorname{ctg}\alpha'\cos(\alpha-\varphi) \end{aligned} \\ &C' = C\sin(\alpha-\varphi) = c'S\sin(\alpha-\varphi) \\ &C'' = C\cos(\alpha-\varphi) = c'S\cos(\alpha-\varphi) \end{aligned}\right\} \quad (127)$$

$$\left.\begin{aligned} &D' - R' - W' - r' - C' = 0 \\ &X + D'' + R'' - W'' + r'' + C'' = 0 \end{aligned}\right\} \quad \dots \quad (128)$$

$$D[\cos\varepsilon - \operatorname{tg}\rho\sin\varepsilon] - W[\cos(\alpha-\varphi) + \operatorname{ctg}\alpha'\sin(\alpha-\varphi)] - c'S\sin(\alpha-\varphi) = 0$$

$$X + D[\sin\varepsilon + \operatorname{tg}\rho\sin\varepsilon] - W[\sin(\alpha-\varphi) - \operatorname{ctg}\alpha'\cos(\alpha-\varphi)] + c'S\cos(\alpha-\varphi) = 0$$

$$D\frac{\cos(\rho+\varepsilon)}{\cos\rho} - W\frac{\sin(\alpha+\alpha'-\varphi)}{\sin\alpha'} - c'S\sin(\alpha-\varphi) = 0$$

$$X + D\frac{\sin(\rho+\varepsilon)}{\cos\rho} + W\frac{\cos(\alpha+\alpha'-\varphi)}{\sin\alpha'} + c'S\cos(\alpha-\varphi) = 0$$

$$\frac{W}{\sin \alpha'} = \frac{D \cos(\rho + \varepsilon)}{\cos \rho \sin(\alpha + \alpha' - \varphi)} - \frac{c' S \sin(\alpha - \varphi)}{\sin(\alpha + \alpha' - \varphi)}$$

$$X + \frac{D}{\cos \rho}[\sin(\rho + \varepsilon) + \cos(\rho + \varepsilon) \operatorname{ctg}(\alpha + \alpha' - \varphi)]$$
$$+ c' S [\cos(\alpha - \varphi) - \sin(\alpha - \varphi) \operatorname{ctg}(\alpha + \alpha' - \varphi)] = 0$$

$$X + D \frac{\cos(\alpha + \alpha' - \rho - \varepsilon - \varphi)}{\cos \rho \sin(\alpha + \alpha' - \varphi)} + c' S \frac{\sin \alpha'}{\sin(\alpha + \alpha' - \varphi)} = 0$$

Aus der letzten Gleichung folgt für den passiven normalen Erddruck:

$$D = \frac{-\cos \rho}{\cos(\alpha + \alpha' - \rho - \varepsilon - \varphi)}[X \sin(\alpha + \alpha' - \varphi) + c' S \sin \alpha'] \quad (129)$$

Dieser Wert kann, wie bereits erwähnt, von φ nicht abhängen, es muß also für verschiedene φ konstant werden, was nur dadurch möglich wird, daß α' und c' sich hiernach entsprechend verändern.

Geht man sogleich auf die Bruchfläche über, so wird $\varphi = \gamma$, $X = G$, $S = A$, $\alpha' = \alpha$ und $c' = c$; sonach erhält man:

$$D = \frac{-\cos \rho}{\cos(2\alpha - \rho - \varepsilon - \gamma)}[G \sin(2\alpha - \gamma) + c A \sin \alpha] \quad . \quad . \quad (130)$$

Diese Gleichung ist geeignet, den passiven Normaldruck des Erdreiches an die Wand zu bestimmen, wenn es gelingt, den Bruchwinkel γ ausfindig zu machen. Zu diesem Zwecke kann man ähnliche Erwägungen wie gelegentlich der Besprechung des aktiven Erddruckes anstellen. Würde man in der allgemeinen Gleichung (129) $\alpha' = \alpha$ und $c' = c$ setzen, d. h. sich vorstellen, daß in der Fläche $\overline{AK}$ die Reibungs- und Kohäsionswiderstände zwischen den dortigen Erdteilchen in ihrer ganzen möglichen Größe der Verschiebung entgegenwirken könnten, so müßte offenbar der hieraus resultierende passive Normaldruck ein größerer als der tatsächlich eintretende sein, d. h. ein Resultat hierfür zum Vorschein kommen, welches, wenn es mit Δ bezeichnet wird, zu dem wirklichen Passivdrucke in einer Beziehung steht, die durch die Ungleichung $\Delta > D$ ausgedrückt erscheint, wobei wegen $\alpha = \alpha'$ und $c = c'$ der Wert für Δ mit:

$$\Delta = -\frac{\cos \rho}{\cos(2\alpha - \rho - \varepsilon - \varphi)}[X \sin(2\alpha - \varphi) + c S \sin \alpha] \quad . \quad (131)$$

zu bemessen ist.

Es wird daher die Differenz $(\Delta - D)$, welche mit U bezeichnet werden mag, im allgemeinen jedenfalls eine positive sein und nur in dem Falle, wenn die Fläche $\overline{AK}$ mit der Bruchfläche $\overline{AE}$ zusammenfällt, vollends verschwinden, d. h. insbesondere $\Delta = D$ werden. Wenn auch nach der vorstehenden Erörterung Δ eigentlich eine bloß eingebildete Größe darstellt, so hat dennoch die Differenz U eine reelle Bedeutung. Indem nämlich D der wirkliche passive Normaldruck ist, dagegen Δ denjenigen vorstellt, welcher sich ergeben würde, falls in der betrachteten Fläche $\overline{AK}$ die ganzen möglichen Reibungs- und Kohäsionswiderstände zwischen den dortigen Erdteilchen absorbiert werden könnten, letzteres aber nur für die Bruchfläche eintritt.

$U = \Delta - D$ rührt also von dem Überschuss an diesen Widerständen her, welcher durch die mittels der Wand übertragene Offensivpressung an das Erdreich nicht aufgehoben wird, sondern gleichsam in der Fläche $\overline{AK}$ aufgespeichert bleibt und zur Folge hat, daß daselbst im Beginn des Ausweichens der Wand solange keine Trennung zwischen den Erdteilchen eintreten kann, als $\overline{AK}$ eine von $\overline{AE}$ verschiedene Neigung hat. Aus der fraglichen Differenz ergibt sich somit gewissermaßen der Anhaltspunkt zur Beurteilung des Grades an Sicherheit, mit welchem das Erdreich in der Fläche $\overline{AK}$ ungeachtet der faktischen Tendenz zum Hinaufschieben noch immer aneinander haften bleibt.

Offenbar muß die Gefahr eines Bruches in dem Erdreiche zunächst unter demjenigen Neigungswinkel $\varphi = \gamma$ auftreten, wofür die fragliche Differenz $U = (\Delta - D)$ ein Minimum und insbesondere gleich 0 wird, weil dann in der zugehörigen Bruchfläche $\overline{AE}$ die dort schlummernden Reibungs- und Kohäsionswiderstände vollständig zur Tätigkeit erweckt werden und kein unbeanspruchter Überschuß davon zurückbleibt. Da aber D konstant ist, erreicht die Differenz $U = (\Delta - D)$ ihr Minimum, wenn die Größe Δ ihren kleinsten Wert annimmt, und da das gedachte Minimum schließlich gleich Null sein muß, so erhält man $D = \min \Delta$, daher, weil in diesem Falle in der Relation (131) $\varphi = \gamma$, $X = G$ und $S = A$ zu setzen ist:

$$D = \min \Delta = \frac{-\cos \rho}{\cos(2\alpha - \rho - \varepsilon - \gamma)} [G \sin(2\alpha - \gamma) + c\, A \sin\alpha] \quad (132)$$

Es muß sonach $\frac{d\Delta}{d\varphi} = 0$, damit Δ ein Minimum werde. Der hieraus sich ergebende Wert für φ bedeutet, wenn $\frac{d^2\Delta}{d\varphi^2}$ positiv wird, den Bruchwinkel γ, wonach dann auch die dazu gehörigen Größen $X = G$ und $S = A$ bestimmt werden können.

Zählt man in Fig. (104) den Böschungswinkel für die Lagerfläche $\overline{AK}$ und für die Bruchböschung nicht von der ansteigenden natürlichen, Böschung $\overline{AI}$, sondern von der abfallenden $\overline{AI'}$ an, welche nämlich durch den Wandfuß A nach abwärts, um den Winkel β gegen den Horizont geneigt, läuft, und setzt man

$$\sphericalangle KAI' = \varphi' \text{ und } \sphericalangle EAI' = \gamma' \quad . \; . \; . \; . \; . \quad (133)$$

so hat man:

$$\varphi = (\varphi' - 2\beta), \; \gamma = (\gamma' - 2\beta), \text{ daher wegen } \alpha = (90^0 - \beta),$$

und zwar zufolge der Gleichung (131):

$$\Delta = \frac{\cos \rho}{\cos(\varphi' + \varepsilon + \rho)} [X \sin \varphi' + c\, S \sin \alpha] \quad . \; . \quad (134)$$

ferner laut Relation (132):

$$D = \min \Delta = \frac{\cos \rho}{\cos(\gamma' + \varepsilon + \rho)} [G \sin \gamma' + c\, A \sin \alpha] \quad (135)$$

Diese neuen Ausdrücke für Δ und D haben eine bemerkenswerte Ähnlichkeit mit jenen unter (24) und (26), welche auf den aktiven Erddruck sich beziehen, indem man nämlich daselbst nur φ' und γ' anstatt φ und γ zu setzen und hierbei das Zeichen von ρ und c in das entgegengesetzte umzuwandeln hat. Wie man aus dem Rebhannschen Werk ersehen kann, erhält man unter Annahme einer horizontalen Oberfläche und unter Vernachlässigung der Reibung zwischen Wand und Erdreich ($\rho = 0$) nach Einsetzung des Wertes

$$S = \overline{AK} = \frac{H}{\cos(\alpha + 2\beta - \varphi')} = -\frac{H}{\cos(\alpha + \varphi')}$$

in die Gleichung (134) durch Differentiation nach φ', indem man den erhaltenen Ausdruck gleich Null setzt, für $\varphi' = \gamma'$ den Wert

$$\gamma' = 90^0 - \left(\frac{\alpha + \varepsilon}{2}\right) = \frac{1}{2} \sphericalangle \mathbf{FAI'} \quad . \; . \; . \quad (136)$$

d. h. die gefährliche oder Bruchböschung $\overline{AE}$ halbiert den Winkel zwischen der Wand $\overline{AF}$ und der natürlichen Böschung $\overline{AI'}$, ohne von der Erdkohäsion abzuhängen.

b) Die Anwendung der Rebhannschen Theorie des passiven Erddruckes auf das Verhalten der tertiären Überlagerung. Wenden wir nun dieses Resultat auf unseren speziellen Fall an, so erhalten wir, wenn $\varepsilon = 0$ (Fig. 105), für $\gamma' = 90 - \frac{\alpha}{2}$.

Der gefährliche Böschungswinkel

$$\delta = \gamma' - \beta \quad . \; . \; . \; . \; . \; . \; . \; . \; . \; . \quad (137)$$

folglich

$$\delta = 90^0 - \frac{\alpha}{2} - \beta,$$

und da

$$\alpha = 90^0 - \beta$$

$$\frac{\alpha}{2} = 45^0 - \frac{\beta}{2},$$

so ist

$$\delta = 90^0 - 45^0 + \frac{\beta}{2} - \beta$$

oder

$$\delta = 45^0 - \frac{\beta}{2} \quad . \quad . \quad . \quad . \quad . \quad . \quad . \quad . \quad . \quad (138)$$

Aus der Formel für den gefährlichen Böschungswinkel des passiven Erddruckes geht hervor, daß dieser Winkel mit der Zunahme des natürlichen Böschungswinkels abnimmt. Je größer der natürliche Böschungswinkel des Tertiärmaterials wird, um so weiter erstreckt sich die Sphäre der Fernwirkungen, welche die Tendenz des Ausdrückens, Hebens der seitlichen Erdprismen aufweist.

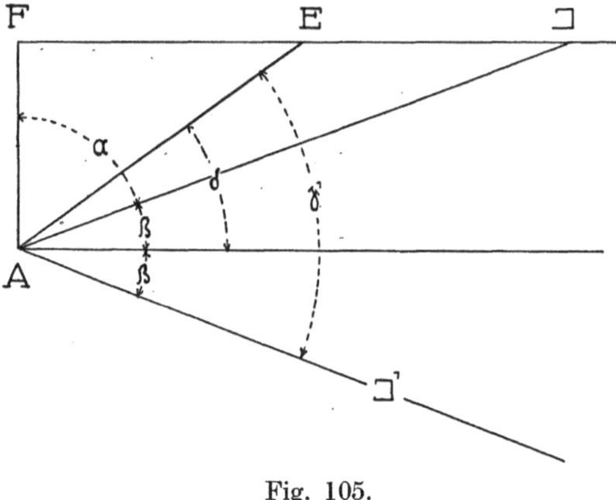

Fig. 105.

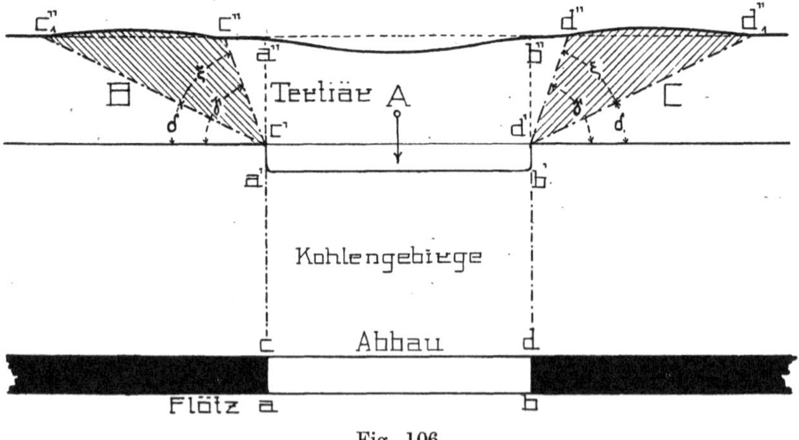

Fig. 106.

Der passive Erddruck wird dann zur Geltung kommen, wenn der mittlere Tertiärblock A (Fig. 106) das Nachrutschen der seitlichen Tertiärblöcke nicht mehr zuläßt, indem er infolge seines eingetretenen Ruhezustandes in die Lage versetzt wird, diesem seitlichen Nachrutschprozeß der Nachbarblöcke Einhalt zu tun. Es wird infolge dieses Widerstandes des mittleren Tertiärblockes ein passiver Erddruck der seitlichen Tertiärblöcke geleistet und in diesen letzteren die Tendenz einer Ausdrückung, Aushebung erzeugt, welche in den gefährlichen Böschungsebenen des passiven Erddruckes ihre Grenze haben muß. Es werden also in Fig. (106) die seitlichen Tertiärblöcke d′ b″ d_1'' und c′ a″ c_1'' das Bestreben des Ausweichens besitzen, und da die Sphären der noch unbewegten Terrainstellen sich zwischen den Punkten d″ und d_1'' bzw c″ und c_1'' befinden, so kann es geschehen, daß an diesen Stellen Überhöhungen des Terrains zum Vorschein gelangen, welche Territorien den obertägigen Senkungsmulden angrenzend sind.

Mit Rücksicht auf die vorangeführten theoretischen Erklärungen befindet sich das eigentliche Gebiet der eventuell konstatierbaren Fernwirkungen zwischen den gefährlichen Böschungsebenen des aktiven und des passiven Erddruckes.

Die beiden Formeln für die Größen der gefährlichen Böschungswinkel für den aktiven und den passiven Erddruck lauten:

$$\gamma = 45 + \frac{\beta}{2} \text{ und } \delta = 45 - \frac{\beta}{2},$$

wobei β die Größe des natürlichen Böschungswinkels bezeichnet. Der Winkel, welchen die gfährlichen Böschungsebenen des aktiven und des passiven Erddruckes miteinander einschließen, ist

$$\zeta = \gamma - \delta = 45 + \frac{\beta}{2} - 45 + \frac{\beta}{2} = \beta, \quad . \; . \; . \quad (139)$$

das ist die Größe des natürlichen Böschungswinkels des Tertiärmaterials.

Die Zone der eventuell konstatierbaren Fernwirkungen wird von zwei Ebenen begrenzt, welche einen Winkel miteinander einschließen, der dem Werte des natürlichen Böschungswinkels gleich ist.

Je größer der natürliche Böschungswinkel des Tertiärmaterials ist, desto größer wird der gefährliche Böschungswinkel desselben für den aktiven Erddruck, und desto kleiner wird der gefährliche Böschungswinkel für den passiven Erddruck. Es wächst also mit der Zunahme des natürlichen Böschungswinkels die Größe des Gebietes der Fernwirkungen, während mit der Abnahme des natürlichen Böschungswinkels dieses Gebiet eingeschränkt wird.

Es muß noch hervorgehoben werden, daß die in den seitlichen Tertiärblöcken hervorgerufene Tendenz des Ausweichens derselben nicht immer eine Hebung dieser Fernwirkungsgebiete zur Folge haben muß. Der Eintritt von Geleisehebungen wird dann zu gewärtigen sein, wenn infolge Abbaues eines mächtigen Flözes die Absenkung des mittleren Tertiärblockes bedeutend war und infolgedessen die Nachrutschung der seitlichen Blöcke um so mehr entfacht wurde. Je größer die noch im letzten Momente des Senkungsprozesses vorhandene seitliche Nachrutschung ist, desto größer wird auch der hervorgerufene Widerstand des mittleren Blockes sein, der sogar die Hinausdrückung der seitlichen Tertiärprismen zur Folge haben kann, welche am Burniaflügel mit einem Maximum von 297 mm konstatiert worden ist.

Aus den Formeln $\gamma = 45 + \frac{\beta}{2}$ und $\delta = 45 - \frac{\beta}{2}$ ist zu ersehen, daß die Böschungsebene unter einem Winkel von 45^0 eine Grenze darstellt, welcher die gefährlichen Böschungsebenen des aktiven und des passiven Erddruckes zustreben.

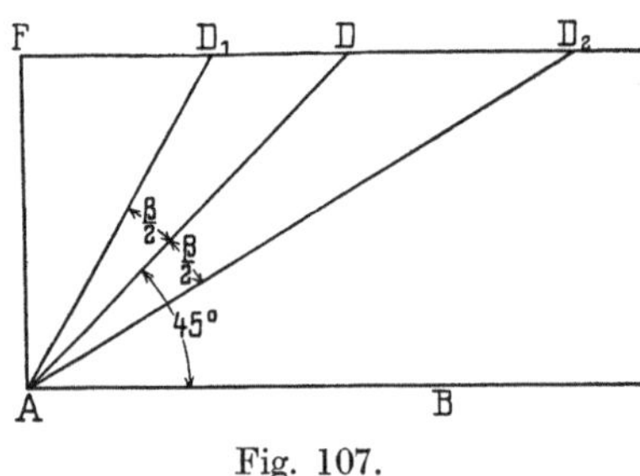

Fig. 107.

Für $\beta = 0$ ist $\gamma = \delta = 45^0$, d. h. das Fernwirkungsgebiet fällt in die Grenze A D (Fig. 107), es decken sich in diesem rein theoretischem Falle die beiden Gebiete des aktiven und passiven Erddruckes. Obzwar ein Erdmaterial mit den natürlichen Böschungswinkel vom Werte 0^0 nicht existiert, so mag dieser Grenzzustand doch eine Behandlung erfahren, da er zugleich jenen Fall repräsentiert, in welchem ein konstatierbares Fernwirkungsgebiet, d.h. Hebungsgebiet, nicht mehr existiert, weil dieses letztere in die Zone der gesenkten Oberfläche hineinfällt.

Das Gebiet des aktiven Erddruckes stellt einen Teil des obertägigen Senkungsgebietes dar, und es kann deshalb der passive Erddruck hier nicht mehr sichtbar zur Geltung kommen, weil die Maße eventueller Hebungen nur viel geringer als jene der bereits eingetretenen Senkungen sein können.

Nur jene Stellen, an welchen das Terrain im unveränderten Niveau sich befindet, können bestenfalls meßbare Hebungen erfahren, es müßte also das passive Erddruckgebiet, von der lotrechten Bruchrichtung beginnend, das Gebiet des aktiven Erddruckes übergreifen, um obertags entsprechend zur Geltung kommen zu können. Die Gerade A D_1 (Fig. 107), welche unter dem Winkel $\gamma = 45 + \frac{\beta}{2}$ geneigt ist, stellt die gefährliche Böschungsebene des aktiven Erddruckes dar, während die unter dem Winkel $\delta = 45 - \frac{\beta}{2}$ geneigte Gerade A D_2 die gefährliche Böschungsebene für den passiven Erddruck bedeutet.

Wenn wir nun voraussetzen, daß die Kohäsion des Erdmaterials so groß ist, daß die gefährliche Böschungsebene des aktiven Erddruckes zugleich die Grenzebene des obertägigen Senkungsgebietes bezeichnet, so wird die Terrainzone $D_1 D_2$ das obertägige Fernwirkungsgebiet bezeichnen, welches keine Senkungen erfahren hat und deshalb eventuell Stellen aufweisen kann, welche infolge der passiven Erddruckwirkung eine höhere Lage als das ursprüngliche Terrain erhalten können.

Betrachten wir nun den Grenzwert für $\beta = 90^0$, so ist

$$\gamma = 45 + \frac{\beta}{2} = 90^0 \text{ und } \delta = 45 - \frac{\beta}{2} = 0.$$

Mit der Zunahme des natürlichen Böschungswinkels von 0^0 bis 90^0 wächst der gefährliche Böschungswinkel für den aktiven Erddruck von 45^0 bis 90^0, jener des passiven Erddruckes nimmt von 45^0 bis 0^0 ab. In diesem Grenzfalle für $\beta = 90^0$ würde es kein Senkungsgebiet des aktiven Erddruckes und nur ein ins Unendliche reichendes Gebiet des passiven Erddruckes geben. Sowohl das den Flüssigkeiten eigene natürliche Böschungsvermögen von 0^0 als auch jenes von 90^0 ist den Tertiärmaterialien nicht eigen, beide Grenzfälle haben einen rein theoretischen Wert, welcher für die Beurteilung der Zu- und Abnahme der Senkungs- und Hebungsgebiete von Interesse ist.

Die Fernwirkungsgebiete werden von keinen oder ganz unwesentlichen Folgen für die obertägigen Objekte sein, und es werden daher Schutzmaßnahmen für diese Gebiete nicht erforderlich werden.

Im Falle anstehenden Kohlengebirges kommen Überhöhungen des obertägigen Terrains an den Grenzen der Senkungsmulden auch vor, wie dies das Längenprofil des Burniaflügels (Fig. 102) in km 6,2 beweist. Dies wird jedoch nur bei milder Beschaffenheit des Kohlengebirges zutreffen, und wird dann für diese Terrainausdrückungen eine ähnliche theoretische Erklärung gegeben werden können.

5. Die Theorie der Richtungswinkel des Senkungsgebietes.

In der anläßlich der Erörterung einiger Senkungsfälle von Montanbahnstrecken angeführten Tabelle (S. 256 u. 257) sind unter anderen auch die Richtungswinkel für die auf dem Bahnkörper hervorgerufenen Senkungsgebiete angegeben.

Unter dem Richtungswinkel eines Senkungsgebietes verstehen wir jenen Winkel, welchen die Verbindungsgerade zwischen einem Abbaustoße (Ende des Abbaues) und dem entsprechenden Endpunkte der obertägigen Senkungsmulde mit der Horizontalrichtung einschließt.

Dieser Winkel variiert erfahrungsgemäß zwischen den Werten von 50^0 bis 86^0, und es ist nicht möglich, bestimmte Winkelwerte zu prognostizieren, wenn in einem gegebenen Gebiete keine Erfahrungen in dieser Beziehung vorhanden sein sollten. Die Größe dieser Richtungswinkel ist abhängig:

1. von der Größe der Grenzwinkel im Tertiär,
2. von der Größe der Bruchwinkel im Kohlengebirge und
3. von der Mächtigkeit a) des Tertiärs und b) des Kohlengebirges.

1. Mit der Zunahme der Grenzwinkel im Tertiär nimmt auch der Richtungswinkel zu, wenn vorausgesetzt wird, daß die Mächtigkeit des Tertiärs und jene des Kohlengebirges konstant bleiben.

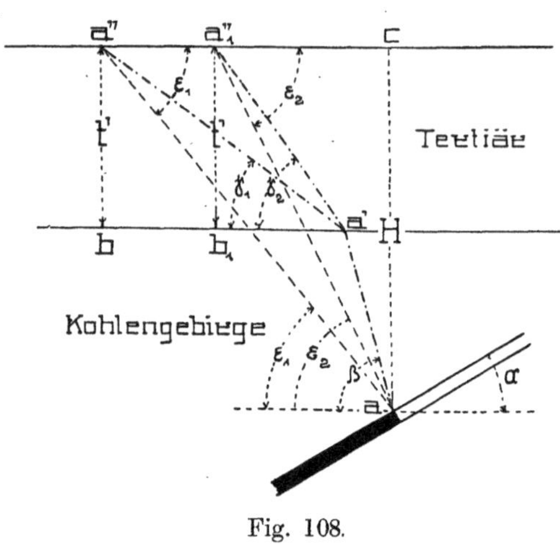

Fig. 108.

In Fig. 108 bedeuten:

γ_1 u. γ_2 die Grenzwinkel im Tertiär,
ε_1 u. ε_2 die Richtungswinkel,
t' die Mächtigkeit des Tertiärs,
H die Gesamtmächtigkeit der über dem Abbau lagernden Gebirgsschichten.

In $\Delta\, a'\, a''\, b$ ist: $\operatorname{tg} \gamma_1 = \frac{t'}{a'\, b}$,

in $\Delta\, a'\, a_1''\, b_1$ ist: $\operatorname{tg} \gamma_2 = \frac{t'}{a'\, b_1}$.

Da $a'\, b > a'\, b_1$, so ist $\operatorname{tg} \gamma_1 < \operatorname{tg} \gamma_2$, weshalb $\gamma_1 < \gamma_2$.

In $\Delta\, a\, a''\, c$ ist: $\operatorname{tg} \varepsilon_1 = \frac{H}{a''\, c}$,

in $\Delta\, a\, a_1''\, c$ ist: $\operatorname{tg} \varepsilon_2 = \frac{H}{a_1''\, c}$.

Da $a''\, c > a_1''\, c$, so ist $\operatorname{tg} \varepsilon_1 < \operatorname{tg} \varepsilon_2$, weshalb $\varepsilon_1 < \varepsilon_2$.

2. Mit der Zunahme des Bruchwinkels im Kohlengebirge nimmt auch der Richtungswinkel zu, unter der Voraussetzung,

daß der Grenzwinkel im Tertiär, die Mächtigkeit des Tertiärs und jene des Kohlengebirges konstant bleiben.

In Fig. 109 bedeuten:

β_1 u. β_2 die Bruchwinkel im Kohlengebirge,
γ den Grenzwinkel im Tertiär,
H Gesamtmächtigkeit der über dem Abbau lagernden Gebirgsschichten,
t Mächtigkeit des Kohlengebirges.

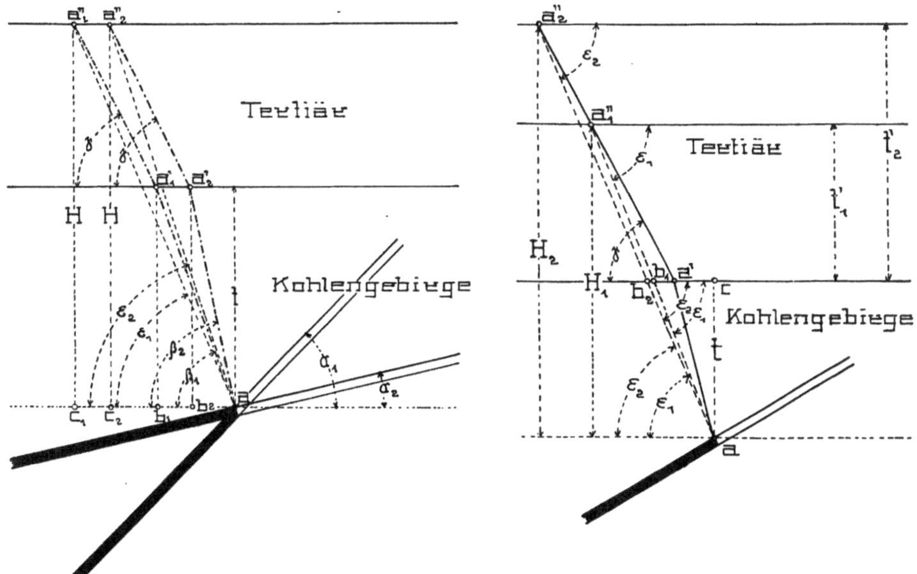

Fig. 109. Fig. 110.

In $\Delta\, a\, a_1'\, b_1$ ist: $\quad \operatorname{tg} \beta_1 = \frac{t}{a\, b_1}$,

in $\Delta\, a\, a_2'\, b_2$ ist: $\quad \operatorname{tg} \beta_2 = \frac{t}{a\, b_2}$.

Da $a\, b_1 > a\, b_2$, so ist $\operatorname{tg} \beta_1 < \operatorname{tg} \beta_2$, weshalb $\beta_1 < \beta_2$.

In $\Delta\, a\, a_1''\, c_1$ ist: $\quad \operatorname{tg} \varepsilon_1 = \frac{H}{a\, c_1}$,

in $\Delta\, a\, a_2''\, c_2$ ist: $\quad \operatorname{tg} \varepsilon_2 = \frac{H}{a\, c_2}$.

Da $a\, c_1 > a\, c_2$, so ist $\operatorname{tg} \varepsilon_1 < \operatorname{tg} \varepsilon_2$, weshalb $\varepsilon_1 < \varepsilon_2$.

3. a) Mit der Zunahme der Mächtigkeit des Tertiärs nimmt die Größe des Richtungswinkels ab, unter der Voraussetzung,

daß der Bruchwinkel im Kohlengebirge, die Mächtigkeit desselben und der Grenzwinkel im Tertiär konstant bleiben.

In Fig. 110 sind:

γ der Grenzwinkel im Tertiär,
ε_1 u. ε_2 die Richtungswinkel,
H_1 u. H_2 die Gesamtmächtigkeiten der über dem Abbau lagernden Gebirgsschichten, wobei $H_2 > H_1$,
t die Mächtigkeit des Kohlengebirges,
t_1' u. t_2' Mächtigkeiten des Tertiärs.

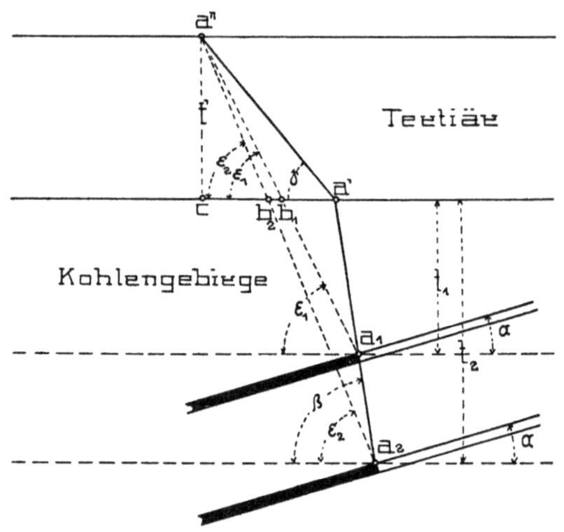

Fig. 111.

In Δ a b_1 c ist: $\operatorname{tg} \varepsilon_1 = \frac{t}{b_1 c}$,

in Δ a b_2 c ist: $\operatorname{tg} \varepsilon_2 = \frac{t}{b_2 c}$.

Da $b_1 c < b_2 c$, so ist $\operatorname{tg} \varepsilon_1 > \operatorname{tg} \varepsilon_2$, weshalb $\varepsilon_1 > \varepsilon_2$.

3. b) Mit der Zunahme der Mächtigkeit des Kohlengebirges wächst die Größe des Richtungswinkels, unter der Voraussetzung daß die Mächtigkeit des Tertiärs, die Größe des Grenzwinkels im Tertiär und jene des Bruchwinkels im Kohlengebirge konstant bleiben.

In Fig. 111 bedeuten:

γ den Grenzwinkel im Tertiär,
t_1 u. t_2 die Mächtigkeiten des Kohlengebirges, wobei $t_2 > t_1$,
t' die Mächtigkeit des Tertiär,
ε_1 u. ε_2 die Richtungswinkel.

In $\Delta\, a''\, b_1\, c$ ist: $$\operatorname{tg} \varepsilon_1 = \frac{t'}{b_1\, c},$$

in $\Delta\, a''\, b_2\, c$ ist: $$\operatorname{tg} \varepsilon_2 = \frac{t'}{b_2\, c}.$$

Da $b_1\, c > b_2\, c$, ist $\operatorname{tg} \varepsilon_1 < \operatorname{tg} \varepsilon_2$, weshalb $\varepsilon_1 < \varepsilon_2$.

Die Kenntnis der Richtungswinkel ist insofern von Bedeutung, als dieselben die Grenzen des obertägigen Senkungsgebietes angeben, ohne daß man erst die Bruchrichtungen und die Grenzrichtungen zu konstatieren hätte.

Wachsmann bezeichnet diesen Richtungswinkel als Senkungswinkel und gibt für denselben den durchschnittlichen Wert von 75^0 an (siehe Figur 20).

IV. Einfluß der Bodensenkungen infolge Kohlenabbaues auf den Bestand der Eisenbahnen.

Die im Ostrau-Karwiner Kohlenrevier mit der Erhaltung der Motanbahn betrauten Organe haben vielfache Erfahrungen bezüglich der Einwirkung des Bergbaues auf den Bahnbestand gesammelt, sie mußten in unzähligen Fällen Maßnahmen treffen, um den entstandenen Übelständen Abhilfe zu verschaffen. Es traten Änderungen der Gefällsverhältnisse der Geleisestrecken auf, welche für den durchlaufenden Verkehr der Züge große, geradezu unüberwindliche Steigungen hervorriefen. Es entstanden andererseits in ehemals horizontalen Geleisen, welche der Rangiermanipulation dienten, Mulden, deren Bestand für die Sicherheit des Verkehres Gefahrsmomente bedeuteten.

Es ist wohl selbstverständlich, daß infolge dieser Bahnsenkungen auch besonders jene Objekte gelitten haben, welche diesen Bewegungen des Terrains folgen mußten, wie Brücken und Durchlässe, deren Instandsetzung, beziehungsweise Neubau erforderlich war. Es hat sich gezeigt, daß zum Beispiel der Bestand gewölbter Objekte im Bergbaugebiete besonders gefährdet erscheint, weil diese Objekte den Bewegungen der Erdoberfläche nicht so folgen können, wie die offenen Objekte, welche außerdem noch den großen Vorteil besitzen, daß bei Geleiseaufholungen der Aufbau der Widerlager keine besonderen Schwierigkeiten bietet.

In einigen Senkungsfällen ist es notwendig geworden, gewölbte Objekte in offene umzubauen, um eine wirksame Sanierung herbeiführen zu können.

1. Schutzmaßnahmen für den Bestand der Eisenbahnen.

Für die Beurteilung der Notwendigkeit von Schutzmaßnahmen bei den Eisenbahnen im Bergbaugebiete kommen folgende Fragen in Betracht: 1. Ist ein Schutz für eine Eisenbahn notwendig? 2. Wie sollen die eventuell erforderlichen Schutzmaßnahmen getroffen werden?

Die geologischen Verhältnisse im Ostrau-Karwiner Reviere liegen glücklicherweise so günstig, daß an ein plötzliches Niedersinken von Bahnkörpern nicht zu denken sein wird. Der weitaus größte Teil dieses Reviers besitzt über dem Steinkohlengebirge eine mächtige Tertiärschichte, welche als eine Art Beruhigungsmittel für die unterirdischen Senkungen wirkend ist. Trotz dieses glücklichen Umstandes war für größere Objekte die Anwendung von Schutzmaßnahmen erforderlich, wozu jedoch nicht momentane Gefahrsmöglichkeiten Veranlassung gaben. Die an den Objekten auftretenden Schäden sind oft so unangenehmer Natur, daß Neuherstellungen erforderlich werden, welche nicht nur eine Belastung der Bahnerhaltungskosten, sondern auch eine ganz empfindliche Einschränkung des Zugverkehres involvieren.

Bei der Beantwortung der ersten Frage, ob ein Schutz einer Eisenbahn notwendig erscheint, wird man die Berücksichtigung der mitunter ganz bedeutenden Kosten der Kohlenverluste infolge zu belassender Kohlenpfeiler, bzw. die Kosten für Versatzausführungen gewiß nicht außer acht lassen dürfen.

Es wird sich darum handeln, ob der Wert eines zu schützenden Objektes mit den Kosten der zu treffenden Sicherheitsmaßnahmen im Einklange sich befindet. Man wird auch die Frage erwägen müssen, ob man nicht den Abbau unter einem Objekte zulassen soll, um es einfach den schädlichen Einwirkungen des Abbaues zu überlassen, wobei eine Ableitung des Verkehrs auf ein anderes, an anderer Stelle zu diesem Zwecke neu erbautes, eventuell provisorisches Objekt zu erfolgen hätte. Es kann sogar die Frage aufgeworfen werden, ob trotz des Abbaues unter einem großen Objekte im gegenseitigen Einvernehmen zwischen Bergbau und Eisenbahn der Verkehr unter Anwendung von Vorsichtsmaßregeln zu gestatten sei, wenn die Verkehrssicherheit keine Gefährdung dadurch erleidet.

Es soll weder der Entwicklung des Eisenbahnwesens noch jener des Bergbaubetriebes ein unbegründeter Hemmschuh angelegt werden, für beide sprechen eminent wichtige öffentliche Interessen, deren gemeinschaftliche Förderung dem Wohle jedes Staatswesens dienlich ist.

Es ist sehr schwer, allgemein gültige Normen für die Notwendigkeit von Schutzmaßnahmen für die Eisenbahnen der Bergbaugebiete aufzustellen, es werden immer die örtlichen Verhältnisse dafür maßgebend sein, ob Schutzvorkehrungen unbedingt notwendig erscheinen. Es wird vor allem auf den Charakter der zu schützenden Bahn, bzw. des zu schützenden Objektes derselben ankommen, und es werden gewiß nicht für Hauptbahnen, welche mit großen Geschwindigkeiten befahren werden, dieselben Gesichtspunkte für den etwaigen Schutz maßgebend sein wie für Nebenbahnen oder Bahnen, die lediglich dem Frachtenverkehre zu dienen haben.

Was den außerhalb der Unterbauobjekte befindlichen Bahnkörper anbelangt, wird dessen immer wieder erforderliche Aufholung bei gesenkten Nebengeleisen der Hauptbahnen und sonstigen mit geringen Geschwindigkeiten befahrenen Geleisanlagen ohne wesentliche Schwierigkeiten durchgeführt werden können. Wenn auch bei den Geleisehebungen jene günstigen, ursprünglich bestandenen Gefällsverhältnisse oft nicht mehr wieder hergestellt werden können, ohne eine durchgreifende kostspielige Sanierung veranlassen zu müssen, so muß man sich dennoch mit diesen in der Natur des Bergbaugebietes gelegenen Ursachen abzufinden wissen.

Für die Anordnung von Bergbaubeschränkungen muß die ökonomische Frage von Bedeutung sein, ohne Rücksicht darauf, von wem die Kosten für dieselben zu tragen sind. Gelegentlich eines zu begutachtenden Falles hat Herr Baurat Ing. J. Kajaba die Kosten der bergbaulichen Schutzmaßnahmen mit 68 % bis 81 % der Baukosten der zu sichernden Anlage berechnet. Der genannte Fachmann, der sich sehr verdienstvoll mit der Senkungsfrage der Eisenbahnen befaßt hat, hat betont, daß die wirtschaftliche Frage dazu dränge, die Erhaltung von Nebengeleisen zur Gänze an die Tagesoberfläche zu verlegen, weil sie dort rechtzeitig in vollkommenster und ökonomischer Weise bewirkt werden kann.

Es werden die Bahnverwaltungen oftmals die unangenehme Erhaltung des Bahnbestandes den übermäßig hohen Kosten der Bergbaubeschränkungen vorziehen müssen, wenn nicht Gründe der Betriebssicherheit dagegen sprechen sollten.

Jedenfalls ist es auch von großem öffentlichen Interesse, daß durch den unterirdisch betriebenen Abbau der Bau von Eisenbahnen nicht erschwert, eventuell sogar verhindert werde. Es ist ein vitales Interesse des Staates, den Bau von Eisenbahnen im Bergbaugebiete zu begünstigen, weil sie in erster Linie geeignet erscheinen, den Bergbaubetrieb selbst zu immer höherer Entwicklung zu bringen. Aber auch dem Bergbaubetriebe soll die Möglichkeit seiner Entwicklung gegeben sein, und es ist deshalb eine gewissenhafte Prüfung der Sachlage erforderlich, um diesen Umständen Rechnung zu tragen.

Um nun der Beantwortung der Frage über die Art der eventuell erforderlichen Schutzmaßnahmen näher zu treten, müssen wir jene Sicherheitsmaßnahmen ins Auge fassen, welche geeignet erscheinen, den sicheren Bestand obertägiger Objekte zu gewährleisten.

Es kann sich 1. darum handeln, einem obertägigen Objekt einen derartigen Schutz zu bieten, daß es von den Wirkungen des Abbaues vollständig verschont bleibt, daß also jede noch so geringe Bewegung dieses Objektes gänzlich hintangehalten werden muß. Dieser Umstand kann vor allem beim Schutze großer Brücken in Betracht kommen, wo die Bewegung der Widerlager sehr unangenehme Folgen in bezug auf den Bestand der Tragkonstruktionen zeitigen kann.

Man kann ein Objekt nur dann vollständig vor den Abbauwirkungen schützen, wenn man unter demselben keinen Abbau vornimmt, d. h. wenn man zum Schutze des Objektes einen sogenannten Kohlensicherheitspfeiler zurückläßt, in welchem in keiner Tiefe ein Abbau vorgenommen werden darf, wie dies bereits im Kapitel über die Theorie der schadlosen Tiefe erläutert worden ist.

Es wird nun die Frage zu beantworten sein: Welche Dimensionen muß ein solcher Schutzpfeiler aufweisen, wie muß seine Lage in bezug auf das Objekt beschaffen sein, damit dasselbe vollständig gesichert werde? Es wird sich die Notwendigkeit ergeben, jene Entfernungen zu berechnen, bis zu welcher der Kohlenabbau noch vordringen darf, damit am Bahnkörper eine Bewegung (Senkung) nicht auftreten könne.

In Fig. 112 bedeuten:

t die Mächtigkeit des Kohlengebirges und
t' die Mächtigkeit des Tertiärs.

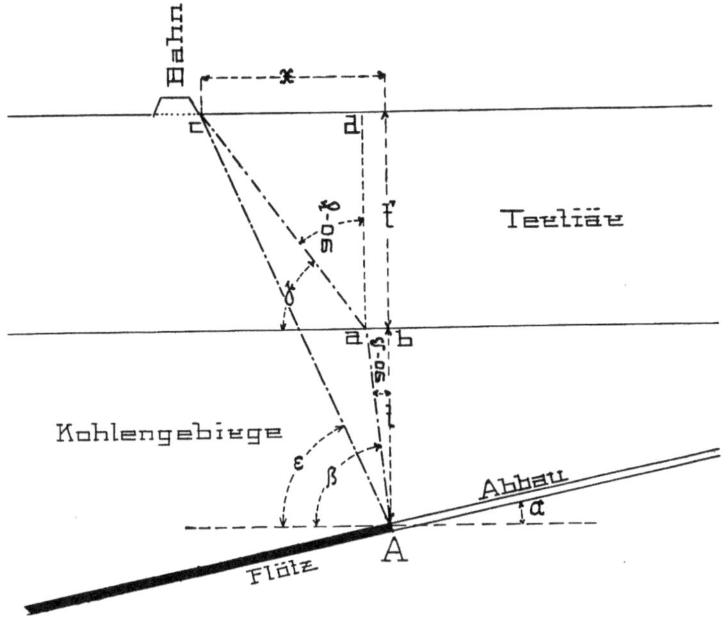

Fig. 112.

Nach Konstruktion der Bruchrichtungen im Kohlengebirge und der Grenzrichtungen im Tertiär ergibt sich unter der Voraussetzung, daß a b = m und c d = n, die Distanz

$$x = m + n = t \operatorname{tg} (90^0 - \beta) + t' \operatorname{tg} (90^0 - \gamma),$$

$$\mathbf{x = t \operatorname{ctg} \beta + t' \operatorname{ctg} \gamma} \quad \dots\dots\dots\dots \quad (140)$$

wobei β den Bruchwinkel im Kohlengebirge und γ den Grenzwinkel im Tertiär bedeuten.

Der Wert x stellt also jene äußerste Distanz für die Annäherung des Abbaues an den Bahnkörper vor, bei welcher der letztere noch verschont bleibt, es ist also x die sogenannte Annäherungsdistanz, welche bestimmt werden müßte, wenn dem Bergbautreibenden die Pflicht der Annäherungsanzeige angeordnet werden sollte. Zur Berechnung dieser Distanz x ist die Größe des Grenzwinkels γ erforderlich, welche unter der Voraussetzung des Jičinskyschen Bruchwinkels im Kohlengebirge festgestellt werden müßte.

In der „Theorie der Grenzrichtung" wurde hervorgehoben, daß die Größe des Grenzwinkels von der Größe des natürlichen Böschungswinkels im Tertiär abhängig ist, weil dieser letztere für die Größe des Rebhannschen gefährlichen Böschungswinkels maßgebend erscheint, welcher die Minimalgrenze des obertägigen Senkungsgebietes angibt. Die Wirkungssphäre der obertägigen Senkungen ist aber nur in jenem Falle bis zu den Rebhannschen gefährlichen Böschungen reichend, wenn das Tertiär eine entsprechende Kohäsion besitzt. Wenn aber die Kohäsion des Tertiärmaterials, deren Wirkungssphäre erst außerhalb der gefährlichen Böschungsebenen (da der gefährliche Böschungswinkel von der Kohäsion des Erdreiches unabhängig ist) beginnt, gering ist, so reicht die obertägige Senkungszone noch über die gefährlichen Böschungsebenen hinaus, wie dies bereits im Kapitel über die „Theorie der Grenzrichtung" erörtert worden ist. Die Nachrutschtendenz der seitlichen Tertiärblöcke hat bei kohäsionslosem Material in den natürlichen Böschungsebenen ihre Grenze.

Es ist sicherlich nicht möglich, die Größe des obertägigen Senkungsgebietes genau zu prognostizieren, weil wir die Größe der Kohäsion des Erdmaterials nicht kennen, welche für die außerhalb der gefährlichen Böschungsebenen auftretende Nachrutschtendenz maßgebend erscheint. Auf Grund der in den einzelnen Gebieten gemachten Erfahrungen können wir für diese Gebiete Kohlenpfeiler annähernd genau dimensionieren. Mit Zuhilfenahme des Richtungswinkels (ε) berechnet man

$$x = (t + t') \operatorname{ctg} \varepsilon \quad \quad (141)$$

Im Kapitel über „die Theorie der Richtungswinkel" wurde in eingehender Weise erörtert, daß diese Winkel von vielen Umständen abhängig sind, welche es unmöglich machen, auch nur annähernd genaue Winkelwerte zu prognostizieren. Auch hier kann wiederholt werden, daß nur vorhandene Erfahrungen ein verläßliches Mittel liefern können, die Annäherungsdistanzen mit Hilfe der Richtungswinkel zu berechnen.

Wir wollen an der Hand eines Beispiels für einen gegebenen Fall, in welchem die Erfahrungen über die Grenzrichtungen obertägiger Senkungsgebiete vorhanden seien, die Dimensionierung eines Kohlenpfeilers für eine zu schützende Eisenbahnbrücke erklären. Es soll nun angenommen werden, daß infolge des bereits bewirkten Abbaues eines Flözes die am Bahnkörper gemessenen Endwinkel einander gleich sind und 50^0 betragen. Es seien ferner diese Endwinkel mit den Grenzwinkeln des obertägigen Senkungsgebietes identisch, was im Falle der Annahme zutrifft, daß die Bahntrasse in der Fallrichtung des Flözes gelegen sei. Bei Betrachtung dieser Umstände drängt sich die Frage auf, ob die vorliegenden Grenzwinkelwerte eventuell die Werte der natürlichen Böschungswinkel darstellen, oder ob diese Grenzebenen die Rebhannschen gefährlichen Böschungsebenen repräsentieren, so daß die natürlichen Böschungswinkel geringere Werte aufweisen würden.

Im ersteren Falle hätten wir es mit einem kohäsionslosen Material zu tun, oder einem Material von nur sehr geringer Kohäsion, im letzteren Falle würde dasselbe eine entsprechende Kohäsion besitzen.

Die Beantwortung dieser Frage allein beweist uns, wie schwierig es ist, die Lösung des Kohlenpfeilerproblems zu finden, selbst wenn Erfahrungen über bereits stattgehabte Senkungsfälle eines Gebiets vorhanden sind.

Nehmen wir nun an (Fig. 113), es seien die gefundenen Winkelwerte die gefährlichen Böschungswinkel des Materials, so können die

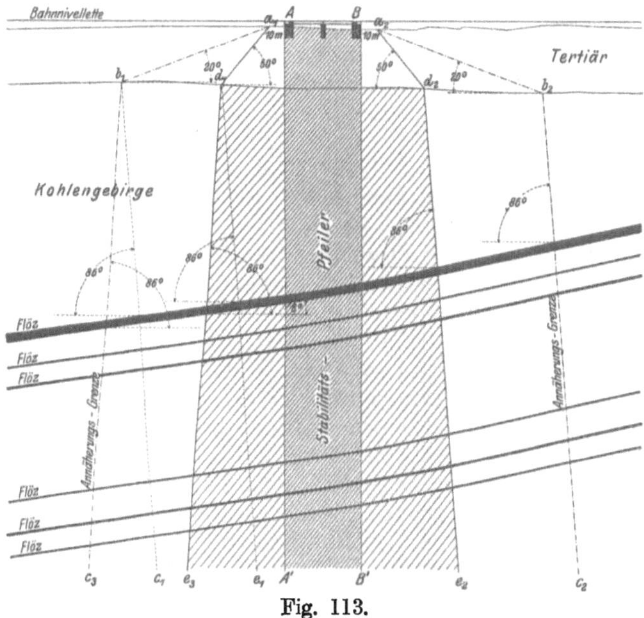

Fig. 113.

natürlichen Böschungswinkel noch immer alle Werte zwischen 20° und 50° aufweisen, so daß die äußersten Grenzen des Senkungsgebietes bei 20° (dem Minimum des natürlichen Böschungswinkels) sich befinden können. Würde man also mit absoluter Sicherheit ohne Rücksicht auf die Kohäsion des Tertiärmaterials den Bestand des in Rede stehenden Objektes schützen wollen, so würde man in den von den äußersten Grenzen desselben unter 20° geneigten bis zur Kohlengebirgsgrenze reichenden Ebenen die Begrenzungen des Tertiärblockes erhalten, welcher keine Bewegung erleiden dürfte. Es wurden bei Annahme einer 10 m messenden Sicherheitsberme diese Grenzen in Fig. 113 durch die Geraden $a_1 b_1$ und $a_2 b_2$ dargestellt, und wir müßten nun von den Punkten b_1 und b_2 unter 86° die Jičinskyschen Bruchlinien des Kohlengebirges einzeichnen, so daß die Geraden $b_1 c_1$ und $b_2 c_2$ die Begrenzungen des Kohlengebirgspfeilers für die ersichtliche Flözgruppe darstellen, deren Flöze unter 8° geneigt sind.

Aus dem Angeführten ist zu ersehen, daß die mit Berücksichtigung der möglichen äußersten Grenzen konstruierten Kohlenpfeiler sehr bedeutende Dimensionen aufweisen müßten, und es wäre gewiß unökonomisch, wollte man von vornherein diese Grenzen als feststehend betrachten. Diese Grenzen sind jedoch insofern von Bedeutung, als sie jene Stellen bezeichnen, an welchen der Abbau mit Vorsicht gegen das Objekt hin fortzuschreiten hätte und im gegenseitigen Einvernehmen zwischen Bergbau und Eisenbahnen die obertägigen Wirkungen der Abbaue an den Grenzen des Objektes zu beobachten wären. Es wäre also bei der kommissionellen Feststellung der Sicherheitsmaßnahmen für ein zu schützendes Objekt ein sogenannter Annäherungspfeiler festzulegen, von dessen Grenzen die Abbaue nur vorsichtig und einvernehmlich mit den Bahnorganen zu beginnen hätten.

Mit Rücksicht auf die bereits gemachten Erfahrungen im gegenständlichen Gebiete (Fig. 113) würde für die hangendsten Flöze ein Sicherheitspfeiler ausreichen, dessen Grenzen im Tertiär unter 50^0 [a_1 d_1, a_2 d_2] und im Kohlengebirge unter 86^0 geneigt sind [d_1 e_1, d_2 e_2].

Bei der Konstruktion der Bruchlinie d_1 e_1 ist es auffallend, daß dieselbe bei den liegenderen Flözen sich immer mehr dem durch die Lotrechten AA′ und BB′ begrenzten Kohlenpfeiler nähert. Es erscheint diese Tatsache wichtig, weil dieser Kohlenblock A B B′ A′ geeignet ist, einen Anhaltspunkt für die Stabilität des Kohlenpfeilers im allgemeinen darzustellen; man könnte diesen Block als den Stabilitätspfeiler des zu schützenden Objektes bezeichnen.

Bei der Fortsetzung der Bruchlinie d_1 e_1 über das in der Figur ersichtliche liegendste Flöz wird der Schnittpunkt e_1 in den Bereich A′ B′ hinein fallen, und es kann endlich der Fall eintreten, daß der lotrechte Stabilitätspfeiler in seinen unteren Partien nicht mehr vorhanden ist, weil die Bruchlinie d_1 e_1 den Stabilitätspfeiler schneidet.

Durch die vom Hangenden ins Liegende sich fortsetzenden Abbaue der einzelnen Flöze werden an den Kohlenpfeilergrenzen d_1 e_1 und d_2 e_2 immer von neuem Brüche erzeugt, welche in diesen Richtungen verlaufen. Das an diesen Richtungen angrenzende, über den Abbauen gelegene Kohlengebirge macht einen Senkungsprozeß mit, wodurch immer mehr eine Auflockerung dieser Kohlengebirgsschichten stattfindet, während die Gebirgsschichten im Pfeiler selbst intakt bleiben. Infolge dieses Umstandes wird der an die gelockerten Kohlengebirgsschichten in d_1 e_1 angrenzende, überhängende Kohlenpfeiler nach und nach die Möglichkeit haben, in diese Kohlengebirgsschichten nachzusinken, in diesem Pfeiler kann sonach eine Rutschtendenz hervorgerufen werden, welche für den Bestand des Objektes von großem Nachteil werden kann.

Diesem Übelstande denke man sich dadurch gesteuert, daß man vor allem den Stabilitätspfeiler voll nach abwärts führt, und statt der Bruchrichtung d_1 e_1 die Pfeilergrenze d_1 e_3 wählt, welche symmetrisch zu d_2 e_2 konstruiert wurde. Hierdurch erhalten wir einen nach abwärts sich erweiternden Pfeiler, welcher in statischer Beziehung entsprechend erscheint. Dieselben statischen Rücksichten sind auch bei der Konstruktion des Annäherungspfeilers maßgebend, weshalb wir statt der Grenze $b_1 c_1$ die Grenze $b_1 c_3$ festlegen.

Der in Fig. 113 bezeichnete Kohlenpfeiler kann nur für die ersichtlich gemachte Flözgruppe gelten, es wird bei den liegenderen Abbauen immer wieder von den Grenzen des Annäherungspfeilers beginnend mit großer Vorsicht abgebaut werden müssen, bis endlich abermals ein Pfeiler erhalten wird, dessen Grenzen unverrückbar festgelegt werden.

Durch den einvernehmlich geführten Abbau in der Nähe zu sichernder Objekte wird sowohl den Interessen des Bergbaubetriebes als jenen der Bahnbetriebssicherheit Rechnung getragen.

Bei anstehendem Kohlengebirge wird es ebenfalls auf die örtlichen Verhältnisse ankommen, welche für die Dimensionen eines Schutzpfeilers maßgebend sein müssen. Man wird bei Festlegung der Dimensionen des Annäherungspfeilers bei anstehendem Kohlengebirge um so vorsichtiger sein, da in diesem Falle jene Tertiärschichten nicht vorhanden sind, welche die Allmählichkeit der Senkungen besonders begünstigen. Es wird selbst bei reichlichen Erfahrungen schwer möglich sein, mit absoluter Sicherheit die Dimensionen eines Schutzpfeilers für ein zu sicherndes Objekt von vornherein festzulegen, immer wird die Beobachtung zu sichernder Objekte notwendig sein, insbesondere wird von den Grenzen des Annäherungspfeilers beginnend der gegen das Objekt fortschreitende Abbau mit großer Vorsicht stattfinden müssen, bis endlich die Dimensionen des bleibenden Kohlensicherheitspfeilers für eine Flözgruppe festgestellt sind.

Es geht gewiß nicht an, allgemeine Normen für die Dimensionierung der Schutzpfeiler festzulegen, es wird vielmehr in jedem gegebenen Falle die Ausarbeitung eines Kohlenpfeilerprojektes erforderlich sein. Dieselben Gesichtspunkte sind für die Konstruktion von Kohlenschutzpfeilern auch dann maßgebend, wenn bezüglich der Größe der Richtungswinkel Erfahrungen vorhanden sein sollten.

Die vorgeführten Betrachtungen über die Art der Sicherung obertägiger Bahnobjekte geben zur Frage Veranlassung, ob es mit Rücksicht auf die ganz bedeutenden Kosten der zu belassenden Schutzpfeiler nicht möglich wäre, den Abbau unter gewissen Vorsichtsmaßregeln auch unter großen Objekten zu bewirken. Es müßte selbstverständlich eine Erörterung jener Vorsichtsmaßregeln stattfinden, welche bezüglich der Erhaltung des Bahnbestandes notwendig wären, um eine Gefährdung der Betriebssicherheit auszuschließen.

Derzeit sind im Ostrau-Karwiner Kohlenreviere nur Erfahrungen bezüglich ungenügend dimensionierter Kohlenpfeiler bei großen Eisenbahnbrücken vorhanden, wie aus den folgenden Beispielen entnommen werden kann.

In Fig. 114 und 115 ist das Bahnsenkungsbild dargestellt, welches sich in der Strecke Ostrau-Wilhelmschacht der Montanbahn im Jahre 1883 gezeigt hat. Der vorliegende Senkungsfall ist bei den Behörden festgelegt und betrifft die Beschädigung der Ostrawitzabrücke anläßlich des Abbaues des „dritten Hangendflözes“. Es wurde damals zum Schutze der genannten Brücke ein Kohlenpfeiler vorgeschrieben, der 10 m über die Brückenfundamente hinauszureichen hatte, sowohl in

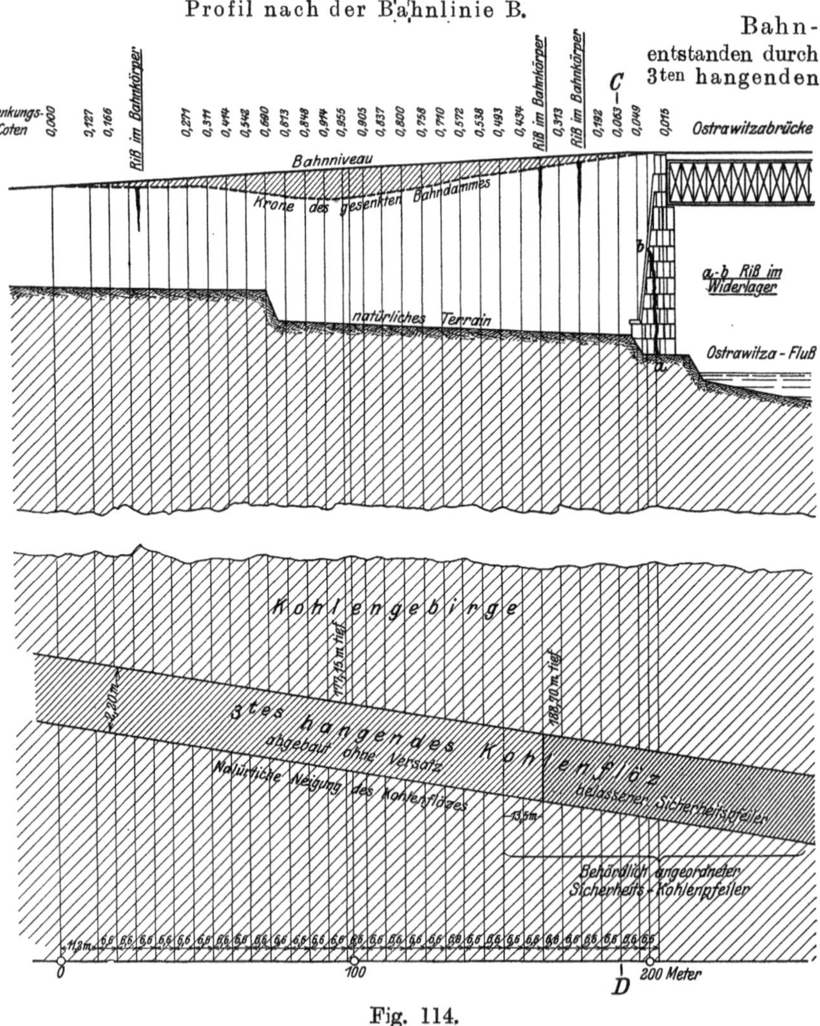

Fig. 114.

fallender als auch in streichender Richtung des Flözes. Man ist also mit 10 m Sicherheit über die lotrechten Bruchrichtungen im Tertiär hinausgegangen.

Seitens der bergbautreibenden Gewerkschaft ist man damals sehr vorsichtig zu Werke gegangen, und es hat sich ergeben, daß die obertägige Senkungssphäre am Bahnkörper viel weiter hinaus gereicht hat, als man mit Berücksichtigung des Fortschrittes im Abbau vorausgesetzt hatte. Infolge dieser Tatsache hat sich der damalige Streckenvorstand der Montanbahn, Herr Ing. Postulka, an seine Direktion ge-

senkung
den Abbau des
Kohlenflözes.

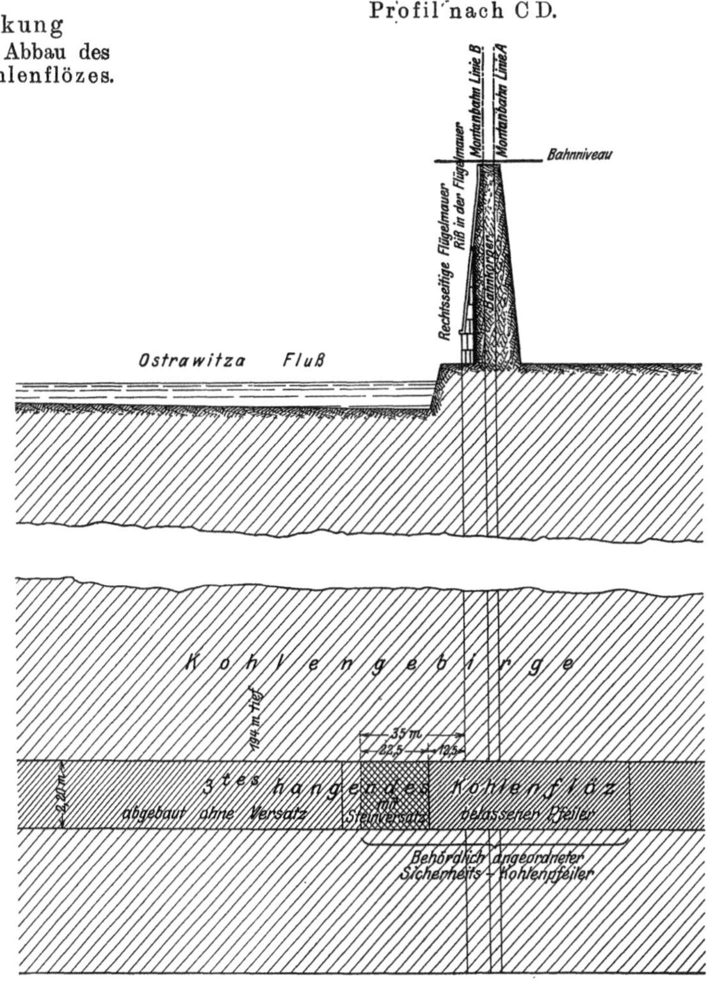

Fig. 114.

wendet, welche am 20. Februar 1883 an die k. k. Berghauptmannschaft in Wien einen eingehenden Bericht erstattete und um eine neuerliche, kommissionelle Feststellung der sich damals als unzureichend herausgestellten Sicherheitsmaßnahmen ersucht hat. Das Resultat dieser Berichterstattung war ein Erlaß der k. k. Statthalterei in Brünn vom

28. Juli 1883, in welchem nachträglich die Erbreiterung des Kohlenpfeilers von 10 m auf 35 m angeordnet wurde, welchen man jedoch nur 22 m über die Brückenfundamente hinaus reichen ließ.

Wir sehen an der wiedergegebenen Originalzeichnung den schädlichen Einfluß der Nachrutschräume im Tertiär. Wir bemerken ferner anschließend an die in den lotrechten Ebenen im Tertiär am Bahnkörper konstatierten Risse, welche jedoch kein plötzliches Abreißen des Bahndammes zur Folge gehabt haben und auch die Kontinuität der Senkungskurve nicht beeinflußten, weil ein gleichzeitiges Nachrutschen der seitlichen Tertiärmassen stattgefunden hat.

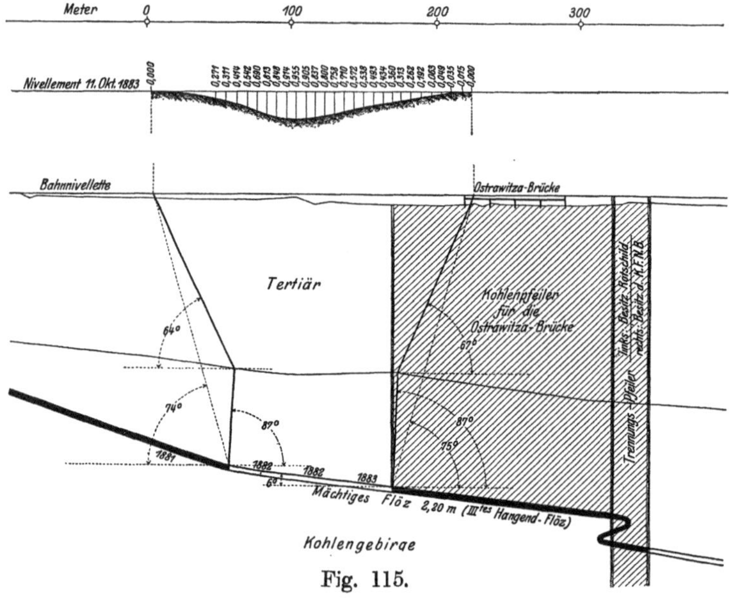

Fig. 115.

In Fig. 115 ist der Verlauf der Grenzrichtungen des Senkungsgebietes dargestellt; der aus der Senkungsformel berechnete Volumsermehrungskoeffizient ergab den Wert v = 0,017.

2. Senkungsfälle der Montanbahn des Ostrau-Karwiner Kohlenreviers.

Es seien nun einige lehrreiche Senkungsbilder vorgeführt, welche im Laufe der Jahre auf den verschiedenen Montanbahnstrecken beobachtet wurden.

In Fig. 116 ist das durch den Abbau des „mächtigen Flözes" auf der Dombrauer Seite der Ostrawitzabrücke hervorgerufene Senkungsbild gezeichnet. Das Senkungsbild ist unsymmetrisch, und ist die auf der rechten Seite desselben bezeichnete Senkungsfläche d e f g durch die Wirkungen des außerhalb des Kohlenpfeilers für den Wilhelmschacht

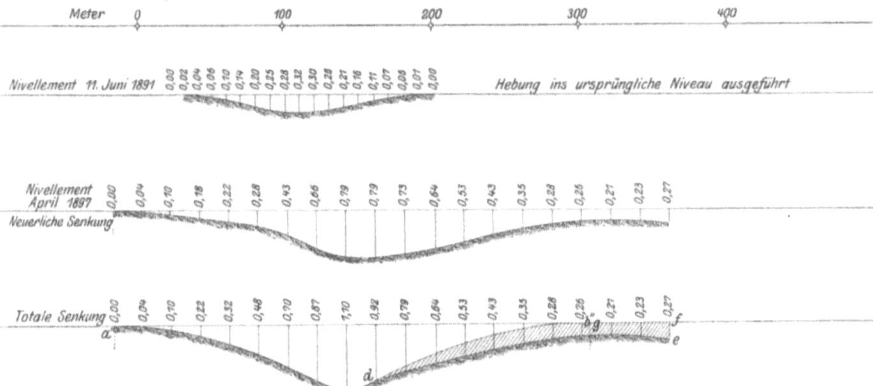

Senkungsfläche d e f g ist hervorgerufen durch die, in einer Entfernung von durchschnittlich 26 m von der Bahnachse (links der Bahn), außerhalb des Kohlenpfeilers, bewirkten Abbaue.

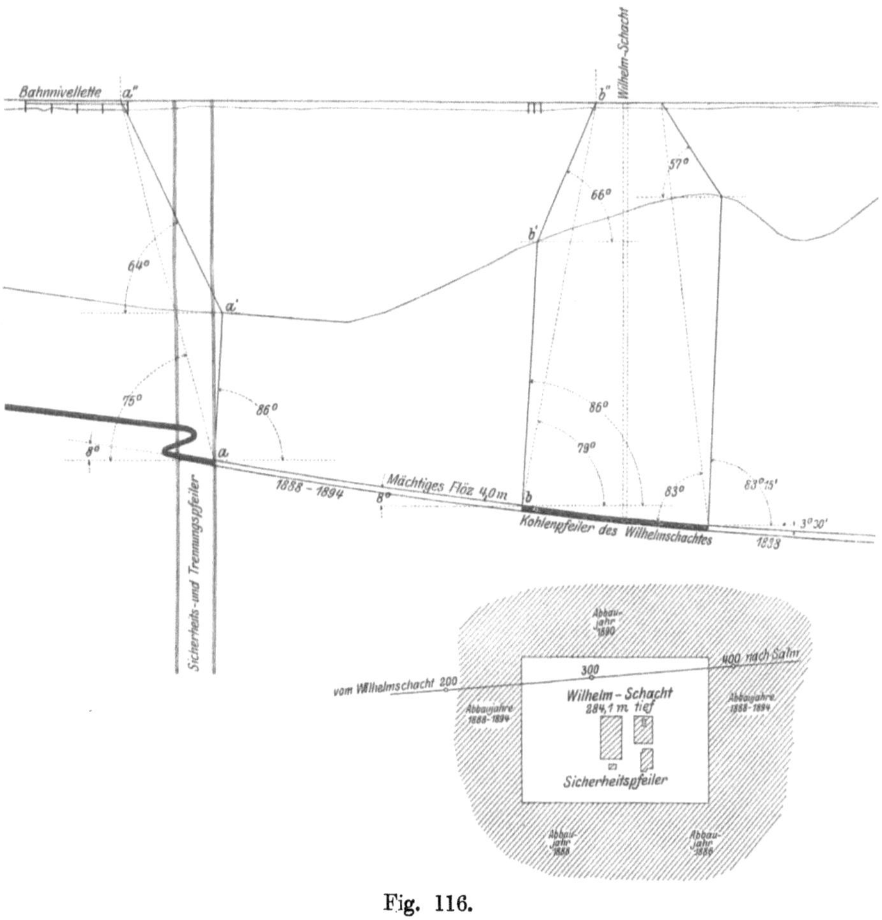

Fig. 116.

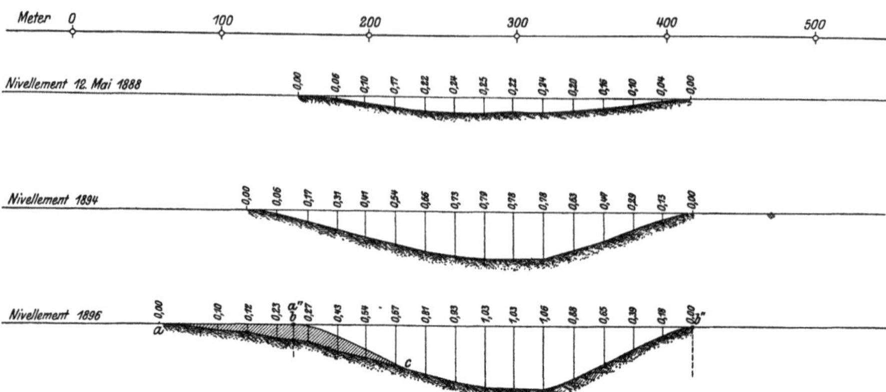

Senkungsfläche a b c ist hervorgerufen durch die, in einer Entfernung von durchschnittlich 26 m von der Bahnachse (links der Bahn), außerhalb des Kohlenpfeilers bewirkten Abbaue.

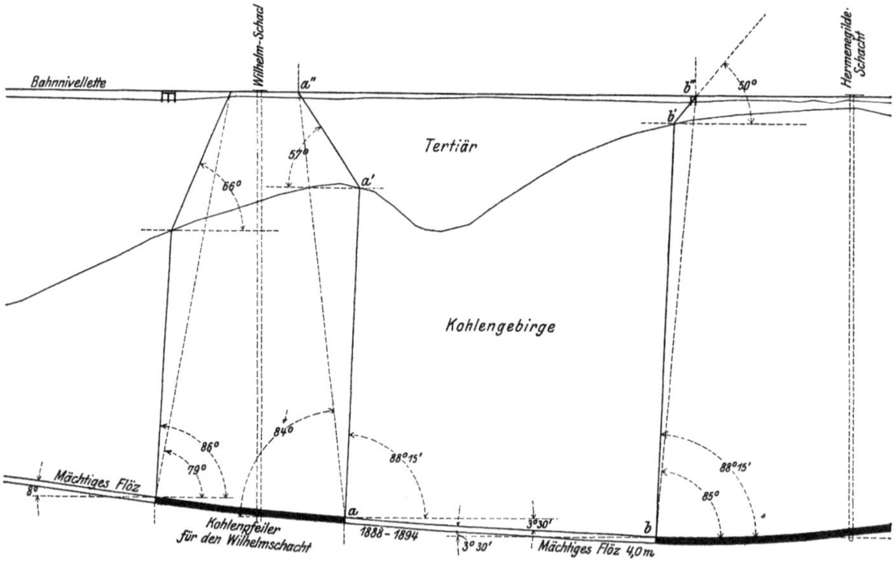

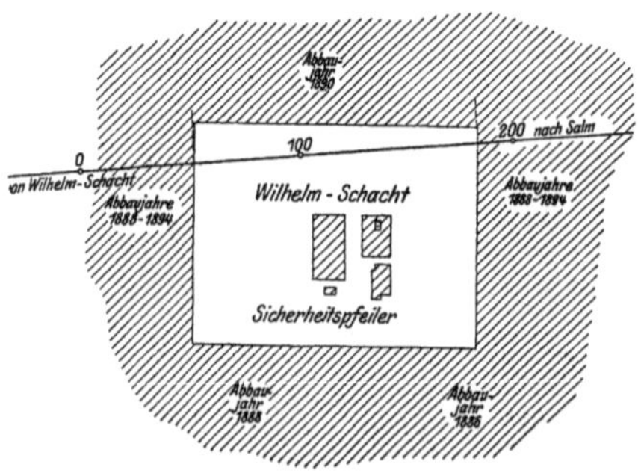

Fig. 117.

links der Bahn bewirkten Abbaue hervorgerufen. Der Volumvermehrungskoeffizient beträgt v = 0,027.

In Fig. 117 ist ein Senkungsbild dargestellt, welches in der Strecke Ostrau-Wilhelmschacht infolge Abbaues des „mächtigen Flözes" am Dombrauer Rande des Wilhelmschachter Kohlenpfeilers hervorgerufen wurde. Auch dieses Bild ist unsymmetrisch, und wurde dies einerseits, wie beim vorerwähnten Falle, infolge der Abbaue links der Bahn hervorgerufen, andererseits fällt die unregelmäßige Form der rechten

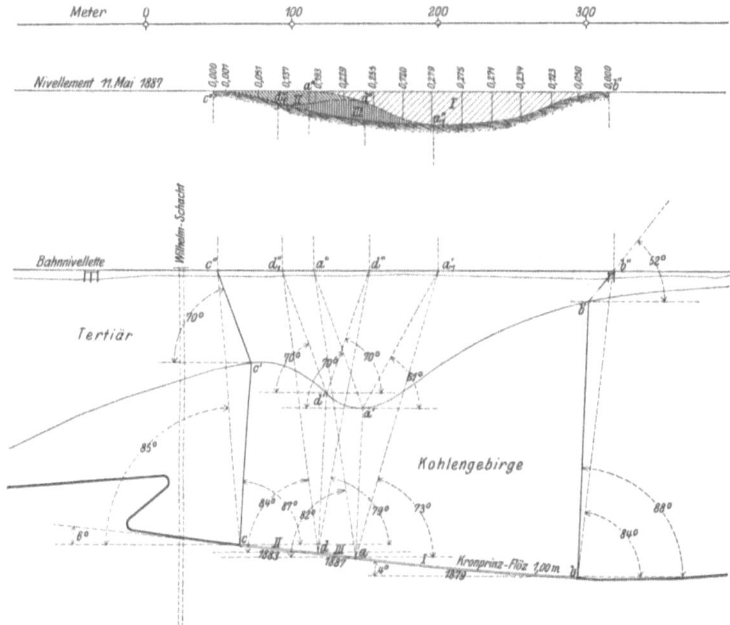

Fig. 118.

Muldenhälfte auf, welche in der Form der Kohlengebirgsgrenze ihre Ursache haben muß. Der Volumvermehrungskoeffizient beträgt v = 0,013.

In Fig. 118 ist die infolge Abbaues des 1 m mächtigen Kronprinzflözes hervorgerufene Bahnsenkung dargestellt. Der Abbau wurde in den drei Flözpartien I, II und III in den Jahren 1879—1887 durchgeführt. Es wurde die obertägige totale Senkungsfläche entsprechend den einzelnen Abbauen in die einzelnen Flächen zerlegt, um für die anläßlich des Nivellements vom 11. Mai 1887 konstatierte Senkungsmulde eine Erklärung zu finden. Die zu den einzelnen Flözpartien I, II und III gehörigen Volumvermehrungskoeffizienten v_1, v_2 und v_3 wurden berechnet und es ergaben sich folgende Werte:

$v_1 = 0{,}005$ für den Abbau I,
$v_2 = 0{,}007$ „ „ „ II,
$v_3 = 0{,}006$ „ „ „ III.

Ohne Rücksicht auf die einzelnen Abbauteile ergibt sich aus der Totalsenkung ein Volumvermehrungskoeffizient $v_4 = 0{,}006$.

Der in Fig. 119 ersichtliche kombinierte Senkungsfall ist eine der interessantesten Beobachtungen anläßlich des Abbaues der Flöze Juno, Urania, Nr. XII und XI unter dem Jaklowetzflügel der Montanbahn. Gelegentlich des Nivellements vom Jahre 1891 wurde die ausgelebte Senkung in der angedeuteten Form konstatiert, und habe ich

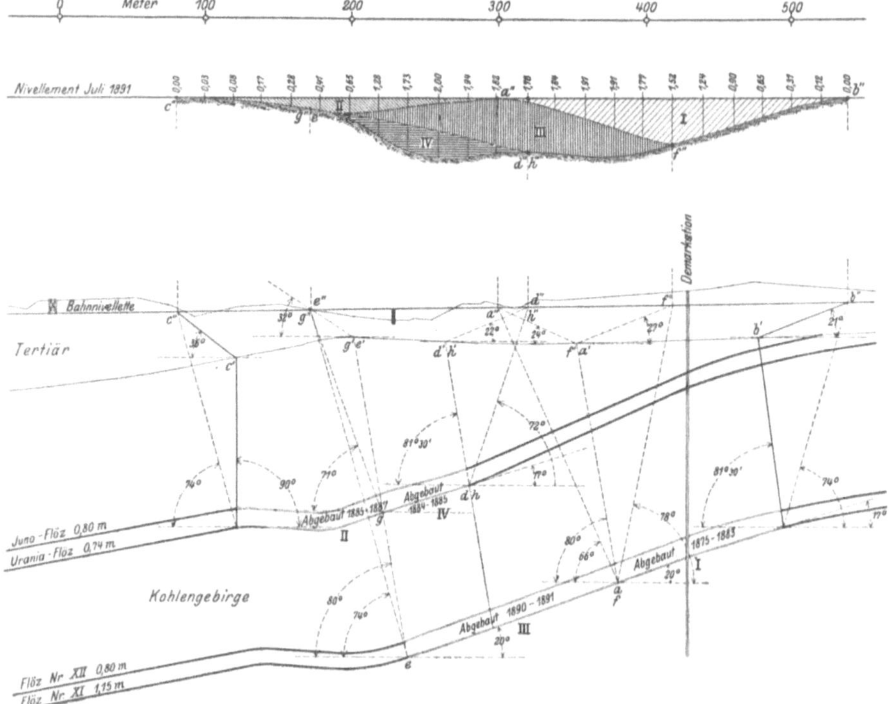

Fig. 119.

nun entsprechend den einzelnen Abbaupartien die totale Senkungsfläche in einzelne Teile zerlegt, welche in aufeinander folgenden Zeiträumen entstanden sein mußten. Durch die dem Gesetze der Symmetrie entsprechende Konstruktion der einzelnen Senkungsmulden ergibt sich außer den drei Mulden I, II und III die mit IV bezeichnete Senkungsfläche, für welche folgende Erklärung zu geben wäre.

Zufolge der angeführten Aufteilung der Senkungsfläche hätte sich gelegentlich des Abbaues I eine obertägige Senkungsmulde I gezeigt, deren maximales Senkungsmaß mit 1,52 m sich ergeben hat. Der hierzu gehörige Volumvermehrungskoeffizient beträgt $v_1 = 0{,}003$. Die zu den

Senkungsflächen II und III der Abbaue II und III gehörigen Volumvermehrungskoeffizienten v_2 und v_3 betragen:

$$v_2 = 0{,}010$$
$$v_3 = 0{,}003.$$

Es ist auffallend, daß sich gelegentlich des Abbaues II ein Koeffizient $v_2 = 0{,}010$ ergeben hat, welcher bedeutend größer ist, als der Wert der Koeffizienten $v_1 = v_3 = 0{,}003$.

Anläßlich des Abbaues III muß infolge der Senkung der Hangendschichten eine Komprimierung der über dem Abbau II der Flöze Juno und Urania befindlichen Gebirgsschichten erfolgt sein, welche Schichten durch den Abbau II mit $v_2 = 0{,}010$ sich vermehrt haben. Im letzten Stadium des Senkungsprozesses haben die Abbaue II und III innerhalb der Grenzen (gg′ und hh′) gleichzeitig gewirkt und in ihrer gemeinschaftlichen Wirkungsweise eine Senkungsmulde IV erzeugt, welche infolge der eingetretenen nachträglichen Zusammenpressung der in dem Teil IV über II befindlichen Hangendschichten hervorgerufen wurde. Wenn wir nun die über dem Teile IV der Abbaupartie II infolge des Abbaues der Flöze hervorgerufene maximale Senkung in der Mulde II im Betrage von zirka 0,15 m zu dem maximalen Senkungsmaße der Mulde IV im Betrage von zirka 0,95 m addieren, so erhalten wir die durch die Abbaue Juno und Urania hervorgerufene Maximalsenkung von 1.10 m in der Partie IV der genannten Abbaue. Der dieser Senkung entsprechende Volumvermehrungskoeffizient wurde mit $v_1' = 0{,}002$ berechnet. Es hat sich somit der Volumvermehrungskoeffizient von $v_1 = 0{,}010$ auf $v_1' = 0{,}002$ infolge der nachträglich eingetretenen Zusammendrückung der Hangendschichten über dem Teil IV des Abbaues II wesentlich reduziert.

In Fig. 120 ist das infolge Abbaues des „zweiten Liegendflözes" im Streichen desselben am Jakobflügel hervorgerufene Senkungsbild gezeichnet, an welchem es auffallend erscheint, daß das maximale Senkungsmaß von 0,25 m auf eine Länge von 100 m konstant bleibt. Der Volumvermehrungskoeffizient wurde hier mit Hilfe der bereits erläuterten Senkungsformel

$$s = \frac{l'}{l_1'' + l_2''}\left(\frac{1}{l'}m - vt\right) = \frac{1}{l_1'' + l_2''}m - \frac{l'}{l_1'' + l_2''}vt$$

berechnet. Es ist $v = 0{,}011$.

Anläßlich der Erörterung der Senkungen im Falle anstehenden Kohlengebirges wurde unter Anführung von praktischen Beispielen erklärt, daß zu den Jičinskyschen Bruchrichtungen hin ein seitliches Nachrutschen der Kohlengebirgsschichten stattfindet. Fig. 55 zeigt uns das bereits behandelte Senkungsbild gelegentlich des Abbaues des 0,74 m mächtigen Uraniaflözes unterhalb des Burniaflügels der Montanbahn. Wir sehen, daß die Grenzrichtung am oberen Stoß flacher geneigt ist als die Jičinskysche Bruchlinie. Bei anstehendem Kohlengebirge kann an Stelle der Bruchrichtung die bereits erörterte Durchbiegungsrichtung treten, wenn es sich um den Abbau eines schwachen Flözes handelt, wie dies aus dem vorgeführten Beispiel ersehen werden kann. Die Durchbiegungsrichtung ist hier mit der Grenzrichtung identisch. Der Volumvermehrungskoeffizient wurde im gegenständlichen Falle mit dem geringen Werte v = 0,008 berechnet.

Es soll nun im folgenden die Berechnung der in der auf Seite 256 und 257 Tabelle angeführten Volumvermehrungskoeffizienten vorgeführt werden. Es wurde hierbei die am Bahnkörper konstatierte Muldenlänge gemessen, welche für den Wert l'' in der Formel eingesetzt erscheint, trotzdem die gegen-

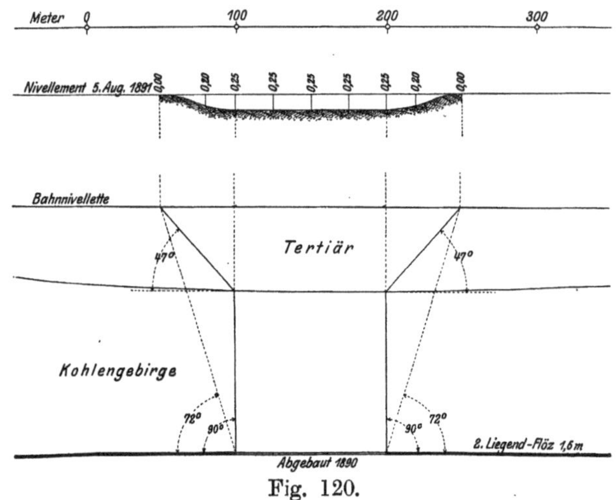

Fig. 120.

ständlichen Bahnstrecken nicht genau in der Fallrichtung der Abbaue gelegen sind. Aber selbst bei größeren Abweichungen der Richtung der Bahnachse von jener des Falles der Flöze kann in der Berechnung der Volumvermehrungskoeffizienten ein namhafter Fehler nicht gemacht werden, wenn man die am Bahnkörper gemessene Muldenlänge der Berechnung zugrunde legt, statt die in der Flözfallrichtung auftretende Mulde zu ermitteln, wie dies den Grundsätzen der Theorie entsprechen würde.

Um das maximale Senkungsmaß einer Terrainfläche auf einer Bahnstrecke beobachten zu können, muß die letztere beiläufig in der Mitte des Abbaufeldes bzw. des Senkungsgebietes gelegen sein. Das Merkmal der Symmetrie an einer Bahnsenkungsmulde ist noch nicht der Beweis dafür, daß die Bahnstrecke beiläufig durch die Mitte des Senkungsgebietes hindurchgeht. Es weisen nämlich die in der Fall- oder Streichrichtung der Abbaue gelegenen Bahnstrecken auch dann symmetrische Mulden auf, wenn dieselben nicht durch den Mittelpunkt des Senkungsgebietes hindurchgehen, wie das in Fig. 70 ersehen werden kann.

Die allermeisten der beobachteten Bahnstrecken waren in der beiläufigen Mitte des Abbaufeldes gelegen, und ergaben die angestellten Berechnungen für die Volumvermehrungskoeffizienten Werte, welche den tatsächlichen Verhältnissen entsprechen und mit den Grundsätzen der Theorie im Einklange sich befinden. Bei dieser Gelegenheit sei darauf hingewiesen, daß die gesenkten Bahnstrecken immer das maximale Senkungsmaß aufweisen, wenn sie durch die beiläufige Mitte des Abbaufeldes hindurchgehen, ohne Rücksicht darauf, ob die Bahnstrecke in der fallenden bzw. streichenden Richtung oder zwischen diesen beiden Richtungen gelegen erscheint.

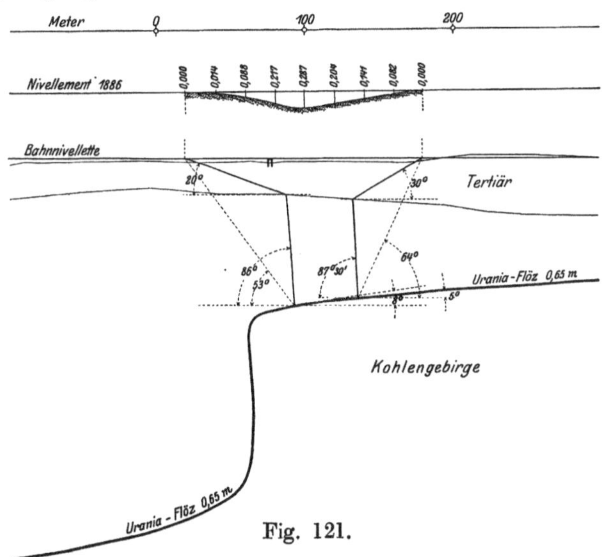

Fig. 121.

Senkungsfall in Fig. 121:

Jakobflügel, Abbau: Urania

$$m = 0{,}65^m,\ l = 44^m,\ l' = 44^m,\ l'' = 160^m,\ t = 70^m,\ s = 0{,}287^m.$$

$$v = \frac{2\,\frac{l}{l''}\,m - s}{2\,\frac{l'}{l''}\,t} = \frac{2\,\frac{44}{160}\,0{,}65 - 0{,}287}{2\,\frac{44}{160}\,70} = 0{,}0017.$$

Senkungsfall in Fig. 55 (siehe Seite 99):

Burniaflügel, Abbau: Urania

$$m = 0{,}74^m,\ l = 100^m,\ l_1'' = l_3'' = 60^m,\ l_2'' = 40^m,\ l'' = l_1'' + l_2'' + l_3''$$
$$= 160^m,\ t = 120^m,\ s = 0{,}58^m,\ F = 60 \cdot \frac{0{,}58}{2} + 40 \cdot 0{,}58 + 60 \cdot \frac{0{,}58}{2} = 58\,m^2.$$

$$v = \frac{lm - F}{l''t} = \frac{100 \cdot 0{,}74 - 58}{160 \cdot 120} = 0{,}008.$$

Senkungsfall in Fig. 122:

Salm-Josefschacht, Abbau: Urania

$$m = 0{,}80^m, l = 208^m, l' = 196^m, l'' = 240^m, t = 130^m, s = 0{,}53^m.$$

$$v = \frac{2\frac{l}{l''}m - s}{2\frac{l'}{l''}t} = \frac{2\frac{208}{240}0{,}80 - 0{,}53}{2\frac{196}{240}130} = 0{,}004.$$

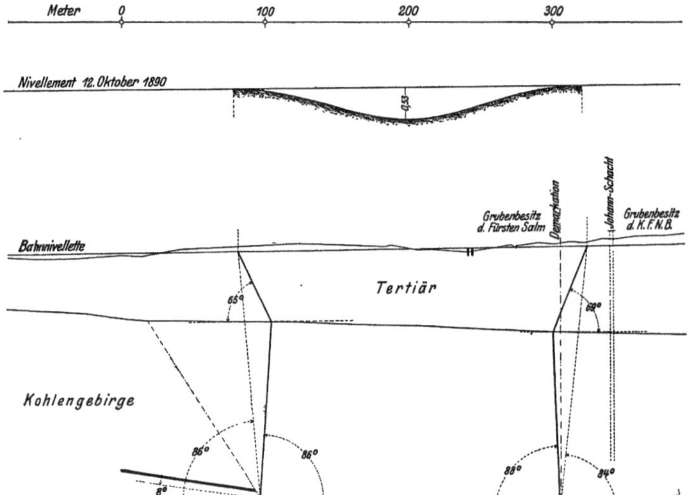

Fig. 122.

Senkungsfall in Fig. 118 (siehe Seite 237):

Wilhelmschacht-Salm, Abbau: Kronprinz.

A) Zerlegung in Teilflächen.

a) Senkungsfläche I:

$$m = 1{,}0^m, l_1 = 152^m, l_1' = 170^m, l_1'' = 204^m, t_1 = 140^m, s_1 = 0{,}275^m.$$

$$v_1 = \frac{2\frac{l}{l''}m - s_1}{2\frac{l'}{l''}t} = \frac{2\frac{152}{204}1{,}0 - 0{,}275}{2\frac{170}{204}140} = 0{,}005.$$

b) Senkungsfläche II:

$m = 1{,}0^m, l_2 = 54^m, l_2' = 54^m, l_2'' = 104^m, t_2 = 118^m, s_2 = 0{,}12^m.$

$$v_2 = \frac{2\frac{l}{l''}m - s_2}{2\frac{l'}{l''}t} = \frac{2\frac{54}{105}1{,}0 - 0{,}12}{2\frac{54}{104}118} = 0{,}007.$$

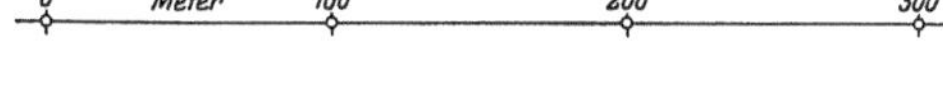

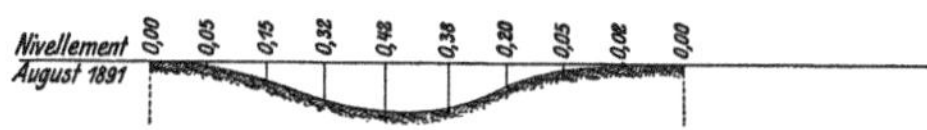

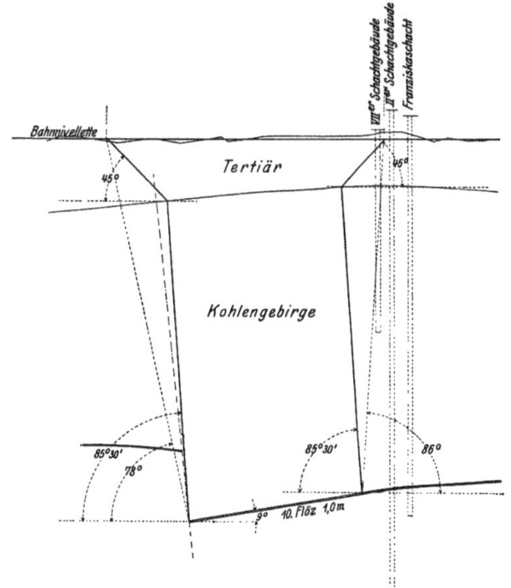

Fig. 123.

c) Senkungsfläche III:

$m = 1{,}0^m,\ l_3 = 26^m,\ l_3' = 28^m,\ l_3'' = 108^m,\ t_3 = 100^m,\ s_3 = 0{,}17^m.$

$$v_3 = \frac{2\frac{l}{l''}m - s_3}{2\frac{l'}{l''}t} = \frac{2\frac{26}{108}1{,}0 - 0{,}17}{2\frac{28}{108}100} = 0{,}006.$$

B) Totale Senkungsfläche.

$m = 1{,}0^m, L = 232^m, L' = 252^m, L'' = 270^m, T = 120^m, S = 0{,}279^m.$

$$V = \frac{2\frac{L}{L''}m - S}{2\frac{L'}{L''}T} = \frac{2\frac{232}{270}1{,}0 - 0{,}279}{2\frac{252}{270}120} = 0{,}006.$$

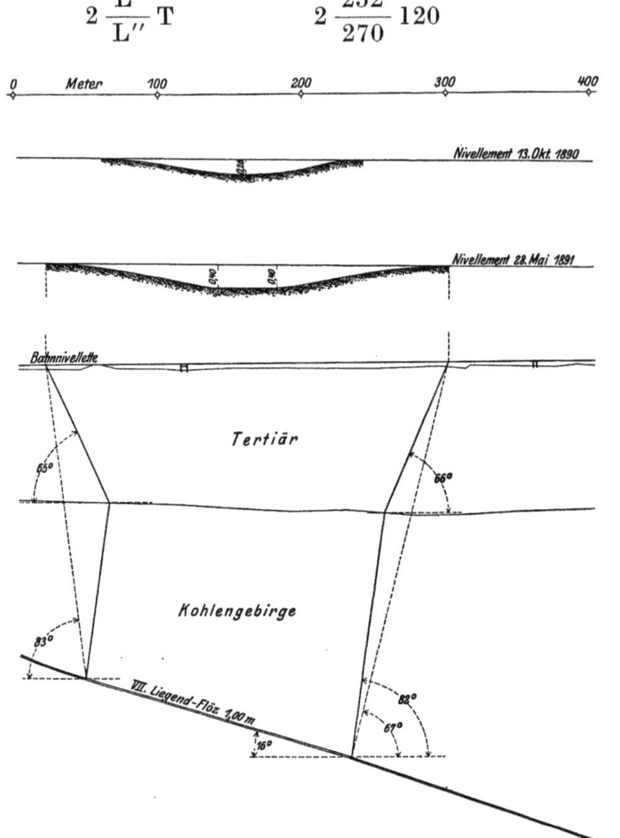

Fig. 124.

Senkungsfall in Fig. 123 (siehe Seite 243):

Zwierzinaflügel, Abbau: Xtes Flöz.

$m = 1{,}0^m, l = 116^m, l' = 116^m, l'' = 180^m, t = 200^m, s = 0{,}42^m.$

$$v = \frac{2\frac{l}{l''}m - s}{2\frac{l'}{l''}t} = \frac{2\frac{116}{180}1{,}0 - 0{,}42}{2\frac{116}{180}200} = 0{,}003.$$

Senkungsfall in Fig. 124 (siehe Seite 244):

Ostrau-Ostrau-Witkowitz, Abbau: VIItes Liegendflöz.

$m = 1{,}0^m, l = 192^m, l' = 192^m, l'' = 280^m, l_1'' = 120^m, l_2'' = 40^m,$
$t = 144^m,\ s = 0{,}40^m.$

$$v = \frac{\frac{l}{l_1'' + l_2''} m - s}{\frac{l'}{l_1'' + l_2''} t} = \frac{\frac{192}{160} 1{,}0 - 0{,}40}{\frac{192}{160} 144} = 0{,}0046.$$

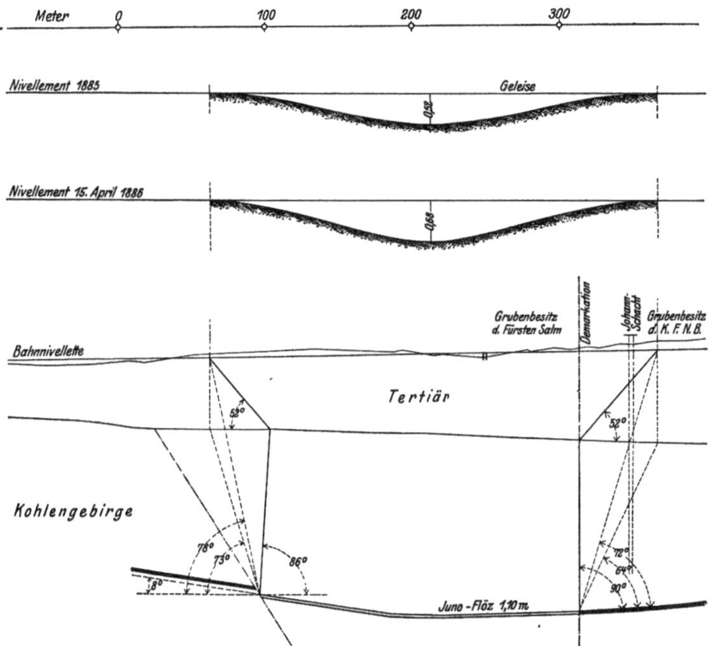

Fig. 125.

Senkungsfall in Fig. 53 (siehe Seite 96):

Ostrau-Michalkowitz, Abbau: IItes Liegendflöz.

$m = 1{,}10^m, l = 208^m, l' = 220^m, l'' = 360^m, t = 45^m, s = 0{,}90^m.$

$$v = \frac{2\frac{l}{l''} m - s}{2\frac{l'}{l''} t} = \frac{2\frac{208}{360} 1{,}10 - 0{,}90}{2\frac{220}{360} 45} = 0{,}006.$$

Senkungsfall in Fig. 125 (siehe Seite 245):
Ostrau-Michalkowitz (Ladestelle Johannschacht); Abbau: Juno.

$$m = 1{,}10^m, l = 218^m, l' = 210^m, l'' = 304^m, t = 120^m, s = 0{,}68^m.$$

$$v = \frac{2\frac{l}{l''}m - s}{2\frac{l'}{l''}t} = \frac{2\frac{218}{304}1{,}10 - 0{,}68}{2\frac{210}{304}\ 120} = 0{,}004.$$

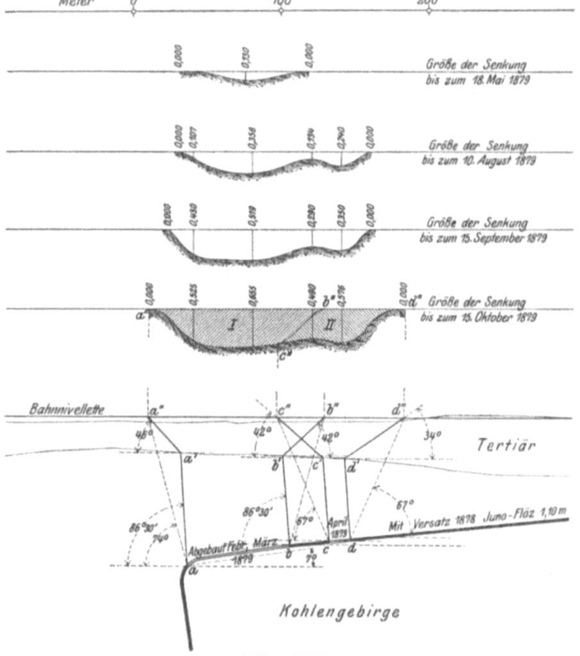

Fig. 126.

Senkungsfall in Fig. 126 (siehe Seite 91 und 246):
Jakobflügel, Abbau: Juno.

Die am 15. Oktober 1879 konstatierte, totale Senkungsfläche wurde entsprechend den einzelnen Abbauen I und II in die Flächen I und II geteilt.

a) Abbau I: $m = 1{,}10^m$, $l_1 = 70^m$, $l_1' = 70^m$, $l_1'' = 120^m$, $t_1 = 65^m$, $s_1 = 0{,}655^m$.

$$v_1 = \frac{2\frac{l_1}{l_1''}m - s_1}{2\frac{l_1'}{l_1''}t_1} = \frac{2\frac{70}{120}1{,}10 - 0{,}655}{2\frac{70}{120}65} = 0{,}008.$$

b) Abbau II: $m = 1{,}10^m$, $l_2 = 14^m$, $l_2' = 14^m$, $l_2'' = 86^m$, $t_2 = 54^m$, $s_2 = 0{,}576^m$.

$$v_2 = \frac{2\frac{l_2}{l_2''}m - s_2}{2\frac{l_2'}{l_2''}t_2} = \frac{2\frac{14}{86}1{,}10 - 0{,}576}{2\frac{14}{86}54} = -0{,}013.$$

Dieser negative Wert des Volumvermehrungskoeffizienten lehrt uns, daß die obertägige Muldenquerschnittsfläche im vorliegenden Falle größer sein sollte als die Flözquerschnittsfläche. Dies könnte eigentlich nur dann möglich sein, wenn die hangenden Kohlengebirgsschichten infolge des Senkungsprozesses eine Volumverminderung erfahren hätten, was jedoch ausgeschlossen erscheint. Der geringste Wert des Volumvermehrungskoeffizienten ist gleich Null, und es müßte für den Fall, als eine Volumvermehrung nicht stattfindet, der Zähler des Bruchwertes gleich Null sein. Es müßte dann: $2\frac{l_2}{l_2''}m - s_2 = 0$ oder $2\frac{l_2}{l_2''}m = s_2$. Da im vorliegenden Falle $2\frac{l_2}{l_2''}m = 2\frac{14}{86}1{,}1 = 0{,}352$, so dürfte bei der angegebenen Länge der Senkungsmulde das maximale Senkungsmaß nur 0,352 betragen, damit der Zählerwert des Bruches gleich Null werde. Es stellt also der Differenzwert $0{,}576 - 0{,}352 = 0{,}224$ jenes maximale Maß dar, um welches die hangenden Gebirgsschichten des Abbaues sich zusammengepreßt haben müßten, um die obertägige Muldenquerschnittsfläche hervorrufen zu können. Es muß sonach die dem Mehrmaße an Senkung (0,224) entsprechende Muldenfläche vom Abbaue des benachbarten Flözteiles I herrühren, und man muß annehmen, daß die Volumvermehrung im 14 m langen Flözteile II den Wert Null betragen hat.

Es wäre nun zur Senkungsmulde des 70 m langen Flözteiles I die bei der benachbarten Mulde sich ergebende Mehrfläche von $86 \cdot \frac{0{,}224}{2} = 9{,}63\,m^2$ hinzuzufügen und der Wert für v_1 neuerlich zu berechnen. Aus der Gleichung $l_1 m = l_1'' \frac{s}{2} + l_1' v_1' t$ ergibt sich

$$v_1' = \frac{l_1 m - \frac{l_1'' s}{2}}{l_1' t},$$

wobei $l_1'' \frac{s}{2}$ die Querschnittsfläche der obertägigen Senkungsmulde bezeichnet. Diese Querschnittsfläche ist im vorliegenden Falle gleich

$$l_1'' \frac{s}{2} = \frac{l_1'' s_1}{2} + 9{,}63^{m2}, \text{ so daß } v_1' = \frac{l_1 m - \left(\frac{l_1'' s_1}{2} + 9{,}63^{m2}\right)}{l_1' t} =$$

$$= \frac{70 \cdot 1{,}1 - \left(\frac{120 \cdot 0{,}655}{2} + 9{,}63\right)}{70 \cdot 65}$$

$$v_1' = 0{,}006.$$

Es reduziert sich sohin der Volumvermehrungskoeffizient von $v_1 = 0{,}008$ auf $v_1' = 0{,}006$.

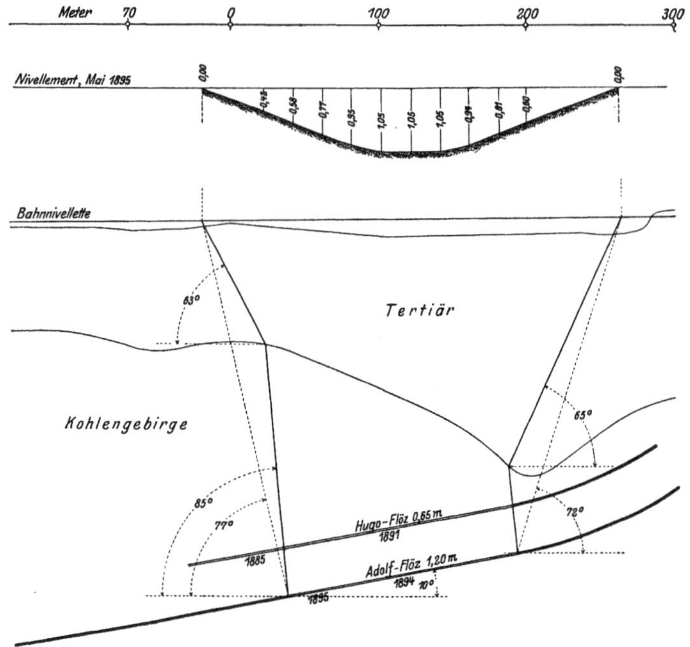

Fig. 127.

Senkungsfall in Fig. 127:

Michalkowitz-Dombrau, Abbaue; Hugo und Adolf.

$m = 0{,}65^m + 1{,}20^m = 1{,}85^m, l = 160^m, l' = 182^m, l'' = 284^m, t = 120^m,$
$s = 1{,}05^m.$

$$v = \frac{2 \frac{l}{l''} m - s}{2 \frac{l'}{l''} t} = \frac{2 \frac{160}{284} 1{,}85 - 1{,}05}{2 \frac{182}{284} 120} = 0{,}006.$$

Senkungsfall in Fig. 128:

Michalkowitz-Dombrau, Abbau: Adolf.

$m = 1{,}50^m, l = 102^m, l' = 102^m, l'' = 240^m, s = 0{,}94^m, t = 200^m.$

$$v = \frac{2\frac{l}{l''}m - s}{2\frac{l'}{l''}t} = \frac{2\frac{102}{240}1{,}50 - 0{,}94}{2\frac{102}{240}200} = 0{,}002.$$

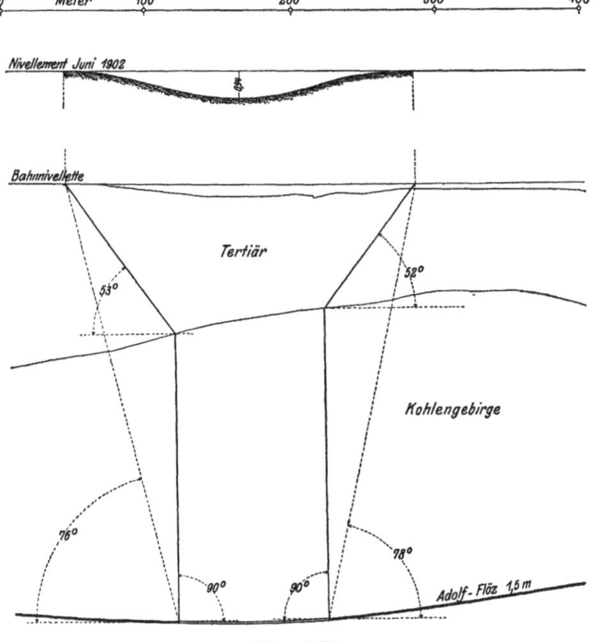

Fig. 128.

Senkungsfall in Fig. 120 (siehe Seite 240):

Jakobflügel, Abbau: II tes Liegendflöz.

Für den vorliegenden Senkungsfall gilt die Flächenformel

$$l\,m = 2\,l_1''\,\frac{s}{2} + l_2''\,s + l'\,v\,t;$$

$l_2'' = 100^m$ bedeutet die Länge des mittleren Teiles der Senkungsmulde, während $l_1'' = 50^m$ die Länge der seitlichen Kurvenäste bezeichnet, welche an beiden Enden des Bildes einander gleich sind, $m = 1{,}6^m$, $t = 105^m$, $l = 98^m$, $s = 0{,}25^m$.

Aus der angeführten Formel berechnet man

$$s = \frac{l}{l_1'' + l_2''} m - \frac{l'}{l_1'' + l_2''} v t$$

$$v = \frac{\frac{l}{l_1'' + l_2''} m - s}{\frac{l'}{l_1'' + l_2''} t} = \frac{\frac{98}{150} 1{,}6 - 0{,}25}{\frac{98}{150} 105} = 0{,}011.$$

Senkungsfall in Fig. 119 (siehe Seite 238):

Jaklowetzflügel, Abbaue: Juno, Urania, XItes und XIItes Flöz.

a) Abbau I: $m = 0{,}80^m + 1{,}15^m = 1{,}95^m$, $l_1 = 118^m$, $l_1' = 124^m$, $l_1'' = 240^m$, $t_1 = 142^m$, $s_1 = 1{,}52^m$.

$$v_1 = \frac{2 \frac{l_1}{l_1''} m - s_1}{2 \frac{l_1'}{l_1''} t_1} = \frac{2 \frac{118}{240} 1{,}95 - 1{,}52}{2 \frac{124}{240} 142} = 0{,}003.$$

b) Abbau II: $m = 0{,}80^m + 0{,}74^m = 1{,}54^m$, $l_2 = 160^m$, $l_2' = 144^m$, $l_2'' = 240^m$, $t_2 = 120^m$, $s_2 = 0{,}53^m$.

$$v_2 = \frac{2 \frac{l_2}{l_2''} m - s_2}{2 \frac{l_2'}{l_2''} t_2} = \frac{2 \frac{160}{240} 1{,}54 - 0{,}53}{2 \frac{144}{240} 120} = 0{,}010.$$

c) Abbau III: $m = 0{,}80^m + 1{,}15^m = 1{,}95^m$, $l_3 = 150^m$, $l_3' = 150^m$ $l_3'' = 246^m$, $t_3 = 185^m$, $s_3 = 1{,}64^m$.

$$v_3 = \frac{2 \frac{l_3}{l_3''} m - s_3}{2 \frac{l_3'}{l_3''} t_3} = \frac{2 \frac{150}{246} 1{,}95 - 1{,}64}{2 \frac{150}{246} 185} = 0{,}003.$$

d) Mulde IV: $m = 0{,}80^m + 0{,}74^m = 1{,}54^m$, $l_4 = 60^m$, $l_4' = 60^m$, $l_4'' = 146^m$, $t_4 = 106^m$, $s_4 = 0{,}95 + 0{,}15 = 1{,}10^m$.

$$v_4 = \frac{2 \frac{l_4}{l_4''} m - s_4}{2 \frac{l_4'}{l_4''} t_4} = \frac{2 \frac{60}{146} 1{,}54 - 1{,}10}{2 \frac{60}{146} 106} = 0{,}002.$$

Senkungsfall in Fig. 115 (siehe Seite 234):

Ostrau-Michalkowitz, Abbau: IIItes Hangendflöz.

$$m = 2{,}20^m, l = 114^m, l' = 114^m, l'' = 220^m, t = 70^m, s = 0{,}955^m.$$

$$v = \frac{2\frac{l}{l''}m - s}{2\frac{l'}{l''}t} = \frac{2\frac{114}{220}2{,}20 - 0{,}955}{2\frac{114}{220}70} = 0{,}017.$$

Anfang des Senkungsprozesses im Dezember 1877.
Ende des Senkungsprozesses im April 1878.

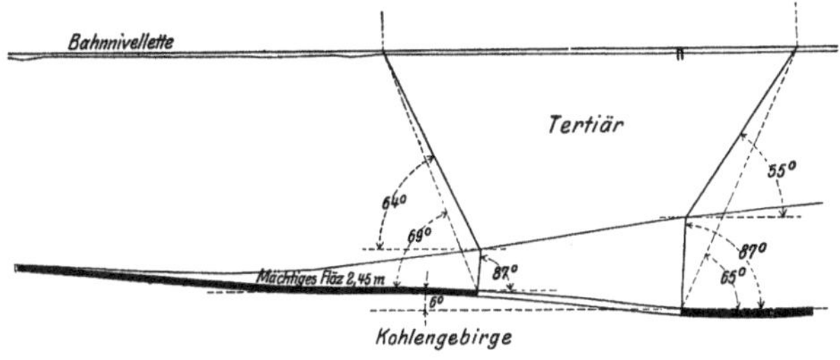

Fig. 129.

Senkungsfall in Fig. 129:

Witkowitzer Flügel, Abbau: Mächtiges Flöz.

$$m = 2{,}45^m, l = 98^m, l' = 98^m, l'' = 200^m, t = 32^m, s = 1{,}10^m.$$

$$v = \frac{2\frac{l}{l''}m - s}{2\frac{l'}{l''}t} = \frac{2\frac{98}{200}2{,}45 - 1{,}10}{2\frac{98}{200}32} = 0{,}041.$$

Senkungsfall in Fig. 130 (siehe Seite 252):

Jaklowetzflügel, Abbau: Mächtiges Flöz.

$$m = 3{,}8^m, l = 104^m, l' = 104^m, l'' = 200^m, t = 96^m, s = 0{,}88^m.$$

$$v = \frac{2\frac{l}{l''}m - s}{2\frac{l'}{l''}t} = \frac{2\frac{104}{200}3{,}8 - 0{,}88}{2\frac{104}{200}96} = 0{,}030.$$

Senkungsfall in Fig. 72 (siehe Seite 135):

Burniaflügel, Abbau: Mächtiges Flöz.

$$m = 3{,}8^m,\ l = 236^m,\ l_1'' = 140^m,\ l_2'' = 100^m,\ l_3'' = 20^m,\ l_4'' = 130^m,$$
$$l'' = l_1'' + l_2'' + l_3'' + l_4'' = 390^m,\ t = 108^m.$$

Aus der Grundgleichung $l\,m = F + l''\,v\,t$ berechnet man

$$v = \frac{l\,m - F}{l''\,t}.$$

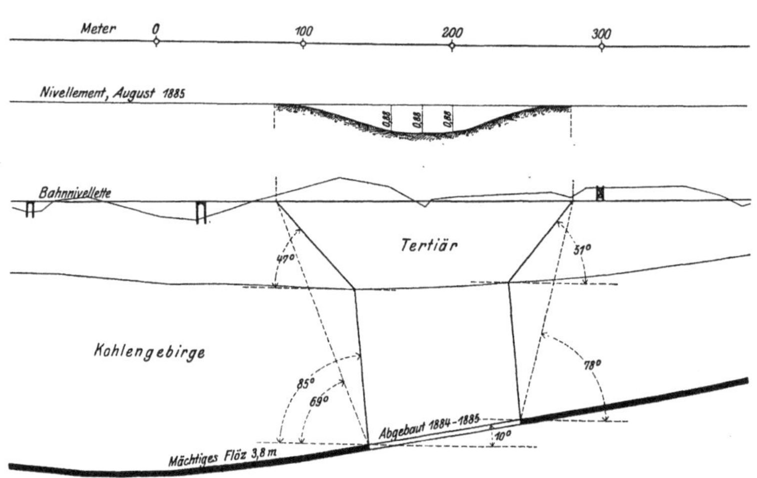

Fig. 130.

Aus dem gezeichneten Senkungspolygon berechnet man:

$$F = l_1''\frac{1{,}29}{2} + l_2''\frac{1{,}29 + 1{,}61}{2} + l_3''\frac{1{,}61 + 1{,}56}{2} + l_4''\frac{1{,}56}{2}$$
$$= 140\,\frac{1{,}29}{2} + 100\,\frac{1{,}29 + 1{,}61}{2} + 20\,\frac{1{,}61 + 1{,}56}{2}$$
$$+ 130\,\frac{1{,}56}{2} = 368{,}30^{m^2}$$
$$v = \frac{l\,m - F}{l''\,t} = \frac{236 \cdot 3{,}80 - 368{,}30}{390 \cdot 108} = 0{,}0125.$$

Senkungsfall in Fig. 73 (siehe Seite 135):

Burniaflügel, Abbau: Mächtiges Flöz.

$$m = 3{,}8^m,\ l = 150^m,\ l_1'' = 80^m,\ l_2'' = 88^m,\ l_3'' = 58^m,\ l_4'' = 28^m,$$
$$l'' = l_1'' + l_2'' + l_3'' + l_4'' = 254^m,\ t = 140^m.$$

$$v = \frac{l\,m - F}{l''\,t};$$

$$F = 80\,\frac{1{,}18}{2} + 88\,\frac{1{,}18 + 0{,}80}{2} + 58\,\frac{0{,}80 + 0{,}42}{2}$$

$$+ 28\,\frac{0{,}42}{2} = 175{,}58^{m^2}$$

$$v = \frac{150 \cdot 3{,}8 - 175{,}58}{254 \cdot 140} = 0{,}0110.$$

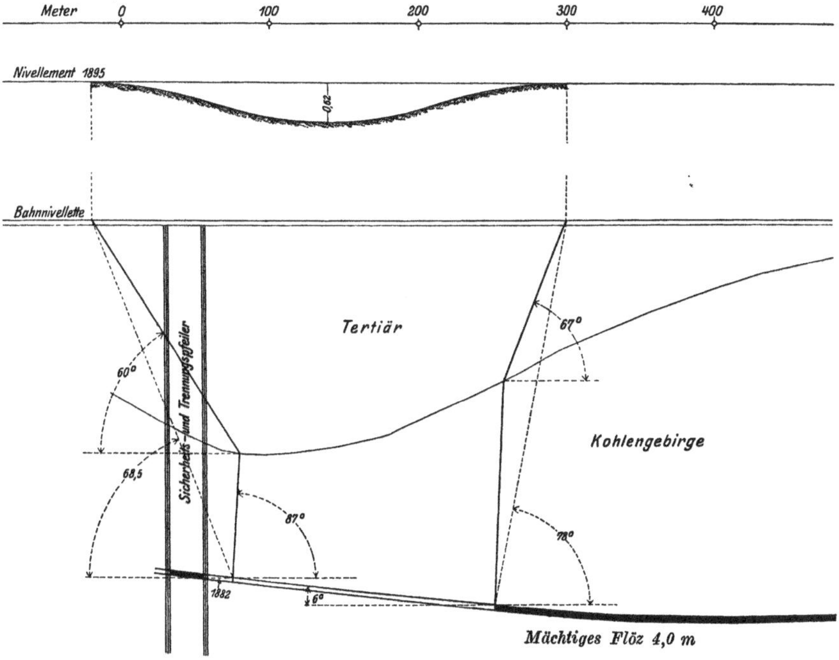

Fig. 131.

Senkungsfall in Fig. 74 (siehe Seite 136):

Burniaflügel, Abbau: Mächtiges Flöz.

$m = 4{,}0^m,\ l = 332^m,\ l' = 328^m,\ l'' = 436^m,\ t = 230^m,\ s = 1{,}90^m.$

$$v = \frac{2\,\frac{l}{l''}\,m - s}{2\,\frac{l'}{l''}\,t} = \frac{2\,\frac{332}{436}\,4{,}0 - 1{,}90}{2\,\frac{328}{436}\,230} = 0{,}012.$$

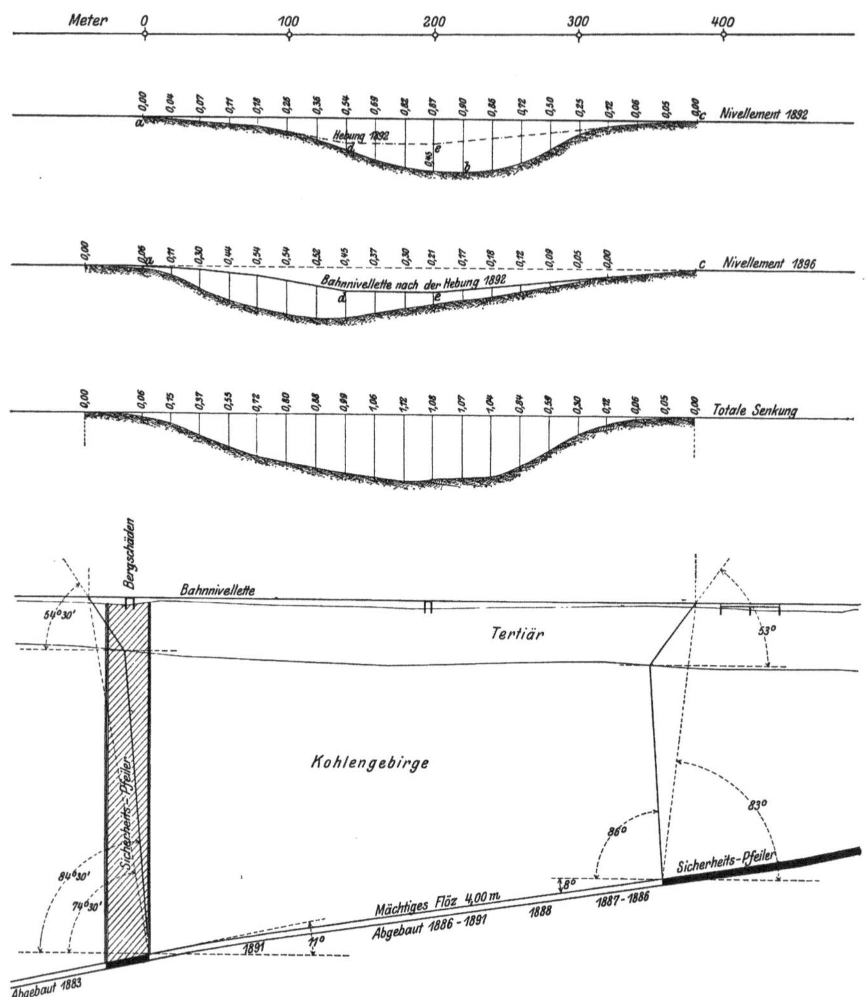

Fig. 132.

Senkungsfall in Fig. 131 (siehe Seite 253):

Burniaflügel, Abbau: Mächtiges Flöz.

$$m = 4{,}0^{m},\ l = 176^{m},\ l' = 184^{m},\ l'' = 320^{m},\ t = 110^{m},\ s = 0{,}62^{m}.$$

$$v = \frac{2\dfrac{l}{l''}\,m - s}{2\dfrac{l'}{l''}\,t} = \frac{2\dfrac{176}{320}\,4{,}0 - 0{,}62}{2\dfrac{184}{320}\,110} = 0{,}030.$$

Senkungsfall in Fig. 132 (siehe Seite 254):
Ostrau-Michalkowitz, Abbau: Mächtiges Flöz.

$$m = 4{,}0^m,\ l = 356^m,\ l' = 362^m,\ l'' = 420^m,\ t = 176^m,\ s = 1{,}12^m$$

$$v = \frac{2\frac{l}{l''}m - s}{2\frac{l'}{l''}t} = \frac{2\frac{356}{420}4{,}0 - 1{,}12}{2\frac{362}{420}176} = 0{,}019.$$

Senkungsfall in Fig. 116 (siehe Seite 235):
Ostrau-Michalkowitz, Abbau: Mächtiges Flöz.

$$m = 4{,}0^m,\ l = 210^m,\ l' = 220^m,\ l'' = 326^m,\ t = 120^m,\ s = 1{,}10^m.$$

$$v = \frac{2\frac{l}{l''}m - s}{2\frac{l'}{l''}t} = \frac{2\frac{210}{326}4{,}0 - 1{,}10}{2\frac{220}{326}120} = 0{,}027.$$

Senkungsfall in Fig. 117 (siehe Seite 236):
Ostrau-Michalkowitz, Abbau: Mächtiges Flöz.

$$m = 4{,}0^m,\ l = 210^m,\ l' = 220^m,\ l'' = 268^m,\ t = 240^m,\ s = 1{,}06^m.$$

$$v = \frac{2\frac{l}{l''}m - s}{2\frac{l'}{l''}t} = \frac{2\frac{110}{268}4{,}0 - 1{,}06}{2\frac{220}{268}240} = 0{,}013.$$

Aus der auf S. 256 und 257 ersichtlichen Tabelle kann ersehen werden, daß die Volumvermehrungskoeffizienten die verschiedensten Werte annehmen können. Hauptsächlich ist es die Größe der Flözmächtigkeit, welche diese Koeffizienten beeinflußt. Es ist sehr schwierig, auch nur annähernd genaue Volumvermehrungskoeffizienten zu prognostizieren, weil diese Werte von so vielen Umständen abhängig sind, daß es ganz ausgeschlossen erscheint, mit Sicherheit den Weg der Prognose zu beschreiten. In logischer Folge des Vorangeführten ist man auch nicht in der Lage, annähernd genaue Senkungsmaße im vornhinein anzugeben. Mit Sicherheit können wir jedoch beurteilen, ob das maximale Maß einer aufgetretenen Bahnsenkung durch bergbauliche Ursachen hervorgerufen sein kann, es wird uns dann die Formel für den Volumvermehrungskoeffizienten die Möglichkeit zur Berechnung desselben bieten.

Der berechnete Wert dieses Koeffizienten wird über die Zulässigkeit der Annahme bergbaulicher Wirkungen Aufschluß geben, und hauptsächlich wird es die charakteristische Form des Senkungsbildes sein, welche für die Entscheidung strittiger Fragen von ausschlaggebender Bedeutung sein muß.

Für die Prognose könnte man folgende Werte des Volumvermehrungskoeffizienten annehmen. Für die Flözmächtigkeiten bis $m = 1{,}50^m$ variieren die Werte der Volumvermehrung zwischen

Tabelle über beobachtete Senkungsfälle von Bahnstrecken

Post Nr.	Flöz-Benennung	Flöz-Mächtigkeit (in Metern) m	Flözfallwinkel α	Mittlere Mächtigkeit des Kohlengebirges (in Metern) t	Mittlere Mächtigkeit des Tertiärs (in Metern) t'	Bruchwinkel im Kohlengebirge β	Endwinkel des Senkungsgebietes δ
1	Urania	0,65	8°, 5°	70	24	86°, 87°30'	20°, 30°
2	Urania	0,74	14°	120	0	83°	52°, 71°
3	Urania	0,80	8°, 4°	130	50	86°, 88°	65°, 69°
4	I Kronprinz	1,00	4°	140	50	88°	70°, 52°
	II Kronprinz	1,00	4°	118	60	88°	70°, 70°
	III Kronprinz	1,00	6°	100	84	87°	70°, 61°
	Total Kronprinz	1,00	6°, 4°	120	60	87°, 88°	70°, 52°
5	X	1,00	9°	200	36	85°30'	45°, 45°
6	VII. Liegendes	1,00	16°	144	96	82°	65°, 66°
7	II. Liegendes	1,10	12°	45	100	84°	54°, 52°
8	Juno	1,10	8°, 0°	120	50	86°, 90°	52°, 52°
9	I Juno	1,10	7°	65	24	86°30'	46°, 42°
	II Juno		5°30'	54	24	87°15'	42°, 34°
10	Hugo	0,65	10°	120	116	85°	63°, 65°
	Adolf	1,20					
11	Adolf	1,50	0°	200	80	90°	53°, 52°
12	II. Liegendes	1,60	0°	105	52	90°	47°, 47°
13 I	XI / XII	1,15 / 0,80 = 1,95	20°, 17°	142	24	80°, 81°30'	24°, 21°
13 II	Juno / Urania	0,80 / 0,74 = 1,54	0°, 17°	120	24	90°, 81°30'	36°, 22°
13 III	XI / XII	1,15 / 0,80 = 1,95	20°	185	24	80°	32°, 27°
13 IV	Juno / Urania	0,80 / 0,74 = 1,54	17°	106	24	81°30'	32°, 22°
14	III. Hangendes	2,20	6°	70	120	87°	64°, 67°
15	Mächtiges	2,45	6°	32	84	87°	64°, 55°
16	Mächtiges	3,80	10°	96	56	85°	47°, 51°
17	Mächtiges	3,80	12°	108	0	84°	52°, 55°
18	Mächtiges	3,80	10°	140	0	85°	75°, 63°
19	Mächtiges	4,00	0°, 4°	230	20	90°, 88°	52°, 11°
20	Mächtiges	4,00	6°	110	125	87°	60°, 67°
21	Mächtiges	4,00	10°	110	50	85°	50°, 50°
22	Mächtiges	4,00	11°	176	40	84°30'	54°30', 53°
23	Mächtiges	4,00	8°	120	130	86°	64°, 66°
24	Mächtiges	4,00	3°30'	240	50	88°15'	57°, 50°

$v = 0{,}000$ bis $v = 0{,}010$. Man wird also das mögliche Senkungsmaximum unter Zugrundelegung eines Volumvermehrungskoeffizienten $v = 0{,}000$, das mögliche Senkungsminimum unter Annahme eines Koeffizienten $v = 0{,}010$ prognostizieren können. Für die Flözmächtigkeiten $m = 1{,}50$ bis $2{,}5$ m kann man im gleichen Sinne die Koeffizienten v = 0,01 bis v = 0,02 zur Prognose verwenden. Endlich können für die Flözmächtigkeiten m = 2,5 m bis 4,0 m die Koeffizienten v = 0,02 bis 0,03 in Anwendung gebracht werden.

des Ostrau-Karwiner Steinkohlenrevieres.

Richtungswinkel ε	Volumvermehrungs-Koeffizient v	Maximales Senkungsmaß wurde gemessen (in Metern) s	Die Jicinsky'sche Formel s=m—0,01 t ergibt (in Metern)	Bahnstrecke	Jahr des Nivellements	Figur Nr.
53°, 64°	0,002	0,287	— 0,05	Jakobflügel	1885	121
52°, 71°	0,008	0,58	— 0,46	Burniaflügel	1887	55
86°, 84°	0,004	0,53	— 0,50	Salm-Josefschacht	1890	122
82°, 84°	0,005	0,275	— 0,40	Wilhelmschacht-Salm	1887	118
85°, 79°	0,007	0,12	— 0,18			
84°, 73°	0,006	0,17	0,00			
85°, 84°	0,006	0,279	— 0,20			
78°, 86°	0,003	0,42	— 1,00	Zwierzinaflügel	1891	123
83°, 67°	0,005	0,40	— 0,44	Ostrau-Ostrau-Witkowitz	1891	124
69°, 52°	0,006	0,90	0,65	Ostrau-Michalkowitz	1894	53
78°, 72°	0,004	0,68	— 0,10	Ostrau-Michalkowitz (Ladestelle Johannschacht)	1886	125
74°, 75°	0,006	0,655	0,45	Jakobflügel	1879	49, 126
67°, 72°	0,000	0,576	0,56			
77°, 72°	0,006	1,05	0,65	Michalkowitz-Dombrau	1895	127
76°, 78°	0,002	0,94	— 0,50	Michalkowitz-Dombrau	1902	128
72°, 72°	0,011	0,25	0,55	Jakobflügel	1891	120
66°, 74°	0,003	1,52	0,53	Jaklowetzflügel	1891	119
74°, 72°	0,010	0,53	0,34			
74°, 78°	0,003	1,64	0,10			
71°, 72°	0,002	1,10	0,48			
74°, 75°	0,017	0,95	1,50	Ostrau-Michalkowitz	1883	114,115
69°, 65°	0,041	1,10	2,13	Witkowitzer Flügel	1878	129
69°, 78°	0,030	0,88	2,84	Jaklowetzflügel	1885	130
52°, 55°	0,013	1,61	2,72	Burniaflügel	1883	72
75°, 63°	0,011	1,18	2,40	Burniaflügel	1889	73
78°, 80°	0,012	1,90	1,70	Burniaflügel	1893	74
68°30′, 78°	0,030	0,62	2,90	Burniaflügel	1895	131
73°, 77°	0,027	0,92	2,90	Ostrau-Michalkowitz	1895	
74°30′, 83°	0,019	1,12	2,24	Ostrau-Michalkowitz	1896	132
75°, 79°	0,027	1,10	2,80	Ostrau-Michalkowitz	1897	116
84°, 85°	0,013	1,06	1,60	Ostrau-Michalkowitz	1896	117

Bei Angabe dieser Werte wurde jedoch auf die Größe des die Volumvermehrung wesentlich beeinflussenden Flözfallwinkels keine Rücksicht genommen; es wurde ferner auch vorausgesetzt, daß es sich um Gebiete handelt, in welchen das Kohlengebirge einen Vermehrungsprozeß noch nicht erfahren hat, welcher durch einen bereits bewirkten Abbau hervorgerufen sein könnte.

Die angeführten Betrachtungen erweisen, daß es ganz unmöglich ist, genaue Daten darüber anzugeben, innerhalb welcher Grenzen ein zu erwartendes Senkungsgebiet zu liegen kommen wird; auch ist es nicht möglich, genaue Werte der lotrechten Senkungsmaße zu prognostizieren.

Er drängt deshalb den Verfasser vor der schematischen, schablonenhaften Anwendung jeder Formel zu warnen; niemals wird es gelingen, das Senkungsproblem in ein System rezeptmäßiger Behandlung zu bringen.

Es erscheint deshalb notwendig, die charakteristischen Momente der obertägigen Einwirkungen zu erfassen. In dieser Beziehung sei resumierend hervorgehoben, daß die Grundform des obertägigen Senkungsbildes im Ostrauer Reviere immer wieder zu konstatieren sein wird.

Es wird ferner die Größe des maximalen Senkungsmaßes sich aus jener der Flözmächtigkeit erklären lassen; auch die Größen der Richtungswinkel und Grenzwinkel (Endwinkel) werden Werte aufweisen, welche der Erfahrung entsprechen, bzw. mit Rücksicht auf die vorhandenen geologischen Verhältnisse erklärt werden können.

Auch wird der Fortschritt im Abbau eine Erweiterung der obertägigen Senkungsmulde bewirken, welcher Umstand ebenfalls ein wichtiges Argument für die Klassifizierung einer bergbaulichen Ursache bilden kann.

Für die Lösung des schwierigen Senknngproblemes sind so viele Umstände maßgebend, daß es ganz ausgeschlossen erscheint, die Größe des voraussichtlich in Bewegung geratenden obertägigen Territoriums sowie das Maß der vertikalen Absenkung desselben mit Sicherheit angeben zu können. Für die Prognose ist die Kenntnis genauer Senkungsmaße gar nicht notwendig, es genügt vollständig für die Beurteilung der Standsicherheit eines Objektes, wenn man dessen Lage innerhalb des zum Vorschein gelangenden Senkungsgebietes zu beurteilen weiß, welche für die Entstehung von Bergschäden in allererster Linie von Bedeutung ist.

Die Lage eines Objektes innerhalb der Senkungsmulde ist dafür bestimmend, ob dasselbe einen erheblichen Schaden erleiden wird, oder ob dasselbe eventuell schadlos den Senkungsprozeß mitmachen kann. Ein innerhalb der lotrechten Bruchrichtungen gelegenes Objekt kann schadlos bleiben ohne Rücksicht auf die Größe der vertikalen Absenkung. Ein in den Nachrutschraum zu liegen kommendes Objekt wird zweifellos Schäden erleiden, weil die Senkungsmaße an den Objektfundamenten nicht gleich sein werden. Wenn auch die Größe der vertikalen Absenkung eines Objektes von Interesse ist, so ist doch die Kenntnis des genauen Maßes von keinem wesentlichen Vorteil. Es wäre deshalb die eventuelle Schlußfassung nicht zulässig, daß eine Theorie nur dann von Wert sein kann, wenn man mit Hilfe derselben in die Lage versetzt wird, vollständige Klarheit in der Art zu schaffen, daß man mit Genauigkeit alle in Betracht kommenden Größen zu prognostizieren imstande ist.

Die Theorie ist der Leitstern für die Behandlung praktischer Fragen, die Theorie weist uns den Weg zur Lösung des gestellten Problems. Die Theorie beinhaltet die allgemeine Erklärung für die Vorgänge der Praxis, jeder einzelne praktische Fall bedarf einer besonderen Behandlung.

Bei dieser Gelegenheit drängt es den Verfasser auf den bemerkenswerten Umstand hinzuweisen, daß er nach eingehendem Studium der in Betracht kommenden Fragen mit Zuhilfenahme der Grundsätze der technischen Wissenschaft die angeführte Theorie entwickelt hat. Die praktische Beobachtung der gesenkten Bahnstrecken bestätigte die theoretischen Deduktionen, und immer wieder wurden neue Beweise für die Richtigkeit der erläuterten Theorie gefunden. Die praktischen Erfahrungen lieferten die Möglichkeit zur Erweiterung und zum Ausbau der Theorie. Die gegenseitigen und innigen Beziehungen zwischen Theorie und Praxis sind für den Werdegang des vorliegenden Buches maßgebend gewesen.

Wenn es einer Theorie gelingt, für die infolge der menschlichen Arbeit hervorgerufenen Naturkäfte und deren Folgewirkungen eine Erklärung zu finden, dann hat sie einen eminent praktischen Wert, weil uns dann diese Theorie die Möglichkeit bietet, den Weg der Prognose innerhalb gewisser Grenzen mit Erfolg zu beschreiten. Wenn auch jeder zu erwartende Senkungsfall gewissermaßen ein Novum darstellen wird, so bietet uns die Theorie Anhaltspunkte für die Beurteilung der möglichen Grenzen des zur Entwicklung gelangenden Senkungsterritoriums. Wir werden auch die Grenzwerte der lotrechten Senkungsmaße beurteilen können, sowie wir überhaupt imstande sein werden, nach genauer Prüfung der Sachlage ein Urteil darüber abzugeben, ob eine Terrainsenkung bergbaulichen Charakters ist, oder ob andere Ursachen für eine entstandene Bahnsenkung veranlassend waren.

Es entsteht ferner die Frage, ob die im Ostrau-Karwiner Revier gemachten Erfahrungen und deren theoretische Erklärung für andere Bergbaugebiete zur Anwendung gelangen können. Es wurde bereits bemerkt, daß durch den Kohlenabbau und die damit verbundene Nachsenkung des Hangenden in die ausgekohlten Räume statische Vorgänge hervorgerufen werden.

Es kommt nun vor allem auf die Beschaffenheit des Materials an, welches für diesen Senkungsprozeß in Betracht kommt. Je nach der Verschiedenheit dieser Materialbeschaffenheit der hangenden Gebirgsschichten werden sich diese auch verschieden verhalten, und die Folgeerscheinungen werden auch dann verschiedenen Charakters sein. Wir müssen also die geologischen Verhältnisse eines Gebietes kennen, um die obertägigen Wirkungen erklären und mit Erfolg prognostizieren zu können.

Es wird gewiß möglich sein, in logischer Weise auch in anderen Gebieten die Erfahrungen des Ostrau-Karwiner Revieres zu verwerten, wenn man die Eigenschaften der Elastizität, der Kohäsion und der Reibung der in Betracht kommenden Gebirgsschichten berücksichtigt.

Die Kenntnis der infolge Kohlenabbaues hervorgerufenen obertägigen Erscheinungen ist nicht nur für Bergschadenstritte von Bedeutung, sie regt uns an, zu untersuchen, auf welche Art Baulichkeiten ausgeführt werden sollen, damit sie den Bodenbewegungen folgen können, ohne daß die Standsicherheit besonders gefährdet werde. Die Lösung dieses Problems erfordert je nach der Art des Objektes eine besondere Behandlung, und es würde den Rahmen des vorliegenden Buches überschreiten, wenn die in den Baulichkeiten infolge der Bodenbewegungen hervorgerufenen statischen Vorgänge hier erläutert werden sollten.

Das vorliegende Werk kann als Grundlage dafür dienen, um Bauausführungsarten zu ersinnen, welche den Baulichkeiten die Möglichkeit zu geben hätten, den bergbaulichen Senkungen derart zu folgen, daß Objektsschäden soweit als möglich hintangehalten werden.

So sei denn dieses Buch den Fachkreisen übergeben mit dem innigen Wunsche, daß es eine Quelle lehrreichen Stoffes biete für die Behandlung der gestellten Aufgaben, deren Lösung im vitalen Interesse der ungestörten Entwicklung der Eisenbahnen und des Bergbaues gelegen erscheint.

Vortrieb und Ausbolzung von Gebirgstunneln.

Ein kurzer Abriß der bergmännischen Tunnelbauweise unter Behandlung und Begründung der neuzeitlichen Anordnungen und Verbesserungen.

Von Dr. phil., Dr.-Ing. **Bader,**
Regierungsbaumeister.

Mit 40 Textfiguren.

Preis M. 2,40.

Taschenbuch für Bauingenieure.

Unter Mitwirkung von Geheimrat Prof. Th. Böhm-Dresden, Geheimrat Prof. H. Engels-Dresden, Prof. Dr. jur. A. Esche-Dresden, Prof. M. Foerster-Dresden, Geheimrat Prof. Dr. C. Gurlitt-Dresden, Stadtbaurat a. D. T. Koehn-Berlin, Regierungsbaumeister Privatdozent Dr.-Ing. F. Kögler-Dresden, Geheimrat Prof. Dr. G. Lucas-Dresden, Geheimrat Prof. G. Mehrtens-Dresden, Baurat Dr.-Ing. A. Schreiber-Dresden, Kgl. Bauamtmann E. Wentzel-Dresden

herausgegeben von

Max Foerster,
ord. Professor an der Technischen Hochschule in Berlin.

1927 Seiten auf bestem Dünndruckpapier.

Mit 2723 Textfiguren.

In englisch Leinen gebunden Preis M. 20,—.

Einführung in die Markscheidekunde.

Mit besonderer Berücksichtigung des Steinkohlenbergbaus.

Von Dr. **L. Mintrop,**
Markscheider, ord. Lehrer an der Bergschule zu Bochum.

Mit 191 Textfiguren und 5 lithographierten Tafeln.

In Leinwand gebunden Preis M. 6,—.

Lehrbuch der Bergbaukunde.

Mit besonderer Berücksichtigung des Steinkohlenbergbaus.

Von

F. Heise, Professor und Direktor der Bergschule zu Bochum, und **F. Herbst,** o. Professor an der Technischen Hochschule zu Aachen.

Erster Band: Gebirgs- und Lagerstättenlehre. — Das Aufsuchen der Lagerstätten (Schürf- und Bohrarbeiten). — Gewinnungsarbeiten. — Die Grubenbaue. — Grubenbewetterung.

Zweite, verbesserte und vermehrte Auflage.
Mit 561 Textfiguren und 2 farbigen Tafeln.

In Leinwand gebunden Preis M. 12,—.

Zweiter Band: Grubenausbau. — Schachtabteufen. — Förderung. — Wasserhaltung. — Grubenbrände, Atmungs- und Rettungsgeräte.

Zweite, verbesserte und vermehrte Auflage.
Mit 596 Textfiguren.

In Leinwand gebunden Preis M. 12,—.

Zu beziehen durch jede Buchhandlung.

Verlag von Julius Springer in Berlin.

Die Bergwerksmaschinen.

Eine Sammlung von Handbüchern für Betriebsbeamte.

Herausgegeben von

Dipl.-Ing. **Hans Bansen,**

Berg-Ingenieur, ord. Lehrer an der Oberschlesischen Bergschule zu Tarnowitz.

Im Februar 1912 erschien:

Erster Band: **Das Tiefbohrwesen.** Unter Mitwirkung von Diplom-Bergingenieur **Arthur Gerke** und Diplom-Bergingenieur Dr.-Ing. **Leo Herwegen** bearbeitet von Diplom-Bergingenieur **Hans Bansen.** Mit 688 Textfiguren.
In Leinwand gebunden Preis M. 16,—.

Im Juli 1912 erschien:

Zweiter Band: **Gewinnungsmaschinen.** Bearbeitet von Diplom-Bergingenieur **Arthur Gerke,** Diplom-Bergingenieur Dr.-Ing. **Leo Herwegen,** Diplom-Bergingenieur Dr.-Ing. **Otto Pütz,** Diplom-Ingenieur **Karl Teiwes.** Mit 393 Textfiguren. In Leinwand gebunden Preis M. 16,—.

Im Januar 1913 erschien:

Dritter Band: **Schachtfördermaschinen.** Bearbeitet von Diplom-Ingenieur **Karl Teiwes** und Professor Dr.-Ing. **E. Förster.** Mit 323 Textfiguren.
In Leinwand gebunden Preis M. 16,—.

Im Mai 1913 erschien:

Vierter Band: **Die Schachtförderung.** Bearbeitet von Diplom-Bergingenieur **Hans Bansen** und Diplom-Ingenieur **Karl Teiwes.** Mit 402 Textfiguren. In Leinwand gebunden Preis M. 14,—.

In Vorbereitung befindet sich:

Fünfter Band: **Die Wasserhaltungsmaschinen.** Bearbeitet von Diplom-Ingenieur **Karl Teiwes.** ca. 20 Bogen mit zahlreichen Textfiguren. In Leinwand gebunden Preis ca. M. 12,—. (Erscheint voraussichtlich im Sommer 1914.)

Der Grubenausbau.

Von

Dipl.-Ing. **Hans Bansen,**

Berg-Ingenieur, ord. Lehrer an der Oberschlesischen Bergschule zu Tarnowitz.

Zweite, vermehrte und verbesserte Auflage.

Mit 498 Textfiguren.

In Leinwand gebunden Preis M. 8,—.

Zu beziehen durch jede Buchhandlung.